"十三五"国家重点出版规划项目
空间飞行器工程丛书

航天器力学环境工程学
Spacecraft Mechanical Environment Engineering

■ 向树红　刘　闯　等著

国防工业出版社
·北京·

内 容 简 介

本书系统论述了航天器力学环境工程及其试验技术等,具体包括以下主要内容:第1章为概论;第2章为力学环境和试验条件;第3章为力学环境控制与防护;第4章为力学环境模拟试验技术;第5章为振动环境模拟与试验技术;第6章为声环境模拟与试验技术;第7章为冲击环境模拟与试验技术;第8章为恒加速度环境模拟与试验技术;第9章为结构模态分析与试验技术;第10章为微振动试验技术;第11章为力限试验技术;第12章为多轴振动试验技术;第13章为力学环境试验测量技术;第14章为虚拟试验技术;第15章为深空探测量表力学环境模拟试验技术。

本书适合航天器力学环境分析、设计、力学环境试验等专业的科技人员使用,也可供航天、航空飞行器力学专业研究生和教师参考。

图书在版编目(CIP)数据

航天器力学环境工程学/向树红等著. —北京:
国防工业出版社,2023.2
(空间飞行器工程丛书)
ISBN 978-7-118-12451-4

Ⅰ.①航⋯ Ⅱ.①向⋯ Ⅲ.①航天器—力学—环境工程学 Ⅳ.V41②X5

中国国家版本馆CIP数据核字(2023)第016602号

航天器力学环境工程学

责任编辑	胡翠敏
出版发行	国防工业出版社(010-88540717 010-88540777)
地址邮编	北京市海淀区紫竹院南路23号,100048
印 刷	北京龙世杰印刷有限公司
开 本	710×1000 1/16
插 页	4
印 张	$35\frac{3}{4}$
印 数	1—2000册
字 数	635千字
版 印 次	2023年2月第1版第1次印刷
定 价	198.00元 (本书如有印装错误,我社负责调换)

"空间飞行器工程丛书"
编审委员会

顾　　　问	吴宏鑫　叶培建
主 任 委 员	李　明
副主任委员	刘瑞生
委　　　员 (按姓氏笔画排序)	王　翔　王永富　朱北园　刘天雄 刘战捷　向树红　李　杰　李劲东 邱家稳　张　明　张柏楠　周志成 赵和平　徐　鹏　曹桂兴
秘　　　书	蒋耀光

序 言

习近平总书记指出,"探索浩瀚宇宙,发展航天事业,建设航天强国,是我们不懈追求的航天梦。"我国航天工程到如今已经有了60多年的光辉历史,航天器力学环境工程学伴随了整个航天工程的发展,一直为航天器高质量发展保驾护航。目前我国即将建成空间站系统,实现在轨有人长期驻留,"十四五"期间,月球科研站、行星探测等一批新的航天重大工程将要启动,新形势下空间技术的发展需要对航天器力学环境工程开展广泛深入的研究。

航天器全任务过程中会经历各种力学环境,包括振动、噪声、冲击、加速度等,如何检验航天器对各种力学环境的适应性,保证航天器能够发射成功、准确入轨、在轨正常工作,是航天器研制验证的重要环节,航天器力学环境工程学正是针对这种需求产生的一门综合性基础技术学科。

全书兼顾航天器力学环境专业技术人员工程应用和空间飞行器设计专业研究生课程教学需求,系统全面地介绍了航天器力学环境工程学的基础理论和专业知识,在内容上具有足够的深度和广度。本书在讲述基础理论的同时,结合航天应用实例,理论与实践相结合,增进了读者对相关知识的理解,便于读者消化吸收。

2022 年 9 月

前言

各种航天器从地球轨道向深空发展,从简单向复杂、高性能方向发展,面临的运输、装卸、起落、发射、飞行、分离、在轨、返回、着陆等过程中诱导产生的力学环境更加严酷。为保证航天器良好的工作性能、环境适应性、安全性与可靠性,航天器力学环境工程的实施就成为关键。从事这方面工作的工程设计技术人员和相关专业的教师与学生都希望提高自己在航天器力学环境工程方面的技术水平。为此作者在参考国内外资料基础上,将自己长期从事航天器力学环境工程学研究与实践方面的工作经验和研究成果,进行系统的总结,写成这本书。

全书以工程应用和教学为目的,以应用理论为主要内容,从理论、方法到工程应用,取材较为精练时新,理论与应用相结合,反映了研究的新进展。本书既注重理论深度,又尽可能减少数学理论的高深术语,便于工程技术人员、研究生和新入门人员的学习理解;并以实例说明所介绍的理论与方法在航天工程中的应用。

本书共分15章。前4章为航天器力学环境工程学基础描述,后11章为各种力学环境模拟、试验和测量技术。第1章概论由向树红、刘闯、刘召颜撰写;第2章力学环境和试验条件由向树红、刘闯、何玲撰写;第3章力学环境控制与防护,主要撰写人员有冯咬齐、杨艳静、杨江、武耀、王栋、刘明辉、何玲、向树红;第4章力学环境模拟试验技术,主要撰写人员有向树红、朱建斌;第5章振动环境模拟与试验技术,主要撰写人员有李新明、向树红、高海洋;第6章声环境模拟与试验技术,主要撰写人员有张俊刚、向树红、方贵前、杨江、刘召颜;第7章冲击环境模拟与试验技术,主要撰写人员有晏廷飞、杨艳静、向树红;第8章恒加速度环境模拟与试验技术,主要撰写人员有王招霞、宋超、魏仁海;第9章结构模态分析与试验技术,主要撰写人员有冯咬齐、焦安超、冯国松;第10章微振动试验技术,主要撰写人员有韩晓健、冯咬齐、王栋、武耀、刘明辉、杨江、冯国松、李栋;第11章力限试验技术,主要撰写人员有张俊刚、岳志勇、王天罡;第12章多轴振动试验技术,主要撰写人员有冯咬齐、邱汉平、刘沫;第13章力学环境试验测量技术,主要撰写人员有杜晓舟、武耀、杨江、孙浩;第14章虚拟试验技术,主要撰写人员有刘闯、向树红、刘明辉、冯国松、王婉秋;第15章深空探测星表力学环境模拟试验技术,主要撰写人员有樊世超、李栋、王婉秋、杨艳静、何玲。全书由刘闯、向树红整理。

本书大量引用许多作者有关的专著、教材和论文,作者在此向他们表示衷心感谢。

在撰写本书过程中,北京大学王大钧教授、中国空间技术研究院柯受全研究员、俞云书研究员、刘国青研究员、杨晓宁研究员给予大力帮助,提出许多指导性意见和具体修改建议。在此一并表示最衷心的感谢。

限于作者水平,不妥之处在所难免,敬请读者批评指教。

作者

2022 年 9 月

目 录

第1章 概论 ··· 1
  1.1 空间力学环境工程 ··· 1
    1.1.1 航天器环境工程 ··· 2
    1.1.2 航天系统验证和试验鉴定 ·· 4
  1.2 力学环境工程及试验技术的发展 ·· 7
  1.3 试验活动在航天器系统工程中的位置 ·· 13
    1.3.1 系统工程 ·· 13
    1.3.2 系统工程要素或活动 ··· 13
    1.3.3 系统工程技术过程 ·· 13
    1.3.4 技术过程中的验证过程 ·· 13
    1.3.5 系统工程反复迭代过程 ·· 15
    1.3.6 试验验证在航天器寿命周期中的位置 ······································ 15
  1.4 力学环境试验体系 ··· 16
  参考文献 ··· 16

第2章 力学环境和试验条件 ·· 18
  2.1 力学环境 ··· 18
    2.1.1 航天器力学环境源 ·· 18
    2.1.2 力学环境的分类 ··· 21
  2.2 力学环境的数学描述 ·· 22
    2.2.1 数据的表征 ··· 22
    2.2.2 时域表示 ·· 22
    2.2.3 频域表示 ·· 24
    2.2.4 倍频程谱 ·· 25
    2.2.5 冲击响应谱 ··· 25

    2.2.6　振动、声和冲击环境的统计估计 …………………………… 25
  2.3　力学环境效应 …………………………………………………………… 29
    2.3.1　力学环境效应分类 ………………………………………… 29
    2.3.2　失效机理 …………………………………………………… 31
  2.4　力学环境数据的获取 …………………………………………………… 33
    2.4.1　实测 ………………………………………………………… 33
    2.4.2　预示 ………………………………………………………… 33
    2.4.3　数据库 ……………………………………………………… 35
  2.5　力学环境试验条件设计方法 …………………………………………… 35
    2.5.1　量级确定方法 ……………………………………………… 35
    2.5.2　时间确定方法 ……………………………………………… 39
  2.6　力学环境试验条件设计 ………………………………………………… 42
    2.6.1　加速度环境条件设计 ……………………………………… 42
    2.6.2　振动环境条件设计 ………………………………………… 43
    2.6.3　声环境条件设计 …………………………………………… 45
    2.6.4　冲击环境条件设计 ………………………………………… 50
  参考文献 ……………………………………………………………………… 52

第3章　力学环境控制与防护 …………………………………………… 54

  3.1　载人航天器舱内噪声环境控制 ………………………………………… 54
    3.1.1　舱内噪声环境评价 ………………………………………… 55
    3.1.2　舱内噪声环境仿真预示 …………………………………… 57
    3.1.3　舱内噪声环境测试 ………………………………………… 60
    3.1.4　舱内噪声环境控制与优化探讨 …………………………… 63
  3.2　航天器火工冲击环境防护 ……………………………………………… 64
    3.2.1　火工冲击环境的分类 ……………………………………… 65
    3.2.2　冲击传递 …………………………………………………… 66
    3.2.3　抗冲击环境设计方法 ……………………………………… 68
  3.3　航天器在轨微振动环境控制 …………………………………………… 70
    3.3.1　微振动环境控制总体技术途径 …………………………… 70
    3.3.2　微振动抑制分析设计一体化技术 ………………………… 71
    3.3.3　高精度微振动抑制装置研制技术 ………………………… 72
  3.4　高超声速飞行器气动热防护 …………………………………………… 75
    3.4.1　热防护系统 ………………………………………………… 75
    3.4.2　热防护材料 ………………………………………………… 78

3.4.3 主动气膜冷却防护技术 ……………………………………… 80
参考文献 …………………………………………………………………… 89

第4章 力学环境模拟试验技术 … 92

4.1 力学环境模拟 ………………………………………………………… 92
4.2 力学环境试验流程 …………………………………………………… 94
4.3 力学环境试验基线 …………………………………………………… 96
    4.3.1 试验基线定义 …………………………………………………… 96
    4.3.2 试验基线要素 …………………………………………………… 97
    4.3.3 试验基线剪裁 …………………………………………………… 103
4.4 力学环境试验设计 …………………………………………………… 110
    4.4.1 力学环境试验试验设计理念 …………………………………… 110
    4.4.2 力学环境试验模拟基本准则 …………………………………… 112
    4.4.3 航天器力学环境试验矩阵设计 ………………………………… 115
4.5 力学环境模拟试验有效性评估 ……………………………………… 118
    4.5.1 力学环境模拟试验有效性评估内容 …………………………… 118
    4.5.2 力学环境试验对产品的评价 …………………………………… 119
参考文献 …………………………………………………………………… 121

第5章 振动环境模拟与试验技术 … 123

5.1 概述 …………………………………………………………………… 123
5.2 基本知识 ……………………………………………………………… 124
    5.2.1 术语 ……………………………………………………………… 124
    5.2.2 振动破坏和失效 ………………………………………………… 125
5.3 振动环境模拟技术 …………………………………………………… 129
    5.3.1 振动环境模拟试验类型 ………………………………………… 129
    5.3.2 振动环境模拟试验等效方法 …………………………………… 130
    5.3.3 振动环境模拟试验条件 ………………………………………… 132
5.4 振动试验系统 ………………………………………………………… 133
    5.4.1 振动台系统 ……………………………………………………… 133
    5.4.2 试验辅助系统 …………………………………………………… 140
    5.4.3 振动台控制系统 ………………………………………………… 147
    5.4.4 振动试验测量系统 ……………………………………………… 151
    5.4.5 振动试验夹具 …………………………………………………… 156
    5.4.6 国内外航天器振动试验系统 …………………………………… 160

5.5 振动试验技术 ... 162
5.5.1 试验要求 ... 162
5.5.2 试验系统的选择 ... 164
5.5.3 振动试验流程 ... 165
5.5.4 下凹条件制定原则 ... 167
5.5.5 试验中断及处理 ... 171
5.5.6 振动试验实施实例 ... 171
参考文献 ... 175

第6章 声环境模拟与试验技术 ... 176
6.1 概述 ... 176
6.2 基本知识 ... 178
6.2.1 术语 ... 178
6.2.2 扩散声场 ... 181
6.2.3 室内声场 ... 181
6.3 声环境模拟技术 ... 182
6.3.1 声环境模拟方式 ... 182
6.3.2 声环境试验类型 ... 183
6.3.3 声环境试验条件 ... 184
6.4 声试验系统 ... 185
6.4.1 混响室 ... 186
6.4.2 控制系统 ... 189
6.4.3 声源系统 ... 193
6.4.4 气源系统 ... 195
6.4.5 消声系统 ... 196
6.4.6 行波管 ... 196
6.4.7 国内外典型声试验室简介 ... 198
6.5 声环境试验技术 ... 200
6.5.1 声环境试验技术要求 ... 200
6.5.2 试验流程 ... 201
6.5.3 试验中断及处理 ... 203
6.5.4 混响场声试验实例 ... 203
6.6 其他声试验技术 ... 207
6.6.1 直接声场声试验 ... 207
6.6.2 噪声+热组合试验 ... 207

6.6.3　声振组合试验 ·· 208
　参考文献 ··· 211

第7章　冲击环境模拟与试验技术 ·· 213

　7.1　概述 ··· 213
　7.2　基本知识 ··· 214
　　　7.2.1　术语 ··· 214
　　　7.2.2　冲击环境的数学表述 ································· 215
　　　7.2.3　冲击响应谱计算与分析方法 ······················· 218
　7.3　冲击环境模拟技术 ··· 223
　　　7.3.1　冲击环境模拟技术途径 ······························ 223
　　　7.3.2　爆炸冲击环境模拟方法 ······························ 224
　　　7.3.3　着陆冲击环境模拟方法 ······························ 226
　　　7.3.4　经典冲击冲击波形等效计算方法 ················ 227
　　　7.3.5　冲击响应谱模拟技术优势 ·························· 229
　　　7.3.6　爆炸冲击零漂数据处理技术 ······················· 230
　7.4　爆炸冲击环境地面模拟试验技术 ·························· 233
　　　7.4.1　星箭爆炸分离解锁试验方法 ······················· 234
　　　7.4.2　跌落式冲击试验技术 ································· 234
　　　7.4.3　摆锤式谐振板冲击试验方法 ······················· 235
　　　7.4.4　气动式谐振板冲击试验方法 ······················· 237
　　　7.4.5　电动振动台冲击模拟试验方法 ···················· 238
　　　7.4.6　火工装置模拟试验技术 ······························ 238
　　　7.4.7　冲击试验夹具设计 ···································· 240
　　　7.4.8　整星爆炸分离解锁实施案例 ······················· 241
　　　7.4.9　单机/组件爆炸冲击试验实施案例 ················ 244
　参考文献 ··· 247

第8章　恒加速度环境模拟与试验技术 ·· 248

　8.1　概述 ··· 248
　8.2　基本知识 ··· 250
　　　8.2.1　术语 ··· 250
　　　8.2.2　离心机试验产生的加速度场与航天器实际
　　　　　　经受的加速度环境差别 ································ 251
　　　8.2.3　恒加速度试验通用标准 ······························ 251

8.3 恒加速度环境模拟试验方法 ········· 252
    8.3.1 静载荷试验 ················· 252
    8.3.2 恒加速度试验 ··············· 253
    8.3.3 正弦-脉冲试验 ·············· 254
    8.3.4 振动-加速度综合试验 ········ 255
8.4 静载荷试验技术 ····················· 256
    8.4.1 静载荷试验目的 ············· 256
    8.4.2 静载荷试验类型 ············· 256
    8.4.3 试验系统要求 ··············· 265
    8.4.4 试验技术要求 ··············· 268
    8.4.5 力热联合试验技术及要求 ····· 271
8.5 恒加速度试验技术(转臂式离心机试验技术) ·· 272
    8.5.1 离心机的工作原理 ··········· 272
    8.5.2 离心试验要求 ··············· 274
    8.5.3 离心试验程序 ··············· 277
    8.5.4 离心试验中断与处理 ········· 278
8.6 正弦-脉冲试验技术 ················· 279
    8.6.1 正弦-脉冲试验基本原理 ······ 279
    8.6.2 正弦-脉冲试验方法 ·········· 280
    8.6.3 正弦-脉冲试验试验程序 ······ 281
8.7 振动-加速度综合试验技术 ··········· 282
    8.7.1 振动-加速度综合环境模拟 ···· 282
    8.7.2 振动-加速度综合环境试验技术研究 ·· 282
    8.7.3 振动-加速度综合环境试验方法 ·· 285
    8.7.4 典型振动-加速度综合环境试验案例 ·· 288
参考文献 ································· 291

第9章 结构模态分析与试验技术 ········· 292

9.1 概述 ······························ 292
9.2 基本知识 ·························· 294
    9.2.1 术语 ······················· 294
    9.2.2 结构系统的运动方程 ········· 295
    9.2.3 结构系统的传递函数与模态参数 ·· 303
    9.2.4 结构系统参数识别方法简介 ··· 305
9.3 结构模态试验技术 ·················· 306

- 9.3.1 试验件及试验件支承 ………………………………………… 306
- 9.3.2 试验前预分析 …………………………………………………… 307
- 9.3.3 结构激励 ………………………………………………………… 308
- 9.3.4 结构响应测量 …………………………………………………… 313
- 9.3.5 模态参数识别及结果评定 ……………………………………… 316
- 9.3.6 模态试验设计与试验要点 ……………………………………… 320

9.4 结构模态分析理论方法 ……………………………………………… 322
- 9.4.1 结构频响函数估计 ……………………………………………… 322
- 9.4.2 模态参数频域识别法 …………………………………………… 323
- 9.4.3 模态参数时域识别法 …………………………………………… 327
- 9.4.4 多点稳态正弦激励模态参数辨识法 …………………………… 331
- 9.4.5 基础激励模态参数辨识法 ……………………………………… 333
- 9.4.6 结构模型修正 …………………………………………………… 334
- 9.4.7 结构模态综合 …………………………………………………… 336

9.5 结构模态试验实例 …………………………………………………… 338
- 9.5.1 某卫星结构模态试验 …………………………………………… 338
- 9.5.2 某大型航天器结构模态试验 …………………………………… 343

参考文献 ……………………………………………………………………… 349

第10章 微振动试验技术 …………………………………………………… 351

10.1 概述 …………………………………………………………………… 351

10.2 基本知识 ……………………………………………………………… 353
- 10.2.1 术语 ……………………………………………………………… 353
- 10.2.2 微振动扰源 ……………………………………………………… 354
- 10.2.3 微振动试验类型 ………………………………………………… 357

10.3 扰源测试技术 ………………………………………………………… 357
- 10.3.1 扰振力和力矩六分力测试原理 ………………………………… 357
- 10.3.2 扰源扰振测试内容 ……………………………………………… 359
- 10.3.3 扰源测试方法 …………………………………………………… 359
- 10.3.4 产品安装平台设计 ……………………………………………… 360
- 10.3.5 测量系统设计 …………………………………………………… 361
- 10.3.6 扰源测试步骤 …………………………………………………… 362
- 10.3.7 扰源测试案例 …………………………………………………… 364

10.4 敏感载荷测试技术 …………………………………………………… 367
- 10.4.1 微振动环境条件预示 …………………………………………… 368

10.4.2　微振动环境模拟方法 ·················· 370
　　　10.4.3　微振动环境模拟试验 ·················· 374
　10.5　整星微振动地面试验技术 ·················· 378
　　　10.5.1　微振动试验方法 ·················· 378
　　　10.5.2　微振动测量技术 ·················· 379
　　　10.5.3　自由边界模拟技术 ·················· 380
　　　10.5.4　背景噪声及控制 ·················· 387
　　　10.5.5　整星微振动试验实例 ·················· 388
　参考文献 ·················· 392

第 11 章　力限试验技术 ·················· 394

　11.1　概述 ·················· 394
　11.2　基本知识 ·················· 395
　　　11.2.1　术语 ·················· 395
　　　11.2.2　力限振动试验技术的发展 ·················· 395
　　　11.2.3　力限振动试验原理 ·················· 396
　11.3　航天器力限试验条件设计 ·················· 400
　　　11.3.1　简单二自由度方法 ·················· 400
　　　11.3.2　复杂二自由度方法 ·················· 402
　　　11.3.3　半经验方法 ·················· 404
　　　11.3.4　有限元方法 ·················· 405
　　　11.3.5　力矩限条件设计方法 ·················· 406
　11.4　力测量与处理技术 ·················· 408
　　　11.4.1　力信号测量技术 ·················· 408
　　　11.4.2　力信号处理技术 ·················· 410
　11.5　力限振动试验系统 ·················· 411
　　　11.5.1　力限振动试验系统组成及控制原理 ·················· 411
　　　11.5.2　力测量工装 ·················· 413
　　　11.5.3　信号调节器的选用 ·················· 417
　11.6　力限振动试验技术工程应用 ·················· 418
　　　11.6.1　水平方向正弦力限振动试验 ·················· 418
　　　11.6.2　垂直方向随机振动试验 ·················· 425
　　　11.6.3　力限试验注意事项 ·················· 426
　11.7　力限振动试验技术发展趋势 ·················· 427
　参考文献 ·················· 428

第12章 多轴振动试验技术 ... 430

12.1 概述 ... 430
12.2 基本知识 ... 434
12.2.1 术语 ... 434
12.2.2 多轴振动试验分类 ... 435
12.2.3 多轴振动试验原理 ... 437
12.2.4 多轴振动试验特点 ... 438
12.3 多轴振动试验系统及控制技术 ... 439
12.3.1 多轴振动试验系统 ... 439
12.3.2 多轴振动传递特性辨识 ... 440
12.3.3 多轴振动控制技术 ... 442
12.4 多轴振动试验技术 ... 448
12.4.1 多轴振动试验条件制定 ... 448
12.4.2 多轴振动试验方法 ... 452
12.5 多轴振动试验工程实例 ... 454
12.5.1 单多轴振动试验结构响应对比 ... 454
12.5.2 单多轴振动试验结构损伤对比 ... 457
12.5.3 故障复现单多轴振动试验 ... 462
参考文献 ... 465

第13章 力学环境模拟试验测量技术 ... 467

13.1 概述 ... 467
13.2 基本知识 ... 468
13.2.1 测量系统的组成 ... 468
13.2.2 测量系统的特性 ... 468
13.3 测量误差 ... 469
13.3.1 误差的概念 ... 469
13.3.2 测量系统误差 ... 470
13.4 结构响应信号采集 ... 471
13.4.1 结构响应物理量类型 ... 472
13.4.2 采样参数设置 ... 474
13.5 结构响应数据处理 ... 474
13.5.1 正弦扫频试验 ... 475
13.5.2 随机与噪声 ... 476

13.5.3　冲击 ··· 476
13.6　测量的工程实际应用 ·· 477
　　13.6.1　传感器选型 ··· 477
　　13.6.2　传感器安装 ··· 479
　　13.6.3　测量导线布置 ··· 481
13.7　响应信号判读 ·· 482
　　13.7.1　通道无响应 ··· 482
　　13.7.2　工频或电磁干扰 ··· 482
　　13.7.3　信号漂移 ·· 482
　　13.7.4　结构异常响应 ··· 483
参考文献 ··· 485

第14章　虚拟试验技术 ·· 486

14.1　概述 ··· 486
14.2　基本概念 ··· 487
14.3　虚拟振动试验技术 ·· 488
　　14.3.1　振动试验系统分析 ·· 488
　　14.3.2　虚拟振动试验系统建模方法 ··· 491
　　14.3.3　虚拟振动试验实施流程 ·· 498
　　14.3.4　工程实例 ··· 499
14.4　虚拟噪声试验技术 ·· 501
　　14.4.1　混响室及卫星统计能量法模型建模方法 ······································ 501
　　14.4.2　输入功率加载方法 ·· 503
　　14.4.3　虚拟噪声试验系统闭环控制技术 ··· 505
14.5　大型航天器分段振动试验技术 ··· 507
　　14.5.1　分段试验理论方法 ·· 507
　　14.5.2　分段试验可行性验证 ··· 509
　　14.5.3　分段试验存在的问题 ··· 511
参考文献 ··· 512

第15章　深空探测星表力学环境模拟试验技术 ·· 513

15.1　概述 ··· 513
15.2　基本知识 ··· 514
　　15.2.1　术语 ·· 514
　　15.2.2　星表环境概述 ··· 515

		15.2.3 星表重力环境	516
		15.2.4 星壤和星表形貌环境	516
	15.3	星表低重力环境模拟技术	519
		15.3.1 模拟方法概述	519
		15.3.2 机械悬吊补偿低重力模拟方法	519
		15.3.3 低重力模拟装置设计实例	522
	15.4	星壤和形貌环境模拟技术	527
		15.4.1 星壤模拟方法概述	527
		15.4.2 国内外模拟星壤	532
		15.4.3 模拟星壤制备	541
		15.4.4 星表形貌环境模拟技术	543
	15.5	星表力学环境试验技术	546
		15.5.1 试验目的	546
		15.5.2 试验要求	547
		15.5.3 试验中断及处理	547
		15.5.4 试验实施案例	547
参考文献			549

第 1 章 概 论

1.1 空间力学环境工程

在航天器在全任务过程中,都要经历各种类型的力学环境(包括振动、噪声、冲击、加速度等)。这些环境是在航天器运输、装卸、起落、发射、飞行、分离、着陆、返回等过程中诱导产生的。航天器组件结构连接处诱发的随机振动环境来自声和气动的直接和间接激励,来自燃烧过程的不稳定,以及机械诱发的随机干扰,航天器组件结构连接处诱发的正弦振动环境来自旋转机械的周期激振及包括纵向耦合振动(POGO)、颤振(结构动力学和空气动力学相互作用)或不稳定燃烧;航天器外部与内部区域的声环境来自火箭推进及空气动力激励;冲击环境是由于展开、分离、碰撞及释放能量而引起的载荷施加或消失;加速度环境为航天器飞行中的加速度和振动环境的加速度的低频部分之和。上述力学环境会对航天器及航天器上组件造成结构变形或损坏,例如电子元器件受损,因电子线路断路、接插件松动和支架断裂而使仪器设备发生故障,航天器的主结构及次结构破坏或断裂等。这些故障的发生可能影响飞行任务的完成,甚至导致整个飞行任务失败。因此,我们必须应用航天器力学环境工程的方法解决环境适应性问题。

航天器(空间)力学环境工程是随着空间技术的发展而逐渐形成的一门综合性基础技术学科,它和空间环境工程一起组成的航天器环境工程是空间技术体系的重要组成部分。航天器是否能够发射成功、准确入轨、在轨正常工作,很大程度上取决于航天器的环境适应性,而检验航天器环境适应性的最有效途径之一,就是对航天器全过程,进行充分而适度的环境模拟试验,通过环境模拟试验发现隐患、改进设计、避免早期失效。对于航天器这类十分独特的产品,全面和严格的环境试验对于保证航天器的可靠性和任务的成功起着十分重要的作用,同时它也是航天器研制中验证工作的重要组成部分。

航天器(空间)力学环境工程是研究航天器在寿命期内所经历的力学环境及其环境效应,检验航天器对力学环境的适应性的工程技术。航天器(空间)力学环境工程主要是检验航天器结构力学特性和环境适应性,进行力学环境分析预示、环境适应性设计、试验规范的制定、环境试验、环境模拟设备研制、试验数据分析与评估。

力学环境试验是航天器研制过程中的重要试验项目。其目的一方面是对航天器的结构设计进行验证,使航天器在整个寿命期能够经受各种动力学环境而正常工作,另一方面就是对航天器的制造质量进行环境检验,发现材料、元器件、制造工艺等方面的潜在缺陷,从而保证航天器在轨运行的可靠性。

因此,在航天器研制过程中,力学环境试验验证对研制质量的保证起着至关重要的作用。这种作用不论表现在航天器的部组件级力学环境试验和系统级力学环境试验验证中都是如此。根据我国空间技术发展规划,今后航天器的长寿命、高可靠、低成本将成为关键研究环节,而先进的航天器力学环境工程技术是研制长寿命、高可靠、低成本航天器的必要条件。

航天器(空间)力学环境工程的顶层支撑体系是航天器环境工程和航天系统验证和试验鉴定。

1.1.1 航天器环境工程

GJB 4239《装备环境工程通用要求》将环境工程定义为:将各种科学技术和工程实践用于减缓各种环境对装备效能影响或提高装备耐环境能力的一门工程学科,包括环境工程管理、环境分析、环境适应性设计和环境试验与评价等。此处环境工程的对象是由人类制造的各种产品,如各种载体(飞机、汽车、舰船和导弹)及装在这些载体上运输或载体本身的设备(如机载设备)等。环境工程是系统地应用各种技术和管理措施使研制和生产的产品环境适应性达到规定要求的系统工程。

其他开展航天环境工程和环境试验工作的顶层标准还有 QJ 3135《导弹武器系统、运载火箭和航天器环境工程大纲》;GJB 1027《运载器、上面级和航天器试验要求》。GJB 4239 规定了 6 个通用要求,20 个详细要求。QJ 3135 规定了 9 个通用要求,10 个详细要求。

GJB 4239 的 6 个一般要求包括装备环境工程的主要任务、环境工程管理、环境分析、环境适应性设计、环境试验、环境工程专家组。一般要求几个关注重点如下:

(1) 对环境工程专家组要求:根据需要,可成立由订购方和承制方专家组成的型号环境工程专家组。协调订购方和承制方开展环境工程工作。环境工程专家组应及早参与装备论证、研制过程,协调确定装备寿命期环境剖面、环境适应性要求、环境工程工作计划、环境试验与评价总计划。

（2）产品环境工程大纲的目的：产品环境工程大纲的目的是通过规范化的工程计划和管理使产品在研制生产过程中能够系统全面合理有效地进行环境设计、试验和评价工作从而保证产品在寿命期内预期经历的各种环境条件下具有完成规定工作的能力水平。

（3）对产品环境工程大纲的要求：产品环境工程大纲包括确定环境要求、编制环境工程管理计划、编制环境预示测试与评估计划、编制详细的环境设计和试验计划、编制环境试验大纲、实施环境试验、编制环境试验报告、进行环境适应性评定等工作项目。这些工作项目应统一纳入产品的研制生产管理计划保证必需的资源进度和管理措施密切协调全面完成。

（4）环境适应性要求：产品的环境适应性要求应作为产品的技术指标之一在研制任务书设计要求或合同等有关文件中规定并纳入产品研制单位的有关技术文件。按使用要求定义产品的环境适应性；按环境要求定义产品的环境适应性。

GJB 4239 定义环境适应性是指装备(产品)在其寿命期预计可能遇到的各种环境的作用下，能实现其所有预定功能、性能和(或)不被破坏的能力。

可靠性定义为装备在规定条件和规定的时间内，完成规定功能的能力。定义中规定的条件包括环境条件、负载条件和使用维修条件，定义中规定的完成功能的能力是指在规定条件下出现故障的概率。

环境适应性要求具有唯一性、综合性、半定量性等特点。

（5）环境剪裁要求：环境剪裁一般按图 1-1 进行。

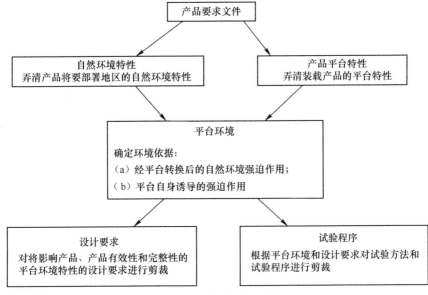

图 1-1　环境剪裁流程图

(6) 环境适应性验证要求：

应在研制的各个阶段对产品的不同装配级进行全面的验证以证明产品的设计满足使用要求并能在寿命期间保持其工作能力；

最重要的和通常最有效的验证方法是试验验证，但在某些情况下也可使用其他验证方法如分析与计算检验演示与仿真，在选择这些替代方法时应经过充分论证和严格审批；

应对验证方法、验证程序和验证结果的有效性进行评定和认可。

(7) 对环境工程信息的要求：

① 应建立环境工程信息管理系统；

② 订购方应按产品环境工程大纲的要求向研制单位提供有关的环境工程信息；

③ 研制单位应对产品研制生产试验和使用过程中所得到的环境工程信息进行收集传递反馈分析处理和归档；

④ 研制单位应向订购方提供产品环境工程大纲各工作项目的有关数据和文件，所提供的数据和文件的形式和范围应在研制任务书设计要求或合同中规定；

⑤ 在可能的情况下研制单位应建立产品的环境工程数据库。

1.1.2 航天系统验证和试验鉴定

航天系统验证和试验鉴定依据标准可参见 ISO 23135《验证和管理过程》，如图 1-2 和图 1-3 所示。

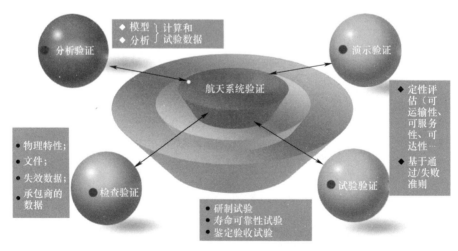

图 1-2 航天系统验证组成示意图

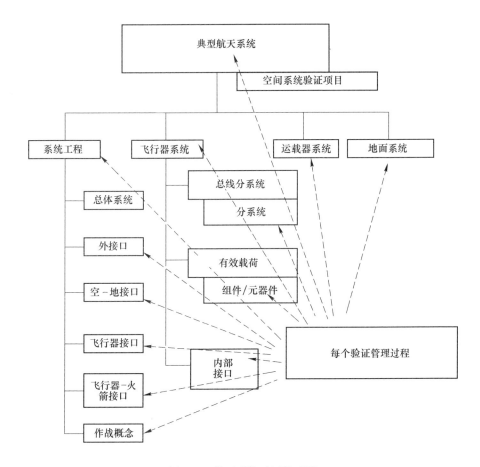

图 1-3 航天系统验证关系图

航天系统试验鉴定包括性能试验、作战试验、在役考核试验,如图 1-4 所示。

性能试验是在规定的环境和条件下,为验证装备技术方案、检验装备主要战术技术指标及其边界性能、确定装各技术状态等开展的试验活动。包括性能验证试验和性能鉴定试验。

作战试验是在近似实战战场环境和对抗条件下,对装备完成作战使命任务的作战效能和适用性等进行考核与评估的装备试验活动。

在役考核是在装备列装服役期间,为检验装备满足部队作战使用与保障要求的程度所进行的持续性试验鉴定活动。

根据经验,能够有效降低成本、缩短研制周期、减缓风险的两种试验鉴定策略分别为金字塔式试验验证模式(pyramid test philosophy,p&p)和 TLYF(test

图 1-4　航天系统试验鉴定

like you fly)试验验证模式。

以系统工程为基本的金字塔式试验验证模式,包括零部件试验、组件(单机)试验、分系统试验、系统试验、在轨试验,如图 1-5 所示。

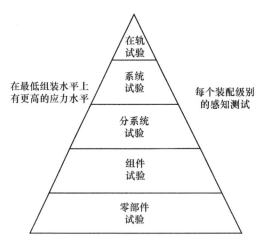

图 1-5　金字塔式试验验证模式

以任务或作战为目标的试验验证模式 TLYF。这是一项发射前系统工程过程,可以将任务作战概念转换成有效性强、可操作的试验,评估出不能做试验可能忽略任务关键缺陷或试验过程中不能充分描述重要任务特征的风险。TLYF 过程具有两个方面:一方面是与实际任务周期、运行和条件相一致的特殊试验方法;另一方面是寻找在特殊任务使用情况下可能暴露的缺陷种类的手段。

1.2 力学环境工程及试验技术的发展

国外围绕航天器动力学环境分析和试验的需求,在结构动力学和声学研究方面取得了巨大的发展。到 2022 年,在下面的技术领域继续取得许多进展并在若干方面有重大突破,主要包括以下方面:

(1) 有限元法的建模技术及模型修正技术有了改进;
(2) 开发了有限元法、边界元、统计能量法组合的中高频率段建模和分析技术;
(3) 开发了更好的动力学载荷分析方法;
(4) 研究出了更真实的表示阻尼的方法;
(5) 改进了将动力学分析和飞行数据进行比较的方法;
(6) 将统计能量法扩展到瞬态情况;
(7) 对统计能量的耦合损耗系数能作更好的估计;
(8) 将边界元法用于声学分析;
(9) 发展了声学空穴分析的充填系统计算方法;
(10) 普遍建立了计算机化的动力学数据库供使用;
(11) 大量使用数字式数据采集和分析系统;
(12) 发展了虚拟试验技术并应用于工程;
(13) 通过积累的知识防止了许多动力学试验测量的问题;
(14) 传感器和数据采集系统进一步改进用于更宽的频率范围;
(15) 对爆炸冲击测量问题有了进一步的了解;
(16) 发展了非定常随机数据分析技术;
(17) 有了更好的统计数据评估方法;
(18) 更多地使用大规模通道分析技术;
(19) 改进了模态分析及数据处理方法;
(20) 研制出了更好的冲击、振动和声试验设施和控制系统;
(21) 在振动试验中使用了力限技术;
(22) 微振动分析抑制和试验技术有了较快发展;
(23) 有了更真实的瞬态载荷模拟方法替代正弦扫描和定频正弦试验;
(24) 多轴振动试验技术研究和应用有了初步结果;
(25) 航天器动力学综合环境试验技术有了发展等。

上面列出的二十多项进展包含了航天器力学环境工程中的动力学环境分析、防护、动力学试验和测量技术、动力学环境试验模拟设备研制等各个方面,其频率范围覆盖了从低于 5Hz 一直到爆炸冲击(高达 100kHz)。

我国航天事业取得的巨大成功很大程度上依赖于力学环境工程的支撑。由于相关产品系统复杂、研制周期长、价格高、生产数量少、发射后故障无法直接维修等特点,决定了对航天产品进行系统的环境分析和试验验证的重要性。

国内力学环境预示和分析,经过五十多年的发展,长征系列运载火箭已经进行了 400 余次发射,将数百颗航天器送入预定轨道,积累了大量的飞行遥测数据。"十五"到"十三五"期间,深入开展了飞行力学环境特别是星箭力学环境的整理、分析和统计工作,为建立力学环境数据库奠定了基础。国内的星箭耦合分析工作由运载火箭研制单位与卫星研制单位联合进行,有着多年的实践经验,水平也在逐步提高。

我国航天力学环境试验技术发展经过四个重要阶段。

第一阶段:20 世纪 50—60 年代,我国力学环境试验专业、力学试验设备研制与东方红一号的研制并行攻关,1962 年中型离心机研制成功,1967 年 43 型大离心机交付使用,1969 年完成了东方红一号卫星的加速度试验。基本上是仿制苏联的技术和条件进行试验,主要以力学环境试验为主,开展了正弦振动试验(图 1-6)、半正弦冲击试验以及加速度试验(图 1-7)等。

图 1-6 振动环境试验

第二阶段:20 世纪 70—80 年代。这一阶段加强了对航天环境试验技术的引进和吸收。依据国外技术发展,重点发展了随机振动试验技术、复杂波形冲击谱试验技术、噪声试验技术以及空间环境试验。引进了日本 IMV 公司的 20t 振动台(图 1-8),自研摆锤式冲击台、中型混响室(图 1-9)等。温度+振动等综合环境试验技术也得到了初步发展。环境试验技术发展的同时,各类环境试验军标、企标和院标都在陆续制定和完善。

图1-7　43型离心机(DFH-1离心试验)

图1-8　20t振动台

第三阶段:1990—2010年。随着研制任务的迫切需求,极大地推动了环境试验技术向大型、多功能、精细化方向发展。这个时期航天产品环境试验技术的蓬勃发展时期,国际上大多数先进的试验技术在航天领域得到极大的发展和推广应用。重点发展了大型动力学环境模拟试验技术。

大型动力学环境模拟技术、多维振动试验技术、高量级冲击试验技术、力限振动控制试验技术得到了快速发展。研制建立的 40t 振动台、2163m³ 混响室,多维振动试验技术用于惯性器件、火工品和计算机等关键部件考核逐渐的共识(图 1-9,图 1-10,图 1-11)。冲击试验技术在国内环境试验一直不太受重视,但近年来冲击响应谱试验技术逐渐受到重视和推广。

图 1-9　660m³ 混响室

图 1-10　多维振动试验系统

这一时期也是各种试验方法成熟时期,并形成了以 GJB 4239、GJB 150、GJB 1027 等为代表的一系列航天产品环境试验标准及规范。

图 1-11　40t 振动试验系统

这三阶段环境试验技术的发展及取得的成绩,多数是在国外技术的引导下,通过环境专业技术人员努力完成的,基本上处于跟随发展状态。

第四阶段:2010 年至今。随着空间站建设、深空探测、导航组网等航天任务对力学环境工程提出更高的需求,我国全面进入自主创新阶段。自主研制建立的国际上最大 140t 电动振动台、国际先进 4000m^3 混响室等(图 1-12~图 1-14),

图 1-12　天和核心舱 140t 振动试验系统试验

图 1-13 问天实验舱 140t 振动试验系统试验

力限试验技术在航天器振动试验中广泛应用,微振动试验也已经成为验证航天器性能的重要手段。

图 1-14 天和核心舱 4000m³ 混响室试验

与此同时,针对深空探测的进入、下降、着陆过程,星球车的巡视环境,形成了星表力学环境模拟方法,探月"绕落巡"三步、探火"绕着巡"一步成功。

形成了以 ISO 19924《空间系统-声试验》、ISO 21494《空间系统-振动试验》、ISO 24411《空间系统-微振动试验》等为代表的一系列具有中国特色的航天产品环境试验国际标准及规范。

1.3 试验活动在航天器系统工程中的位置

试验活动是航天器一系列技术活动中的验证部分。试验活动分布在型号研制的各个阶段:论证阶段、方案阶段、初样阶段、正样阶段以及在轨运行阶段。不同研制阶段的试验目的不同,试验项目和试验条件也不同。

1.3.1 系统工程

系统工程是一种跨学科的方法和手段,目的是成功地实现系统。系统工程活动是从用户需求出发,采用一系列工程研制策略、技术活动和技术管理活动,以及跨学科的专业技术活动,在进度、成本和其他约束条件下,使工程完成的系统满足用户的需求。

1.3.2 系统工程要素或活动

系统工程主要要素或活动大致包括:①系统寿命周期与阶段划分,这是系统工程的主线;②工程目标与研制策略;③系统工程技术过程(或流程);④系统工程技术管理过程;⑤系统工程跨学科专业技术;⑥系统工程过程文件。还有许多未提到的其他要素,它们也都起着不同的作用。

系统工程最重要的问题是要将工程中考虑的所有各项工程要素按照系统寿命周期的顺序进行排列。每一项工程要素均应在工程寿命周期中找到它的位置,这样,该要素或活动的目的、输入、内容、输出等要求就可以较容易地判断。系统工程主线和各要素示意图如图 1-15 所示。

1.3.3 系统工程技术过程

GB/T 22032—2008《系统工程 系统生存周期过程》(等同采用 ISO/IEC 15288—2002)规定,技术过程大致包括要求定义、要求分析、总体设计、产品实现、产品集成、产品验证、产品交付、产品确认、产品运行与使用、产品维护、产品退役与处置。

1.3.4 技术过程中的验证过程

验证过程示意图见图 1-16。

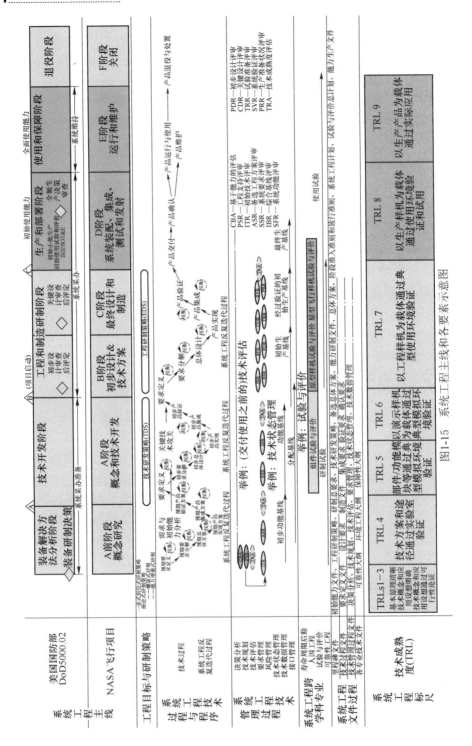

图1-15 系统工程主线和各要素示意图

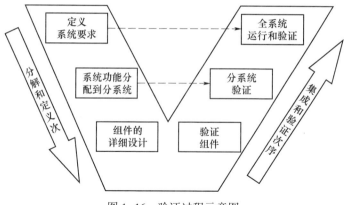

图 1-16　验证过程示意图

1.3.5　系统工程反复迭代过程

在 MIL-STD-499C—2005(草案)以及早期各版《工程管理》中,把"系统工程过程"作为标准的主要内容。"系统工程过程"是美军提炼的系统工程通用的部分,即系统工程反复迭代过程。

1.3.6　试验验证在航天器寿命周期中的位置

航天器研制试验、鉴定试验、验收试验、准鉴定试验、在轨运行试验等在寿命周期中的位置见图 1-17。

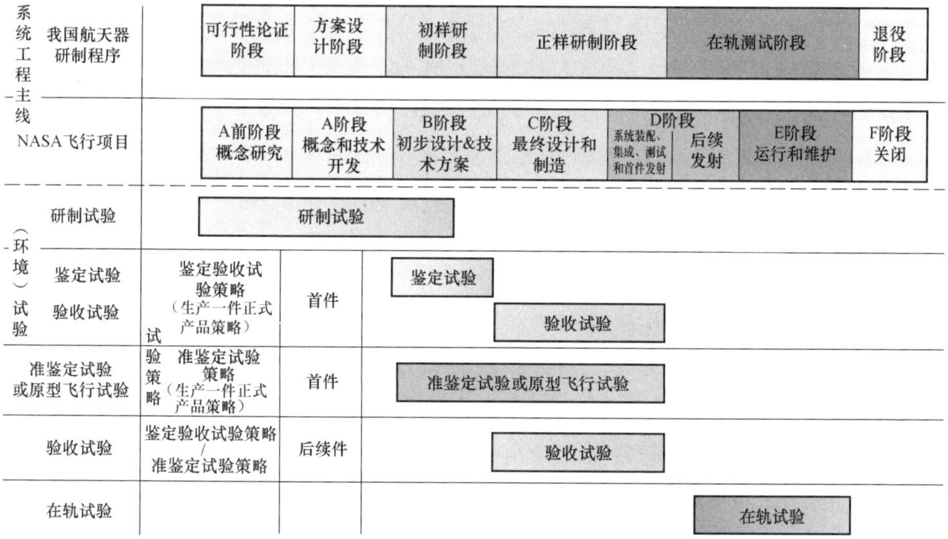

图 1-17　试验验证在航天器寿命周期中的位置示意图

1.4 力学环境试验体系

运载火箭、导弹、航天器的环境试验起源于产品全寿命周期内经历的环境,按经历大致可划分为贮存环境、运输装卸环境、发射/飞行环境、在轨运行环境。贮存环境以自然环境为主;运输装卸环境主要是动力学环境及自然环境;发射飞行环境主要是诱导动力学环境,主要包括振动、冲击、噪声等环境;在轨环境主要是微振动、微重力、冲击等多种空间力学环境。

经过五十多年的发展,通过几代航天科技工作者的共同努力,我国已经初步建立起完整的航天器环境试验技术及方法体系。在工程实践中,根据不同原则环境试验的分类也不一样。

(1) 根据环境试验性质划分为功能、性能试验,接口、匹配试验,环境适应性试验,环境效应模拟试验,可靠性试验等。

(2) 根据研制阶段划分为方案阶段、初样阶段及正样阶段试验。

(3) 根据试验目的划分为研制、鉴定、准鉴定、验收和合格认证试验。

(4) 根据产品级别划分为材料元器件级、部件级、组件级、分系统级和系统级试验。

(5) 按技术途径划分为飞行试验、地面模拟试验及数值仿真试验。

力学环境试验领域体系包括振动试验、声试验、典型冲击试验、冲击响应谱试验、静载荷试验、综合力学环境试验等。

在国内航天领域,环境试验的体系基本以型号的环境试验大纲和规范要求为引导。能够推动大纲发展的是专业技术能力的发展和试验设备的进步,然而大纲的发展与试验专业技术的进步需要衔接,目前衔接的过程经常时间较长,往往不能适应型号的需求,需要深入研究环境的损伤机理和危害。

在试验技术体系上,航天界的认识并不落后,重视试验验证是国内外航天的传统。但是由于航天产品从仿制到自主研发的特殊发展历程,加上"先解决有无"的习惯研制模式、研制速度快、以型号纵向经费为主的现实情况,使得在横向专业技术方面的损伤机理研究较少,自主的规范制定不太重视。导致各类试验的认识不同,需求不同,试验策略研究也不足,所以在试验体系上存在着建设不全面、使用不全面的现象。目前型号产品进入了自主研发和实际使用阶段,试验体系、技术规范的建设还任重道远。

参 考 文 献

[1] 向树红. 航天器力学试验环境试验技术[M]. 北京:中国科学技术出版社,2008.
[2] 柯受全,等. 卫星环境工程和模拟试验(下册)[M]. 北京:中国宇航出版社,1996.

[3] 向树红,张小达,李晔,等. 航天器环境试验基线与剪裁技术:第三部分试验基线剪裁[J]. 航天器环境工程,2016(4):354-358.
[4] 向树红,荣克林,黄迅,等. 航天产品环境试验技术体系现状分析与发展建议[J]. 航天器环境工程,2013(03):269-274.
[5] Test requirements for launch,upper-stage,and space vehicles:MIL-STD-1540C[S]. 1994.
[6] Test requirements for launch,upper-stage,and space vehicles Vol I:Baselines:MIL-HDBK-340A[S]. 1999.
[7] Test requirements for launch,upper-stage,and space vehicles VolⅡ:Applications:MIL-HDBK-340A[S]. 1999.
[8] Space engineering:Testing:ECSS-E-ST-10-03C[S]. 2008.
[9] Test requirements for launch,upper-stage,and space vehicles:SMC-S-016[S]. 2008.
[10] 国防科学技术工业委员会. 运载器、上面级和航天器试验要求:GJB 1027A—2005[S].
[11] 国防科学技术工业委员会. 运载器、上面级和航天器试验要求:GJB 1027A—2020[S].
[12] Constellation program environmental qualification and acceptance testing requirements:NASA CxP70036[S]. 2009.
[13] 邱吉宝,向树红,张正平. 计算结构动力学[M]. 合肥:中国科学技术大学出版社,2009.

第 2 章
力学环境和试验条件

2.1 力学环境

2.1.1 航天器力学环境源

航天器在整个寿命期间先后经受不同力学环境：①总装力学环境；②地面试验力学环境；③运输力学环境；④火箭起飞力学环境；⑤火箭发动机诱发结构振动环境；⑥气动噪声环境；⑦火箭开关机振动环境；⑧POGO 振动环境；⑨贮箱液体晃动力学环境；⑩火箭级间/抛罩分离环境；⑪在轨操作力学环境；⑫微振动力学环境；⑬返回/进入及着陆力学环境。

（1）总装力学环境：航天飞行器及其所有的组成部分在制造和装配过程（如起吊、翻转等环节）将承受一定的力学环境，但该环境不是十分突出，一般通过一定的静态过载系数在设计阶段予以考虑。

（2）地面试验力学环境：航天飞行器在研制过程中要开展必要的地面力学试验，验证其是否具备参加飞行的条件。地面试验力学环境是一种人为的，有目的的力学环境，其条件根据不同的研制阶段，不同的试验目的和需求进行制定和剪裁。

（3）运输力学环境：航天器需要从制造地运输到贮存地、或更高装配级的组装地，并最终到达发射场。远距离运输可能使用卡车、火车、飞机或远航货轮等交通工具，对于任何一种情况，运输都可能会产生导致破坏的动力学载荷，而且运输力学环境随运输方式（如铁路运输和空中运输）和运输状态（运输速度）的变化很大，因此需要根据不同的运输环境设计合适的包装运输系统。

（4）火箭起飞力学环境：火箭起飞时的力学环境包括瞬态冲击和发动机喷流噪声。在发动机推力达到最大值之前，运载火箭通常被固定在发射台上，当推力达到最大值时牵引机构释放，火箭起飞。快速变化的速度会产生沿火箭纵轴的瞬态冲击载荷,这种发射瞬态载荷通常集中在50Hz以下。同时,火箭起飞时,发动机排放气体会与周围空气混合产生紊流造成强烈的声激励,即发动机喷流噪声。这种声激励具有随机性,与火箭发动机数量、喷口距离、发射台导流装置设计形式等因素有关。无论哪种情况,声压级都具有较大的频率带宽,火箭发动机产生的声压级一般在10kHz以下。对于大型飞行器,其发射时结构外表面的总声压级能超过160dB,当然,它会随着飞行器速度的增加而迅速减小,当飞行器达到超声速后就会完全消失。

（5）火箭发动机诱发结构振动环境:发射过程中除发动机噪声外,还有发动机内部燃烧产生的一些力学激励,这些激励通过发动机机架直接传递到运载火箭结构上。除了周期激励外,通过结构传递的噪声和空气传播式噪声一样具有随机性。但与空气传播式噪声随运载器速度增加而减小不一样,结构传播式噪声在发动机工作过程中一直存在。发射过程中,在飞行器内部有效载荷处,结构传递的噪声所产生的振动量级通常小于空气传播式噪声所产生的振动。然而,对于运载火箭发动机连接处附近的结构,必须考虑因结构传递的噪声而产生的振动,特别是当这种振动为周期性振动的时候。由发动机直接力学激励产生的结构传递噪声通常覆盖较宽的频率范围（20Hz~2kHz）,但其总量值和谱型在很大程度上取决于发动机及发动机连接处附近具体的结构情况,因而必须逐一地进行评估。

（6）气动噪声环境:随着航天飞行器在大气中加速,飞行器和周围空气的相对运动速度会在飞行器结构外表面和大气之间的湍流边界层（TBL）产生脉动压力（通常称作气动噪声）。气动噪声具有随机性,它的总量级与飞行动压、飞行器马赫数有关,频率范围与速度和边界层位移厚度有关。不规则几何形状的结构会极大地改变气动噪声的量级和谱形,如级间圆锥形裙段。气动噪声的量级一般限制在10kHz以下,在大气层上升加速过程中,飞行器的气动噪声先增大后又减小,并通常在最大飞行动压处达到最大值。当然,在跨声速飞行阶段,飞行器的某些特殊位置（如前端附近）,由于冲击波和边界层的相互作用常常会产生超过最大动压处的噪声量级。

（7）火箭开关机振动环境:虽然推力轴近似与运载火箭的纵轴重合,但由于喷管气流的不对称性及同时作用的几个发动机间的微小时差,会在火箭的尾部产生横向载荷和弯矩载荷。运载火箭起飞过程中的推力变化是引发运载火箭和航天器低频瞬态载荷与随机载荷的主要因素。如液体发动机的推进剂耗尽导致的关机,会由于推力迅速消失引起推力急剧瞬变;或由于燃烧不稳定引起周期推力振荡。通常由推力变化引起的重要的运载火箭结构动力学响应在50Hz以下的频率范围内。

（8）纵向耦合振动（POGO）环境:使用液体火箭发动机的航天飞行器在上

升过程中可能发生的动力学不稳定现象称为 POGO。这种不稳定是由于飞行器结构纵向模态引起的振动和发动机推力振荡相互耦合造成的。结构振动的同时还会对流入燃烧室的推进剂的流动产生扰动,进而产生推力振荡。这是一个经典的闭环作用过程,当沿推力方向的加速度幅值和相位对系统所作的正功足以克服结构阻尼和液体损失,就会产生不稳定现象。POGO 大多在飞行器的第一阶纵向模态上发生(像 POGO 高跷运动)。对于中、大型运载火箭,一级发动机工作时,POGO 振动多发生在 5~20Hz 频率区间;二级发动机工作期间 POGO 发生的频率可能在 17~125Hz 区间。这种不稳定现象表现为一个幅值缓慢变化的极限环,在数秒钟到 30s 的时间内,幅值先达到最大值,然后逐渐衰减下来。在发动机入口、主发动机贮箱内、发动机自身内部安装充气蓄压器是在 POGO 发生前消除 POGO 及在设计阶段预防 POGO 的有效方法。

(9) 贮箱液体晃动力学环境:采用液体火箭发动机的运载火箭发射过程中推进剂质量占整个运载火箭质量一半以上,贮箱中的液体可能会由于扰动等产生晃动。晃动载荷同时具有瞬态和随机特性,通常发生在 5Hz 以下的低频段。晃动载荷的量级取决于火箭发动机设计、扰动载荷等因素,同时也影响贮箱结构、贮箱与运载火箭的连接结构及支承结构等设计。在轨阶段也必须考虑晃动载荷的影响,因为晃动频率可能与姿态控制系统、桁架和太阳翼帆板等大型附件的低频振动模态发生耦合作用。

(10) 火箭级间/抛罩分离环境:级间和整流罩的分离(包括助推器组件、头锥体及抛弃的绝缘板)常常借助火工装置完成,因而在局部产生高频瞬态载荷。除火工品引爆产生的局部载荷外,运载火箭结构部件快速分离或抛弃过程中的速度突变还会引起低频瞬态载荷。这些低频瞬态载荷的特性与分离或抛弃过程密切相关,其能量谱通常集中在 50Hz 以下。但这类低频载荷的特点不完全一致,必须针对不同的分离事件进行逐个分析。

(11) 在轨操作力学环境:飞行器或其有效载荷在空间飞行过程中有一些操作可能会产生瞬态载荷。如天线、太阳帆板及其他附件的展开,用于轨道或飞行姿态修正的发动机点火,星上旋转敏感器的启动与停止等。这些运转产生的载荷通常集中在 10Hz 以下的频率范围并且幅值相对小,往往容易被忽略,从而造成在轨故障,因此也需要逐个事件进行分析。

(12) 微振动力学环境:航天器在轨运行期间,星上转动部件高速转动、大型可控构件驱动机构步进运动、变轨调姿期间推力器点火工作、大型柔性结构进出阴影冷热交变等都会产生一种幅值较小、频率较高的振动载荷,称其为微振动载荷。这种激励可能是稳态随机、周期或瞬态的,并且可能发生在 10Hz~10kHz 的任何频率范围。尽管与其他的激励,特别是发射阶段的激励相比,其引起的振动水平要小几个量级,对大部分航天器不会产生明显影响,通常予以忽略。但当微振动作用在具有敏感特性的有效载荷上时(例如地球观测卫星)，一般都产生了放大作用，将严重影响星上有效载荷的指向精度、稳定度等重要性能指标。在敏感有效载荷的设计过程中应该考虑微振动载荷，例如对于基于干涉测量法的成像仪或基础性的物理试验等敏感设备，可能以毫克或微克级微振动环境作为极限设计因子。微振动载荷主要由微扰动源引起。微扰动源的特性可以通过时间或者频率范围来定义，也可以通过二者联合定义。它们可以分为航天器外部的(或自然的)和内部的扰动源。外部和内部可以根据扰动源项目、物理事件类型、扰源物理特性和信号类型等进一步分类。

(13) 返回/进入及着陆力学环境：对于载人飞船、月球探测器等深空探测航天器而言，航天器的设计必须使其进入到行星大气层及着陆时能免于毁坏。在返回/进入过程中主要承受气动减速引起的准静态加速度过载和气动噪声引起的随机载荷，这些载荷与火箭主动段的载荷相似。在着陆过程中所受到的力学环境比较特殊，这类力学环境与航天器的构型、着陆速度、缓冲结构的设计、着陆地点的地形及土壤环境等因素密切相关，而且在幅值和频域范围内具有随机性，因此也需要逐个事件进行分析。

2.1.2 力学环境的分类

航天器力学环境没有一个严格的分类标准，按照频率范围划分，航天器力学环境主要可分为振动、声环境冲击、加速度(表2-1)。

表2-1 力学环境的分类

环境类型	环境来源
低频振动	运输,地震事件,火箭发动机点火过压,起飞释放,发动机推力瞬变,机动载荷,级间/整流罩分离,飞行中的操控动作,地表穿透
随机激励	运输,风和紊流,箱体内液体晃动
声场噪声	发动机声场噪声,气动噪声,星际降落和再入
冲击	爆炸分离,空间碎片撞击
加速度	总装,运输,发动机振荡燃烧,POGO,固体发动机压力振荡,在轨运行中产生的微振动载荷,发动机产生的振动,星载设备运行

(1) 低频振动环境：航天器低频振动环境主要是指由发动机推力变化、跨声速脉动压力及运载火箭带攻角通过跨声速时的冲击载荷、牵制释放、助推器分离、级间热分离、内力释放等引起的结构低频响应环境，低频振动环境的频率范围一般取在100Hz以下。

(2) 低频随机振动环境：航天器承受的随机振动环境主要由两部分构成：一部分是由发动机的机械振动直接传递导致；另一部分是由气动噪声和发动机喷流噪声激起的结构振动。通常的频率范围是20~2000Hz，以随机加速度谱密度的形式表征。

（3）声环境：飞行器外部与内部区域的声环境来自火箭推进及空气动力激励。包括起飞点火时的发动机喷流噪声和飞行中的气动噪声。噪声的声谱一般采用倍频程或 1/3 倍频程带宽给出，倍频程带宽的中心频率为 31.5~8000Hz，1/3 倍频程带宽的中心频率为 20~8000Hz。

（4）冲击环境：航天器的冲击环境包括发动机启动和关机时推力突然变化引起的冲击和分离爆炸冲击。其中火工品爆炸分离激起的高频冲击环境，主要能量集中在 100~10000Hz 的范围内。除此之外，还包括运输时受到的冲击，虽然频率范围不宽，但能量主要集中在低频段，对结构件影响较大。

（5）加速度环境：加速度环境为航天器飞行中的加速度和振动环境的加速度的低频部分之和。如航天器在发射上升阶段火箭发动机推力作用下的环境可近似看作恒加速度环境；航天器再入大气层返回地面时，在空气阻力和人工减速装置作用下受到加速度值比发射上升段小、而方向与运动方向相反的恒加速度环境。有飞机助力起飞、机动着陆减速都可近似看作恒加速度环境。加速度试验验证产品在工作状态下承受鉴定级加速度环境的能力，试验加速度值至少为 1.25 倍最高预示加速度，最高预示加速度由准稳态加速度、振动和声环境以及瞬态飞行事件（如运载器起飞、发动机点火和关机、跨声速和最大动压飞行、风载荷、飞行器分离等）组成的结构响应的最高预示加速度。

2.2　力学环境的数学描述

2.2.1　数据的表征

描述力学环境的物理量有运动量（如线位移、线速度、度、角位移、角速度和角加速度等）和力（集中载荷、分布载压等）。从分析观点考虑，力学环境数据一般可分为确定性和随机数据两大类。确定性数据可用适当的数学表达；而随机数据只能用概率的观点、统计平均的方法描述统计特性。力学环境数据分类如图 2-1 所示。

2.2.2　时域表示

对于稳态或平稳动力学环境，用信号 $x(t)$ 来表示时，对环境幅值最简单的描述方法是均值 μ_x，它可以描述 $x(t)$ 的集中趋势。标准差 σ_x，它可以描述 $x(t)$ 的离散情况。均方根（rms）值 ψ_x，它可以描述集中趋势和离散情况。信号 $x(t)$ 的均值、标准差以及均方根计算见式(2-1)、式(2-2)和式(2-3)，其中 $0 \leqslant t \leqslant T$。

第 ❷ 章　力学环境和试验条件

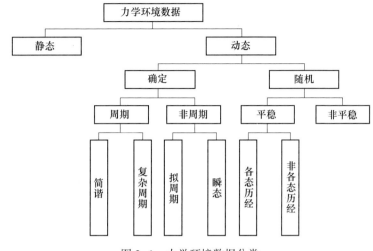

图 2-1　力学环境数据分类

（1）均值

$$\mu_x = \frac{1}{T}\int_0^T x(t)\,\mathrm{d}t \tag{2-1}$$

（2）标准差

$$\sigma_x = \sqrt{\frac{1}{T}\int_0^T [x(t)-\mu_x]^2 \mathrm{d}t} \tag{2-2}$$

（3）均方根值

$$\psi_x = \sqrt{\frac{1}{T}\int_0^T x^2(t)\,\mathrm{d}t} \tag{2-3}$$

其中，T 为线性平均时间。需要注意的是高频动力学环境的测量一般使用压电传感器，这种传感器无法测量信号的平均值，也就是说实测信号没有直流（DC）部分。在这种情况下，均方根值与标准差相等，也就是如果 $\mu_x = 0$，则 $\psi_x = \sigma_x$。

非稳态环境信号用时变均值表示，通常采用时短、连续的时间段分别进行计算，得到连续变化的均值：$\mu_x(t)$、$\sigma_x(t)$、$\psi_x(t)$。对于随机环境，连续均值的计算需要折中考虑以下两个方面：一方面是通过增大平均时间 T 来减少随机误差；另一方面是通过减小平均时间 T 来减少时间间隔偏移误差。

确定性数据和瞬态冲击数据可用对应物理量的时间历程表示。各态历经的平稳随机数据可用自相关函数 $R_{xx}(\tau)$ 和互相关函数 $R_{xy}(\tau)$ 分别度量时间间隔为 τ 的数据之间的统计相关性。

$$R_{xx}(\tau) = \lim_{x \to \infty} \frac{1}{T} \int_0^T x(t)x(t+\tau)\mathrm{d}\tau$$

$$R_{xy}(\tau) = \lim_{x \to \infty} \frac{1}{T} \int_0^T x(t)y(t+\tau)\mathrm{d}\tau \tag{2-4}$$

相关分析可用于检测数据中的周期分量、辨识传递路径、波传播速度以及检测噪声污染下的有效信息。

2.2.3 频域表示

1. 傅里叶谱

周期动态数据的傅里叶谱是离散谱。对应于频率 $f_n(f_n = nT$,其中 T 为周期,n 为大于等于零的正整数)的复谱分量为

$$c_n = \frac{2}{T} \int_0^T x(t) \mathrm{e}^{-\mathrm{j}2\pi f_n t} \mathrm{d}t \tag{2-5}$$

瞬态冲击数据的傅里叶谱是连续谱。对应于频率 f 处的谱分量给出傅里叶积分定义

$$X_n(f) = 2 \int_0^\infty x(t) \mathrm{e}^{-\mathrm{j}2\pi f t} \mathrm{d}t \tag{2-6}$$

2. 自谱和互谱

平稳随机数据可分别用下列自功率谱密度 $S_{xx}(f)$ 和互功率谱密度 $S_{xy}(f)$ 表征单位频率带宽上功率的大小

$$S_{xx}(f) = \lim_{\substack{x \to \infty \\ B \to 0}} \frac{1}{BT} \int_0^T x^2(f,t,B)\mathrm{d}t \tag{2-7}$$

$$S_{xy}(f) = \lim_{\substack{x \to \infty \\ B \to 0}} \frac{1}{BT} \int_0^T x(f,t,B)[y(f,t,B) + \mathrm{j}y^0(f,t,B)]\mathrm{d}t$$
$$= C_{xy}(f) - \mathrm{j}Q_{xy}(f) \tag{2-8}$$

3. 互功率谱的相干函数

为了得到衡量信号 $x(t)$ 和 $y(t)$ 之间线性依赖关系更为便捷的方法,用互功率谱密度幅值的平方除以两个信号自谱密度的乘积得到相干(有时也称为平方相干)函数:

$$\gamma_{xy}^2(f) = \frac{|G_{xy}(f)|^2}{G_{xx}(f)G_{yy}(f)} \tag{2-9}$$

式中:$G_{xy}(f)$ 为 $x(t)$ 和 $y(t)$ 之间的互功率谱密度;$G_{yy}(f)$ 分别为 $x(t)$ 和 $y(t)$ 的自功率谱密度。式中的相干函数是一个 0 和 1 之间的无量纲实数,即 $0 \leqslant \gamma_{xy}^2 \leqslant 1$。

2.2.4 倍频程谱

用来描述确定性或随机性平稳动力学环境的信号,通常在频域上用倍频程(或 1/3 倍频程)谱来表示,单位为 dB。倍频程谱的单位是对应频域(Hz)的 dB(参考值)。

n 倍频程带宽上、下限计算见下式

$$f_2 = 2^n f_1 \tag{2-10}$$

中心频率 f_0 见下式

$$f_0 = \sqrt{f_1 f_2} \tag{2-11}$$

式中:n 通常取 1、1/3 为常用倍频程;f_2 为带宽的上限(Hz);f_1 为带宽的下限(Hz)。

与随机数据的谱分析一样,声压级、声强级和声功率级可按频率顺序展开,但滤波器的中心频率规定为倍频程或 1/3 倍频程滤波器。声压级以符号 SPL 表示。

$$SPL = 20\log\left(\frac{p}{p_0}\right) \tag{2-12}$$

式中:SPL 为总声压级的数值(dB);p 为待测声压的有效值(Pa);p_0 为参考压力的数值,一般取 2×10^{-5} Pa。

2.2.5 冲击响应谱

冲击响应谱(SRS)通常用来测量给定瞬态环境破坏的可能性,这个环境特性可以是确定性的也可以是随机性的。对于确定性环境特性而言,冲击响应谱概念还可以用来计算针对设计目的的边界载荷。

冲击响应谱是指一系列不同固有频率、具有一定阻尼的线性单自由度系统受到冲击激励作用时产生的最大响应(如加速度、速度、位移)与系统固有频率之间的关系曲线。冲击响应谱的力学系统如图 2-2 所示。假定的单自由度系统由弹簧和阻尼器及共同支撑的质量块组成,支撑皆与刚性基座相连。

在定义 SRS 时,假设振子的质量远小于基座质量,因而对基座输入的影响可以忽略不计,即振子和基座质量之比趋于零。当评估一个在确定性环境特性下的多自由度系统的设计载荷,对同一定义进行了两处改动:①系统的每个弹性模态都被看作一个单自由度系统(激振器),它的质量就是"有效模态质量",导出了模态的 SRS;②取消模态质量与基座质量之比趋于零的假设。

2.2.6 振动、声和冲击环境的统计估计

振动、声和冲击环境的统计估计是用样本函数来估计动力学环境的总体分

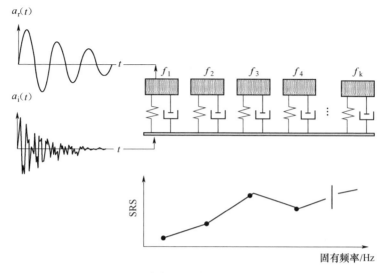

图 2-2　冲击响应谱计算的力学系统

布函数、分布参数或数字特征。飞行数据表明,多次飞行之间的变化符合对数正态分布,GJB 1027A 中确定该分布的标准偏差为 2dB(SMC-S-016 中标准偏差为 3dB),除非证明它服从其他假设。

鉴定试验和验收试验的振动、声和冲击环境是以统计预示谱值为依据。验收试验用的最高预示环境值是指用 50% 置信度估计在至少 95% 的飞行次数中不会被超过($P95/50$ 值)。鉴定试验用的极限预示环境值是指用 90% 置信度估计在至少 99% 的飞行次数中不会被超过($P99/90$ 值)。

对于标准正态分布函数,P 分位点 Z_p 用概率表示为 P(百分数)的数据不会超过 Z_p,验收级试验取 95%,鉴定级试验取 99%。标准正态分布的分位点如图2-3 所示。

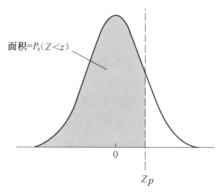

图 2-3　标准正态分布的分位点

数学描述见式(2-13),几个常用分位点数值为 $Z_{0.50}=0$, $Z_{0.90}=1.282$, $Z_{0.95}=1.645$, $Z_{0.99}=2.322$。

$$P\{X \leqslant z_p\} = P \tag{2-13}$$

一般正态分布 $x \sim N(\mu,\sigma)$ 可以转换标准正态分布 $\dfrac{x-\mu}{\sigma} \sim N(0,1)$,则 P 概率不超过的值为

$$\frac{x-\mu}{\sigma} \leqslant z_p \tag{2-14}$$

即

$$E_x(P) = \mu + z_p\sigma \tag{2-15}$$

但在随机中选取样本也存在偏差,为了使取样的偏差也能覆盖足够的范围,又增加了置信度取值。置信度,即表明在取样的情况下统计估计的可信程度,该数值与随机函数以及取样的数量有关。

正态分布 $x \sim N(\mu,\sigma)$ 的样本 $X_i(i=1,2,\cdots,N)$ 的均值 $\overline{X}$ 也服从正态分布 $\overline{X} \sim N\left(\mu,\dfrac{\sigma^2}{N}\right)$。由于标准偏差已在标准中规定,则只需要将样本均值满足置信度 C 的余量增加到统计估计中即可。

$$P\{\overline{X} \leqslant z_c\} = C \tag{2-16}$$

即

$$\frac{\overline{X}-\mu}{\sigma/\sqrt{N}} \leqslant z_c \tag{2-17}$$

所以

$$E_x(C) = \mu + (z_c\sigma)/\sqrt{N} \tag{2-18}$$

综合式(2-15)、式(2-18),不超过 C 百分位置信度下 P 百分位概率的估计式为

$$E_x(P/C) = X_m + (z_p + z_c/\sqrt{N})\sigma \tag{2-19}$$

式(2-19)与 GJB 1027A、SMC-S-016 等标准中的统计估计公式一致。

需要指出的是,如果样本的标准偏差不能够获取准确数据,可以通过正态容差限方法,通过正态分布、卡方分布、t 分布的相关准则,获得统计估计预示谱值由下式求得

$$G = m + Ks \tag{2-20}$$

式中:G 为统计预示谱值;m 为样本值的均值;s 为样本值的标准偏差;K 为系数。

假设统计预示谱的样本数有 n 个:$g_1,g_2,\cdots,g_n$,当它们服从对数正态分

布时

$$m = \frac{1}{n}\sum_{i=1}^{n}\lg(g_i) \quad s^2 = \frac{1}{n-1}\sum_{i=1}^{n}(\lg(g_i)-m)^2 \quad (2-21)$$

式中：K 为样本数 n 的函数，取决于所要求的统计置信度，K 值由表 2-2 得到。如 $n=3$ 时，采用 P95/50 时，表示至少 50% 的时间内等于或大于 95 百分位点的值定义为最高预示环境，则 $K=1.94$。考虑到飞行动力学数据近似为对数正态分布，统计预示谱值 G 需要通过相应计算转换回原始工程量。

表 2-2　正态容差上限的容差因子（K）

N	$\gamma=0.50$			$\gamma=0.75$			$\gamma=0.90$		
	$\beta=0.90$	$\beta=0.95$	$\beta=0.99$	$\beta=0.90$	$\beta=0.95$	$\beta=0.99$	$\beta=0.90$	$\beta=0.95$	$\beta=0.99$
3	1.5	1.94	2.76	2.5	3.15	4.4	4.26	5.31	7.34
4	1.42	1.83	2.6	2.13	2.68	3.73	3.19	3.96	5.44
5	1.38	1.78	2.53	1.96	2.46	3.42	2.74	3.4	4.67
6	1.36	1.75	2.48	1.86	2.34	3.24	2.49	3.09	4.24
7	1.35	1.73	2.46	1.79	2.25	3.13	2.33	2.89	3.97
8	1.34	1.72	2.44	1.74	2.19	3.04	2.22	2.76	3.78
9	1.33	1.71	2.42	1.7	2.14	2.98	2.13	2.65	3.64
10	1.32	1.7	2.41	1.67	2.1	2.93	2.06	2.57	3.53
12	1.32	1.69	2.4	1.62	2.05	2.85	1.97	2.45	3.37
14	1.31	1.68	2.39	1.59	2.01	2.8	1.9	2.36	3.26
16	1.31	1.68	2.38	1.57	1.98	2.76	1.84	2.3	3.17
18	1.3	1.67	2.37	1.54	1.95	2.72	1.8	2.25	3.11
20	1.3	1.67	2.37	1.53	1.93	2.7	1.76	2.21	3.05
25	1.3	1.67	2.36	1.5	1.9	2.65	1.7	2.13	2.95
30	1.29	1.66	2.35	1.48	1.87	2.61	1.66	2.08	2.88
35	1.29	1.66	2.35	1.46	1.85	2.59	1.62	2.04	2.83
40	1.29	1.66	2.35	1.44	1.83	2.57	1.6	2.01	2.79
50	1.29	1.65	2.34	1.43	1.81	2.54	1.56	1.96	2.74
∞	1.28	1.64	2.33	1.28	1.64	2.33	1.28	1.64	2.33

如果样本数少于 3，可以采用做包络的方法，考虑到环境的变化和预示结果的误差，还应加适当的余量。

2.3 力学环境效应

2.3.1 力学环境效应分类

产品在上述力学环境激励下产生的环境效应主要有以下四方面。

1. 结构完整性破坏

在恒加速度环境下,由于过应力可能导致材料断裂。在稳态振动或声环境激励下,材料可能产生微裂纹,并随时间不断扩展,损伤连续累积,最后导致材料强度降低、疲劳断裂或寿命蜕变,结够完整性局部或整体破坏。疲劳破坏是最普遍的破坏模式,在机械零、部件的失效总数中,50%~90%属于疲劳破坏。振动应力也加剧了运动机械的磨损,导致运动机构配合面损伤,间隙增大,精度降低,产生异常的噪声、振动、表面腐蚀和空化效应,摩擦副的温度迅速升高,加剧了磨损,最后导致运动机构故障而使产品失效,由于磨损造成的事故所占的比例也相当大。在瞬态冲击环境作用下材料的强度与加载速度密切有关,由于冲击的行波效应造成应力导致材料断裂。以上这些环境效应是不可逆的,将导致结构整体或局部的永久性失效。

2. 产品功能失效

功能失效是指产品在力学环境作用下性能降低、超差、故障失效。按照效应的性质。功能失效大致可划分为下列几种。

1) 力学特征变化

例如在恒加速度环境下,减振器刚度特性变化导致减振功能失效;部件的永久变形造成机械碰撞而损坏;液体在失重或超重环境下的特性变化造成管道堵塞和泵抽空;具有方向敏感性部件的复杂机构由于重量不足而失灵。

2) 电性能变化

例如导线和密布元件振动磨损而短路;电子元器件机械疲劳损坏;印制电路板断裂;继电器误动作;电子噪声;电容和介电常数变化;绝缘电阻降低。

3) 光学特性变化

例如在动态载荷环境下,光学系统失调和精度下降。

功能性失效可能是可逆的,一旦力学环境量级降低或除去,产品功能就恢复正常;也可能是不可逆的。

3. 工艺故障

例如紧固件松动、密封失效、涂层裂缝、起皱和剥落以及元件脱焊等,这些故障主要是由于设计、制造和装配的不合理和缺陷而引起的。在动力学环境的作用下,加剧了工艺缺陷的暴露和影响。

4. 对航天员的影响

在载人航天工程中,大量级的宽带随机振动和噪声对人体可能产生严重影响。一方面是内耳的损伤,可能造成永久性皮层听阈的改变;另一方面可能对内脏器官造成普遍伤害。动物实验表明,强噪声可以引起因声致振动造成的肺脏严重损伤,使其在短时间内丧失呼吸功能,窒息而死。低量级的噪声对身体的影响是累计性的,可以使有机体能量代谢等组织发生化学变化并逐渐使细胞损伤。

表 2-3 列出了典型力学环境对航天器产品的影响。

表 2-3 典型力学环境对航天器产品的影响

环境类型	环 境 效 应
加速度	(1) 永久变形和裂纹,使设备失效或损坏
	(2) 紧固件和支撑断裂导致设备内部件的松动
	(3) 固定支架的断裂导致设备安装松动
	(4) 减振器刚度增加,减振效率降低
	(5) 电子线路板的短路和断路
	(6) 继电器非正常打开或闭合
	(7) 传动装置或其他机构被约束
	(8) 密封泄漏
	(9) 压力和液体调节器发生变化
	(10) 泵出现气穴
振动	(1) 元器件引线、导线或管脚的磨损、折断而失效
	(2) 紧固件松动
	(3) 电触点的断续接触
	(4) 电气元件相碰而短路
	(5) 密封失效
	(6) 结构裂纹或断裂(疲劳破坏)
	(7) 电噪声过大
	(8) 轴承摩擦腐蚀
	(9) 固体推进剂药柱产生裂纹
冲击	(1) 零件之间摩擦力的增加或减小,或相互干涉而引起设备失效
	(2) 继电器非正常打开或闭合

续表

环境类型	环境效应
冲击	（3）绝缘强度改变，绝缘电阻下降，磁场和静电场强度变化
	（4）电路板失灵和损坏
	（5）点接头失效
	（6）电路板污染物的移动导致短路
	（7）由于结构和非结构元件的过应力引起设备的永久机械变形
	（8）由于超过强度极限引起设备机械零件破坏
	（9）材料加速疲劳（低周疲劳）
	（10）由于晶体、陶瓷、环氧树脂或玻璃封装破碎引起设备失效
爆炸分离冲击	（1）继电器抖动导致设备失效
	（2）电路板故障、电路板损伤和电连接器失效导致设备失效
	（3）电路板多余物迁移引起短路
	（4）由于晶体、陶瓷、环氧树脂或玻璃封装破碎引起设备失效
	（5）伴随显著的热辐射和电磁辐射（源于爆炸期间的气体电离）
噪声	（1）导线磨损
	（2）部件声和振动疲劳
	（3）部件连接导线断裂
	（4）印刷线路板开裂
	（5）电触点断续工作
	（6）小颗粒脱落，引起回路和机构卡死
	（7）过量的电噪声

2.3.2 失效机理

性能的退化、所有的损坏或致使部件不能完成预定任务的任何故障都可以定义为飞行器部件的失效。对于一个动力载荷环境，由其引起的失效类型可分为以下两类：

硬失效包括永久性的物理破坏，致使部件无法完成预定任务。硬件故障通常会导致看得见的破坏，例如，结构元件的破裂或者电子元件的永久性失效。

软失效包括在动力载荷作用时间内发生性能故障或退化，致使部件无法完成预定任务，但是当动力载荷作用结束后，部件不会显示出任何破坏，运行正常。软失效多发生在电气、电子和/或光学元件上,偶尔也会发生在复杂的机械元件,如陀螺装置。

失效机理是指部件在特定方法暴露于动力载荷之下而受损。所有失效机理都取决于动力载荷的幅值大小,也有相当一部分取决于载荷的作用时间。那些既取决于幅值又取决于作用时间的失效机理被称为与时间相关的失效机理。软失效几乎都与时间无关,它们通常在动力载荷发生的同时就会出现;相反,硬失效一般是与时间相关的,当然也有例外。例如,如果一个冲击或振动载荷产生的应力超过了部件中重要元件的极限值,在载荷开始作用的同时,就会发生破裂现象。

从产品可靠性角度看,无论是结构完整性破坏还是功能失效和工艺故障,都将导致产品丧失其规定的功能,统称为失效。产品的失效规律一般用失效率函数描述,大多数产品的失效率函数呈现"浴盆"形状(图2-4)。这里,失效率$\lambda(t)$定义为已工作到时间t的产品在t时刻以后的单位时间内发生失效的概率。

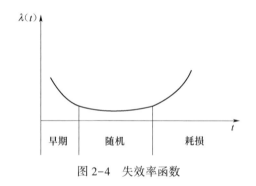

图 2-4 失效率函数

失效率函数大致可划分为下列三个阶段:

(1) 早期失效阶段。早期失效的原因大多是由于设计和制造中的不合理和原材料的缺陷引起的,一般失效率较高,但随着产品工作时间的增加失效率迅速下降。

为了减少产品的早期失效,尽早暴露产品的缺陷,及时修复和剔除,应加强原材料的检验和设计以及制造质量的管理,并进行老化试验和环境应力筛选试验。

(2) 偶然失效阶段。产品在这个阶段的失效原因虽然较多,但这些因素的影响不严重,并具有偶然性。这个阶段是产品最佳的工作时期,失效率低,数值又比较稳定,可以近似看作常数。

(3) 耗损失效阶段。在这个阶段,失效率随时间增长而迅速增长,这时,大部分产品开始失效。为此,必须及时采取补救措施,例如进行预防性措施或成批更换器件,以减少灾害性事故和损失。

2.4 力学环境数据的获取

在初步设计阶段,一般根据振源分析、标准中推荐的力学数据或类同产品的实测环境数据,近似地预估该特定产品的环境。在技术设计阶段,可根据全系统结构的数学模型和外部动力学环境,预估产品安装部位的动力学环境参数。在设计验证和使用阶段,实测产品的力学环境数据,可验证原力学环境预示结果的准确度,并积累实测环境数据,为后续型号的力学环境预估提供依据。下面简要叙述力学环境数据获取的两种基本途径。

2.4.1 实测

在现场条件下,测量原型产品在使用寿命期间的力学环境参数,或者在实尺或缩尺模型上用人工激励源激励,提取产品主要力学环境数据。测量的物理量和测点布置应根据所需要提取环境数据和产品的结构状态确定。为了保证测量的力学环境数据是同一母体所采集的样本,必须将所测的数据按产品型号、试验和测量部位(主、次结构)进行分类,而后再处理。数据处理方法大致可分为以下两种。

1. 包络图法

以随机振动数据为例。实测得到的是一组功率谱密度数据样本,可按下述方法之一分别对各离散频率上的谱数据进行包络处理。

(1) 取样本中最大值作为该频率上的包络值;

(2) 对样本进行统计处理,取95%概率所对应的谱值作为包络值;

(3) 取 $\bar{x} + 3\sigma x$ 作为包络值(其中 $\bar{x}$ 和 σx 分别为样本的均值和均方根值)。

2. 回归分析法

对测量数据进行回归分析,建立力学环境参数与环境源主要参数之间的统计回归模型,并以此模型外推环境源参数下的力学环境数据。例如,安装在飞机外壁板上的仪器设备主要受附面层气动噪声激励,壁板振动的加速度均方值 σ_g 与飞行速压 q 的回归关系可写成下列形式

$$\sigma_g = kq^2 \tag{2-22}$$

式中:k 为回归系数。

2.4.2 预示

力学环境预估方法主要有下列两种。

1. 数学模型法

将产品结构的固有动态特性用数学模型描述,计算在外部力学环境载荷激励下结构上各部位的力学环境。结构的数学模型有两类。

1) 确定参数模型

这种模型适用于低频动力学环境预估。工程分析大多采用离散参数模型(如有限元模型)。用模态叠加法可以预估在周期载荷激励下结构响应峰值向量和在随机载荷激励下结构响应的均方值与功率谱密度的空间分布。用直接时间积分法(如中心差分法、Wilson-θ 法、Newmark 法和 Houbolt 法)预估在瞬态冲击载荷激励下的响应。当随机激励的频带很宽、结构的模态密度又较高时模态叠加法预估响应计算量相当大,可采用渐近法,利用固有频率和振型的渐近性质和模态密度较高的特点,以渐近值代替精确值以对波数空间某个域的积分代替模态叠加,预估响应。

2) 随机参数模型

当随机激励的频带较宽、结构的模态密度又较高时,结构的动态特性对结构状况(如材料的力学特性、制造工艺质量和装配等)的细节变化很敏感,使模态特性呈现一定的随机性。应建立随机参数模型,用统计方法去预估响应。在声和机械振动相互耦合的环境中,最常采用的模型是统计能量模型。以能量为基本变量用统计方法分析包括结构和声空间在内的整个系统稳态振动时的能量传递(能量流)和分布,获得子结构中所储存能量的粗略估计,模型的参数有模态密度、损耗系数和耦合损耗系数,它们分别定义了各子系统稳态振动时储存的能量、阻尼引起的能量耗散以及相邻子系统之间的能量传递。

结构的数学模型是结构特性和行为的数学表征。为了分析方便,在建模时通常引入一定的假设(如非时变和线性),因而,用数学模型法预估的准确度很大程度上取决于实际结构与假设之间的符合程度,还取决于模型参数估计的准确度。

事实上,航天器在发射段需要承受覆盖全频域的动态载荷,不同频段的载荷和结构振动响应特性差异很大,很难用单一的分析方法进行准确预示。例如在低频段,结构和声腔的模态较为稀疏,有限元和边界元等基于单元离散技术的方法最为常用;而在高频段,结构和声腔的模态密集且随机特性影响突出,因此,统计能量分析和能量有限元分析等方法在工程上应用较多。当系统内子结构模态密度差异较大时,即一部分子结构或子系统在某个频段模态密集(波长较短),而另一部分模态稀疏(波长较长),系统的动力学特性尤其复杂,这个频段的动力学问题称为"中频"问题。中频段力学环境预示问题一直是国内外研究的热点和难点。中频力学环境预示方法主要包括区域分解技术、波基方法、FE-SEA 方法、FEA-EFFA 混合方法等。其中基于波数的 FE-SEA 混合方法主要借鉴了模糊结构理论、波动理论、传统 FEM 及 SEA 等多种理论及方法。

2. 类比法

类比法是利用类同的老产品或参考产品上所实测的力学环境数据,根据动力相似原理外推,预估所研制产品低频振动时的平均响应或最大响应。例如,所研制产品的加速度功率谱密度 $S_n(\omega)$ 的预估值可写成下列形式

$$S_n(\omega) = S_0(\omega) C_\rho C_m C_d C_{ex} \tag{2-23}$$

式中: $S_0(\omega)$ 为类同产品的实测功率谱密度; C_ρ 为密度修正, $C_\rho = \left(\dfrac{\rho_0}{\rho_n}\right)^2$; C_m 为集中质量修正, $C_m = \left(\dfrac{w}{w+w_c}\right)_n \left(\dfrac{w+w_c}{w}\right)$; C_d 为阻尼修正, $C_d = \dfrac{\xi_0}{\xi_n}$; C_{ex} 为激励力修正, $C_{ex} = \left(\dfrac{p_n(\omega)}{p_0(\omega)}\right)^2$; ρ 为结构材料密度; w 为结构的质量; w_c 为附加部件的集中质量; ξ 为无量纲的阻尼系数; $p(\omega)$ 为激励力或激励压力;下标 0 和 n 分别表示老产品和研制产品。

不同的假设前提,可以推演出不同的类比公式。用类比法预估的准确度取决于研制产品与老产品之间的结构特性和激励源的相似性。

2.4.3 数据库

将产品使用中实测的力学环境数据和研制过程的试验数据,按产品结构类型、结构的特征参数(如重量、几何尺寸或使用工况)分组存储,建立产品型号系列可追溯的数据库,作为未来型号设计力学环境参数的信息资源。力学环境数据库一般具有数据的时域、频域处理、编辑、环境预估和数据检索等功能。

2.5 力学环境试验条件设计方法

力学环境试验条件设计的目的是在产品实际环境基础上,根据相应设计规范得到的用于在实验室对产品环境适应性进行考核的试验技术要求,包括频率范围、谱型、量级、方向和持续时间等要素。

2.5.1 量级确定方法

试验量级往往与预示或实测环境有关。一般在预示(或实测)振动量级的基础上增加一定的系数来得出,考虑点与点之间(空间的)、不同在役飞行过程之间的差异,以保证预示(或实测)结果相对于可能的飞行环境是保守的。其中最高预示环境是产品在全寿命周期内可能遇到的最高环境,通常以加速度等运

动参数的谱的形式给出。

确定随机动态载荷引起的结构响应的保守限值的方法主要有简单包络、正态容差限、无分布容差限、经验容差限、正态预测限等。文献 NASA-STD-7005 中对各种方法的优缺点进行了比较和总结。对比表明，建议一般采用正态容差限，这也是目前国内外建立最大期望环境最通用的方法，如 MIL-STD-1540C、NASA-STD-7001 和 GJB-1027A 等。但是应该指出，当样本数 n 较小时，正态容差限的值与域内预示谱的均值相差很大，因此当 $n \leq 2$ 时，可采用简单包络法作为上限值；如果 $n > 10$，可用经验容差限或无分布容差限来替代正态容差限。

假设 x 为感兴趣的域内任意一点上载荷引起的高频动力学结构响应的谱；x_{ij} 为载荷在感兴趣的域内第 i 点上 ($i=1,2,\cdots,n$) 引起的高频动力学结构响应在第 j 个频率分辨率带宽内 ($j=1,2,\cdots,m$) 的谱值。

1. 简单包络法

简单包络法是把给定域内的 n 个点上的预示谱值 x_{ij} ($i=1,2,\cdots,n$) 罗列起来，然后，选择每个分辨率带宽内 (共 m 个) 的最大谱值。这样给出的包络是未经过光滑处理的，为了简单起见，通常用一系列的直线段进行光滑，一般直线段的总数不超过 7 段，且线段的斜率一般为 0、±3dB/oct 或 ±6dB/oct。包络法的优点是简单易行，缺点是在利用直线段对包络进行平滑处理时，所采用的直线段的数量通常存在一定主观性。

简单包络法是我国目前常采用的方法，即用最大谱来描述随机振动环境。主要优点是容易实施，但也有以下不足：首先随机振动本身就是一个随机过程，描述随机过程并未采用概率的方法，使得其不确定性无法量化；其次，试验量级的制定往往带有一定主观性，即两个经验不同的工程师用相同的数据可能得到差别较大的条件。某火箭同一结构域内的 12 个振动测量谱的简单包络如图 2-5 所示。

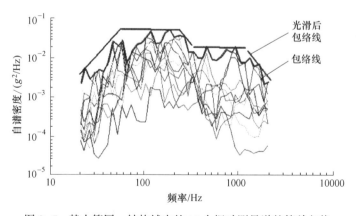

图 2-5　某火箭同一结构域内的 12 个振动测量谱的简单包络

2. 正态容差限法

正态容差限仅适用于正态分布的随机量。但是大量经验表明,描述航天器不同点之间结构响应的各种运动参数的谱值可近似为对数正态分布,也就是说,在指定的频率分辨率带宽内,结构响应谱值在空间上的分布满足对数正态分布。对分辨率带宽内的预示谱 x 进行变换

$$y = \lg x \tag{2-24}$$

可计算出预示结果的正态容差限 $y_{ij}(i=1,2,\cdots,n;j=1,2,\cdots,m)$。$y$ 的单边正态容差限(即上界)标记为 $\mathrm{NTL}_y(n,\beta,\gamma)$,其表示在置信度为 γ 的条件下,由它定义的 y 的值为超过 y 所有可能值的概率为 β,则有

$$NTL_y(n,\beta,\gamma) = \overline{y} + k_{n,\beta,\gamma} s_y \tag{2-25}$$

其中,$\overline{y}$ 为样本均值,s_y 是 y 的标准偏差,两者按如下公式给出,

$$\overline{y} = \frac{1}{n}\sum_{i=1}^{n} y_i, \quad s_y = \sqrt{\frac{1}{n-1}\sum_{i=1}^{n}(y_i - \overline{y})^2} \tag{2-26}$$

对于航天器而言一般以最高预示环境作为验收条件。当数据子样数 $n \leqslant 2$ 时,可在最大值包络的基础上考虑一定的不确定系数作为最高预示环境;对于数据子样数 $n \geqslant 3$ 的情况,一般以基于单边正态容差限、从具有50%置信度的95%概率得到的数值作为最高预示环境。

鉴定条件一般在验收条件的基础上,考虑一定的环境设计余量后得到。也可以按对数正态分布假设估计时,至少概率99%飞行中,用90%置信度(P99/90)得到的数值作为鉴定条件。验收条件取 P95/50。

3. 无分布容差限法

无分布容差限避免了采用正态容差限方法有关的主要问题,即无分布容差限取消了域内结构响应谱值在空间上的分布满足对数正态分布这一假设。单边(上界)无分布容差限标记为 $\mathrm{DFL}_x(n,\beta,\gamma)$,它本质上是利用包络方法所确定的为平滑的包络结果。置信度为 γ 条件下,响应谱值 x 小于最大谱值 x_{hj} 的位置在所有位置所占的比例数 β 可以通过次序统计确定为

$$\mathrm{DFL}_x(n,\beta,\gamma) = x_{hj}, \gamma = 1 - \beta^n \tag{2-27}$$

同样的,无分布容差限 x_{hj} 是超过域内所有点中至少 β 部分点位置的响应谱值,且置信度为 γ 的谱值。

不同置信度系数条件下的数据对应的正态容差限如图2-6所示。

4. 经验容差限法

确定 n 个位置上的预示谱值的经验分布函数,然后从分布中选择一个较大的百分比 X_β 作为保守限值,其中,X_β 是超过可用数据的 β 部分的 x 值,这就是经验容差限。理想情况下,可以在每个频率分辨率带宽上独立地进行经验容差限分析。但是,工程中很难有足够的位置上的预示结果,来确定每个带宽内的大

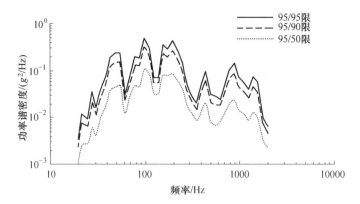

图 2-6 不同置信度系数条件下图 2-5 中的数据对应的正态容差限

百分比,如为了确定 $\beta=0.95$ 的经验容差限至少需要 20 个位置的谱值。因此,通常把每个频率分辨率带宽内的谱值按均值归一化,然后综合所有谱值得到统一的分布函数,来确定覆盖 β 部分谱值的限值。当然,这一综合过程假设了,在每个频率分辨率带宽内,谱值的空间分布是相同的,进而,在所有频率分辨率带宽内,限值与均值的比例 $(X_\beta/\bar{x})$ 为常数。

若给定一个域内 n 个位置的响应谱在 m 个频率分辨率带宽内的谱值 $x_{ij}(i=1,2,\cdots,n;j=1,2,\cdots,m)$,确定其经验容差限值的过程如下:

(1) 计算每个频率分辨率带宽内的谱值的平均值,即

$$\bar{x}_j = \frac{1}{n_j}\sum_{i=1}^{n_j} x_{ij} \tag{2-28}$$

(2) 每个频率分辨率带宽内的谱值除对应带宽内的均值,得到归一化谱值 u_{ij},即

$$u_{ij} = x_{ij}/\bar{x}_j \tag{2-29}$$

(3) 组合所有带宽上的归一化谱值,得到一个数列 $u_k(k=1,2,\cdots,nm)$,并按从小到大的顺序对其排序。

其中,

$$\begin{cases} (k)=1 \text{ 时}, u_k \text{ 取最小值} \\ (k)=2 \text{ 时}, u_k \text{ 取次小值} \\ \cdots \\ (k)=nm \text{ 时}, u_k \text{ 取最大值} \end{cases} \tag{2-30}$$

(4) 从经过归一化处理,并经过排序的谱值 $u_{(k)}$ 中选择一个值 u_β,它包含综合后的全部数据中的 β 部分的值,即

$$u_\beta = u_{(k)}, k = nm\beta \tag{2-31}$$

(5) 每个频率分辨率带段内的归一化限值 u_β 乘以对应带宽内的均值,就可以得到了每个带宽内经验容差限 $x_{\beta j}$,也可以记为 $\mathrm{ETL}_x(\beta)$,则有

$$\mathrm{ETL}_x(\beta) = x_{\beta j} = u_\beta \bar{x}_j \tag{2-32}$$

图 2-5 中的振动响应谱对应的 95/50 经验分布容限差如图 2-7 所示。

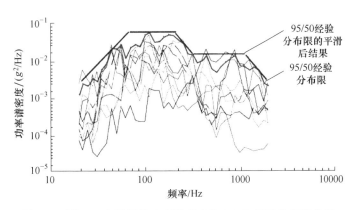

图 2-7 图 2-5 中的振动响应谱对应的 95/50 经验分布容差限

5. 正态预测限

获得一个域内结构响应谱值的保守限值的最后一种方法,是计算对每个频率分辨率带宽上的预示谱计算一个正态预测限值。正态预测限值能用于正态分布的随机量。因此,为了使转换后的预示值 $y_i(i=1,2,\cdots,n)$ 呈近似正态分布,要求使用时进行对数转换。y 的单边(上限)正态预测限定义为,超过下一个 y 的预测值且置信系数为 γ,记为 $\mathrm{NPL}_y(n,\gamma)$,则有公式

$$\mathrm{NPL}_y(n,\gamma) = \bar{y} + \sqrt{1+\frac{1}{n}}\, s_y t_{n-1;\alpha}; \alpha = 1-\gamma \tag{2-33}$$

式中:$\bar{y}$ 为样本均值;s_y 为式中定义的 y 的样本标准偏差;$t_{n-1;\alpha}$ 为具有 $n-1$ 个自由度的 Student 变量 t,它的值在统计学教材中以列表的形式给出,原工程单位下 x 的正态预测限可由下式得到

$$\mathrm{NPL}_x(n,\gamma) = 10^{\mathrm{NPL}_y(n,\gamma)} \tag{2-34}$$

不应把正态预测限与式给出的正态容差限混淆,后者定义了一个上限值,它至少超过 x 所有可能值的 β 部分的值,且置信度为 γ。正态预测限的 γ 值有时也称为概率,但测量完成后,应称为置信系数。

图 2-5 中的振动响应谱对应的 95% 正态预测限如图 2-8 所示。

2.5.2 时间确定方法

声载荷和振动载荷,不论是短时间或长时间,都可以用随时间变化的谱来

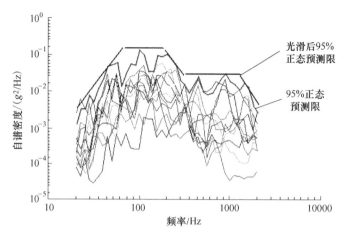

图 2-8　图 2-5 中的振动响应谱对应的 95% 正态预测限

描述。这些随时间变化的谱处理成单一的最大谱,这种谱可以用来将设计和试验标准公式化。问题是如何确定载荷在最大水平时,其所对应的持续的时间,这种最大载荷水平对部件的破坏作用与实际的非稳定动力学环境相当。为了能够让用来确定设计和试验标准的动力载荷达到一个合适的持续时间,最重要的就是对可能致使被设计和/或被试验的部件失效的方式、机理先做出假设。

为了确定合适的,并以设计和试验为目的的作用时间,研究与时间相关的失效机理(通常会产生严重的失效现象)是很有意义的。暴露于动力学环境下的与时间相关失效机理的失效形式如疲劳破坏,力接触磨损,相对运动磨损,螺钉或铆钉的松动。有几个解析模型可以表述时间相关的部件失效与动力学载荷环境的幅值和持续时间之间的关系,包括:逆幂律模型;基于峰值应力——失效循环次数的疲劳损伤模型;基于现有裂纹生长速率的疲劳损伤模型;首次穿越模型。为了达到缩减振动环境作用时间的目的,不推荐基于裂纹生长速率的疲劳损伤模型和首次穿越模型。但是有时可采用首次穿越模型来确定部件暴露于随机振动环境下失效所需时间。

1. 逆幂律模型

对于多种与时间相关的失效机理,部件暴露于稳态动力学载荷 $x(t)$(周期的或随机的)之下,$x(t)$ 的均值为 0,均方根为 σ_x,其失效所需时间 T_F 近似于"逆幂律"如下:

$$T_F = c\sigma_x^{-b} \qquad (2-35)$$

式中:b 和 c 为取决于部件类型的常数。逆幂律通常用来建立机械和电气设备,在工作载荷作用下无故障工作时间的模型。当然,它也适用于环境载荷,包括动力载荷。运用式,遵循如下规律:如果两个动力载荷具有相同谱值但是不同

的均方根值的情况下,两者产生相同失效可能的暴露时间之间的关系为

$$T_2 = T_1 \left(\frac{\sigma_1}{\sigma_2}\right)^b \quad (2-36)$$

针对按照自谱定义的随机振动,式变为

$$T_2 = T_1 \left(\frac{G_1(f)}{G_2(f)}\right)^{b/2} \quad (2-37)$$

美国针对小型制导导弹的详细实验性研究表明复杂电气和电子设备与时间有关的失效,参数 $b=4$;当然,对于不同的设备对应的 b 值区别很大。针对一般的空间飞行器部件,为了模拟非稳态振动环境的破坏效果,得到所采用的稳态振动测试相对应的持续时间,取参数值 $b=4$。

2. 基于 S-N 曲线的疲劳损伤模型

不同的结构材料的疲劳数据通常表述为作为失效载荷循环次数(N)的函数的峰值应力(S),即要求循环次数既能使结构产生裂纹又能使裂纹生长到能够发生完全破坏的临界长度,这种数据图可以称为 S-N 曲线(图 2-9)。简化后不同的结构材料的疲劳数据通常表述为作为失效载荷循环次数(N)的函数的峰值应力(S):

$$N = cS^{-b} \quad (2-38)$$

式中:b 和 c 为材料常数。注意,如果循环次数与失效时间 T 成比例,而且峰值应力 S 与动载荷的均方根值 σ_x 成比例,那么方程简化成为一个特殊情况,即所示的逆幂律方程。因此,假设动载荷的谱不变,那么方程同样适用。

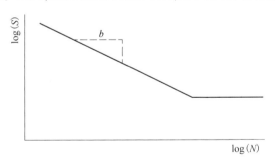

图 2-9 结构材料的理想 S-N 曲线

式(2-28)中指数 b(有时可以称为疲劳参数)根据材料、形状(切口系数)、平均应力水平、以及其他环境因素(如温度、侵蚀等)、振动特性(如周期性、随机性)的不同,其值变化很大。对于钢和铝合金,一般其值处于 6~9 之间。文献[19]中详细说明了正弦振动时 $b=6.4$ 和随机振动时 $b=8$ 两种工况。

3. 首次穿越模型

首次穿越模型是指当激励或响应的振动幅值首次达到某一阈值后,立即发

生破坏，又称为即发性破坏模型。随机载荷临界量级的超出数如图2-10所示。

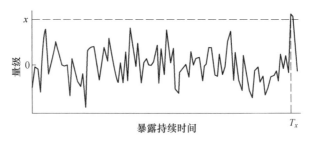

图2-10 随机载荷临界量级的超出数

对于周期振动而言，当最大振幅 y_{max} 达到某一破坏阈值 a 后产品失效。

对随机振动而言，两个谱成分相同，但均方根值不同的随机响应的作用时间可通过下面的方法进行换算：

$$T_2 = T_1 \exp\left[\frac{K^2}{2}\left(\frac{\sigma_1^2}{\sigma_2^2} - 1\right)\right] \quad (2-39)$$

$K = X/\sigma_1$，X 为失效的量级。

使用首次穿越模型预估失效时间存在两个主要的问题：失效量级 X 如何确定，结构响应必须是高斯分布的。

2.6 力学环境试验条件设计

2.6.1 加速度环境条件设计

最高预示加速度由准稳态加速度、振动和声环境以及瞬态飞行事件（如运载器起飞、发动机点火和关机、跨声速和最大动压飞行、风载荷、飞行器分离等）组成的结构响应的最高预示加速度。如果统计估计值适用，最高预示加速度是预计至少在飞行次数的99的飞行中，用90%置信度估计时不会被超过的加速度，或用P99/90表示。如果中高频动态加速度可忽略，可用最大使用加速度，一般由两部分迭加而成：第一部分是根据弹道理论计算或载荷耦合分析得到运载火箭在飞行期间的轴向、横向和法向缓慢变化的加速度（过载）；另一部分是相应时刻的低于某频率（通常取5Hz）的动态响应加速度。鉴定试验条件需在使用载荷基础上再考虑一定余量。

加载时间应尽可能与实际飞行载荷作用时间一致，载荷保持时间要能足以记录试验数据。

2.6.2 振动环境条件设计

由实测或预估得到的振动环境数据随产品型号、类别、工况和所处部位的不同而异,要完全按照实际的振动环境谱来规定试验条件是不现实的,为此,需将实测或预估得到的振动环境数据进行适当的归纳和简化,使所确定的环境试验条件既包络了原始的振动环境数据,又便于在现有的振动试验设备上实现。

2.6.2.1 振动数据归纳处理

数据归纳和谱形简化的步骤大致可划分为以下几步:

(1) 对同一工况、同一部位、多个测点所获得的振动谱数据取极值包络。

(2) 选用振级最高的工况作为试验模拟工况,按下列各式,对其他不同工况的试验持续时间进行归一折算,获得以最高振级作为试验级时的试验持续时间。

正弦振动数据

$$T_p^e = \sum_{i=1}^{m} \left(\frac{\ddot{x}_i}{\ddot{x}_p} \right)^b T_i \tag{2-40}$$

随机振动数据

$$T_p^e = \sum_{i=1}^{m} \left(\frac{S_{\ddot{x}_i}}{S_{\ddot{x}_p}} \right)^{\frac{b}{2}} T_i \tag{2-41}$$

式中:T_p^e 为试验振级取最大振级时,疲劳损伤等效的试验持续时间;T_i 为第 i 个工况的试验持续时间;$\ddot{x}_p$ 为正弦振动环境的最高加速度振级;$\ddot{X}_i$ 为第 i 工况的加速度振级;$S_{\ddot{X}_p}$ 为随机振动环境的最高加速度功率谱密度;$S_{\ddot{X}_i}$ 为第 i 工况的加速度功率谱密度。

(3) 谱形简化就是对实测振动谱曲线进行简化。归纳简化后所得的试验谱是工程归纳、综合的结果,不再是原始的实测振动谱。用这种环境对产品进行振动试验,可能在某些频带上造成过试验,人为地加剧了疲劳损伤和故障的发生,致使产品性能达不到设计要求,而需要修改设计,从而贻误研制周期,造成不必要的浪费;也可能在某些频带欠试验,不能充分通过试验暴露产品潜在的缺陷,以致增加了产品在使用寿命期间出现疲劳破坏或故障的风险。因此,在简化谱曲线时应仔细考虑。

(4) 设计安全储备。考虑到振动环境数据的分散性和材料疲劳强度的分散性,还有实验室模拟的条件与实际产品受力状态的差异,有必要在归纳简化后的试验谱上加一定的设计安全储备,以降低试验风险。安全储备系数的选择与数据的归纳方法有关。如果采用前面所述的极值包络方法,试验一般偏于保守,可以不加安全储备。美国军标 810F"环境试验方法和工程导则"对周期或随机振动的安全储备系数取 1.2。

1. 正弦振动条件设计

一般正弦振动试验谱的谱形简化为等位移和等加速度谱的组合(图 2-11)在等位移和等加速度交越频率处,谱曲线可以是阶跃或连续过渡的。

随机振动试验的谱曲线一般为平谱、梯形谱或由折线连成的谱(图 2-12)。

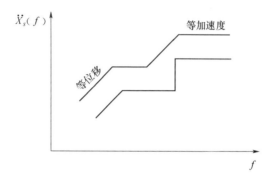

图 2-11 正弦振动试验谱的谱形

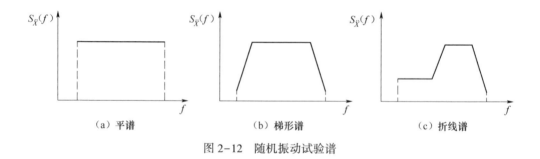

(a) 平谱　　　　　　　(b) 梯形谱　　　　　　　(c) 折线谱

图 2-12 随机振动试验谱

卫星正弦振动试验条件一般是从飞行遥测数据经统计分析,再进行包络并取适当余量得到。以最高预示正弦振动环境作为验收级试验条件,鉴定级条件为验收级正弦振动条件的 1.5 倍。

星箭耦合载荷分析是卫星振动试验条件设计的重要依据,通常先分别建立运载和卫星有限元模型,再根据模态分析结果组装星箭耦合模型,确定载荷状态、外力函数,最后采用模态综合方法开展星箭载荷耦合分析。

对于捆绑火箭,载荷耦合分析一般通常包括以下几种状态:

状态 1:最大动压状态(MDP,横向静载荷、动载荷最大状态);

状态 2:助推器分离前状态(纵向静载荷最大状态);

状态 3:助推器分离后状态(对级间冷分离状态,纵向静载荷最大状态);

状态 4:一、二级分离前状态;

状态5:一、二级分离后状态(对级间热分离状态,纵向静载荷最大状态)。

状态1是横向载荷最大状态;状态2是轴向静载荷最大状态;状态5是轴向动载荷最大状态。

航天器正弦振动试验条件是从飞行遥测数据经统计分析后取包络得到,由于航天器试验与实际飞行条件的不同,使用恒加速度控制将导致航天器受到不实际的载荷条件而产生过试验。为此,试验时需要在某些频段降低试验量级,即试验条件下凹。

2. 随机振动条件设计

航天器的随机振动环境主要由两部分构成:一部分是由发动机的机械振动直接传递导致;另一部分是由气动噪声和发动机喷流噪声激起的结构振动。发动机的振动随推进剂不断消耗而增加,发动机喷流噪声发生于起飞瞬间,气动噪声出现在跨声速飞行附近及飞行动压最大时刻。因此,考虑两种振源的联合作用时,应按特征秒时段进行综合,给出最大的振动环境和飞行振动环境剖面。

根据地面试验和飞行遥测结果,以及2.5.1节和2.5.2节中试验条件和试验时间的设计方法,可确定随机振动试验的加速度功率谱密度和持续时间。

航天器的随机振动试验条件通常以加速度总均方根及功率谱密度的形式描述,频率范围通常为20~2000Hz。随机振动试验的谱曲线一般为平谱、梯形谱或由折线连成的谱(图2-12)。

此外,由于在振动台上开展的随机振动试验难以真实模拟卫星飞行状态下的连接界面特征,因此针对传统的加速度随机振动条件允许在谐振频率处进行谱密度值的下凹处理,下凹的频段和幅度可参照力限条件设计的相关技术方法获得。

2.6.3 声环境条件设计

声环境主要包括起飞点火时的发动机喷流噪声和飞行中的气动噪声。

对于面积质量比较大的试件,或者对噪声特别敏感的试件,通常以噪声试验替代随机振动试验。

噪声试验条件的声压级谱和持续时间主要根据理论预示结果、地面试验和飞行遥测结果加上验收条件($P95/50$)和鉴定条件($P99/90$)对应的设计余量确定。

噪声的声谱一般采用倍频程或1/3倍频程带宽给出,倍频程带宽的中心频率为31.5~8000Hz,1/3倍频程带宽的中心频率为20~8000Hz。

2.6.3.1 声填充效应

填充效应主要指火箭整流罩内由于放置载荷(卫星)导致整流罩内场声压

级(SPL)的改变。其特征是低频时增加显著,载荷填充体积越大填充效应越明显,载荷壁与整流罩间距越小填充效应越明显。比如在太阳翼和整流罩间的声压级会增加 10dB,图 2-13 为不同尺寸航天器在对整流罩内声压级的影响测试结果。所以在卫星设计及进行噪声试验时,必须考虑填充效应。目前有两种方法可用于填充效应的计算:一种是 NASA 提出的计算方法;另一种是北京卫星环境工程研究所在 ISO 19924《空间系统-声试验》中提出的 CAST-BISEE 计算方法。

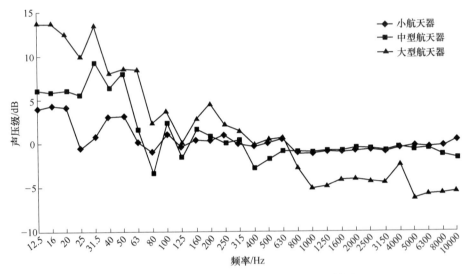

图 2-13 航天器对整流罩内声压影响测试结果

NASA 在标准 NASA-STD-7001 中给出的填充效应计算方法如下:
(1) 计算载荷的体积 $V_{payload}$。
(2) 计算整流罩安装载荷部分的容积 V_{empty}。
(3) 计算占空比 V_{ratio}。

$$V_{ratio} = \frac{V_{payload}}{V_{empty}} \tag{2-42}$$

(4) 计算载荷和整流罩间的平均距离 H_{gap}。
(5) 计算各频段的填充效应。

$$\text{FillFactor}(dB) = 10\lg\left(\frac{\left(1 + \dfrac{c_0}{2fH_{gap}}\right)}{\left(1 + \dfrac{c_a}{2fH_{gap}}\right)(1 - V_{ratio})}\right) \tag{2-43}$$

式中: c_0 为空气中的声速; f 为 1/3 倍频程带宽中心频率; H_{gap} 为载荷和整流罩

间的平均间隙距离；V_{ratio} 为载荷与整流罩的占空比。

（6）确定空整流罩内的噪声量级。

（7）把(5)中得到的结果与空整流罩内噪声量级相加,得到载荷试验量级。

在 NASA 的计算公式中,主要是考虑了体积的占空比和间隙对声场的影响。北京卫星环境工程研究基于声学理论分析和试验研究,提出了改进的填充效应算法,进一步考虑了产品面积、边长等对声场的影响。

北京卫星环境工程研究所提出的 CAST-BISEE 填充效应算法如下：

（1）计算载荷的体积 V_p,表面积 A_p,所有边长的和 L_p。

（2）计算整流罩的容积 V_f,表面积 A_f、边长的和 L_f。

（3）计算体积比（占空比）R_v：

$$R_v = \frac{v_p}{v_f} \tag{2-44}$$

（4）计算整流罩边界修正项 ϕ_f 和载荷修正项 ϕ_p：

$$\phi_{payload} = \frac{1}{32\pi} \frac{4\pi A_{payload} f C_a + L_{payload} C_a^2}{V_{fairing} f^2} \tag{2-45}$$

$$\phi_{fairing} = \frac{1}{32\pi} \frac{4\pi A_{fairing} f C_a + L_{fairing} C_a^2}{V_{payload} f^2} \tag{2-46}$$

式中：c_0 为空气中的声速；f 为 1/3 倍频程带宽中心频率；A_f 为整流罩的面积；L_f 为整流罩的总边长；V_f 为整流罩的容积；A_p 为载荷的面积；L_p 为载荷的边长；V_p 为载荷的体积。

（5）计算各频段的填充效应

$$\text{FillFactor(dB)} = 10 \lg \left(\frac{(1 + \phi_f + \phi_p - R_v)}{(1 + \phi_f)(1 - R_v)} \right) \tag{2-47}$$

（6）确定空整流罩内的噪声量级。

（7）把(5)中得到的结果与空整流罩内噪声量级相加,得到载荷试验量级。

美国 NASA-STD-7001 中的填充效应计算中关键参数 H_{gap} 的确定非常困难,而且从试验结果来看,该计算方法在低频部分修正不足。CASTBISEE 算法基于统计能量分析理论,考虑了整流罩几何边界和航天器外形特征,计算更方便,结果更准确。图 2-14 为两种算法与试验测试结果的对比曲线。

在航天器试验项目矩阵中,通常噪声和随机振动试验是选择一项进行,试验前需根据产品的特点对试验项目进行裁剪。

2.6.3.2 噪声和随机振动试验的比较

与随机振动环境试验比较,声环境试验具有以下特点：

（1）声模拟环境的声压级谱与声源的特性和试验室声空间的声学效应有

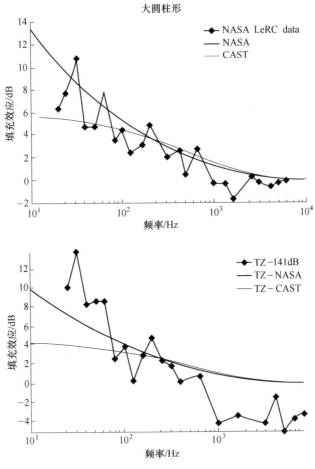

图 2-14 两种填充效应算法计算及测试结果对比曲线

关,还与试验件的声阻抗特性有关;

(2)高声强声波传播时,声场呈现明显的非线性声学效应,导致输入谱与试验声空间的声谱非线性传递关系;

(3)声环境谱的频带一般为 20~10000Hz,比随机振动试验频带宽;

(4)声模拟环境对试验件空间全向性激励,较之单轴或多轴振动台随机振动激励更接近于实际声激励环境。

2.6.3.3 随机振动试验与噪声试验选取的确定方法

在大多数情况下航天器的随机振动是通过噪声试验来实现的,然而对于结构紧凑的小卫星,随机振动试验更加有效。如 SMC-S-016 中规定,对于质量小于 180kg 的小型、紧凑的飞行器,可以用振动试验取代噪声试验。NASA-STD-

7001B 中也规定,除非分析或经验表明载荷的响应是由噪声环境引起的,否则质量小于 450kg 的紧凑型有效载荷应进行随机振动试验。ISO-19863、GJB 1027A-2005 和 ECSS-E-ST-10-03C 中也有类似的规定。

噪声试验与随机振动试验的选择可以参考以下准则:

首先要估计产品的敏感频率。对 2000Hz 以上的激励敏感的产品不能进行随机振动试验,而必须进行噪声试验。对于面积质量比较大的产品可以安装在混响室内进行试验,而对于面积质量比较小的产品则需要安装在与实际飞行状态一致的板上进行噪声试验。

对于敏感频率低于 2000Hz,面积质量比较低的紧凑结构则应进行随机振动试验。随机振动试验输入应包络噪声和随机振动引起的安装接口处的响应。

当产品中包含对噪声敏感的部件,且部件固有频率大于产品的固有频率时,由于产品的低通滤波作用部件的高频激励会被过滤。对于这种情况,随机振动和噪声试验均要进行。

面积质量比是确定进行噪声试验还是随机振动试验的最重要的准则。面积质量比较大的产品宜进行噪声试验,而面积质量比较小的产品则随机振动试验更合适。相关研究表明,组件的面积质量比大于 $0.2\mathrm{m}^3/\mathrm{kg}$ 的产品,噪声试验更加有效。面积质量比小于 $0.2\mathrm{m}^3/\mathrm{kg}$ 的产品,随机振动更加有效。

2021 年发布的 ISO 23670《空间系统-振动试验》中北京卫星环境工程研究所提出了一种基于 Mile 公式修正的"盈亏平衡点"面积质量比计算方法(X-Y-F 算法):

$$\left[\frac{s}{m}\right]_\mathrm{b} = X_\mathrm{e} \times \sqrt{\frac{\Delta f \cdot R(f)}{P_\mathrm{ref}^2 \cdot 10^{\frac{A(f)}{10}}}} \tag{2-48}$$

式中:$\left|\frac{s}{m}\right|_\mathrm{b}$ 为面积质量比;$R(f)$ 为频率 f_n 对应的随机振动功率谱密度值;f 为峰值频率;$A(f)$ 为固有频率对应频段的声压级;P_ref 为参考声压;Δf 为频率带宽,倍频程下 $\Delta f = 0.707 f_c$,1/3 倍频程下 $\Delta f = 0.232 f_c$;f_c 为中心频率;X_e 为修正系数 $X_\mathrm{e} = \frac{\beta_\mathrm{r}}{\beta_\mathrm{a}}$,其与卫星的质量、载荷类型、结构形式等相关,可根据类似卫星的试验数据或者工程师经验给出,并根据卫星的具体技术状态进行修正:

$$\beta_\mathrm{a} = \sqrt{\frac{W(f_c)_{A.\max}}{Q^2 \left(\frac{S}{M}\right)^2 P_s}} \tag{2-49}$$

$$\beta_\mathrm{r} = \sqrt{\frac{W(f)_{R-\max}}{Q^2 R(f)}} \tag{2-50}$$

$$P_s = P_{ref}^2 10^{\frac{A(f)}{10}}/\Delta f \qquad (2-51)$$

式中：$W(f_c)_{A.\max}$ 为试验或分析得到的噪声响应；$W(f)_{R-\max}$ 为试验或分析得到的随机响应；P_s 为声压；Q 为放大因子；A 为声激励作用的产品表面积；M 为产品质量。

具体计算步骤及流程如下：

（1）确定 miles 公式中的固有频率。根据 miles 公式的基本理论，应取峰值频率。

（2）根据随机试验条件，计算该频率对应的随机振动试验下凹后的功率谱密度值，即 PSD_{f_n}。

（3）根据噪声试验条件，查找某固有频率对应频段的声压级 SPL（某些文献直接采用总声压级）。

（4）根据 $\Delta f = \sqrt{2}/2 \cdot f_c$ 计算频率带宽，其中 f_c 为中心频率。

（5）根据 $P_s = P^2/\Delta f = P_{ref}^2 \cdot 10^{SPL/10}/\Delta f$ 计算 f_c 的声压频谱密度。

（6）根据 $\left[\dfrac{S}{M}\right]_{miles} = \sqrt{\dfrac{\Delta f \cdot R(f)}{P_{ref}^2 \cdot 10^{\frac{A(f)}{10}}}}$ 计算理论 miles 的面积质量比。

（7）计算修正系数 β_1, β_2。

（8）计算修正后的面积质量比。

"盈亏平衡点"面积质量比计算流程如图 2-15 所示。

2.6.4 冲击环境条件设计

试验条件是根据环境预示结果、试验方法和设备、产品特点及试验所要达到的目的等来制定的。根据冲击的特点，试验条件一般有两种类型：一种是用冲击谱来规定条件；另一种是用简单波形来规定。对爆炸冲击环境，试验条件皆以冲击谱的形式给出，对近似简单波形的碰撞冲击，或由于试验设备的限制，必须用落下式冲击试验机或其他产生简单冲击的试验设备，也可以用简单波形来规定试验条件。

1. 试验量级的确定

1）用冲击谱规定试验条件

这种试验条件要求被试产品所经受的冲击载荷的冲击响应谱在形状和量级上与条件所规定的一致。

预示方法通常只给出结构上个别点的冲击响应谱，没有反映同批次不同火工品产生的火工冲击环境潜在的差异。因此需要把预示的火工冲击值转换为单个 SRS，称为"最高预期飞行环境"，也即验收试验条件，该条件考虑了点与点之间和事件与事件之间的差异。

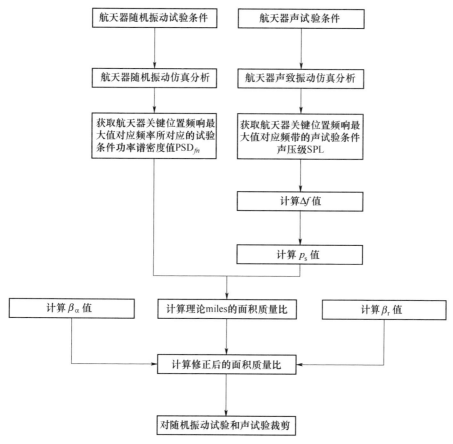

图 2-15 "盈亏平衡点"面积质量比计算流程

最简单的方法是对可用的 SRS 进行包络,这种方法较为简单,但较为保守,保守的程度和数据的数量与质量有关。冲击环境数据是随机变量,当有三次或以上测量数据时一般用参数统计的方法来确定,通常推荐的最高预示环境计算方法是计算能够覆盖最少区域内 95% 的位置 SRS 值的正态容差限,置信度为 50%,称为 P95/50 限。在进行冲击谱分析时,分析带宽应为 1/6oct 或更窄,阻尼系数一般选 $\zeta = 0.05$($Q=10$)。

2) 用简单冲击波形规定试验条件

这种试验条件要求产品受到简单形状的冲击,适用于:①现场冲击环境近似于简单冲击波形;②由于试验设备的限制,不能用复杂波形进行冲击谱模拟。对于爆炸冲击环境,一般要求用后峰锯齿波来模拟。但用简单冲击波形来满足冲击谱要求往往导致在低频区的过试验。因此,考虑到试验的效果,应尽量不用此种试验条件来模拟爆炸冲击环境。

2. 试验条件的容许偏差和其他要求

为了更有效地对产品进行考核,在制定冲击试验条件时,不但要给出试验量级的要求,还要规定试验条件的容许偏差和其他要求。如试验的次数与方向、试验波形等。

1) 试验条件容许偏差

对冲击谱试验条件,应至少以 1/6 倍频程的带宽分辨率进行分析,当中心频率不超过 3000Hz 时,要求在各个中心频率试验控制点的冲击谱幅值与试验条件相差不超过±6dB,当中心频率超过 3000Hz 时,要求在各个中心频率试验控制点的冲击谱幅值与试验条件相差不超过+9/-6dB,而且这些幅值中的 50%应该大于规定的试验谱幅值。这就是说,必须保证在 50%的频带内有正偏差,以防止实际的试验谱值低而影响试验效果。

以简单波形作为试验条件时,峰值加速度的容许偏差为±15%,波形面积的容许偏差为±10%。

2) 试验次数与方向

对于火工爆炸冲击,由于卫星各部位经受的爆炸冲击是多方向的,因此组件鉴定级试验建议对三个轴各施加三次,分系统和系统级冲击试验要求每个冲击事件验收做到每个轴向一次。

对于经典冲击,考虑到组件在同一轴向的正、负方向耐受冲击的能力不一致,因此要求冲击试验应在试件三个相互垂直的轴上正、负两个方向上进行。根据实际情况不同,对很少承受冲击的装备,每个轴向最少做一次,如果需要考虑极性,每个轴向可进行两次冲击。对于可能经常承受某一冲击的装备,应根据装备预期的使用情况,在每种冲击环境条件下进行三次或更多次的冲击,每个轴向至少做三次试验,如果考虑极性,每个轴向应至少进行六次冲击。

3) 对冲击波形的要求

以冲击响应谱作为试验条件时,为了使模拟更加真实,往往还对试验冲击载荷形式有所规定。例如,美军标 MIL-STD-1540D《航天器试验要求》中要求,"试验产生的瞬态载荷除了满足冲击谱的要求外,其各个频率分量应同时作用于试件,目的是使冲击过程的持续时间近似等于实际冲击环境的持续时间"。另外 NASA-STD-7003A 中也要求"火工冲击试验的波形或者说时间历程应当和所预示的飞行事件有相似的振荡特性"这样,试验的效果就可能与实际的环境更相近。

参 考 文 献

[1] 马兴瑞,韩增尧,等. 卫星与运载火箭力学环境分析方法及试验技术[M]. 北京:科学出版社,2014.
[2] 柯受全. 卫星环境工程和模拟试验(下)[M]. 北京:中国宇航出版社,1996.

[3] 向树红. 航天器力学环境试验技术[M]. 合肥:中国科学技术出版社,2008.
[4] 李宁. 弹箭力学环境条件设计规范. Q/Y87-2012[S]. 北京:中国航天标准化与产品保证研究院,2012.
[5] Product Verification Requirements For Launch, Upper Stage, And Space Vehicles. MIL-STD-1540D. 1999.
[6] Dynamic Environmental Criteria NASA-STD-7005. WashingtonDC:NASA,2001.
[7] 吴永亮,何玲,樊世超. 航天动力学环境设计与试验指南[M]. 北京:科学出版社,2018.
[8] 国防科学技术工业委员会. 运载器、上面级和航天器试验要求:GJB-1027A—2005[S].

第 3 章
力学环境控制与防护

航天器在发射、飞行、返回等过程中经历着各种复杂的力学环境,如发动机点火、关机、纵向耦合振动引起低频振动环境,推进系统推进时的地面反射噪声、最大动压时的气动噪声引起宽带随机振动环境,火工品引爆产生冲击环境,载人航天器上各种控制设备工作产生舱内噪声环境,航天器在轨运行活动部件工作产生微振动环境,高超声速飞行器飞行再入气动热环境等。这些力学环境会对航天器功能和性能造成破坏性的影响,甚至导致整个飞行任务失败。因此,在航天器设计研制阶段,必须对航天器力学环境进行针对性的分析、控制与防护,使得航天器在整个寿命期能够适应各种力学环境而正常工作,从而确保航天器飞行任务的顺利完成。

3.1 载人航天器舱内噪声环境控制

载人航天器是人类探索太空的必要手段,对于近地轨道空间站及未来载人星际探测飞行器等长期在轨运行的载人航天器,航天员需要在轨长期工作和生活,这对载人航天器舱内环境提出了很高的要求,其中舱内噪声水平就是一个极其重要的环境因素。舱内噪声会危害航天员的身心健康,影响航天员的正常工作与生活,如干扰语言交流、分散注意力、影响睡眠等,严重时还能造成航天员听力损伤以及其他生理损害;长时间处于持续、过度的噪声环境中,会导致航天员的工作效率下降,引起航天员心理或生理上的不利变化,使航天员不能及时听到警报或警告声,影响日常操作的正确性,直至关系到航天任务执行的成败。因此,载人航天器在轨噪声与振动控制不仅是为航天员提供一个健康、安全、舒适的工作与生活环境的重要基本问题,也是载人航天工程的关键技术之一。

为了确保舱内噪声指标满足要求,必须展开深入的噪声控制设计与研究:

1) 单机降噪

各个噪声源设备应采取多种措施严格控制单机噪声水平,确保单机工作时的噪声水平不超过指标要求。

2）系统降噪

载人航天器密封舱空间有限,噪声源众多,即使各个噪声源噪声水平不超出指标要求,最终传递到航天员耳部的混响音水平也存在超出指标要求的可能,必须采用吸声、减振、消声、隔声技术控制噪声传递途径,具体涉及内容包括设备的构型布局、结构选材、安装位置、安装方式、吸声材料、连接方式等。

在方案阶段,噪声控制涉及如下主要工作:

(1) 根据各个噪声源的频谱特性、航天器构型布局、设备安装方式等输入条件建立仿真模型,对不同工作模式下密封舱噪声水平进行初步评估;

(2) 根据初步仿真结果,识别出不同因素对噪声水平的贡献,对关键噪声源进行针对性仿真和降噪设计,对关键单机的噪声指标提出限定要求;

(3) 利用仿真模型对降噪措施的有效性进行验证和调整,完成噪声控制设计。

在研制阶段,噪声控制主要工作:

(1) 按照噪声控制设计要求进行研制生产;

(2) 制定试验测试方案,验证单机噪声特性结果以及系统噪声控制结果;

(3) 根据试验实测结果,进行密封舱噪声控制设计改进和优化;

(4) 根据试验实测结果,对仿真模型的正确性进行验证,利用不断明确的输入条件修正模型,完善和修正仿真分析模型,并最终得到可靠的仿真模型。

3.1.1 舱内噪声环境评价

1. 噪声指标

一般采用 A 声级来评价稳态噪声对人的影响,A 声级是一个综合指标,它容易测量,适用于评价噪声总体水平及对人的危害,但无法反映噪声的频谱特性,不同的噪声频谱可能有相同的 A 声级。另外,A 声级在作为设计指标时过于粗略,因此需要采用噪声评价曲线进行精确的评价。

噪声评价曲线主要是对倍频程内的声压级进行量化,种类很多,分别适用于不同类型噪声的评价。常用的噪声评价曲线有 NR(noise rating)曲线和 NC(noise criterion)曲线。NR 曲线主要被欧洲采用,已成为澳大利亚国家标准,而 NC 曲线在美国被广泛接受。人们又对 NC 曲线进行了修订,出现了 PNC(preferred noise criterion)曲线和 NCB(balanced noise criterion)曲线,另外还有适合评价室内低频噪声的 RC 曲线和 RC Mark II 曲线。

除此之外,还有一些参数用来评价噪声特定的影响。清晰度指数和语言干扰级(SIL)用来评价噪声对人日常交流的影响。交通噪声指数和噪声污染级主要用于评价交通噪声。感觉噪声级(PNL)用于评价飞机噪声。

在国际空间站的噪声评价指标上,美国和俄罗斯的标准并不相同,但都对睡眠区做了单独规定。俄罗斯的稳态噪声指标为不高于 60dBA 和 50dBA,美国的噪声指标为不高于噪声评价值 NC-50 和 NC-40,采用 NC 曲线规定了每个不同频带所容许的最高噪声量,相对于仅以总噪声量要求的方式更为严谨。

因此,载人航天器舱内噪声评价必需针对航天器具体噪声情况,在 A 声级评价基础上,结合适当的噪声评价曲线对舱内噪声进行规范。我国在空间站建造过程中,提出长期在轨航天器舱内连续稳态噪声水平不高于 60dBA,睡眠区连续稳态噪声水平不高于 50dBA,并对每个不同倍频程频带的噪声量做了具体规定。

2. 噪声源

载人航天器上的各种设备如环境控制设备、热控制设备、姿态控制设备等均会产生噪声,主要噪声源分为风机噪声、泵噪声和其他振动噪声源三类。

1) 风机噪声

风机噪声由空气动力性噪声和机械性噪声组成。其中空气动力性噪声是风机的主要噪声源,主要是进出风口的噪声。旋转噪声是由旋转的叶片周期性地打击空气质点引起空气的压力脉动所产生的。其频率与叶片数和转速有关。涡流噪声是由于湍流边界层及其脱离引起气流压力脉动造成的,边界层脱离和湍流脉动弹性很大,因此风机旋转所产生的涡流噪声呈明显的连续谱,具有很宽的频率范围。

2) 泵噪声

泵是载人航天器上环控热控系统的重要设备,其作用是驱动流体回路。泵产生的噪声主要包括机械性噪声、流体动力性噪声两大类。流体性噪声主要包括汽蚀噪声、压力脉动湍流噪声。流体动力性噪声比机械性噪声大,是主要的噪声来源。机械性噪声是泵体传递压力的不平衡运动,形成部件间的冲撞力或摩擦力,从而引发结构振动及声辐射。汽蚀噪声是指当叶轮进口处的压强低于流体在工作温度下的汽化压强时,流体发生汽化,产生大量气泡,在较高压强的作用下,气泡迅速破灭,以至气泡周围的流体以很大的速度冲向气泡中心,产生高频率高冲击力的流体脉冲,不断打击工作叶轮。因此泵就出现振动和噪声。压力脉动湍流噪声是泵运转时,周期性的排除液体,间歇性的加压造成流体的流量脉动,该脉动流量在管道中引起相应的压力脉动,在管道的弯曲、直径变化以及阀门等部位引起随时间变化的激振力,激发泵体和管路系统的振动和噪声辐射。

3) 其他振动噪声源

载人航天器上的其他振动源如控制力矩陀螺(CMG)等设备。CMG 产生的噪声主要包括机械性噪声、空气动力性噪声、电磁噪声。其中机械性噪声是主要的噪声来源,是 CMG 飞轮转动时引起的结构振动辐射噪声。比如飞轮由于加工精度不够偏心导致其工作时产生振动、由于轴承磨损导致振动、润滑性不够时也会有振动噪声。

3.1.2 舱内噪声环境仿真预示

1. 噪声仿真分析方法

噪声仿真分析的方法有很多种,常用的有声线跟踪法(ray tracing)、声学有限元法(FEM)、声学边界元法(BEM)和统计能量分析法(SEA)等。每种方法适用的频率范围不同并有一定局限性。针对不同噪声问题的不同分析频段,需采用合适的方法来进行噪声预测分析。载人航天器噪声仿真分析的频率范围通常为 31.5~8000Hz,其中 250~2000Hz 频带是人的语言交流频带,该频带的噪声会影响航天员交流,需要进行重点预测分析。

声线跟踪法将声场等效为离散射线,类似光线传播的原理,来模拟声音在壁面的反射和散射,可以设定声音的传播损失和壁面吸声系数。声学边界元法和有限元法来源于数值声学,如果计算频率太高计算量会急剧增大。统计能量分析法是一种适用于高频噪声仿真的噪声分析方法,在汽车内部噪声预测上应用较广,也用于飞机舱内噪声预测。统计能量分析法对高频噪声的仿真结果相对其他方法更为准确。

载人航天器噪声仿真分析频率范围通常为 31.5~8000Hz,噪声源的频谱特性为倍频程,因此在倍频程频带内(一共 9 个倍频程频带)进行噪声仿真分析,低频段噪声分析采用声学边界元法(BEM),高频段噪声仿真分析采用统计能量法(SEA),最后将低频段仿真结果和高频段仿真结果进行整合得到舱内全频段噪声仿真分析结果。

2. 低频段噪声仿真建模

基于声学边界元法(BEM),利用商业软件可以为载人航天器舱体建立低频段噪声仿真分析模型。声学边界元模型的计算频率上限与模型单元长度有关,一般认为边界元法最大计算频率对应波长必须包含六个单元,对于大型载人航天器来说,模型单元规模可达数万甚至数十万个单元节点。图 3-1 为某型号舱体声学边界元仿真模型,节点数约 6 万个,该模型中 80% 单元能够达到最大计算频率为 566.6Hz,因此低频段噪声仿真分析的频率范围为 5 个低频的倍频程频带(31.5Hz、63Hz、125Hz、250Hz、500Hz)。

3. 高频段噪声仿真建模

基于统计能量分析方法(SEA),利用商业软件可以为载人航天器舱体建立高频段噪声仿真分析模型。图 3-2 为某型号舱体结构 SEA 模型,舱体结构分为舱壁结构和蜂窝夹层板结构,在舱段建模过程中,舱壁结构用各向同性板或壳

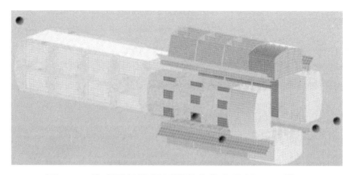

图 3-1 某型号舱体低频段噪声仿真分析 BEM 模型

子系统表示;蜂窝板用复合夹层板来表示,其中蜂窝芯子简化为正交各向异性板;舱段内部空气用声腔子系统表示。舱段内部铺设的吸声材料通过声学包分析模块进行建模,作为吸声层铺设到结构子系统的表面。舱体 SEA 仿真模型包含 600 以上子系统,在 1000Hz 倍频程频带内,所有子系统的模态数远远大于 5,满足统计能量分析方法建模仿真要求。因此高频段噪声仿真分析的频率范围为 4 个高频的倍频程频带(1000Hz、2000Hz、4000Hz、8000Hz)。

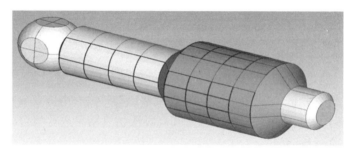

图 3-2 某型号舱体高频段噪声仿真分析 SEA 模型

4. 全频段噪声仿真结果

基于上述建立的低频段及高频段仿真分析模型,根据舱内噪声源的工作模式进行仿真计算,可以得出各种噪声源工作模式下舱内的噪声分布。表 3-1 为某型号舱内典型工况下部分区域全频段噪声仿真结果,图 3-3 为舱内部分区域噪声频谱图,图 3-4 为典型工况下 500Hz 频点声场分布云图。

表 3-1 某型号舱内部分工作区域全频段仿真结果

工作区	倍频程声压级/dB									总声压级/dBA
	31.5	63	125	250	500	1000	2000	4000	8000	
指标	93	79	70	63	58	55	52	50	49	60

续表

工作区	倍频程声压级/dB									总声压级/dBA
	31.5	63	125	250	500	1000	2000	4000	8000	
A区	74.74	56.21	44.1	54.35	59.86	44.9	36.9	39.4	28.3	57.4
B区	64.59	59.81	56.52	57.98	57.9	48.3	39.2	42.0	30.5	56.9
C区	70	64.6	50.63	63.02	65.55	51.0	39.9	41.5	30.6	63.4
D区	73.51	60.28	42.47	67.55	64.33	54.0	43.0	44.1	33.3	63.8
E区	82.6	58.45	63.9	65.98	58.66	51.6	45.7	51.1	39.2	61.3
F区	81.1	59.67	31.56	57.56	60.5	37.4	31.4	33.8	23.6	58.1

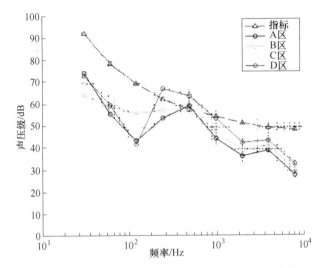

图 3-3 某型号舱内部分工作区域噪声频谱图(见书末彩图)

图 3-4 某型号舱内在 500Hz 频点声场云图(见书末彩图)

由以上仿真分析结果可以看出,舱内大部分工作区域的 A 计权总声压级小于60dBA,达到指标要求,部分工作区域的A计权总声压级大于60dBA,超过指标要求,超指标频段主要集中在250Hz、500Hz处,经分析主要是因为处于超标区域的噪声源工作主频多为250Hz或500Hz。对于超出噪声指标范围的工作区域,在设计研制阶段需要进一步开展噪声控制与优化工作。

3.1.3 舱内噪声环境测试

载人航天器研制集成阶段,进行噪声水平测试的主要目的如下:
(1)验证风机、压气机、CMG等噪声源单机设备的噪声控制指标是否满足要求;
(2)验证系统级降噪措施的有效性;
(3)识别需进一步改进的系统级及单机噪声控制方案;
(4)掌握舱内噪声水平实际分布情况,为后续舱内噪声环境评价、优化与及仿真模型修正提供实测数据。

3.1.3.1 舱内噪声水平测试方法

载人航天器研制试验阶段,可以在地面实验室模拟在轨工作状态,对各种噪声源单机设备不同工况下引起的舱内噪声开展测试(包括单独开启、部分组合开启以及全部开启等工况),获取完整的噪声测试数据。对舱内噪声水平进行分析、判读与评价,并根据需要开展必要的噪声贡献量分析及噪声源识别等工作。

某型号舱内噪声环境测试过程中,采用了测试移动设备(在如图3-5所示的三维移动支架上固定噪声传感器、固定式噪声传感器和加速度计),对噪声源设备工作时的舱内噪声及设备安装结构的振动响应进行测试。测试移动设备包含轨道和三维移动支架两部分,三维移动支架可在轨道上移动。各舱段工作区通道噪声测试利用该测试移动设备,安装噪声传感器后,通过移动三维支架,在通道不同位置上进行扫描测试,完成通道不同截面的噪声测试。其他小区域空间(如节点舱、睡眠区、卫生区)采用固定噪声传感器进行测试。

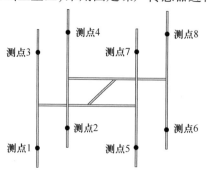

图3-5 通道移动测量支架及噪声测点安装示意图

在测试过程中保持出舱舱门和所有对接舱门关闭,保持各舱段间舱门和后端通道舱门开启并固定,睡眠区、卫生区的折叠门关闭,舱内无人员停留。待噪声源设备稳定工作时,舱外信号采集处理系统同时记录所有声传感器的测量信号,加速度响应数据采集记录与舱内噪声数据采集记录同步完成。

噪声测试系统主要包括声传感器、微振动加速度传感器、数据采集处理系统等,测试系统的组成如图 3-6 所示。声传感器及振动传感器分别获取噪声和加速度响应,输入数据采集系统进行放大、滤波处理,并进行信号采集、处理、分析。

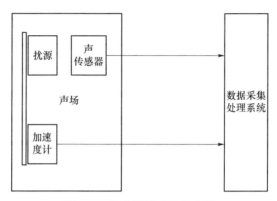

图 3-6 噪声测试系统示意图

某型号舱内初样状态部分工况噪声测试结果如图 3-7~图 3-9 所示。

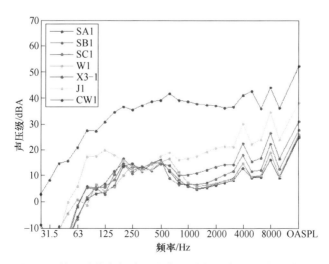

图 3-7 某型号舱内部分测点背景噪声频谱图(见书末彩图)

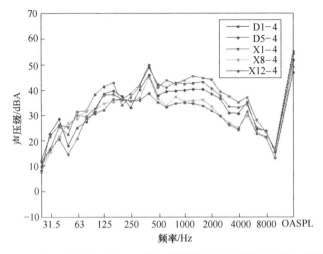

图 3-8 某型号舱内工作区通道部分测点噪声频谱图(见书末彩图)

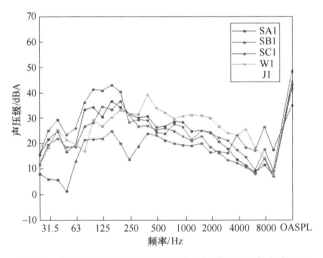

图 3-9 某型号睡眠区部分测点噪声频谱图(见书末彩图)

3.1.3.2 舱内混响时间测试方法

混响时间是评价舱内声学特性的重要指标之一。混响时间测试设备包括无指向性声源及配套的控制系统、声传感器及声数据采集分析系统。测试时将无指向性声源放置在舱内中间位置,在舱内安装多个声传感器(在某型号舱内测试时布置了4个声传感器),数据采集系统输出的信号,通过功放系统放大后,控制无指向声源发声,开启无指向性声源5min以在舱内建立起稳定声场,突然关闭声源,记录舱内声传感器的声压随时间衰变过程。将记录的衰减信号进行带通滤波后,各传感器从初始声压级降低60dB所需的时间即为各点的混响时间(实际环境无法满足时,可测量降低30dB或20dB所需时间进行类推)。通过计算多点平均值确定舱内混响时间。

混响时间测试过程中,确保舱内所有噪声源设备组件处于非工作状态,舱内无影响稳定声场建立的其他环境因素。混响时间测试系统组成示意图见图3-10。

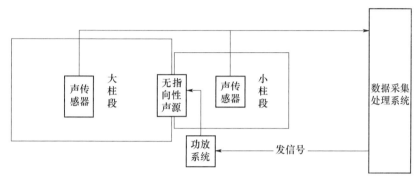

图3-10 某型号舱内噪声混响时间测试系统组成示意图

3.1.4 舱内噪声环境控制与优化探讨

在载人航天器设计阶段,通过对舱内噪声仿真建模,对典型工况及降噪优化方案开展全频段噪声仿真分析,预示出舱内噪声水平分布,可以为航天器建造过程中的噪声控制提供设计依据及优化方案。通过对某型号舱内噪声仿真分析结果归纳总结,得出如下主要结论:

(1) 根据系统级噪声标准要求(含各频段指标),识别噪声源,并将指标逐步分配到分系统和单机;

(2) 根据系统级噪声仿真分析结果,辨识并确定重点噪声声源单机设备;

(3) 针对重点噪声源或重要分系统(通风系统和睡眠区邻近区域等),需重点进行降噪设计;

(4) 在噪声源单机设计阶段,提出降噪指标量化要求,在研制阶段进行噪声检测与控制;

(5) 通过对噪声源单机安装位置、设备布局、频谱特性以及壁面材料吸声特性等采取优化方案,较为明显地降低舱内的噪声水平;

(6) 为舱体研制完成后开展地面噪声测试、在轨噪声监测提供了参考性依据。

在载人航天器研制阶段,通过舱内噪声测试,可以获取各种噪声源设备单独、组合、全部开启等工况下完整的舱内噪声水平实测数据。通过对某型号舱

内噪声实测结果,经分析评估与归纳总结,得出以下主要结论:

(1) 舱内噪声水平总体上得到较好的控制;

(2) 某些工况下部分区域位置的噪声水平需要进一步治理;

(3) 部分噪声源设备的安装方式需要改进;

(4) 部分噪声源设备的初始状态隔声处理存在漏声问题;

(5) 为优化舱内噪声环境,进一步开展精细化的减振降噪工作是十分必要的。

总之,航天器在建造及服役期间,舱内降噪工作必定是一个长期的反复推进的过程。为了优化改善舱内噪声环境,持续开展在轨噪声控制技术研究是十分必要的。通过进一步对舱内噪声环境精细化分析与优化方法、超静音单机设备研制、适用于舱内宽频域噪声主被动控制技术、舱内噪声在轨检测与智能诊断辨识技术等开展研究及工程化应用,可以为航天员长期在轨工作和生活营造一个舒适的声学环境,服务于载人航天器长期在轨运行及未来载人深空探测任务。

3.2 航天器火工冲击环境防护

近年来,随着高载荷比、大型、轻质航天器的发展,连接解锁装置越来越多,很多航天器研制中面临了严重的冲击问题。NASA 统计分析了 1963—1985 年间发射的航天器所有飞行故障,从中分离出 88 次可能与火工冲击或者振动有关的故障,经过故障树分析,认为其中 63 次是火工冲击直接或间接引起的,并且多次为灾难性故障。火工冲击环境同样对运载火箭也造成严重危害,美国马歇尔航天中心统计分析了 1983—1998 年间美国本土运载火箭 22 次事故中有 5 次为分离系统引起,分离系统产生的火工冲击载荷造成安装在火工装置附近的含有陶瓷材料的仪器发生了故障。

冲击带来的影响包括:

(1) 恶劣的冲击环境制约了航天器的设计和研制。例如某卫星与运载火箭上面级之间采用爆炸螺栓连接,实测星箭分离时刻卫星及其设备安装位置的冲击响应,结果发现卫星与上面级卫星支架界面实测的分离冲击响应在 1000~4000Hz 频段内最大值为 $3763g$,4000~10000Hz 频段内最大值为 $6763g$,远大于国内外现有卫星星箭界面冲击条件;星箭分离造成星上设备冲击环境恶劣,超过单机验收试验条件的设备达 34 台,且超出量级高,最高可达 4~5 倍,给单机研制、航天器设计布局带来了很大的考验。

(2) 恶劣的冲击环境造成元器件失效,影响航天器运行。典型的冲击失效包括裂纹和晶体、陶瓷、环氧材料、玻璃封装、焊点、封装失效、污染物的移动、继电器和开关抖动和移位,以及微小轻质结构的变形。例如某卫星在轨 SAR 天线压紧点火工装置动作时,安装在火工装置附近的时间基准单元 A 机频率遥测信号突然从正常值变为零伏,频率计数器停止递增,产品失效。地面故障复现试验表明,时间基准单元附近的冲击响应过大,导致仪器内部晶片引脚陀螺,因此开展冲击防护技术研究对航天器的稳定运行很有意义。

3.2.1 火工冲击环境的分类

根据火工冲击的量级和频率成分,可以将火工冲击环境分为近场、中场和远场三类。其中近场环境由冲击源产生的材料应力波扩散效应为主导,其冲击环境超过 10000g,频率分量在 10kHz 以上,在一个好的设计中,近场环境中不能安装对火工冲击敏感的硬件。中场环境的特点是应力波传播和结构响应共同作用,其冲击环境为 1000~10000g,频率成分在 3~10kHz 之间。远场主要受结构响应主导,峰值加速度通常低于 1000g,大部分的频率成分在 3kHz 以下。

根据冲击源种类的不同,火工冲击装置可以分为点源和线源两类。典型的点源包括爆炸螺栓、分离螺母、拔销器、切割器和某些点源组合以及火工驱动的操作硬件(例如火工阀)。典型的线源包括弹性线状电荷,导火索、脆性铰链、爆炸转移线、某些用于分离过程中和分离后爆炸及结构碎片回收的产品。点源和线源也可以结合起来使用,例如 V 形包带就是这种形式。

不同种类的火工冲击源形成的冲击环境在频率成分上会存在一定的区别,应针对性地进行冲击防护设计。图 3-11 给出了不同冲击源附近测点的加速度功率谱密度分布,从中可以看出其能量分布的不同。

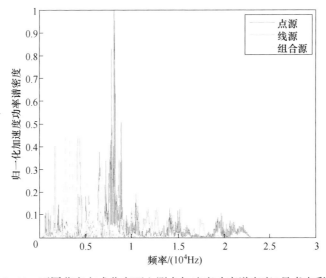

图 3-11 不同分离方式分离面上测点加速度功率谱密度(见书末彩图)

3.2.2 冲击传递

NASA 于 20 世纪 70 年代,统计分析了火工冲击在不同结构和材料中传递的特性,重点研究结构形式和材料对冲击响应传递速度、频率成分以及幅值的衰减规律的影响,研究了桁架结构和薄壁加筋圆筒结构上冲击波传播的规律,得到以下结论:

(1) 冲击波由压缩波、剪切波和弯曲波,其中压缩波和剪切波在材料中以声速传播,而弯曲波则随着传播而不断耗散,这是因为弯曲波传播的速度随频率变化。

(2) 冲击波的频率成分随着其在结构中的传播会发生变化。在传播过程中通过激励结构谐振将高频能量转化为低频能量。冲击波在复杂结构中由于经过大量的反射和叠加,其频率成分也将发生变化。

(3) 冲击响应幅值随着传播距离的增加而衰减,其衰减规律在桁架结构、薄壁结构、承力筒结构和长桁结构中基本相似。

下面通过某遥感卫星冲击实测数据分析火工冲击载荷在卫星结构中的冲击传递规律,该卫星采用四点连接方式与运载连接,有 12 个测点分别位于推进舱立柱根部、中部和顶部,距离分离面的高度分别为 40mm、140mm 和 1130mm,这里以 Z 向响应为例,分析整星冲击传递的特点,测点布置如图 3-12 所示。

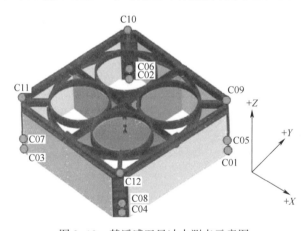

图 3-12 某遥感卫星冲击测点示意图

图 3-13 给出了沿推进舱某立柱测点的 Z 向响应的功率谱密度计算结果,从图中可以看出,距离冲击源较近的测点冲击响应频谱较宽,但是随着距冲击源距离的增加,高频响应衰减明显,低频响应出现先增加后衰减的趋势。这说明了冲击波的频率成分随着其在结构中的传播会发生变化,冲击波在传播过程中通过激励结构谐振将高频能量转化为低频能量。

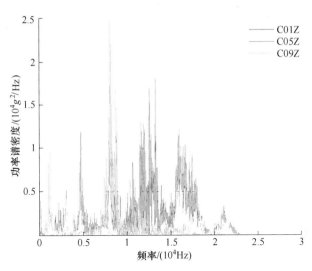

图 3-13　不同立柱测点加速度功率谱密度（见书末彩图）

图 3-14 给出了沿推进舱某立柱测点的 Z 向响应冲击响应谱计算结果，从中可以看出，对同一立柱的测点来说，测点的响应谱峰值有随着距冲击源距离的增加而减小的趋势。

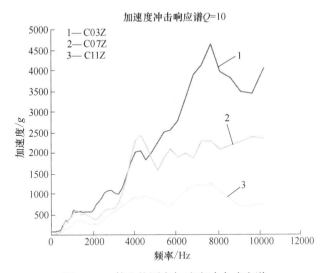

图 3-14　某立柱测点加速度冲击响应谱

根据冲击波的传递规律，缓冲设计一般建议在冲击源或者在关键设备的安装位置开展，冲击源处的缓冲方法通常依靠吸收能量的方法，而设备安装位置的缓冲则多通过附加缓冲材料限制传递到设备上的能量。

3.2.3 抗冲击环境设计方法

航天器抗冲击环境设计主要通过3种方法:①改进火工装置设计,降低爆炸源的冲击量级;②优化航天器设计布局,避免在火工装置附近安装敏感仪器;③通过连接结构衰减冲击载荷。

1. 改进火工装置设计,降低爆炸源的冲击量级

为了降低爆炸源的冲击量级,首先可以通过优化火工装置引燃火药和引爆炸药的药量降低航天器火工装置爆炸冲击响应,但需要验证对火工装置动作可靠性的影响。其次是合理控制航天器火工装置预紧力,火工装置在预紧力作用下使得航天器局部结构产生弹性变形并储存了较大的应变能,应变能释放造成的加速度响应影响范围主要在中场和远场,这也正是航天器冲击敏感仪器安装处。因此,在保证连接与分离可靠性的前提条件下,合理控制航天器火工装置预紧力,可以降低由应变能释放造成的航天器敏感仪器加速度响应。

2. 优化航天器设计布局,避免在火工装置附近安装敏感仪器

爆炸和应变能释放引起的响应频率成分高,主要表现为应力波传播,因此随距离的增加而迅速衰减。研究表明,分离冲击产生的强烈机械瞬态响应,对其附近仪器产生极为严重的影响,影响程度随着到冲击源的距离增加而减小。

图3-15给出了上文四点连接遥感卫星距离分离面40mm、140mm和1130mm测点处的加速度冲击响应谱峰值随距离衰减情况,可以看出,随着距离的增加,冲击载荷迅速衰减,因此在允许的情况下,通过避免在火工装置附近安装敏感仪器可以有效地减小火工冲击对敏感仪器影响。

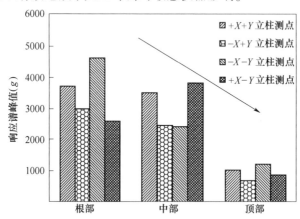

图3-15 加速度冲击响应谱峰值随距离变化情况

在空间允许的情况下,优化布局不失为火工冲击防护的一个方便可行的手段,但大多数情况下,航天器舱内空间有限,同时未来航天器所应用的火工装置会越来越多,通过布局来抵抗冲击环境将变得更加困难。

3. 通过连接结构衰减冲击载荷

通过结构之间的连接衰减冲击载荷的方法是进行抗冲击设计的主要手段,根据界面性质和能量衰减机理的不同,常用的方法有柔性吸能和刚性隔离两种。

1) 柔性吸能法

柔性吸能方法是在设备和冲击源之间设计一个低频单自由度系统,当冲击载荷传递时,柔性材料通过变形吸收火工冲击的能量,降低冲击响应。采用该原理进行缓冲设计常见的例子为利用橡胶或硅橡胶材料制成的缓冲垫圈,图3-16为NASA和ESA推荐的采用硅橡胶圈进行设备缓冲的方法。

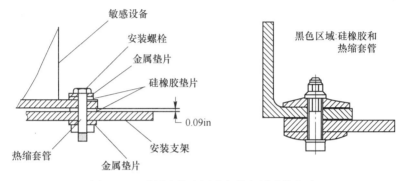

图3-16 采用硅橡胶圈进行设备缓冲的方法

考虑到橡胶等非金属材料易老化的特点,在长寿命空间飞行器上,具有耐高温、抗辐照长寿命等特点的金属橡胶是一种较好的减振缓冲替代材料。

2) 刚性隔离法

刚性隔离的原理是根据不同材料界面的机械阻抗不匹配,使冲击波过界面时发生反射而降低冲击的能量。在航天领域,航天器和仪器设备常常会有安装精度和刚度的要求,通过柔性垫圈进行缓冲的方法会影响系统的刚度和安装精度,而刚性隔离的方法则能够较好地解决以上问题,因此常用于航天器系统级缓冲设计。例如阿根廷空间组织与NASA GFSC航天中心共同研制的科学实验卫星SAC-B卫星就采用了这种方式(图3-17),通过在星下端框(PAF)与卫星结构之间增加了多种结构材料(不锈钢、镁和G10)构成冲击隔离装置,以降低

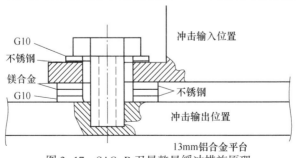

图3-17 SAC-B卫星整星缓冲措施原理

传递到卫星结构上的冲击载荷,使用冲击隔离后,相比于冲击源,星上冲击响应降低了80%。

3.3 航天器在轨微振动环境控制

航天器在轨运行期间,由于某些单机设备的运动和结构的变形扰动,会引起航天器结构幅值微小的振动(一般小于 $10^{-1}g$),如:①动量轮的高速转动;②太阳翼驱动机构的运动;③太阳翼进出阴影时冷热交变诱发的热变形扰动等。

这种微振动通常不会给结构带来破坏,对大部分航天器任务使命不会产生明显影响,通常都予以忽略。但对于具有高稳定度和高精度指向要求的航天器,微振动经过航天器结构传入有效载荷后,会激起有效载荷的振动响应,造成指向和定位精度下降,严重时甚至导致敏感载荷工作失效。因此,对于这类航天器,在设计研制阶段必须对其在轨微振动环境进行严格的控制,把微振动对航天器性能的影响降至最低,确保航天器在轨任务的顺利完成。

3.3.1 微振动环境控制总体技术途径

航天器微振动环境控制总体技术途径流程图如图 3-18 所示。

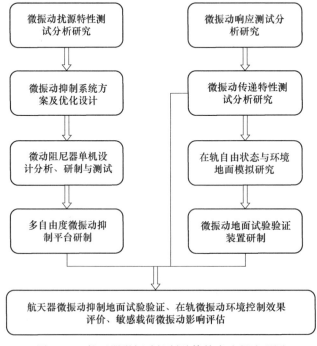

图 3-18 航天器微振动抑制总体技术途径流程图

如图 3-18 所示,首先对航天器在轨常见扰源开展调研分析工作,根据我国高精度有效载荷的响应特点和敏感频带等,选取对当前和未来我国高精度有效载荷影响明显、干扰强烈的典型扰源,开展微振动扰源高精度测试与分析,并进行微振动测试与分析工作,根据测试结果,提取扰源微振动输出特性,并结合有效载荷要求,提出针对扰源的微振动抑制技术指标。同时开展微振动响应测量分析研究,根据卫星微振动测试及地面试验验证需求,开展高精度微振动响应加速度、线位移和角位移测量分析研究,为微振动测试与地面验证试验奠定技术基础。

针对扰动源特点和技术指标,开展航天器微振动抑制系统方法研究,进行隔振系统优化设计研究工作,建立系统仿真分析模型,分析优化微振动抑制系统参数,提取平台用阻尼器设计指标。

根据单机指标开展阻尼器单机优化设计研究,研制阻尼器单机并开展试验测试和仿真分析。利用多个阻尼器单机,按照优化设计方案完成微振动抑制平台的原理样机研制。

根据航天器特性和微振动抑制指标,进行在轨飞行自由状态地面模拟方法研究。结合微振动测量和在轨飞行自由状态地面模拟方法,研制微振动地面试验验证系统。

随后将航天器微振动抑制平台与扰动源及敏感载荷一起,进行航天器微振动地面验证试验,通过试验检验微振动抑制平台对扰源的微振动抑制效果,评估微振动对敏感载荷的影响。

3.3.2 微振动抑制分析设计一体化技术

航天器微振动传递的过程和抑制效果不仅与振动抑制系统的运动、阻尼特性有关,而且还与航天器整体结构特性相关。因此,在开展航天器微振动抑制方案设计时,系统地分析微振动扰源的特性、微振动传播途径、附加阻尼器特性以及结构的刚度和强度要求等,并根据分析结果,在结构中优化配置阻尼器,使结构的阻尼特性满足微振动抑制要求。这种把航天器结构微振动抑制分析与阻尼器设计融为一体的理念将起着事半功倍的作用。

因此,在进行航天器微振动抑制方案设计时,要针对微振动抑制系统的要求,建立综合微振动扰源输入、阻尼特性、结构弹性基础的航天器整体模型,并基于测试数据进行模型修正,通过对航天器整体模型的计算仿真开展微振动抑制的设计、优化工作。图 3-19 为航天器微振动抑制分析设计一体化流程图。

首先,根据微振动特性测试分析结果(包括频率范围、振动量级等),对微振动对敏感设备的影响及需要进行减隔振处理的频率范围、需降低的振动幅值等

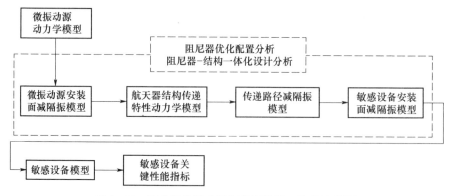

图 3-19 航天器微振动抑制分析设计一体化流程图

开展研究工作。具体步骤如下：

（1）基于微振动源分析和微振动测量试验数据，建立反映微振动源动态特性的动力学模型；

（2）针对航天器结构，利用有限元方法建立反映其传递特性的动力学模型；

（3）根据敏感设备工作的基本原理建立其数学模型，即建立一个输入为敏感设备安装面的微振动响应，输出为敏感设备关键性能指标的数学模型；

（4）将微振动源数学模型和传递特性数学模型结合起来，通过数值分析得到敏感设备上关键部位的响应；

（5）将敏感设备性能指标模型、微振动源模型和传递特性模型集成在一起即可分析微振动对敏感设备的影响；

（6）利用数学手段确定需处理的频率范围、振动幅值等指标。

然后，根据上述分析结果，建立减隔振数学模型，主要包括微动阻尼器、黏弹性阻尼器等拟采用的各种阻尼器的动力学模型。通过动力学仿真优化手段，确定阻尼器的关键参数及其在微振动源安装面、微振动传递路径和敏感设备安装面的最佳配置措施，同时研究不同特性的微振动抑制阻尼器与航天器结构的一体化设计优化策略，使得采取减隔振措施后，敏感设备的性能指标满足总体指标要求。

最后，检验卫星微振动抑制系统是否有效性，必须对其进行地面微振动试验验证。隔振器研制完成后，将隔振器安装到卫星结构上，通过地面验证试验，验证隔振器的在轨隔振性能，对微振动抑制效果进行定量检验。

3.3.3 高精度微振动抑制装置研制技术

微振动控制方法可以分为被动控制和主动控制两大类，对应的控制方法所使用的隔振器分为被动、主动、半主动、混合式四种隔振器。被动隔振器是无需外部的控制,不需要外界能量的输入,利用惯性单元、弹性单元和阻尼单元组合作用进行振动抑制。主动隔振器是引入闭环机制,利用作动器,对宽频率区间的各种微振动进行抑制。半主动隔振器是可以对隔振器的参数进行调节,但是在使用时仍然是被动抑制。混合隔振器,又称主被动结合隔振器,是指同时采用主动、被动的隔振器。

微振动隔振器是执行航天器微振动抑制技术的核心元件,是隔振技术的实现方式,它的性能优劣直接决定了微振动抑制的效果。考虑到微振动的特点,作为在轨微振动抑制的隔振器,要具有微振幅、无摩擦、无泄漏等特点,同时还要面临高真空、热交变、强辐射的空间环境,因此它没有地面常见隔振器的大行程运动,更多是通过局部相对运动,以保证隔振特性的稳定性、可靠性和长寿命的要求。因此,在航天器微振动隔振器研制过程中,需要引入抗疲劳设计、密封设计、抗辐照设计、抗热环境设计等,保证隔振器能够满足航天器长期在轨使用的需求。CMG 在轨隔振平台见图 3-20。

图 3-20　CMG 在轨隔振平台

航天器上某些微振动扰源具有多方向特点,需采用多个隔振器构建多自由度微振动抑制平台,通过对微振动抑制平台的结构参数优化,可实现多自由度微振动抑制的目标。微振动抑制平台研制包括以下内容:①抑制平台几何构型特性分析;②高精度多自由度柔性关节研究;③隔振器单机研制与特性测试评估;④多向微振动抑制并联平台集成与测试。微振动抑制平台研制技术路径包含以下几方面:①通过获取的航天器微振动源扰力输出特性和微振动传递及响应特性,为微振动抑制平台的设计提供相应的输入;②通过微振动抑制系统方案设计,确定微振动抑制平台的技术指标和优化目标;③在此基础上,进一步开展微振动抑制平台构型设计和隔振器的参数优化等工作。

隔振器单机的研制首先基于微振动抑制分析给出的技术指标,选择合适的隔振器类型,然后开展隔振器研制工作,并可利用模拟输入微振动源激励试验对隔振器特性进行测试分析与评估。

1. 流体阻尼隔振器

流体阻尼隔振器是一种利用结构弹性变形驱动流体运动产生阻尼力的阻尼隔振器。流体阻尼隔振器主要部分由阻尼筒和内、外筒构成。当结构受到振动时,轴向变形通过外筒的变形传入阻尼筒,利用阻尼筒的挤压变形使黏性流体在小直径的管道内流动,从而产生阻尼力。这种阻尼器具有很高的阻尼系数,由于是通过自身的弹性变形来驱动流体运动,因此能够在很小的变形行程上实现阻尼效果,适用隔振系统的要求。

2. 黏弹性阻尼隔振器

黏弹性阻尼隔振器是利用黏弹性橡胶材料提供阻尼作用的一种隔振器。在使用时,阻尼隔振器外壳与航天器结构相连,轴套与有效载荷相连。当由于航天器的振动使轴套与外壳、芯轴产生相对运动时,对黏弹性材料产生剪切作用,把振动能量转化为黏弹性材料的剪切变形能,从而降低航天器振动对有效载荷的影响。

3. 金属阻尼隔振器

金属橡胶具有疏松的空间网状结构,类似于天然橡胶的大分子结构。在交变力的作用下,金属丝相对滑移产生的干摩擦可有效耗散振动能量。其阻尼比能够达到 $0.2 \sim 0.4$,与高性能减振橡胶阻尼水平相当。由于这种材料完全由金属材料制成,环境适应能力优于传统黏弹性阻尼材料。金属橡胶在高低温作用下不会发生性能衰减,通过选择适当的金属材料或表面处理方法还可以抗腐蚀。金属橡胶不存在老化问题,其保存期不受限制。由于它的阻尼性能好、环境适应能力强、结构简单、重量轻,易于设计成各种形状,并能够根据设计要求调节刚度、选择合理的制作、安装参数等优点。

4. 电涡流阻尼隔振器

利用电磁作用的非接触性、高灵敏性以及在特殊环境下的稳定性,达到隔振的目的。与传统的减振器相比,电磁阻尼器由于其自身的多种优势:

(1) 结构简单:与传统的黏性阻尼器相比,涡流阻尼器无需黏性阻尼器中的密封结构,本质上主要由导体与永磁体构成,组成结构上没有传统阻尼器复杂。

(2) 可靠性高:由于阻力产生于非接触的相对运动,各构件间无表面磨损,同时也将结构疲劳的影响降到最低。涡流阻尼器由于对工作条件,如温度、湿度的变化不敏感,即环境依赖性低,因此可长期工作在环境不稳定的条件下。

(3) 灵敏度高:基于电磁学理论的涡流阻尼器有着较高的分辨率。由于其阻尼来自导体与磁场的相对运动,对于低幅振动也可引起有效的阻尼效果。

5. 磁流变液隔振器

磁流变液是一种新型的智能材料。在无外界磁场的情况下,磁流变液为液体形态。在外界强磁场作用下,磁流变液类似固体,几乎丧失了流动性。利用这种特性,可以在可控的磁场下,使其产生阻尼力。由磁流变液制成的阻尼器结构简单、响应速度快、耐久性能好、阻尼力大且连续可调,是一种典型的可控流体阻尼器。然而磁流变液的密封、液体长期的存放限制了其寿命。

6. 机加弹簧隔振器

由于机加弹簧可以通过精密机加保证其实际刚度与设计刚度基本一致,非常适用于微振动隔振中,所以机加弹簧在航天器微振动抑制中广泛采用。与传统弹簧利用专用设备将金属丝或金属带进行缠绕成形不同,机加弹簧是将一块金属进行机加得到螺旋形状。机加弹簧一般是根据设计需求进行专门设计,具有传统弹簧达不到的精度和特殊性能。利用机加弹簧,可以提高产品的可靠性、使用寿命、可装配性。

3.4 高超声速飞行器气动热防护

随着飞行器在大气层内飞行速度的不断提高,高超声速流动在飞行器高速巡航时带来一系列极具挑战性的问题。当高速气流绕过飞行器时,由于气体的黏性耗散作用,空气受到飞行器表面的强烈压缩和摩擦,除部分能量使气体分子激发转化成振动能外,气流的动能大部分转化为气流的内能,从而使气流温度迅速提高。强激波的加热效应和强烈的黏性耗散作用导致流经物体的高超声速流动温度很高。这些热量通过高强度物面热传导将大量热能传递给飞行器表面结构,从而使得飞行器表面的温度迅速大幅升高。

未来长时间巡航的飞行器表面大部分温度在1000℃以上,当飞行速度达到$20Ma$,高超声速飞行器激波后的气流温度可达约10000K,飞行器以高马赫数巡航时间长达1000s,这给飞行器本身的材料和结构都提出了极高的热防护要求。

3.4.1 热防护系统

根据飞行器飞行任务需求和热环境分析结果,考虑加热环境、力学环境、使用次数及成本等因素,飞行器各部位采用不同类型的热防护系统。主要的防热系统可分为被动防热系统、半被动防热系统和主动防热系统3类。

1. 被动热防护系统

被动防热主要依靠防热结构和材料本身将热量吸收或辐射出去,而不需要工作流体(工质)来排出热量,简单可靠,使用广泛。这种方案可采用三种防热结构,依次为热沉结构、热结构和隔热结构。

（1）热沉结构是一种吸热式热防护结构，主要是采用高温难熔金属吸收气动热并存储到材料内部，用于瞬时承受中等程度的热流密度。当结构表面承受气动加热，一部分热量通过辐射排出，另一部分被结构吸收。如果热沉结构吸热较长一段时间，将使结构过热。热沉结构最大的优点是结构简单可靠，不会改变气动外形，但是热沉结构能够吸收和存贮的热量主要由材料的热物理性能决定，如比热容、质量、材料许用温度等。热沉结构通常质量较大，防热效率低。美国航空航天局的 X-15 试验飞行器的机翼前缘采用了热沉结构。

（2）热结构的隔热原理是使结构的温度迅速升高，使表面辐射热量与入射的热量达到热平衡，为了实现这一平衡，需要采用耐高温材料，并且在材料表面喷涂高辐射涂层材料。这种 TPS 具有结构简单的优点，但过度依赖材料的热物理性能的稳定性，同时受材料的高温热应变的影响较大。但是结构的气动外形不会发生变化，可以应用于机翼等部位的防热。热结构用于承受中等程度的热流密度并持续较长时间。

（3）隔热结构用于承受中等程度的热流密度且相对较短的加热时间。结构表面承受气动加热，并通过辐射去除掉一定的热量，隔热的目的是通过隔热层最小化传递到结构的热量，并使结构保持在一定的温度范围内。采用隔热材料结构的一个实例为航天飞机的升降舵舵面结构。隔热式结构主要采用耐高温的陶瓷瓦、隔热毯或者烧蚀体材料置于要防护结构的外侧。如果防热结构外部是非烧蚀的陶瓷瓦或者隔热毯，则这种隔热式结构即为被动式热防护系统；如果防热结构外部是烧蚀体材料，则这种隔热式结构即为半被动热防护系统，主要利用外部的陶瓷瓦或隔热毯吸收或辐射掉大部分热量，阻止其向内部结构的传递，这种结构广泛应用在现有的航天飞机和飞行器中。

2. 半被动热防护系统

半被动热防护系统用于高热流密度并持续较长时间，主要有热管结构和烧蚀结构。

（1）热管的工作原理是将热量通过工质传递到热管的其他区域并通过辐射排出。热管结构一般用于局部加热程度严重而其周围区域加热程度较轻的部分。

（2）烧蚀是另外一种半被动防热的技术，一般用于表面气动加热十分严重的飞行器部位。烧蚀用于非常高的热流密度，但持续相对较短的时间，并且是一次性使用。通过烧蚀材料的消耗而阻隔热量，热量通过烧蚀过程而被吸收。国内外飞船的防热基本上采用烧蚀结构形式，如苏联的载人飞船"东方"号、"上升"号以及"联盟"号，全部采用烧蚀防热结构，基本采用密度较高的酚醛玻璃钢作为烧蚀层，在高密度烧蚀层下，使用密度很小的泡沫状隔热材料。国内返回式卫星与联盟飞船一样，防热结构采用的是低密度的烧蚀材料，而神舟飞船在重量指标的约束下,返回舱采用了中、低密度烧蚀材料的烧蚀防热结构。

3. 主动热防护系统

主动冷却热防护系统采用防热结构和材料,利用冷却工质(固态、液态、气态)阻止或带走气动热,达到控制进出热防护系统的热流,保护内部结构和二级系统的温度不超过最大温度限制的目的。对于相同的材料和结构,如果实际工作热载荷超过计算的极限热载荷,就需要采用其他的方式增强热量的排散。这种情况下,就需要使用主动冷却的方法增强热防护系统的热量排散能力。对于主动冷却热防护系统,这部分能量主要由冷却剂吸收,冷却剂吸收热量后被加热,随着冷却剂的排放,热量也被系统消散。主动冷却热防护系统是主动冷却方法和具体的热防护系统的有机结合,它的特点是冷却能力强,具体表现在两个方面,在相同的热流作用下,降低对热防护系统材料的最高温度的限制要求,具体降低的温度差,取决于主动冷却的冷却能力;对于相同的热防护系统,如果有主动冷却参与,则会提高热防护系统的热载荷承载能力,同样,热防护系统热载荷提高的程度也取决于系统所采用的具体冷却方法。主动冷却热防护系统可以实现系统的开环甚至闭环的温度和热流的控制。主动冷却热防护系统可以实现热防护系统的结构和功能的集成化,实现防热-隔热-热控制的一体化。但是主动冷却热防护系统一般需要额外的系统储存冷却工质并对进入的冷却工质进行调解和控制,这会增加系统的质量。

主动冷却热防护系统按照冷却形式可以分为发汗冷却、膜冷却、对流冷却以及喷雾冷却,如图 3-21 所示。

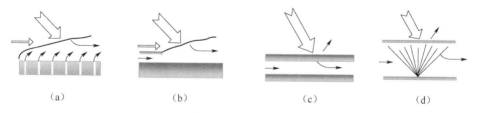

图 3-21 主动防热
(a)发汗冷却;(b)气膜冷却;(c)对流冷却;(d)喷雾冷却。

发汗冷却热防护系统是采用发汗冷却方法进行冷却的热防护系统。发汗冷却是一种仿生技术,它是利用生物为了生存,对所处环境(温度)进行自身调节的一种本能。发汗冷却和膜冷却的冷却方式相同,均利用从表面喷出的冷却剂隔断热量向结构的热传递。发汗冷却的冷却剂一般通过多孔的表面向外蒸发。发汗冷却按照冷却的自发性可以分为自发性发汗和强迫性发汗。按照发汗材料的结构可以分为层板发汗冷却和多孔介质发汗冷却。德国航空航天中心的"锐边飞行试验-Ⅱ"(SHEFEX-Ⅱ)就包含了一个发汗冷却的主动冷却段,锐边飞行验证项目 SHEFEX 是德国航空航天中心(DLR)推出的高超声速飞行验证项目,旨在探索一种低成本高效率的返回方案。第二代飞行器 SHEFEX-II 搭载了主动冷却模块 AKTiV(图 3-22),测试表明,在高超声速($Ma<10$)气流状态下消耗少量的气体即可产生明显的制冷效果。

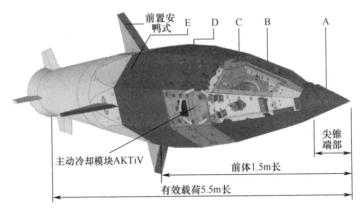

图 3-22 SHEFEX-II 飞行器上搭载的主动冷却模块

气膜冷却与发汗冷却的冷却原理比较类似,但区别在于喷射冷却介质的不连续的槽一般平行于气流方向。一般来说,膜冷却的冷却机理是采用喷射的冷却剂在结构表面形成保护膜,阻止热量向内部结构的传递,所以膜冷却需要消耗的冷却剂要比发汗冷却消耗的冷却剂多。

对流冷却热防护系统是对流冷却方法与具体的热防护系统相结合。对流冷却的冷却原理是采用冷却剂在结构内部的冷却剂通路内循环,耗散结构所承受的气动热载荷。对流冷却能够耗散的热量要小于膜冷却和发汗冷却,因为对流冷却的冷却过程是,热量从外表面传递到内部结构,再由冷却剂冷却,也就是说对流冷却的热量已经传递到结构内部。如果采用循环液体燃料作为冷却剂,利用进入结构的热量预热液体燃料,则这种对流冷却则由于能量的再生,被称为再生冷却。

喷雾冷却热防护系统采用喷雾冷却的冷却方法用于热防护系统的防热。喷雾冷却的冷却机理非常复杂,主要采用喷头将水或其他液体喷射成雾状,这些雾状液滴撞击被冷却表面,耗散冷却表面的热量。

3.4.2 热防护材料

按照材料的不同,热防护材料可以分为烧蚀基热防护材料、陶瓷基热防护材料和金属基热防护材料。

1. 烧蚀基热防护材料

烧蚀基材料热防护系统主要采用烧蚀基材料作为防热结构。烧蚀基材料在气动热载荷的作用下,会发生化学反应,材料将融合、蒸发、碳化或者燃烧,反应产生的气体阻止巨大的瞬态热流,起到保护内部结构的作用。

根据不同的烧蚀机理,可将烧蚀防热材料分成三类,即硅基复合材料、碳基复合材料和碳化复合材料。其中硅基复合材料为熔化型烧蚀材料,碳基复合材料为升华型烧蚀材料,碳化复合材料为裂解型烧蚀材料。硅基复合材料是以 SiO_2 为主要成分的复合材料,在早期称为玻璃类增强材料,包括石英、玻璃钢、高硅氧和碳-石英。由于 SiO_2 是熔融和蒸发材料,故硅基复合材料又称熔融-气化型烧蚀材料。碳基复合材料有石墨、碳碳复合材料等,主要由碳元素组成。碳化型热防护材料则主要以树脂复合材料为主,作为基体的复合材料受热情况下材料中的树脂成分温度升高,进而发生热解反应,释放热解气体,起到吸热、散热以及热阻塞的作用。树脂基复合材料的增强纤维主要有玻璃纤维、碳纤维、高硅氧纤维、石英纤维等,常用的树脂基体有有机硅、酚醛、聚芳炔、聚酰亚胺等。

各种各样的烧蚀热防护材料中,树脂基复合材料由于其安全可靠、成本低廉、稳定性好,适应外部加热环境变化能力较强,且具有较强的高温承受能力,一般可达 3000K 以上,因此得到了充分的重视与发展。美国的"水星号"飞船和我国"神舟 5 号"飞船采用了硅基树脂基复合材料。

烧蚀基热防护系统的缺点是破坏了防热结构的气动外形,并且只能承载有限数量的气动热载荷,不可以重复使用。

2. 陶瓷基热防护材料

陶瓷基热防护材料包括陶瓷基复合材料、陶瓷瓦和超高温陶瓷。

陶瓷基复合材料主要包括碳-碳(C-C)、碳-碳化硅(C-SiC)和碳化硅-碳化硅(SiC-SiC)材料。陶瓷基复合材料保留了陶瓷材料耐高温、热膨胀率低和低密度的特性,同时弥补了单一陶瓷材料的不足,陶瓷基复合材料的缺点是机械加工性能较差,且大多需要涂覆抗氧化涂层。陶瓷基复合材料通常适合作为高温热防护结构的蒙皮或者作为热结构。

刚性陶瓷瓦是洛克希德·马丁公司在 19 世纪 60 年代研制的,广泛用于现有航天飞机的外部防热,美国现有的航天飞机机身 70% 采用了刚性陶瓷瓦作为热防护系统。陶瓷瓦由硅纤维制作而成,具有热导率低、热膨胀系数小的优点,缺点是脆性大、易碎、防水性差,并且每次使用前,需要用来进行检查修理以及防水处理的时间较长,增加了材料的全寿命成本。后来发展了 TUFI(toughened uni-piece fibrous insulation)陶瓷瓦,为了增加陶瓷瓦的抗冲击性,在陶瓷瓦的外表面增加了韧性外涂层。

柔性陶瓷隔热毯与陶瓷瓦的基本材料构成相同,是一种柔性结构,可以解决陶瓷瓦由于脆性大而易碎的问题,同时柔性可以使材料具有很好的结构适应性,增大单片热防护系统的面积。柔性陶瓷隔热毯使用温度最高达到1370K,可以适用于飞行器的背风面,柔性陶瓷隔热毯的缺点是材料表面粗糙,容易引起边界层紊流,不适合应用到飞行器的迎风面。

超高温陶瓷材料是由高熔点硼化物、碳化物以及氧化物组成的超高温陶瓷材料,在2200℃以上的超高温度下具有很好的化学和物理稳定性。超高温陶瓷材料可以用于制备飞行器鼻锥、机翼前缘等热结构。

3. 金属基热防护材料

除了高超声速飞行器高温区外其他部位的大面积热防护,金属基热防护材料是重要的解决方案之一。用于各类航天运输系统的传统金属防热系统结构有高温合金、钛合金蜂窝或多层壁结构等,近来的发展趋势是新型钛合金和钛铝合金化合物机体结构及以其为基的复合材料蒙皮,可多次重复使用的耐高温轻质金属结构已成为未来空天飞机的主要热结构。

金属基热防护材料与其他热防护材料相比,有很多优势,同时也存在一些不足。金属基热防护材料的优势在于具有良好的延展性,良好的抗冲击和破坏能力,优良的机械加工性。由于金属具有良好的延展性,使金属基热防护系统具有可重复使用性,同时易于成型,传统的机械加工方法就可以进行加工。但是,由于金属具有较大的热膨胀系数,会产生热应力,增加了设计的难度。在金属基热防护系统的设计过程中,必须在热防护系统的板块之间预留一定的间隙,间隙设计十分重要,如果设计不当会引起热短路或是引发热防护系统外表面边界层的变化。

根据目前材料及工艺的发展现状,按照温度范围金属基热防护材料的选材大致为:在500℃以上选用钛合金,但在500℃以下辐射散热作用不明显,极少采用;在500~900℃,选用铁钴镍为基的高温合金,1000℃以上选用经抗氧化处理的难熔金属。

3.4.3 主动气膜冷却防护技术

气膜冷却作为一种有效的主动冷却方式已被广泛应用于航空燃气涡轮发动机涡轮叶片上。增加发动机的入口温度能大大增加燃气的热效率和输出功。总体上说,透平进气口燃气温度的提高70%是由于采用有效的主动冷却设计,另外30%是由于耐热材料的发展和制作工艺的进步。主动冷却已成为航空燃气涡轮发动机高温部件的主要冷却措施之一。

在壁面附近沿切线方向或一定的入射角射入一股冷却气流,用以将高温气体与壁面隔离,这类防护性冷却即是气膜冷却。冷空气沿给定方向喷至壁面后,在其壁面上形成一层气膜。该气膜对壁面起着两个重要的保护作用:一是将高温气体与壁面隔开,以避免高温气体直接对壁面进行对流换热,这是隔热作用;二是冷却气体(液体)自身温度较低,与高温气体进行热交换带走热量,这是冷却作用。气膜冷却原理图如图3-23所示。

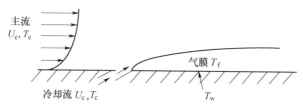

图3-23 气膜冷却原理示意图

1. 气膜冷却影响因素

气膜冷却流动复杂,影响冷却效率的因素非常多。影响气膜冷却效果的因素主要可以分为以下几个方面:

单个气膜孔的几何结构的影响:气膜孔形状及其相关参数、气膜孔的喷射角度等;

气膜孔排列方式的影响:孔间距、孔排距、孔排数、孔的排列方式;

气膜射流参数及主流参数的影响:主流速度、吹风比(密流比)、射流与主流的密度比、动量比、喷射压力损失、压力梯度、主流湍流度和气膜孔上游的主流边界层厚度等。

其他影响参数:冷却工质、壁面形状、表面曲率、表面粗糙度等。

1) 气膜孔几何形状的影响

仅从气膜覆盖度及冷却效果的角度考虑,气膜冷却孔的理想形状是切向二维连续槽缝(2D,ideal tangential slot),如图3-24所示。但基于结构完整性、力学性能及寿命的考虑,实际应用中很少采用这种形式。

离散异型气膜孔的设计思路是尽量贴近二维切向槽缝的效果,在多排离散孔的作用下,效果尽量接近二维槽缝的形式,以降低吹风比,减少射流与主流混合,扩大横向覆盖面积,提高冷却效率。基于这一设计思路,研究者们设计出了各式各样的异型孔,除常规的切向二维槽缝、圆柱孔外,典型的异型孔有前向扩张孔、簸箕孔、扇形孔、console孔、哑铃孔、天窗孔、月牙形孔、心形孔、新式孔以及相关的排列组合等。

根据对各种异型孔的研究发现:

(1) 圆柱孔附近由于主流和射流的速度差产生的切向应力形成了一对强度较强、尺寸较大的反向涡旋对。圆柱孔的出口形状为等截面,没有有利于消除分离的几何结构,孔出口速度分布明显受入口射流分布的影响,当吹风比较

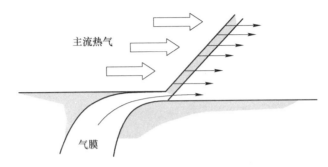

图 3-24 切向喷射的二维连续槽缝

大时,将产生一种"喷射"现象,"喷射"现象使得射流的初始动量增加,射流垂直方向的动量分量使得冷却射流穿透主气流边界层,对主流区域的影响增加,冷气对壁面的保护作用变差。圆柱孔的气膜冷却效率随着吹风比的增大而显著降低,并且其冷却效率沿展向呈快速下降趋势。

(2) 前向扩张孔的出口截面采用了扩张角,出口截面积增大,流动减速,射流穿透主流的能力减弱,孔附近形成的漩涡与圆柱孔相比明显减小,气膜出流向主流的垂直穿透能力减弱,因此其气膜覆盖性较好。前向扩张孔的冷却效率随着吹风比的增大而提高,其射流在展向的扩展范围较广,并且在侧向孔间区域的气膜冷却效率较高。

(3) 月牙孔的出口截面积进一步增大,在展向使冷气向两侧扩张,这种气膜孔结构使得射流的高速区发生在冷气通道的一半处,而不是在气膜孔的出口附近,因而可使冷气流与主流均匀地发生相互作用,特别是在高吹风比时,冷气可以均匀地覆盖在壁面,并且进一步削弱了孔口附近反向涡旋对的强度,经过计算,其气膜有效覆盖面、平均冷却效率以及气膜的均匀性均好于圆柱孔和前向扩张孔。

(4) 开槽前向扩张孔是前向扩张孔出口具有一定槽深的冷却结构,因此孔内冷气流动造成的高速区离孔口有一定的距离,在孔口处,由于有横向槽的作用,冷却气流流出气膜孔后首先在槽中进行了扩散,因而减小了其向上喷射的动量,使射流穿透主流的能力进一步减弱,致使大部分的冷却气流均沿着近壁面流动,故其气膜冷却效果好于圆柱孔和前向扩张孔,其气膜下游和展向的冷却效率随着吹风比的增大而增大。但通过孔内的速度向量图可以看到,气膜孔内仍有明显的流动分离和不规则性。

(5) 缩放槽缝孔在垂直于射流流动方向的展向是扩张的,在射流流动方向是收缩的,使得冷气流动在气膜孔内得以充分发展,流动分离现象几乎消失,流动较规则,由于其特殊的射流结构,致使在孔内发展均匀的高速气流紧贴出口底平面出流后直接冲刷表面,形成了较大的顺压力梯度,有利于消除射流在孔入口处形成的分离,使射流更易贴近被冷却壁面,并能有效地抑制反向涡旋对的产生,因此整体气膜冷却保护效果好于开槽前向扩张孔。

对异型孔来说,孔型都具有在出口处发生扩张的特征,流场结构也发生了相似的改变:射流孔的扩张特征使射流出口流向速度减小,减弱了射流与主流的掺混程度;同时增大了射流孔的展向覆盖面积;在涡系结构方面,与圆柱孔转向相同的涡对弱化,射流被主流压在下面,对壁面的热保护功效提高。具体应用时,需根据壁面形状、曲率、外流条件设计合理的异型孔。

2) 射流角度的影响

射流角度表示为射流孔轴线与冷却表面的夹角。气膜孔单孔射流角度决定了冷却射流和壁面的相对位置,在一定范围内,较小的射流角度可以保证射流贴附壁面的程度较好,减弱射流和主流掺混程度,对主流的扰动影响较小而使主流和射流的相对速度较小,同时产生沿主流方向较小的温度梯度,一定程度上起到更好的隔热冷却效果。而较大的射流角度下,射流流体迅速被主流高温气体包裹,甚至穿透主流气体,冷却效果减弱。

3) 气膜孔排列方式的影响

在利用气膜冷却技术的时候,多是采用多孔组合排布,因此包括孔排数量、孔间距、孔的排列组合等诸多因素,在进行气膜冷却设计的时候都必须加以考虑。

在孔排数量方面,就两排孔布局而言前排射流会增加两排间的主流边界层,减少交叉流动和剪切层内的速度,降低下游射流基本区域的湍流状况,如此,迟滞热传递作用,达到较单排孔更高的冷却效果。

孔间距较小时,在孔口附近及孔间区域会发生强烈的气膜干扰,使得孔排的作用类似于单个孔的效果,冷却气膜分布比较集中,在孔口下游近处冷却效率较高,但是气膜覆盖的区域较小。随着孔间距的增大,气膜覆盖面积增加,孔口附近的冷却效率低于小孔距,在孔下游远处发生的气膜干涉较为明显。

已有的研究均表明多种气膜孔型组合排列对气膜冷却效果影响很大。不同研究者对于最优排列方式的研究尚无一致结论,有的结论甚至相互矛盾,可见多孔布局研究有待进一步深化。

4) 冷却介质的影响

气膜冷却所用的冷却介质可以按其到达冷却区域时的状态分为气态和液态两种。不管选择何种冷却介质,都需要考虑空间布局、多孔表面的堵塞和合理重量下的表面强度等重要问题。

与液态冷却介质相比,气态冷却介质的一个明显优势就是不宜堵塞多孔材料表面,而其缺点是体积大,从而引起存储气体的系统重量大。选择气膜冷却系统冷却介质首要考虑的是高比热容和低存储质量。

2. 高超飞行器端头气膜冷却热防护设计与优化实例

本节给出了某飞行器的端头气膜冷却的方案设计与优化实例。首先对高超声速飞行器端头无射流孔下的局部流场进行分析。图3-25为某端头的模型和网格示意图。

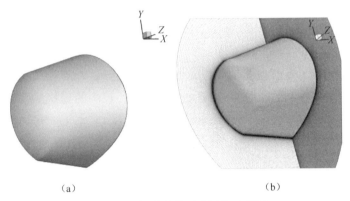

图3-25 某端头模型及网格示意图
(a)端头几何示意图;(b)网格。

针对该端头的飞行工况,飞行条件选为高度50km,飞行速度15Ma,攻角为15°,对高超声速飞行器端头无射流孔下的局部流场进行了分析,分析结果如图3-26所示。

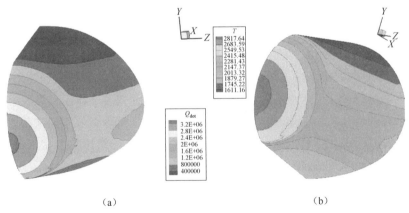

图3-26 无射流情况下端头壁面热流和温度分布(见书末彩图)
(a)无射流情况下端头壁面热流密度分布;(b)无射流情况下端头壁面温度分布。

1) 气膜孔形状对冷却效果的影响分析

为了研究不同孔型对射流冷却效果的影响,分别对以下几种工况的单孔射流流场进行分析,射流孔位于驻点位置,单孔射流方案见表 3-2,不同的单孔射流方案示意图如图 3-27 所示。

表 3-2 单孔射流方案

射流方案	入口半径/mm	出口半径/mm	备注
方案 1	1.5	1.5	直孔
方案 2	3.0	3.0	直孔
方案 3	4.36	4.36	直孔
方案 4	1.5	3.0	扩张孔

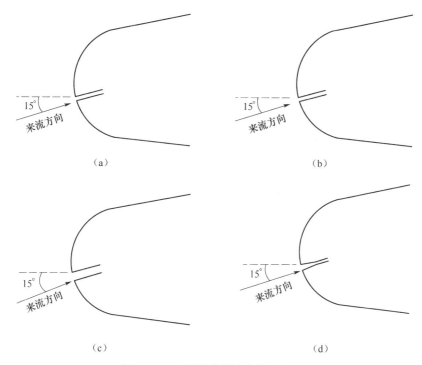

图 3-27 不同单孔射流方案示意图
(a)方案 1 射流方案示意图;(b)方案 2 射流方案示意图;
(c)方案 3 射流方案示意图;(d)方案 4 射流方案示意图。

单孔射流入口使用速度入口边界条件,射流入口速度 200m/s,来流马赫数 Ma 为 15,计算得到的壁面热流分布和温度分布如图 3-28 所示。

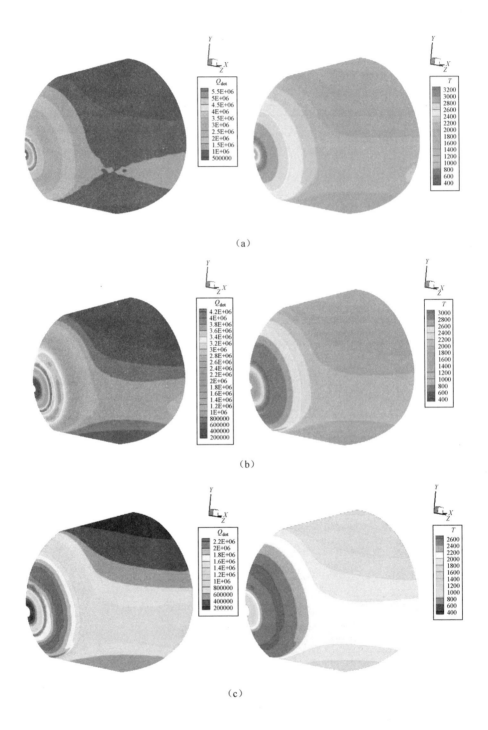

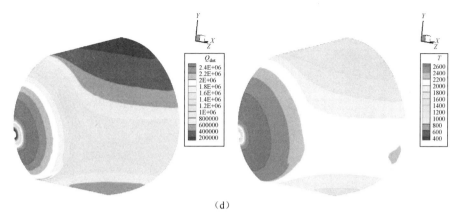

(d)

图 3-28 不同方案单孔射流壁面热流密度分布和温度分布(见书末彩图)

(a)方案 1 单孔射流壁面热流密度分布云图(左)和温度分布云图(右);
(b)方案 2 单孔射流壁面热流密度分布云图(左)和温度分布云图(右);
(c)方案 3 单孔射流壁面热流密度分布云图(左)和温度分布云图(右);
(d)方案 4 单孔射流壁面热流密度分布云图(左)和温度分布云图(右)。

表 3-3 中列出了不同单孔射流方案计算结果的对比,从 4 种不同单孔射流方案的比较可以看出,对于直孔来说,射流孔和射流流量越大,冷却效果越好;同样射流流量的情况下,扩张孔的冷却效果要优于直孔。

表 3-3 单孔射流方案计算结果对比

方案	马赫数	射流速度/(m/s)	峰值热流密度/(MW/m²)	最高温度/K	射流流量/(g/s)
1	15	200	5.5	3200	0.33
2	15	200	4.2	3000	1.37
3	15	200	2.2	2600	3.11
4	15	200	2.4	2600	0.39

2) 气膜孔布局形式对冷却效果的影响分析

根据单孔不同孔型对射流冷却效果的影响研究结果,分别对以下几种工况的多孔射流流场进行了分析,其中中心孔位于驻点位置。内圈孔中心与驻点孔中心线夹角为 15°,外圈孔与驻点孔中心线的夹角为 33°,射流孔参数见表 3-4。

表 3-4 多孔射流方案

方案	中心口入口半径/mm	周围孔入口半径/mm	备注
5	1.5	1	7 孔
6	1.5	1	25 孔

方案 5 射流入口使用速度入口边界条件,中心孔射流入口速度 400m/s,周

围小孔入口速度200m/s,来流马赫数 $Ma=15$,计算得到的壁面热流分布和温度分布如图3-29(a)所示。从中可以看出射流孔附近热流和温度都有明显的下降,热流密度最大值为 $1.2MW/m^2$,温度最大值为2200K,热流密度较无射流方案下降了60%以上。计算得到的流量大小为 $16.28g/s$。

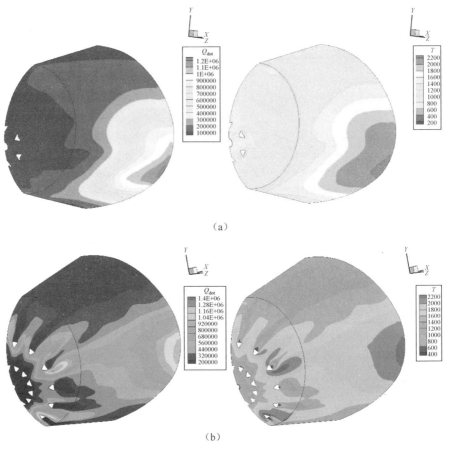

(a)

(b)

图 3-29　多射流壁面热流密度分布和温度分布(见书末彩图)
(a)方案5射流壁面热流密度分布云图(左)和温度分布云图(右);
(b)方案6射流壁面热流密度分布云图(左)和温度分布云图(右)。

方案6射流入口中心孔采用压强入口,射流压力0.5MPa,周围小孔使用速度入口边界条件,入口速度200m/s,来流马赫数 $Ma=15$,计算得到的壁面热流分布和温度分布如图3-29(b)所示。从图中可以看出射流孔附近热流和温度都有明显下降,热流密度最大值为 $1.4MW/m^2$,温度最大值为2200K,热流密度较无射流方案下降了50%以上。计算得到的流量大小为 $10.43g/s$。

从端头2种不同多异型孔射流方案的比较可以看出,对于多孔射流来说,多个微孔的冷却效果更好,同样冷却效果时,多微孔射流更节省流量。

从单孔不同剖面射流布局优化和多孔不同剖面射流布局优化的比较可以看出,扩张型异型孔的冷却效果更好。

本节介绍了高超飞行器端头气膜冷却方案设计方法,一般来说通过改变对撞流气膜孔的形状,可以改变其流动特性,进而产生不同的气膜冷却效果。不同多异型孔射流方案的比较可以看出,对于多孔射流,多个微孔的冷却效果更好,同样冷却效果时,多微孔射流更节省流量。

3. 高超飞行器气膜冷却热防护设计方法

高超飞行器气膜冷却热防护设计方法可以归纳如下:

(1) 对于给定高超飞行器气动外形及飞行参数(飞行速度、攻角、自由来流压强、温度、密度等),通过计算或用实验手段(风洞实验、飞行实验)获得飞行器壁面温度及热流密度分布,确定需要射流防护的区域位置。对于端头来说,一般热流最高区域为驻点位置,初步在驻点热环境最恶劣区域布置一个射流孔(微孔入口半径优选为 0.05~2.0mm)。

(2) 对单孔射流的工况开展分析,获得其在典型射流入射条件下的流场预示结果,如果冷源选取为氮气,初始射流入口的流动速度推荐值为 200m/s。单孔射流情况下,温度和热流密度的峰值一般出现在射流再附的位置,在再附位置区域附近布置若干射流孔,孔形状不限,可以是圆柱型直孔或者异型孔。理论计算表明,当微孔为异型孔时有利于喷射出的冷源覆盖在飞行器壁面形成气膜,可以用较少的微孔实现优越的冷却效果,在提高气膜的冷却效果同时更好地保障结构强度。因此射流孔建议优先选扩张型异型孔。

(3) 确定射流方案之后,计算该布局下的端头热流、温度、速度场等,观察壁面热流分布和温度分布,结合流线图,对计算结果进行分析。在此基础上,对射流入口条件、孔型进行优化迭代设计,对一些孔的入口直径和孔型做优化修改,获得此布局下的最优射流参数配置。

(4) 根据第(3)步中的计算结果,评估该射流布局是否满足端头冷却要求,是否需要在下游射流再附的位置继续布置射流孔,如果需要,重复第(3)步的设计过程,确定新增加射流孔的总数和排列方式,对射流入口条件、孔型进行优化迭代设计,最终目标是使飞行器端头需要热防护的局部区域整体温度(热流密度)降低到总体方案要求的标准以下。

参 考 文 献

[1] FENG YAOQI, YANG JIANG, FENG GUOSONG, et al. Preliminary Model Analysis of Acoustic Noise Levels For Space Station[J]. Advanced Materials Research (ISSN:1022-6680),2014,1016:287-291.

[2] GOODMAN J R. International Space Station Acoustics[C]. Proceedings of Noise Conference,2003, US Institute of Noise Control Engineering.

[3] 冯咬齐. 空间站研制中的噪声控制问题[J]. 噪声与振动控制,2018,38(Z1):Ⅳ.
[4] 魏传峰,张伟,曹剑峰,等. 载人航天器密封舱噪声控制与试验[J]. 航天器环境工程,2013,30(1):91-93.
[5] 张帆,杨江,冯咬齐,等. 空间站舱内噪声评价与降噪技术现状及建议[J]. 航天器环境工程,2014,31(2):223-227.
[6] 武耀,冯咬齐,冯国松,等. 空间站吸声降噪设计的仿真评估与验证[J]. 航天器环境工程,2018,35(4):330-335.
[7] 谭军,黄险峰. 对噪声评价数的探讨[J]. 声学技术,2008,27(5):240-243.
[9] Pyroshock Test Criteria:NASA-STD-7003A[S]. 2011.
[10] MOENING C J. Pyrotechnic Shock flight failure[C]//Institute of Environmental Sciences Pyrotechnic shock Tutorial Program,31st Annual Technical Meeting,Washshington D. C. NASA:1985:04-05.
[11] 张欢,刘海平,等. 航天器火工冲击载荷减缓设计及验证[J]. 装备环境工程,2015,12(3):34-41.
[12] 丁继锋. 星箭分离缓冲设计方法及试验验证研究[J]. 强度与环境,2016,43(2):17-24.
[13] 张欢,刘天雄,等. 航天器火工冲击环境防护技术现状与应用[J]. 航天器工程,2014,23(2):104-113.
[14] 杨艳静,向树红,冯国松,等. 不同星箭分离方式下整星冲击环境特征分析[J]. 装备环境工程,2017,14(8):70-78.
[15] 冯咬齐,杨建中,刘明辉,等. 卫星在轨微振动环境控制的几个关键技术[C]. 中国力学大会—2015论文集,北京,2015.
[16] 冯咬齐. 航天器研制中的微振动控制问题[C]. 第七届装备振动与噪声控制青年论坛大会论文集,北京,2019.
[17] WINTHROP M F,COBB R G. Survey of State-of-the-art Vibration Isolation Research and Technology for Space Applications[C]. SPIE Conference Smart Structures and Materials 2003 Damping and Isolation,San Diego. California,2003,6527:13-26.
[18] 李静,庞岩,冯咬齐,等. 柔性航天器姿控执行机构微振动集中隔离与分散隔离对比研究[J]. 航天器环境工程,2016,33(1):58-64.
[19] HAUGE S,CAMPBELL E. Sensors and Control of a Space-based Six-axis Vibration Isolation System[J]. Journal of Sound and Vibration,2004,269(4):913-931.
[20] 张博文,王小勇,胡永力. 微振动对高分辨率空间相机成像影响的集成分析[J]. 航天返回与遥感,2012,33(2):60-66.
[21] 张振华,杨雷,庞世伟. 高精度航天器微振动力学环境分析[J]. 航天器环境工程,2009,26(6):528-534.
[22] GLASS D E. Ceramic Matrix Composite Thermal Protection Systems and Hot Structures for Hypersonic Vehicles[C]. 15th AIAA International Space Planes and Hypersonic Systems and Technologies Conference,28 April~1 May 2008,Ohio. AIAA-2008-2682:1-36.
[23] 姜贵庆,刘连元. 高速气流传热与烧蚀热防护[M]. 北京:国防工业出版社,2003.
[24] 蔡国飙,徐大军. 高超声速飞行器技术[M]. 北京:科学出版社,2012.
[25] GÜLHAN A,SIEBE F,NEEB D. Sharp Edge Flight Experiment-Ⅱ Instrumentation Challenges and Selected Flight Data[J]. Journal of Spacecraft and Rockets,2014,51(1):175-186.
[26] BÖHRK H. Transpiration-cooled Hypersonic Flight Experiment:Setup, Flight Measurement, and Reconstruction[J]. Journal of Spacecraft and Rockets,2015,52(3):674-683.
[27] 葛绍岩,刘登瀛,徐靖中,等. 气膜冷却[M]. 北京:科学出版社,1985.

[28] BUNKER R S. A Review of Shaped Hole Turbine Film-Cooling Technology[J]. Journal of Heat Transfer, APRIL 2005,127/ 441,DOI: 10. 1115/1. 1860562.

[29] 杨艳静,商圣飞,向树红,等. 基于主动气膜冷却的射流热防护技术仿真研究[J]. 航天器环境工程,2019,36(5):428-433.

第 4 章
力学环境模拟试验技术

4.1 力学环境模拟

航天器在工作寿命期间受到各种力学环境(例如振动、声、冲击和恒加速度等)的作用。在这些环境作用下,将可能导致机电产品和工程结构的结构完整性破坏、性能降级、超差、故障或失效,从而使力学环境成为产品研制中重要的环境因素之一。

为了确保航天器的可靠性,要求在整个使用寿命期间产品能经得住这类环境的作用,保持产品的结构完整性和性能稳定性。从理论上讲,可以通过对航天器结构的数学模型化,分析产品在预估的力学环境作用下的响应(位移、速度、加速度、应变或应力),去预示环境效应,鉴定所设计的产品是否满足设计要求。但实际上,由于力学环境的非平稳性、多种力学环境的复合作用以及非力学环境因素(如温度等自然环境)耦合影响,航天器所受环境输入相当复杂;材料本构关系、结构的非线性以及工艺制造因素的复杂影响,加上数学处理方法和规模上的限制,无法确切地建立航天器结构的数学模型,影响响应预估的准确度;至于力学环境所引起的环境效应就更加复杂,因而,必须通过环境模拟试验对航天器进行设计验证,使力学环模试验成为航天器研制程序中的重要环节,特别是对于研制风险较大的航天器,试验成为整个研制计划的主要内容。如果试验室模拟的力学环境再现了实际环境的主要特性,航天器试验件的固有力学特性和接口条件与原型产品的主要力学特性和安装条件一致,于是通过试验,可以复现实际力学环境所引起的破坏或故障模式,发现设计和制造工艺中的缺陷,检查结构中的薄弱环节和部位,鉴定航天器的环境适应性,为设计修改和优化设计提供决策信息,形成一体化的设计—分析—制造—试验循环,最终获得符合所规定质量特性(性能、寿命、可靠性、安全性和经济性)要求的航天器。

力学环境模拟一般采用以下方法：

(1) 将同时作用的几种环境分别用单项环境试验来实现；

(2) 通过量级和时间加速等效试验方法；

(3) 将一种载荷形式用另一种载荷形式代替：正弦模拟随机、随机模拟噪声；

(4) 多轴分解为单轴；

(5) 多因素综合模拟方法，如随机和噪声组合。

环境模拟的基本准则：

(1) 在试验室条件下复现产品在使用、运输和储存期间可能经受的环境效应，模拟产品破坏或失效模式。

(2) 有效地检验产品的环境适应性。

(3) 逼真程度取决于振动环境应力(振级、谱形)和持续时间的模拟和产品安装的机械接口动态传递特性的模拟。

传统的力学环境验证试验主要包括静力试验、正弦扫描振动试验、随机振动试验、噪声试验和冲击试验等。

静力试验(static load tests)：用于验证结构的静强度和刚度特性(包括稳定性)，在规定的载荷条件下测量结构件的载荷、应力分布及位移。载荷常用过载表示，即重力加速度 g 的倍数。强度试验一般利用专门的加载装置按照预定的载荷施加在结构试验件上，用于模拟准静态加速度环境。稳定性试验一般用于考核结构在轴压或者外压作用下的刚度性能，保证结构不会在上述力学环境下发生失稳。但需要说明的是，对有些桁条薄壁结构允许一定的局部弹性失稳，但不能造成整体失稳。

正弦扫描振动试验(sinusoidal sweep vibration tests)：用于模拟低频瞬态力学环境，是指在某一瞬间在试验件上只施加一个频率，在整个试验周期内，激振频率以线性或对数扫频的方法平滑递增，同时按照试验条件要求控制不同频率处的振动量级。正弦试验中经常遇到重要测点在某些频段的响应可能超出环境预示的最高值，这时，为了避免重要部件/分系统不因过试验而失效，就需要对其响应的幅值进行限制，也即对原控制条件进行局部的下凹。目前，正弦振动试验中的难点仍是谐振频率区的稳定控制问题。随着航天器的规模越来越大，对振动台及其控制系统的要求也越来越高。

随机振动试验(random vibration tests)：用于模拟随机振动环境，将所有频率成分所包含的能量同时施加在试验件上。随机振动的频带范围通常为 20～2000Hz，其激励条件一般用沿双对数坐标分布的梯形加速度功率谱表示。除组件/分系统外，规模较小的整星(≤450kg)一般也开展随机振动试验，而规模较大的卫星只开展整星噪声试验。国外的随机振动试验多采取下凹控制以避免共振区产生的过试验破坏。实际上,无论单独的随机振动试验还是单独的噪声试验都难以准确模拟卫星在发射飞行状态所经历的综合环境,在不同的频段会存在"过"或"欠"的问题。

噪声试验(acoustic tests):用于模拟噪声环境,通常在混响室内完成,也是将所有频率成分所包含的能量同时施加在试验件上。噪声试验的频率范围通常为 22~10000Hz,其激励条件通常以 1 倍频程或 1/3 倍频程中心带宽内的声压级表示。目前国外的噪声试验标准基本以 1/3 倍频程带宽内的声压级作为控制条件,而国内的噪声试验采用 1 倍频程控制,会使得控制条件过于粗糙。

冲击试验(shock tests):用于模拟高频的瞬态力学环境。由于高频冲击响应难以用分析方法来预示,因此需要进行运载火箭和卫星的冲击试验来验证。试验最好采用真实组件,并且尽量模拟真实的连接状态;若采用模拟组件,其质量、质心、惯性矩、连接面刚度等几何物理特性需满足相应要求。对于火工品类冲击力学环境,宜使用真实的火工品爆炸装置产生冲击环境。对于着陆冲击或星上展开部件锁定冲击力学环境,宜选用真实的结构/机构件、土壤特性相似的模拟着陆场和力学特性相近的支撑结构等。

4.2 力学环境试验流程

QJ 3263.4—2005《型号研制阶段代码》规定了用于航天器的研制有 5 个阶段,与这 5 个阶段相对应,航天器力学环境试验可以分为研制试验、鉴定试验、验收试验、准鉴定试验以及出厂前、发射前合格认证试验。这些试验项目有着明确的研制阶段色彩,主要涵盖方案阶段、初样阶段和正样阶段。方案阶段完成的标志应是确定了总体方案、分系统及有效载荷方案;初样阶段完成的标志是完成总体、分系统的设计与验证;正样阶段完成的标志是产品具备发射的所有条件。

航天器力学环境试验的工作在不同阶段内容和重点都有所不同。任务分析阶段(0 阶段):本阶段是根据用户需求结合运载火箭和航天器构型设想对力学环境初步的分析。特别需要考虑力学环境条件要求较高的项目,根据力学环境试验设备设施等约束条件,评估总体方案、航天器构型、环境试验条件是否需要修订更改,或者论证为任务增加试验设备能力保障条件。该部分的工作已随着目前航天器越来越复杂而变得越来越重要。

方案可行性论证阶段(A 阶段):本阶段的可行性方案中需要回答力学环境试验的可行性问题,所以需要初步确定力学环境试验矩阵、分系统初步的力学环境试验要求,必要时需要开展与关键技术攻关相关的力学环境试验。总体方案设计阶段(B 阶段):本阶段需要完成总体方案设计,对分系统提出正式的要求。力学试验矩阵、分系统/单机力学环境试验要求确定,分系统/单机为在研制初期尽早发现问题可以开展必要的力学环境研制试验。初样阶段(C阶段):本阶段力学鉴定试验条件确定,制定整星试验方案,并完成单机、分系统、整星的鉴定试验。正样阶段(D阶段):本阶段力学验收试验条件确定,制定整星试验方案,并完成单机、分系统、整星的验收试验。发射阶段(E阶段)、应用阶段(F阶段):这两个阶段力学试验基本作为辅助手段,协助解决航天器发生故障等意外情况的验证工作。

下面以某通信卫星为例介绍力学环境试验在各阶段工作而形成的试验计划。

通过试验、分析或者二者相结合的方法在系统级、分系统级或组件级按照卫星试验计划的详细要求在模拟最坏情况下验证卫星的性能是否满足设计要求。试验计划基于准鉴定试验原理,即将卫星的第一颗星称为准鉴定星(首飞星),做准鉴定试验,卫星的后续星或者备份星做验收试验。试验成功将意味所有测量的参数符合试验前规定的要求,试件所有特性与预期的特性是一致的。如果试件不能满足性能指标或由于任何原因不能完成试验,应考虑由这些故障引起的整个试验方案的有效性,并对下一步如何进行试验做出决定。

试验计划包括鉴定、准鉴定、验收试验。试验产品分为组件级、分系统级和系统级。产品分为五类:A类:新研制的产品。需做鉴定试验;B类:已有产品,需做重大修改的产品。需做鉴定试验;C类:已有产品,在设计上作适应性修改的产品。根据相似程度,做准鉴定试验;C^*类:已有产品,在设计上作适应性修改的产品。根据相似程度,作验收试验;D类:完全继承产品。做验收试验;E类:引进产品。按照引进产品要求进行试验。

组件级试验包括鉴定级、准鉴定级和验收级试验。组件产品大部分继承了原系列卫星产品的技术状态,为该卫星新研制的组件需要经过鉴定试验。经分析,组件的力学鉴定试验项目为振动/声、冲击/展开、加速度;力学验收试验项目为振动/声。其中振动试验包括正弦和随机,沿组件的三个正交轴方向激励。对声敏感的组件可以用声代替随机振动。对于起飞开始工作的组件,在试验过程中要通电并监视性能。结合各组件产品的成熟程度和功能要求,可以形成组件的试验矩阵,并按要求的条件开展试验工作。

分系统级试验可根据分系统的具体情况在分系统级、舱段级或卫星系统级上进行。如天线分系统需要开展正弦振动、声试验;结构分系统参加系统级环境试验。

系统级力学环境试验包括正弦振动、声、分离冲击。鉴定振动试验时分为贮箱加/不加模拟工质两种状态,验收试验贮箱不加模拟工质,其他状态与发射状态相同。正弦振动试验沿卫星三个正交轴方向,在5~100Hz施加正弦激励。

振动控制方式采用多点平均控制,根据星/箭耦合分析计算结果,在卫星一阶谐振频率对输入振动谱进行下凹控制,同时还要控制卫星关键部位的振动响应不超过计算的飞行响应量级。声试验为卫星在混响声场中作噪声试验,卫星停放在减振车上,声控制方式采用多点平均控制,总声压级和谱压级应控制在规定的试验容差带内。分离冲击试验前卫星与火箭支架进行对接试验,对接后呈垂直状态,试验时起吊卫星距离地面0.5m,点燃火工品,包带解锁,同时测量冲击响应,监视卫星功能。试验结束后测量卫星性能与振前比较。

在发射场与在轨运行阶段,该卫星不开展力学环境试验。

4.3 力学环境试验基线

航天器具有技术创新多、产品批量小、考核过程复杂、样机上天等特点。这些特点反映在项目研发文件和项目的总结报告中,最终逐步体现在航天器的试验要求标准中。因此,形成了与其他国防装备不同的、独具特色的航天器试验要求标准。由航天器试验要求标准中的试验策略、鉴定试验要求、验收试验要求以及准鉴定试验要求等内容构成环境试验基线。在航天器研制早期的试验中如关键技术攻关阶段进行的研制试验,以及为确定技术方案而进行的研制试验,虽然不作为试验基线,但必须要考虑试验要求。在试验标准中,没有明确列出发射阶段和在轨阶段的试验基线。总的来说,在进行航天器功能、性能、约束条件以及接口件的设计时,应全面考虑航天器各阶段、各装配级的试验要求。针对每一航天器型号的功能、性能约束条件以及接口条件,需要对通用的航天器试验要求标准进行剪裁,使其满足本型号的试验要求。

4.3.1 试验基线定义

试验基线是技术状态基线文件中的试验验证部分,或者说是经批准的试验验证活动文件。型号试验基线是批准的型号试验文件。具体型号试验基线是指经批准的(功能、分配和产品)基线文件中以试验来验证产品达到或符合功能特性、物理特性、约束条件和接口要求的内容,或者是经批准的试验要求标准,或者是为具体型号制定的《试验要求》类文件。试验要求标准是将分散的型号专用规范中的试验基线汇总起来,形成一个通用试验基线。按照该通用试验基线进行试验,风险评估为中等。后续型号制定试验基线时,应根据风险等级和寿命周期环境剖面对通用试验基线标准进行剪裁,形成本型号的专用试验基线,包括试验策略、试验件、增减试验项目、试验量级、持续时间等。目前,在现有标准中,研制试验不作为试验基线。

试验基线的主要内容包括:

1) 鉴定/验收试验基线

在所有试验要求标准中规定了系统级、分系统级和组件级的鉴定试验和验收试验的试验矩阵,称鉴定/验收试验基线。鉴定试验采用($P99/90$ 值)的概念,验收试验采用($P95/50$ 值)的概念。

2) 准鉴定试验基线

准鉴定试验基线只是在 ECSS-E-ST-10-03C 和 GSFC-STD-7000 中给出,而在其他标准(包括 GJB 1027A)中均未给出。准鉴定试验没有明确的概率/置信度值,但是概率/置信度值在($P99/90$ 值)与($P95/50$ 值)之间,与所采用试验策略有关。

4.3.2 试验基线要素

代表试验基线文件的试验要求标准包含以下要素:试验原则,试验类型,试验目的,试验装配级,试验产品/试验件/试验模型,试验项目,环境条件,试验矩阵(狭义试验基线),替代试验(用一个试验代替另一个试验),准鉴定试验/替代策略,试验基线剪裁。

1. 试验原则

试验是用来确保航天器符合有关设计、性能和产品保证要求的工程实践活动。若产品已经完成了研制阶段的试验验证,即技术成熟度已经达到飞行要求,则进入鉴定试验、验收试验和准鉴定试验阶段。若硬件的技术成熟度未达到飞行要求,应考虑研制试验验证。不同阶段和技术成熟度的试验内容不同。

1) 研制试验

研制试验是探索性的,通常用于探索设计方法和解决方案,确定接口兼容性,建立有效的分析方法和假设,发现意想不到的响应特性,并演示鉴定和验收的试验方法。由于研制试验的目标广泛,有必要规定研制试验的范围。

对于首飞的航天器,至少需要按飞行要求生产 2 个试验件,其中 1 个做鉴定试验不发射上天,另 1 个做验收试验并上天。对于后续的航天器,只需要按飞行要求生产 1 个试验件,做验收试验并上天,如图 4-1 所示。该试验原则包括硬件的鉴定级试验,用于验证设计;随后的验收试验用于筛选工艺缺陷。

2) 准鉴定试验

对于首飞的航天器,只需要按飞行要求生产 1 个试验件,做准鉴定试验并上天。对于后续的航天器,只需要按飞行要求生产 1 个试验件,做验收试验并上天。准鉴定/原型鉴定试验原则(即替代鉴定/验收试验策略)如图 4-2 所示。

准鉴定试验原则包括用于验证的首飞硬件原型鉴定级试验和用于筛选工艺缺陷的后续飞行硬件验收级试验。飞行前应完成所有验收试验。少数飞行产品需要进行准鉴定试验。

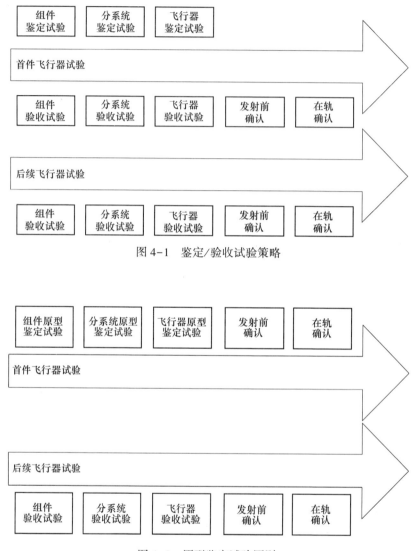

图 4-1 鉴定/验收试验策略

图 4-2 原型鉴定试验原则

准鉴定策略一般在以下情况下使用:对于飞行器级产品,首发产品通常使用准鉴定试验策略;如果该型号的后续产品技术状态没有变化,则只需进行验收试验;如果有变化,也应考虑使用准鉴定级试验策略。该策略适用于投产数量只有1个或几个的飞行器。对于组件级产品,虽然在某一个型号已进行了鉴定试验,但若该组件用在另一型号上时则应根据更改的程度考虑使用准鉴定试验策略。

2. 试验类型

按阶段划分航天器试验类型如下。

1) 研制试验

在方案阶段和初样阶段用工程试验模型完成的试验,验证产品的设计方案是否满足设计要求,以便在开始鉴定试验之前采取必要的修改措施,不断地提高产品的固有可靠性,提高技术成熟度。

2) 鉴定试验

在批准制造之前,产品需进行鉴定试验,即在规定的鉴定试验余量以及相关环境条件下进行试验,以证明正样产品的性能满足设计要求并有规定的设计余量的试验。

3) 验收试验

在完成所有鉴定试验之后或者在完成生产与集成之后进行验收试验,即在规定的验收试验余量以及相关环境下进行试验,以检验交付的正样产品满足飞行要求,证明飞行硬件无工艺缺陷,满足规定的性能要求并且是可以接受交付的。

4) 准鉴定试验

在正样研制阶段,对飞行产品按照鉴定与验收的组合条件进行试验,这种组合条件应符合替代鉴定试验的策略。准鉴定试验分为以下4种情况:适飞试验—加严的验收试验;原型鉴定试验—"修改的"鉴定试验;原型飞行试验—合并的鉴定和验收试验;以上试验的组合。

5) 组合试验

根据具体型号的考虑以及研制的风险度已经被认为是可接受的,则可以考虑采用不同的试验组合。

6) 出厂前和发射前的合格认证

出厂前和发射前的合格认证包括:出厂前和发射前的合格认证试验——正样飞行器在出厂前和发射前进行飞行器级的综合试验(含发射系统);发射前的确认试验——在发射基地进行,以确保硬件、软件、人员程序和支持发射的任务接口与项目任务的准备。

7) 在轨兼容性校验试验

发射后的校验确认试验——在轨进行的试验,以验证规范的性能、接口兼容性、校准满足任务要求的能力。

3. 试验目的

表4-1给出了各研制阶段的试验对象、试验类型与试验目的的简要关系。

表 4-1 研制阶段、试验类型与试验目的关系表

研制阶段 研制试验	论证阶段	方案阶段	初样阶段	正样阶段		在轨运行阶段
	由论证阶段开始至初样阶段结束					
鉴定/验收试验的首件	—	—	鉴定试验	验收试验	出厂前、发射前的和个人正试验、发射前的确认试验	发射后的确认试验
准鉴定试验的首件	—	—	鉴定试验 准鉴定试验 适飞试验 原型鉴定试验 原型飞行试验 组合试验			
上述两类试验的后续件	—	—	—	验收试验		
鉴定/验收试验首件的试验目的	成熟试验技术并选定技术方案等		满足最终设计要求	满足最终制造要求	确认满足各系统接口要求与飞行要求	确认参数满足任务要求
准鉴定试验首件的试验目的			—	满足最终设计与制造要求		
上述两类试验后续件的试验目的			—	满足最终制造要求		
核心的试验类型	研制试验		鉴定试验	验收试验		
			—	准鉴定试验		

4. 试验装配级

试验装配级选择如下：

（1）组件级、分系统级、飞行器级；

（2）组件级、飞行器级：通常，其他试验装配级以型号专用文件的形式规定，而不是以通用标准的形式规定；

（3）部件级产品、元器件/零件级产品、材料级产品。

5. 试验产品/试验件/试验模型

在试验要求标准中，用于试验考核的产品，在工程研制的早期，常被称为试

验模型;在工程研制的后期,常被称为试验产品;在试验方的角度,常被称为试验件。

6. 试验项目

(1) 研制试验项目。试验项目主要包括:元器件、材料及工艺的研制试验;部件研制试验;组件研制试验(如功能试验、寿命试验);分系统研制试验(如模态观测研制试验、热平衡研制试验);飞行器研制试验(如机械 匹配与性能、功能研制试验,声和冲击研制试验)

(2) 鉴定和验收试验项目。试验项目包括:一般试验项目(如功能试验、性能试验、湿度试验、寿命试验);力学试验(如物理特性测量、加速度试验、冲击试验、噪声试验、随机振动试验);热试验(如热真空、热循环、热平衡试验、热真空+热循环);电/RF 试验(如 EMC 试验、磁试验、静电放电试验、微放电试验);专项任务试验(如空气热力学试验);乘员任务专项试验(如人因工程试验)。

(3) 准鉴定试验项目。试验项目包括:检查、规范性能,检验压力/泄漏(检漏),冲击、振动或声、加速度,热循环,热平衡,热真空,气候等。

7. 环境条件

(1) 环境条件定义。QJ 3135—2001《导弹武器系统、运载火箭和航天器环境工程大纲》对"环境条件"定义如下:施加于产品,并对其设计、使用寿命或工作能力产生影响的环境应力。

(2) 环境条件的发展过程。环境条件演化过程如图 4-3 所示。

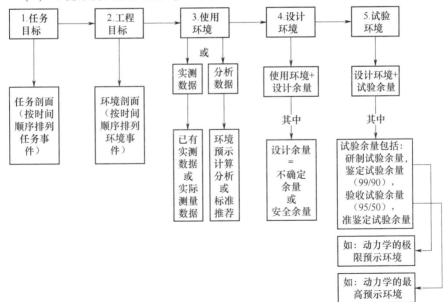

图 4-3 环境条件演化过程

(3) 环境条件要素。环境条件要素如下：

① 使用环境条件要素包括：已有实测数据，环境预示计算分析以及标准推荐数据。

② 设计环境条件要素包括：设计余量，不确定余量，安全余量。

③ 试验环境条件要素包括：试验余量，研制试验余量，鉴定试验余量（$P99/90$），验收试验余量（$P95/50$），准鉴定试验余量。如：动力学的极限预示环境（鉴定试验余量），动力学的最高预示环境（验收试验余量）。

- 可靠性与置信度（鉴定/验收试验的风险）。
- 鉴定试验 $P99/90$ 值的风险，意味着用 90% 置信度预估时，飞行次数中的 99% 不会被超过的环境参数值。
- 验收试验 $P95/50$ 值的风险，意味着用 50% 置信度估计时，至少在飞行次数中的 95% 不会被超过的环境参数值。
- 准鉴定试验的风险包括鉴定余量未知，适飞试验策略的风险，原型飞行试验策略的风险，组合试验策略的风险等。

④ 振动、噪声和冲击环境的统计估计与标准偏差。

- 预示环境和余量。
- 环境设计余量包括环境统计估计、鉴定试验条件、验收试验条件。
- 实验室正常环境条件：国内对温度要求为 20℃±5℃；国外为 23℃±10℃（13~33℃）；大气压为 78~103kPa；相对湿度为 30%~60%。
- 试验条件允许偏差和测量精度应由试验设备性能确定。

⑤ 余量包括设计余量和试验余量，其中设计余量是产品的功能性能余量，即设计环境条件＝使用环境（如实测/已有数据、分析数据）+设计余量（如不确定余量、安全余量）；试验余量是考核产品功能性能所加的量。试验余量分为研制试验余量、鉴定试验余量、验收试验余量、准鉴定试验余量。

⑥ 试验量级和持续时间是由基于产品暴露于环境情况而确定，同时还应考虑设计要求。鉴定试验量级是在验收试验量级及试验持续时间上再加上典型鉴定余量。准鉴定试验量级一般应低于鉴定级而高于验收级，试验时间与验收试验相同。

8. 试验矩阵

在标准中，试验矩阵有时称为试验基线。试验矩阵主要有鉴定试验矩阵、验收试验矩阵和准鉴定试验矩阵。试验矩阵包含以下要素：

(1) 试验产品装配级；

(2) 试验类型；

(3) 试验项目；

(4) 试验项目的要求；

(5) 试验顺序;

(6) 试验产品名称;

(7) 试验的选项——确定试验属于必做试验(R)、选做试验(ER)还是不做(—)的试验;

(8) 其他说明。

9. 替代试验

替代试验指在一定的允许情况下用一个试验代替另一个试验。力学替代试验指模态观测缩比模型,随机振动试验代替声试验。

10. 准鉴定试验/替代策略

替代策略是用准鉴定试验代替鉴定试验和验收试验的策略。

(1) 替代策略原则。由于鉴定试验的试验量级高、试验时间长,从疲劳和磨损的观点来看,经过鉴定试验的产品剩余的疲劳寿命可能变得很短,一般不再适于飞行;且生产用于鉴定的航天器而不飞行,成本高昂。基于这2点,用准鉴定试验代替鉴定试验:只需要按飞行要求生产1个试验件,只做1次准鉴定试验,就代替了鉴定试验和验收试验2个试验。

按照替代策略进行试验后,用于飞行的产品一般来说比按照标准的验收试验产品风险高,因为它们没有通过对专用鉴定试验件的试验来证明该产品有多少安全余量,但这些替代策略的较高风险可部分地靠加强研制试验及增大安全系数等措施来降低。

(2) 准鉴定试验基线。ECSS-E-ST-10-03C 专门制定了通用的准鉴定试验基线。

尽管 GJB 1027A、MIL-HDBK-340A、MIL-STD-1540C、SMC-S-016 没有制定专门的准鉴定试验基线,但通过修改鉴定试验基线或验收试验基线可得到准鉴定试验条件。

4.3.3 试验基线剪裁

每个型号的专用试验基线都可以是对通用试验基线标准的剪裁,但剪裁是有风险的。若一项必做的试验被剪裁掉了或试验条件放松了,则会使在轨运行风险增加;若可以裁剪的而没有被裁剪,则会增加不必要的试验成本,延长研制进度。航天器研制阶段的试验多做或少做,试验条件加严或放松,都与研制成本、技术成熟度、可靠性以及研制进度紧密相关。因此,航天器环境试验剪裁是一项规范化的工作。

1. 试验基线剪裁原理

根据 GJB 1027A 的规定,剪裁是指针对具体型号,对试验基线要求进行修改、删减和补充。航天器试验基线的剪裁需要考虑航天器的特点,并依据这些特点来进行:要考虑哪些特点是航天器环境试验剪裁的核心特点,可以作为剪裁的依据;还要考虑哪些试验基线要素需要被修改、删减和补充,即剪裁的具体内容。

1) 根据航天器的特点进行剪裁

(1) 按风险级别对航天器试验基线进行剪裁 NASA 的航天器有效载荷按可承担的风险进行分类如下:

A 类(最低风险/成本极高):由于任务成本极高且极为重要,需要任务风险最低的有效载荷;

B 类(最低风险/成本折中):任务很重要,但是失效后成本可以接受;

C 类(经济且可重复飞行):低成本并计划可重复实施的,例如,针对航天飞机,只有在确保其安全性和兼容性以及有效载荷功能试验之后,才可以有限地进行环境试验和最终产品筛选;

D 类(最低单个成本):有效载荷对于任务目标尽管重要,但是仅仅是为了一次单个的低成本飞行。对于其安全性和兼容性目的,需要制定试验要求。

(2) 按应考虑因素进行剪裁。剪裁时需考虑的一般因素包括合同要求、风险要求、寿命长短、任务要求、成本要求及进度要求。由于风险因素是剪裁的基础和依据,首先将其单独列出。

剪裁时要考虑的型号因素包括:设计复杂性,设计余量,技术薄弱点,技术发展水平,研制进度的控制,任务的重要性,寿命周期的成本,相关飞行器的数量,以前的使用情况及可接受的风险。

2) 剪裁的依据

对装备总的要求通常包括 3 个方面:质量(指标)要求、进度要求和成本要求——它们均可以通过风险控制的方法进行管理。因此,试验基线的剪裁依据之一是基于风险的剪裁。试验基线的剪裁实质就是基于风险的剪裁。

3) 试验基线剪裁的对象

试验基线有两个概念:一个是通用的试验要求标准中的试验基线;另一个是根据通用的试验要求标准制定的具体型号试验要求中的试验基线。试验基线剪裁的对象如下:

(1) 试验产品装配级。剪裁时需要考虑或确定试验考核的是哪个层级的产品,即:系统级产品,分系统级产品,组件级产品,部件级产品,元器件、零件和材料级产品。

(2) 试验类型。剪裁时需考虑或确定试验考核属于哪个研制阶段,其目的是什么,如:研制试验,鉴定试验,验收试验,准鉴定试验,发射前合格认证试验等。

(3) 试验条件。剪裁时需确定各项具体试验条件,如:鉴定验收的可靠性与置信度,准鉴定试验风险,预示环境和余量,试验量级等。

(4) 试验项目的选择。剪裁时需考虑或确定应进行或不进行哪些试验项目并加以说明,如:功能、性能试验,动力学环境试验,静力学环境试验,气候环境试验,空间环境试验,电磁与射频试验等。

(5) 试验项目的要求。剪裁时需确定试验项目的具体要求,如:试验顺序,试验产品清单主要包括:初样产品(鉴定产品),正样产品(飞行产品),原型飞行产品(鉴定并上天产品),鉴定用飞行产品(鉴定并备份上天产品)等。

2. 剪裁要求

1) 剪裁总要求

剪裁总要求如下:

(1) 基于产品风险类型和模型(试验件)体系等的试验基线剪裁;

(2) 自上而下的试验基线剪裁;

(3) 经剪裁的要求所达到的试验量级应等同于型号所选用试验要求标准中的基线要求;

(4) 对于每个要求所进行的剪裁应阐明其原理;

(5) 如果合同要求不能对相关标准的基线或鉴定要求进行剪裁,则不应进行剪裁;

(6) 剪裁是一个贯穿项目寿命周期试验要求并实施的持续过程。

2) 对通用试验要求标准进行剪裁

当采用通用的试验要求标准时:

(1) 试验要求标准为航天器确定了通用的基线试验要求。具体的型号产品使用通用的试验要求标准时应进行剪裁,以使一个普遍适用的试验要求满足特定型号的需求。

(2) 剪裁是针对具体型号产品的任务要求,按照它的工作寿命期间任务剖面对标准中每一项要求进行分析、评估和权衡的过程,必要时对标准进行修改、删减和补充。剪裁后,确定适用于该产品的最低试验要求,并能保证任务的成功完成。

(3) 为保证试验计划的经济有效性,试验剪裁的过程应考虑型号产品的质量要求、计划进度、试验经费和技术风险来选择合适的试验项目、试验余量、试验要求、试验顺序等,既要避免进行多余和无效的试验,又不要漏掉能够检测出产品设计缺陷和质量缺陷的必要试验。

(4) 剪裁时,应对考虑剪裁的每项要求进行评价。评价的内容不仅包括有利于减少直接成本,还应包括风险的要求,以及无法明确提出要求的潜在成本。如果不能进行广泛的剪裁,用户应该提出一个适用的总结性的剪裁。标准中给出了适用的试验矩阵要求,用户应对改变的试验矩阵要求进行阐述,并根据情况编写剪裁文件。

（5）对于 A 类(最低风险/成本极高)航天器,采用通用标准时,风险偏高,使用时应适度加严;对于类(最低单个成本)航天器,采用通用标准时,风险偏低,使用时应适度放松。

（6）MIL-HDBK-340《MIL-STD-1540 应用指南》是 MIL-STD-1540B 的配套文件,提供了帮助剪裁的信息。

3) 对具体型号试验要求文件剪裁

当指定并采用具体型号试验要求文件时:

（1）若不进行调整,则风险被认为是"中等"的,因为此时与项目执行的风险基础是一致的;

（2）对于通用设备的剪裁内容应少一些;

（3）对于型号专用设备的设计、运行及其使用条件,可能需要进行额外的环境试验或调整使用条件。

4) 根据合同要求进行剪裁

为了满足合同中的每一项技术要求而进行的剪裁。如果合同要求不能剪裁标准中的要求,应编写剪裁文件。

5) 剪裁的风险

当研制人员对试验基线进行"优化或调整"时,这个"优化或调整"的过程就被称为对试验基线的"剪裁"。任何"剪裁"均有潜在的风险:首先应寻求改善试验发现问题的能力;其次应避免进行不适当的试验,因为不适当的试验可能引起更大的风险,而不是降低风险。

3. 基于标准剪裁流程和结果的案例

每个型号采用或制定试验基线标准或文件,其剪裁的过程都是不一样的,应将每项试验要求剪裁成型号具体的要求。下面给出了 3 个剪裁流程案例和结果:

剪裁流程 1——MIL-STD-1540C 标准中的剪裁流程;

剪裁流程 2——ECSS-E-ST-10-03C 标准中的剪裁流程;

剪裁结果——"星座计划"的剪裁结果:CxP70036。

1) 剪裁流程 1

型号按照 MIL-STD-1540C—1994《运载器、上面级和航天器试验要求》进行剪裁的流程如下。

（1）剪裁内容。剪裁是希望通过对所引用规范中或合同中的试验要求进行措辞陈述,加以实施。剪裁不仅仅是对试验基线的剪裁,也是对试验要求标准的剪裁。剪裁内容包括:试验类型,产品类型,必做的/其他(选做的)/不做的试验类型,权重因子,替代试验策略。

(2) 对合同中试验矩阵的剪裁建议。对合同里工作说明书(SOW)中的试验矩阵提出剪裁建议。

① 剪裁概要。为了使合同的要求更具体明确,并有助于剪裁过程,用户可提出剪裁试验要求的概要。为做到这一点,用户应按照标准中给出的"要求适用性矩阵表"范例编制试验矩阵表。关于工作说明书的措辞建议如下:"本文件是某型号对引用标准(如:MIL-STD-1540C)或文件剪裁得到的文件。对引用标准(如:MIL-STD-1540C)的初步剪裁在附加的要求应用矩阵中进行了规定。研制方应评审这些剪裁要求和提供的附加建议剪裁以及支撑原理,供合同甲方批准"。

② 试验计划。根据具体的寿命周期阶段,用户可能难以识别哪些"必做的"或"其他"试验对特定的分系统或试验件是最有效的。这时,用户可要求研制方评审"必做的"及"其他"试验并提出有效的试验计划,提交给采购方批准。

(3) 试验评价团队。作为一种成本约束和质量保证的措施,强烈建议组建一个联合承包商与采办机构的试验评价团队,对每个主要的系统级试验进行评价。

2) 剪裁流程2

型号按照 ECSS-E-ST-10-03C—2008《航天工程:试验》进行剪裁的流程如下。

(1) 剪裁的逻辑过程。该标准描述了不同类型产品(如:空间段系统和各种空间段设备)和模型(例如 QM、FM、PFM)供用户选择。标记为"X"的是表中选项。因此对标准剪裁是无法避免的。图4-4给出了用户剪裁逻辑图,并以验证矩阵形式回答研制方。

(2) 剪裁的3个步骤。

第1步:基于产品类型和模型原理选择的剪裁,它包含如图4.4所示有关条款的选择,并从试验基线表中选择所需的内容。

第2步:对所选试验基线表的内容进行剪裁。试验基线表包括:设备鉴定试验基线表,设备验收试验基线表,原型飞行器设备试验基线表,航天器级鉴定试验基线表,航天器验收试验基线表和原型航天器级试验基线表。

第3步:在第2步的基础上,完成各表中条款和表内容的调用,并进行适当的合并与剪裁。

在这3步结束后,应制定针对具体型号的试验(要求)标准剪裁文件。研制方应对符合该文档的矩阵提出意见。

(3) 剪裁这3个步骤的注意点。

在执行剪裁的3个步骤时,应注意以下几点:

① 审查术语和定义,确保其在剪裁过程中的正确性,如有需要,要求应与产

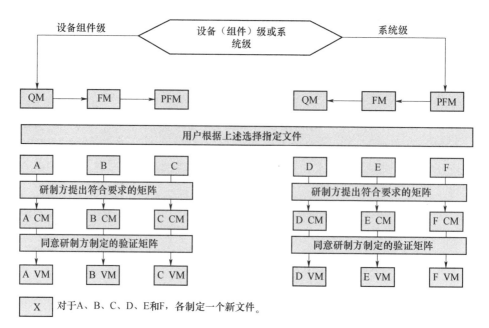

QM—鉴定模型；FM—飞行模型；PFM—原飞行模型；
CM—符合要求矩阵；VM—验证矩阵；X—试验件：A、B、C、D、E 和 F。

图 4-4　用户剪裁与研制方提出 CM 和 VM 的逻辑关系

品类型(如:设备级与系统级)相一致。

② 对于设备,要求应与产品类型或组合产品类型("一般要求"或"验收试验要求:设备验收试验量级与持续时间"或"设备试验项目实施要求")相一致。

③ 每一项分解试验项目应与具体设备相一致。

④ 编制设备级产品的试验矩阵和试验流程,是根据设备级试验顺序图和设备级鉴定试验基线表、设备级验收试验基线表或设备级原型飞行试验基线表;系统级产品是根据系统级鉴定试验基线表、系统级验收试验基线表或系统级原型飞行试验基线表。

⑤ 剪裁相应的试验量级和持续时间,根据相应的设备鉴定试验基线表和设备鉴定试验量级与持续时间表,或设备验收试验量级与持续时间表,或设备原型飞行试验量级与持续时间表,以及系统鉴定试验量级与持续时间表、系统验收试验量级与持续时间表或系统原型飞行试验量级与持续时间表。

⑥ "设备试验项目实施要求"和"系统试验项目实施要求"的内容也应进行剪裁,包括再试验、独立的系统级 PFM 或 FM 发射前试验等内容。

3)"星座计划"的剪裁结果

CxP70036《"星座计划"环境鉴定与验收试验要求》是"星座计划"根据通用

标准进行剪裁的结果。

（1）影响剪裁的因素。影响裁剪结果的主要有 3 个因素：基于风险的评估，剪裁相关文件，批准剪裁的级别。

（2）试验基线与剪裁过程。CxP70036《"星座计划"环境鉴定与验收试验要求》中给出了"星座计划"试验基线与剪裁过程示意图。调整、剪裁试验基线，必须按照图 4-5 试验要求基线和剪裁过程进行记录和批准。

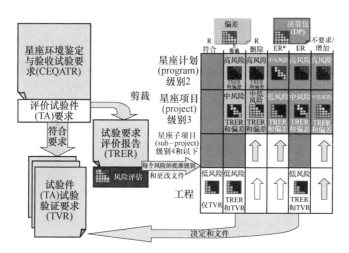

R 表示要求的试验；ER*为针对昂贵或复杂的总装产品的重大技术风险，表示"经评价要求的"试验；ER 表表示"经评价要求的"试验；"—"表示通常不要求试验。

图 4-5　试验要求基线和剪裁过程

（3）基于风险的评估。每一个型号项目均应制定相应的《风险管理计划》。在剪裁时，应按照《风险管理计划》进行基于风险的评估，风险技术理论风险分类按 5×5 矩阵进行。风险评估相关的人员包括：研制人员，项目管理办公室的负责人员，工程技术部门负责人员，环境试验专业的专家，安全、可靠性和质量保证代表。如果未能达成共识，需要站在建议修改试验基线的高度，由最高层级进行独立风险评估。

（4）剪裁相关文件。

①《试验验证矩阵》。每个装配级硬件研制人员应提供其"试验验证矩阵"（TVR）数据用于验证试验。TVR 的内容见案例 CxP70008 划》集成与验证总计划》。

②《试验要求评估报告》。硬件研制人员根据风险评估的结果和《试验要求评估报告》中的其他工程考虑，进行必要的剪裁。

③ 其他相关文件，如：《"星座计划"偏差》《试验验证矩阵》《"星座计划"系

统工程管理计划》。对于要求做的试验(R),进行试验要求剪裁时,应编制《"星座计划"偏差》文件,由硬件开发人员批准。偏差内容见 CxP70073-01。偏差处理和数据维护见硬件的《试验验证矩阵》文件。对于除了"R"以外的其他试验,进行试验要求剪裁时,"决策包"(DP)应从各个方面阐述如何进行剪裁。DP 内容见 CxP 70013《"星座计划"系统工程管理计划》;DP 处理和数据维护见硬件的《试验验证要求》文件。

4) 批准剪裁的级别

(1) 风险评估判断为高风险(红色),和大尺寸试验评估判断为中风险(黄色)需经"系统工程控制委员会"(SECB)批准。

(2) 风险评估判断为中风险(黄色)和大尺试验评估判断为低风险(绿色)需经三级项目经理批准或授权批准。

(3) 风险评估判断为低风险(绿色)需经硬件工程技术中心批准。

所有型号都要求对通用试验基线进行剪裁以形成本型号专用的试验基线。剪裁应考虑合同要求、风险要求、任务要求、成本要求、进度要求等因素。剪裁内容包含全部试验基线要素。剪裁的主要方法是基于风险且自上而下的剪裁,并贯穿项目寿命周期。通用试验要求的试验基线风险属于中等风险。

4.4 力学环境试验设计

4.4.1 力学环境试验试验设计理念

对任何一个航天器型号,在其研制阶段初期就要制是环境试验大纲,规定在各个研制阶段要进行的试验项目、试验目的与要求。试验条件及试验方法和设备等,在编制试验大纲时,作为编制依据应从以下三方面来考虑。

(1) 根据环境试验的一般原理,针对航天器研制的特点,确定航天器研制各个阶段所应进行的环境试验项目和要求,使之更好地发挥环境试验的作用。

不同的产品,其研制过程和阶段不完全相同,因而有不同的环境试验原理。经过多年的实践,已经总结出一套适合航天器特点的环境试验理论和做法,并且在有关的航天器环境试验标准中反映出来。这些标准如美国军用标准 MIL-STD-1540《航天器的试验要求》,中国军用标准 GJB 1027《运载器、上面级和航天器试验要求》,对指导航天器环境试验大纲的制定,确定试验项目和要求,更有效地发挥环境试验的作用,有重要的意义。

一般来说,初样试验有较大灵活性,其试验项目、试验条件由研制部门根据产品复杂程度、继承性等来制定正样产品鉴定试验的试验项目较多,试验条件也较严格。而准备用于飞行的产品的验收试验,因为只要求暴露隐藏的缺陷,试验条件不能太高,以免影响其使用寿命。

然而,环境试验的原理不是一成不变的已往,为了保证航天器的高可靠性,凡是经过鉴定试验的产品,包括整星在内,都不允许用于发射上天。这主要是担心严格的鉴定试验可能使产品受到疲劳损伤,使用寿命降低,从而增加失效的风险。

实践发现,由于需要,许多经过鉴定试验的航天器也被用来发射上天,而且都工作正常,可靠性并未降低。因此,国外逐步改变了以前的做法:在一定条件下,允许经过鉴定试验后的产品用于飞行,而对鉴定试验的条件则要作适当修改,或降低试验量级,或缩短试验时间,目的是既达到鉴定试验的目的,又不过多影响被试产品的有效寿命。这种"原型飞行"原理的应用,对环境试验条件乃至整个环境试验大纲的制定都产生了一定的影响,目前中国已经这样做了。

另外,为了保证航天器的可靠性,首先必须对星上所用电子元器件进行极严格的筛选和老练。这种筛选和老练也要通过一定的外加环境载荷,如振动、温度等来实现,这也是环境试验的一种应用。在此基础上,对航天器的部件、组件、分系统,直至整个航天器逐级地进行环境试验。组装级别越低,试验条件也就越严格,其目的是使卫星存在的隐患尽可能在低的组装级上通过环境试验来暴露和排除,这样既节省时间又减少经济上的损失,一个隐藏的缺陷,如果未能在较低的组装级上被排除,则在较高的组装级排除时所花的代价要高得多。据国外估计,每升高一个组装级,排除缺陷所花的代价要高得多。据国外估计,每升高一个组装级,排除缺陷所花的代价将增加十倍。如果使用一个有隐患的电子元器件而未被及时发现,则当航天器总装好后再来排除它,所要付出的代价将为原先的一万倍或更高。

由上所述,环境试验与航天器的研制过程紧密相联系,并贯穿在整个航天器的研制过程中。通过逐级、严格的环境试验,暴露和排除各类故障,而使航天器的可靠性不断增长。

(2)根据环境预示结果确定环境试验条件,在航天器研制开始阶段需要提出的环境设计要求和环境试验条件是以环境预示结果为依据的。环境预示结果是否正确,是试验条件定得合理与否的重要前提。环境试验条件定得太严,会使产品因过试验而受到不应有的损坏,并不得不修改产品设计来通过试验,结果增加研制成本,影响研制进度。更危险的是,产品虽然通过了试验,但降低了使用寿命,从而增加了上天后发生故障的风险。如果环境试验条件定得太低,产品将因欠试验而得不到应有的考核,隐藏的问题得不到暴露,同样会增加发生故障的风险,甚至影响飞行任务的成败。因此,为了使试验条件制定得比较合理,必须十分重视环境预示工作,它是航天器环境工程的基础。

由于环境预示结果必须在航天器尚未制造出来之前给出,而卫星结构复杂,动力学环境与航天器结构的相互影响较大,用分析方法正确预示航天器动力学环境是相当困难的,对航天器进行动力学环境实测或是由环境试验中测得的数据往往来不及用于该型号。因此,动力学环境预示往往采用多种方法来进行。另外,由环境预示结果转换为环境试验条件,还需进行许多工作,考虑多方面的因素。

(3) 根据试验设备条件和能力,选定最有效和可行的试验方法规定了环境试验项目和试验条件后,必须有正确的试验方法才能使产品得到有效的考核。最理想的情况是,所采用的试验方法应该能够"再现"航天器及其组件经受到的真实动力学环境。但由于技术和经济上的原因,这一点是很难做到的。因此,在进行环境试验时,往往寻求简单可行而又有效的试验方法。它并不完全再现实际的动力学环境,而是产生与这些环境相同的作用和效果,即所谓"环境模拟"。一种环境可以用几种试验方法来模拟,但它们的模拟真实性和效果各不相同。选用何种试验方法,需结合试验效果、技术上的可靠性、试验成本和研制进度等因素综合考虑。随着技术的进步,可用更先进和有效的试验方法来代替原有的、不够理想的试验方法。例如,随机振动环境是航天器、火箭的主要动力学环境,但由于试验设备所限,在相当长的时间内普遍用正弦扫描振动试验来模拟随机振动环境,虽然这种模拟有很大的局限性。随着计算机技术的发展,20世纪60年代后期研制出了数控随机振动系统。因此,随机振动试验成了重要的例行试验项目,并且在环境试验标准中规定,不再用正弦振动试验来模拟随机振动环境。

4.4.2 力学环境试验模拟基本准则

力学环境试验就是在实验室条件下复现产品在使用、运输和储存期间可能经受的环境效应,模拟产品破坏或失效模式。通过力学环境试验能够有效地检验航天器产品的环境适应性。力学环境模拟的逼真程度取决于力学环境应力(振级、谱形和持续时间的模拟和产品安装的机械接口动态传递特性的模拟,如图 4-6 所示。

力学环境试验模拟的基本准则主要有以下几种:

1) 力学环境试验目的

航天器在发射前承受振动、噪声试验,以暴露航天器材料、元器件和工艺等方面的缺陷,提高其飞行可靠性;同时验证整航天器设计方案和工艺方案的合

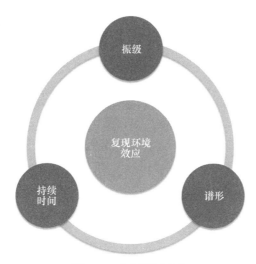

图 4-6　力学环境应力

理性与协调性,检验其经受振动环境条件的能力。

以系统级力学环境试验为例,力学环境试验的目的为:

(1) 暴露航天飞行器材料、元器件和工艺等方面的缺陷,提高航天飞行器飞行可靠性;

(2) 验证航天飞行器设计方案和工艺方案的合理性与协调性;

(3) 检验航天飞行器经受验收级振动环境条件的能力;

(4) 获取航天飞行器各部位的响应参数;

(5) 考核在组件及分系统级振动试验中无法合理考核的项目。

2) 环境试验量级和试验时间

(1) 研制试验。环境试验量级和试验时间应根据研制试验要求单独预示制定,一般等于或高于鉴定试验量级和试验时间。

(2) 鉴定试验。鉴定试验量级应在验收试验量级加上鉴定试验余量,如冲击、随机振动、声鉴定试验量级相当于 $P99/90$ 统计环境量级,试验时间应包括飞行时间、验收试验时间和再验收试验积累的试验时间。

(3) 验收、准鉴定验收试验量级相当于 $P95/50$ 统计环境值(MEE)。准鉴定试验产品经受的试验量级高于验收试验级(正弦振动高 25%、声和随机振动高 2dB、冲击高 3dB),但不能低于本标准规定的最低谱量级。表 4-2 为不同试验研究阶段下,组件试验量级余量和试验时间,图 4-7 为组件验收试验最低的随机振动谱条件,表 4-3 为组件和飞行器验收试验 1/3 倍频程最低声谱。

表 4-2 组件试验量级余量和试验时间

试验项目	鉴定	准鉴定	验收
冲击	验收级+6dB 3个正交轴 每个轴向3次	验收级+3dB 3个正交轴 每个轴向2次	在三个正交轴向上皆有一次达到验收级 3个正交轴 每个轴向1次
声	验收级+4dB 试验时间2min	验收级+2dB 试验时间1min	MPE和最低声谱(表4-3)的包络 试验时间1min
随机振动	验收级+4dB 3个正交轴 每个轴向2min	验收级+2dB 3个正交轴 每个轴向1min	MPE和最低随机振动谱(图4-7)的包络 3个正交轴 每个轴向1min
正弦振动	1.5×验收级 3个正交轴 扫描速度2oct/min	1.25×验收级 3个正交轴 扫描速度4oct/min	验收级量级 3个正交轴 扫描速度4oct/min

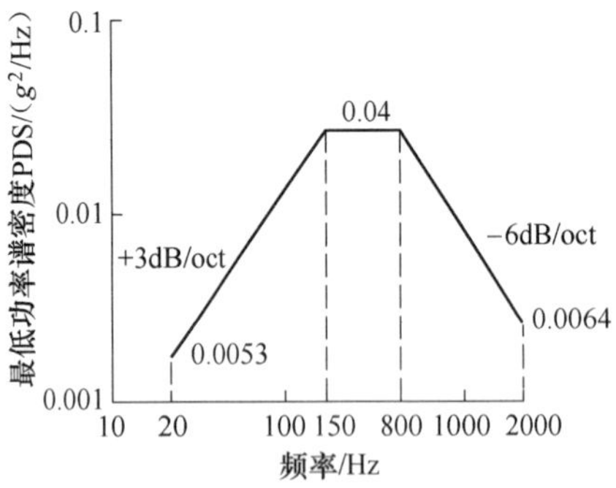

曲线值	
频率/Hz	最低PSD/(g^2/Hz)
20	0.0053
20～150	+3dB/oct
150～800	0.04
800～2000	−6dB/oct
2000	0.0064
总均方根加速度值	6.9grms

注：1. 该谱只适用于质量不超过23kg的组件；
2. 超过23kg的组件可以将0.04g^2/Hz降低，但不能低于0.01g^2/Hz，同时谱斜率保持不变，第一拐点频率150Hz要适当降低以考虑质量增加产生的低频模态。

图 4-7 组件验收最低随机振动谱

表 4-3 组件和飞行器验收试验1/3倍频程最低声谱

谱值(1/3倍频程重心频率)					
1/3倍频程 中心频率/Hz	最低声 压级/dB	1/3倍频程 中心频率/Hz	最低声 压级/dB	1/3倍频程 中心频率/Hz	最低声 压级/dB
31.5	121	250	126.6	2000	113.6
40	122	315	126	2500	111.9
50	123	400	124.8	3150	110.1
63	124	500	123.6	4000	108.4

续表

谱值(1/3 倍频程重心频率)					
1/3 倍频程中心频率/Hz	最低声压级/dB	1/3 倍频程中心频率/Hz	最低声压级/dB	1/3 倍频程中心频率/Hz	最低声压级/dB
80	125	630	122.2	5000	106.5
100	125.7	800	120.9	6300	104.6
125	126.3	1000	119.3	8000	102.8
160	126.7	1250	117.5	10000	101.1
200	126.9	1600	115.5	总声压级	136.8

注：如果运载器给出倍频程声谱时，验收试验最低声谱总声压级136.8dB的倍频程声谱。

4.4.3 航天器力学环境试验矩阵设计

航天器不同级别、不同类型的对象，在各研制阶段对于力学试验的需求和考核的目的是不同的。根据 GJB 1027A 的要求，各阶段、各类型对象的力学环境试验矩阵(节选标准表格)见表 4-4。

表 4-4 系统级鉴定试验基线

冲击[g]	7.4.4	7	R	R	R
声或随机振动[c]	7.4.5 7.4.6	5	ER	R	R
正弦振动	7.4.6	6	ER	R	R
模态观测[f]	7.4.9	任意	ER	ER	R
磁	7.4.10	13	—	—	ER

注：1."R"表示"要求的"试验，是要求必做的试验，因为试验是有效的而且做的概率很高。

2."ER"表示"经评价要求的"试验，是根据产品的具体研制情况来选择做的试验，因为试验一般不是很有效，而且做的概率较低的。"经评价要求的"试验应根据情况逐项分析来作出评估。如果经过评估证明一项"经评价要求的"试验是有效的，"经评价要求的"试验就成为"要求的"试验。

3."—"表示"不要求的"试验，是不需要做的试验，因为试验是不起作用的，因此做的概率极低。

[c]随机振动和声的相互替代应由飞行器的结构特性评价后确定。一般对于结构紧凑、质量密集、对声不敏感的飞行器，可以用随机振动试验代替声试验。

[f]模态观测试验如果不能在系统级做，可以在分系统级做(见 6.4.10 节)。

[g]首选在飞行器级进行试验，如果不可行，则需要在分系统级进行试验。

系统级鉴定试验一般在热试验之前开展，正弦振动、冲击、声或随机振动是要求做的，而对于结构紧凑的、一般不超过 450kg 的质量密集型的飞行器，可以用随机振动代替声试验，随机振动和声的相互替代应由飞行器特性评价后确定。分系统级鉴定试验基线见表 4-5。

表 4-5　分系统级鉴定试验基线

试验项目	参考章条	建议试验顺序	航天器整流罩	结构	平台	仪器仪表模块	有效载荷	对接机构	动力模块	着陆器	多组件模块
静载荷	6.4.2	3	R	R	R	R	R	R[h]	R	R	R
冲击	6.4.6	8	R[f]	ER	ER	ER	ER	ER[h]	ER	ER	ER
正弦振动	6.4.4	5	ER	R	R	R	R	R	R	R	R
随机振动或声[b]	6.4.4 6.4.5	6	R	R	R	R	R	R[h]	R	R	R
模态观测	6.4.10	任意	R	R[c]	R	R	R	ER	—	R	R
着陆冲击	6.4.11	14	—	—	—	—	—	—	—	R	—
分离展开[d]	6.4.8	9	R	—	—	R	R	R[h]	R	R	R
对接分离	6.4.14	7	—	—	—	—	—	R	—	—	ER

注：1."R"表示"要求的"试验，是要求必做的试验，因为试验是有效的而且做的概率很高。

2."ER"表示"经评价要求的"试验，是根据产品的具体研制情况来选择做的试验，因为试验一般不是很有效，而且做的概率较低的。"经评价要求的"试验应根据情况逐项分析来作出评估。如果经过评估证明一项"经评价要求的"试验是有效的，"经评价要求的"试验就成为"要求的"试验。

3."—"表示"不要求的"试验，是不需要做的试验，因为试验是不起作用的，因此做的概率极低。

[b] 声或随机振动要求做一项，另一项选做。

[c] 如果在飞行器级不进行模态观测试验，则要求在分系统级上做。

[d] 首选在飞行器级做，否则，在分系统级上做。

[f] 作为分离展开试验的一部分进行。

[h] 在组件级做试验。

分系统级鉴定试验声或振动是"经评价要求的"试验。对于质量密集型的分系统用随机振动代替声试验。组件鉴定试验基线见表 4-6。

表 4-6　组件鉴定试验基线

试验项目	参考章条	建议试验顺序	电工电子组件	天线	机械活动组件	太阳电池板	蓄电池	压力组件	压力容器	推力器	热学组件	光学组件	结构件
冲击	5.4.4	4	R	ER	ER	ER	R[d]	ER	ER	ER	ER	ER	ER
正弦振动	5.4.5	5	R	R	R	R	R	R	R	R	R	R	R
随机振动或声[e]	5.4.5 5.4.6	6	R	R	R	R	R	R	R	R	R	R	R
加速度	5.4.7	7	ER	ER	ER	ER	ER	—	ER	ER	ER	ER	ER
静载荷	5.4.14	16	ER	ER	ER	ER	ER	—	ER	ER	ER	ER	R

注：1."R"表示"要求的"试验，是要求必做的试验，因为试验是有效的而且做的概率很高。

2."ER"表示"经评价要求的"试验，是根据产品的具体研制情况来选择做的试验，因为试验一般不是很有效，而且做的概率较低的。"经评价要求的"试验应根据情况逐项分析来作出评估。如果经过评估证明一项"经评价要求的"试验是有效的，"经评价要求的"试验就成为"要求的"试验。

3."—"表示"不要求的"试验，是不需要做的试验，因为试验是不起作用的，因此做的概率极低。

[e] 声或随机振动要求做一项，另一项选做。

组件鉴定试验对于不同类型的组件要求是不同的,可以查阅表4-6来选择。一般在功能、检漏之后,热试验之前开展。系统级验收试验基线见表4-7,分系统级验收试验基线见表4-8,组件验收试验基线见表4-9。

表4-7 系统级验收试验基线

试验项目	参考章条	建议试验顺序	运载器	上面级	航天器
冲击	7.4.4	7	ER	ER	R
声或随机振动[c]	7.4.5 7.4.6	5	ER	R	R
正弦振动	7.4.7	6	ER	R	R

注:1."R"表示"要求的"试验,是要求必做的试验,因为试验是有效的而且做的概率很高。

2."ER"表示"经评价要求的"试验,是根据产品的具体研制情况来选择做的试验,因为试验一般不是很有效,而且做的概率较低。"经评价要求的"试验应根据情况逐项分析来作出评估。如果经过评估证明一项"经评价要求的"试验是有效的,"经评价要求的"试验就成为"要求的"试验。

3."—"表示"不要求的"试验,是不需要做的试验,因为试验是不起作用的,因此做的概率极低。

[c]随机振动和声的相互替代应由飞行器的结构特性评价后确定。一般对于结构紧凑、质量密集、对声不敏感的飞行器,可以用随机振动试验代替声试验。

表4-8 分系统级验收试验基线

试验项目	参考章条	建议试验顺序	航天器整流罩	结构	平台	仪器仪表模块	有效载荷	对接机构	发动机模块	着陆器	多组件模块
静载荷[b]	6.4.2	3	ER	ER	ER	ER	ER	—	—	—	—
冲击	6.4.6	5	R[e]	ER	ER	R	ER	R[g]	—	—	ER
正弦振动	6.4.4	6	ER	ER	ER	ER	ER	ER	ER	ER	ER
随机振动或声[c]	6.4.4 6.4.5	7	ER	—	ER	R	R	R[g]	ER	ER	ER

注:1."R"表示"要求的"试验,是要求必做的试验,因为试验是有效的而且做的概率很高。

2."ER"表示"经评价要求的"试验,是根据产品的具体研制情况来选择做的试验,因为试验一般不是很有效,而且做的概率较低。"经评价要求的"试验应根据情况逐项分析来作出评估。如果经过评估证明一项"经评价要求的"试验是有效的,"经评价要求的"试验就成为"要求的"试验。

3."—"表示"不要求的"试验,是不需要做的试验,因为试验是不起作用的,因此做的概率极低。

[b]复合材料和/或粘接结构要求做静载荷试验,其他结构经评价要求做。

[c]声或随机振动要求做一项,另一项选做。

[e]作为分离展开试验的一部分进行。

[g]在组件级做试验。

表4-9 组件验收试验基线

试验项目	参考章条	建议试验顺序	电工电子组件	天线	机械活动组件	太阳电池阵	蓄电池	压力组件	压力容器	推力器	热学组件	光学组件	结构件
冲击	5.4.4	5	ER	—	ER	—	ER	ER	—	ER	—	ER	—

续表

试验项目	参考章条	建议试验顺序	电工电子组件	天线	机械活动组件	太阳电池阵	蓄电池	压力组件	压力容器	推力器	热学组件	光学组件	结构件
正弦振动	5.4.5	6	ER	ER	ER	ER	—	ER	ER	ER	ER	ER	—
随机振动或声[b]	5.4.5 5.4.6	7	R	R	R	R	R[f]	R	ER	ER	R	ER	ER
静载荷	5.4.14	12	—	ER	ER	—	ER	—	ER	—	—	ER	R[c]

注：1. "R"表示"要求的"试验，是要求必做的试验，因为试验是有效的而且做的概率很高。

2. "ER"表示"经评价要求的"试验，是根据产品的具体研制情况来选择做的试验，因为试验一般不是很有效，而且做的概率较低的。"经评价要求的"试验应根据情况逐项分析来作出评估。如果经过评估证明一项"经评价要求的"试验是有效的，"经评价要求的"试验就成为"要求的"试验。

3. "—"表示"不要求的"试验，是不需要做的试验，因为试验是不起作用的，因此做的概率极低。

[b] 声或随机振动要求做一项，另一项选做。

[c] 仅对复合材料和胶结结构部件要求做热循环和静载荷试验。

[f] 对银锌电池需要评价做随机振动和热真空试验。

4.5 力学环境模拟试验有效性评估

4.5.1 力学环境模拟试验有效性评估内容

原则上讲，如果试验模拟的力学环境与产品实际的力学环境特征相一致，可以认为试验是有效的、可接受的，进而表明力学环境试验时提取的产品结构完整性和性能稳定性信息，可作为产品环境适应性评估和设计修改、优化的决策依据。

产品力学环境模拟试验有效性大体上可从以下几个方面进行综合评估。

（1）力学环境试验条件：根据环境数据的详细程度和模拟要求的不同，有下列三种评估力学环境试验条件有效性。

① 试验条件所规定的载荷谱包络了实际环境的载荷谱，进一步可确定力学试验条件的安全储备；

② 环境试验条件的特征（例如，冲击环境试验中的 $T_{RMS}(t)$ $F_{RMS}(f)$ 和排列图）与实际环境特征一致；

③ 根据实际环境特征的统计分布曲线和模拟试验的统计分曲线，可以定量确定试验安全储备指数。

$$\text{IOC} = \frac{\bar{c}_T - \bar{c}_F}{(\sigma_T^2 + \sigma_F^2)^{\frac{1}{2}}} \tag{4-1}$$

式中：$\bar{c}_T, \bar{c}_F$ 为试验和实际环境特征的平均值；σ_T, σ_F 为试验和实际环境特征的标准偏差。

（2）试验件：试验件应具有代表性，由于材料、尺寸和工艺等。试验件偏差应控制在一定范围内，保证试验件的固有动态性与实际产品一致。试验件的支承边界条件应与实际相同。

（3）模拟试验方法应能复现实际力学环境的主要特性。

（4）试验条件的控制精确度满足允差要求。

（5）测量系统的性能和精确度满足试验要求。

（6）数据处理方法正确，数据处理方法的准确度满足要求。

4.5.2 力学环境试验对产品的评价

航天器力学环境试验，是对航天器环境适应性判断的一个主要过程。航天器全任务过程中，都要经历各种类型的动力学环境，包括振动、噪声、冲击、加速度等，是航天器运输、装卸、起落、发射、飞行、分离、着陆、返回等过程中诱导产生的。上述动力学环境会对航天器及航天器上的组件造成结构变形或损坏，这些故障的发生可能影响飞行任务的完成，甚至导致整个飞行任务失败。据国外统计，航天器发射上天后第一天所出现的故障，有30%~60%是由于动力学环境因素所引起，这些环境因素对产品的性能、寿命和可靠性将产生重要影响。因此，需要保证航天器能够适应地面及空间的力学环境，这是航天器能否圆满完成任务的根本保证之一。为了达成这一目的，需要在地面上对航天器进行动力学试验，以保证航天器的环境适应性，使其能够圆满完成任务。

对航天器产品的动力学环境适应性进行研究，需要结合振动试验数据，针对航天器产品的典型故障模式，展开故障诊断技术研究、试验有效性研究，从而建立航天器动力学试验评价技术，给出航天器产品动力学试验的评价结论，以达到提高航天器在轨的寿命和可靠性的目的。航天器力学环境试验评价技术框图如图4-8所示。

1. 力学环境试验对产品的评价内容

力学环境试验对产品的评价大体上可以从以下几个方面综合评价：

（1）力学环境模拟试验有效；

（2）产品结构完好性，是否发生疲劳破坏、磨损、断裂等；

（3）产品制造工艺性，是否发生松动、脱胶、相碰、泄露等缺陷；

（4）产品功能完好性，产品在力学环境试验中或试验后，工作是否正常。

2. 力学环境试验项目、目的及试验效应

根据任务研制经验，在整星的研制过程中，涉及动力学试验的环节是初样结构器阶段和正样器阶段，根据研制阶段的不同，动力学试验的项目和目的会

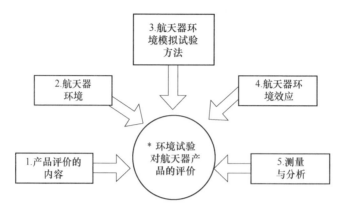

图 4-8 航天器力学环境试验评价技术框图

有所区别,从表 4-10 中可以看出,动力学试验的目的主要是考核航天器及其组件的结构性能是否满足要求。

表 4-10 不同研制阶段航天器动力学试验项目和目的

研制阶段	动力学试验项目	动力学试验目的
初样结构星阶段	a. 分系统及部组件鉴定级振动试验; b. 整星加注模拟工质情况下三个方向的验收级、鉴定级低频正弦振动试验; c. 整星空箱状态下三个方向的验收级、鉴定级低频正弦振动试验; d. 整星加注模拟工质情况下的验收级、鉴定级噪声试验	a. 验证结构设计的合理性,为设计改进提供依据; b. 对结构适应振动、噪声环境的能力进行考核; c. 暴露材料及制造工艺等缺陷; d. 获取结构总体动态特性,为模型修正提供依据; e. 验证组件级结构、仪器设备振动环境条件的合理性和有效性; f. 对天线等组件级振动试验不能完全合理考核的组件在整星振动试验中进行考核; g. 为正样星振动、噪声试验做技术准备; h. 对推进分系统的与热试车相关的硬件系统(组件、管路及其总装安装)适应振动、噪声环境的能力进行考核
正样星阶段	a. 分系统及部组件验收级或准鉴定级振动试验; b. 整星空箱状态下三个方向的验收级或准鉴定级低频正弦振动试验; c. 整星验收级或准鉴定级噪声试验	a. 暴露航天器的材料和工艺缺陷、排除早期失效; b. 通过包带手动解锁分离检验星箭连接可靠性,检验航天器与对接段分离的可靠性; c. 考核设备正样试验条件,验证航天器经受发射主动段力学环境的能力; d. 通过太阳翼展开试验检验太阳翼经过试验后的释放、展开和锁定功能; e. 通过一维摆动机构、拉杆组件、天线解锁试验检验通过振动试验后的锁定、解锁及运动功能

目前主要的动力学试验评价手段之一为基于振动试验模型的评价。基于

振动试验模型评价主要内容为分析模型验证,其主要评价方法为与振动试验数据对比,进行模型修正。目前,开展评价所需的条件和技术主要从结构设计状态、有限元模型、振动试验数据以及模型修正技术四个方面。其中振动试验数据和模型修正技术的条件已经具备。

其次,通过航天器产品不同研制阶段的项目及目的,来建立评价内容,同时研究评价准则,目前已经具备的评价技术(内容及准则)如表4-11所示。

表4-11 动力学试验评价技术的内容及准则

研制阶段	动力学试验目的	评价内容	评价准则
初样阶段	见表4-4	整星刚度评价	整星基频是否满足要求
		主结构经受鉴定级振动试验环境的能力	前后两次特征级试验数据相比,航天器基频漂移
		关键设备安装方式是否合理	安装面上的加速度响应是否超过单机鉴定试验条件
		振动试验后关键设备功能检查	验证设备在力学环境试验后的各项性能和功能正常
		总装工艺是否合理	人工检查是否有螺钉松动、脱漆等
正样阶段	见表4-4	主结构经受验收/准鉴定级振动试验环境的能力	前后两次特征级试验数据相比,航天器基频漂移
		关键设备安装方式是否合理	安装面上的加速度响应是否超过单机验收试验条件
		振动试验后航天器性能测试	验证航天器在力学环境试验后的各项性能和功能正常

参 考 文 献

[1] 向树红. 航天器力学试验环境试验技术[M]. 合肥:中国科学技术出版社,2008.
[2] 柯受全,等. 卫星环境工程和模拟试验(下册)[M]. 北京:中国宇航出版社,1996.
[3] 张小达,李晔,向树红,等. 航天器环境试验基线与剪裁技术:第一部分 试验基线由来[J]. 航天器环境工程,2016,33(2):122-126.
[4] Test requirements for launch,upper-stage,and space vehicles:MIL-STD-1540C[S]. 1994.
[5] Test requirements for launch, upper-stage, and space vehicles Vol I:Baselines:MIL-HDBK-340A[S]. 1999.
[6] MIL-HDBK-340A Test requirements for launch,upper-stage,and space vehicles Vol II:Applications,1999.

[7] Space engineering:Testing:ECSS-E-ST-10-03C[S]. 2008.
[8] Test requirements for launch, upper-stage, and space vehicles:SMC-S-016[S]. 2008.
[9] 运载器、上面级和航天器试验要求:GJB 1027A—2005[S]. 2005.
[10] 张小达,李晔,向树红,等. 航天器环境试验基线与剪裁技术:第二部分试验基线要素[J]. 航天器环境工程,2016,33(3):235-239.
[11] 张小达,李晔,向树红,等. 航天器环境试验基线与剪裁技术:第三部分试验基线剪裁[J]. 航天器环境工程,2016,33(4):354-358.
[12] Constellation program environmental qualification and acceptance testing requirements: NASA CxP70036 [S]. 2009.
[13] 马兴瑞,韩增尧,等. 卫星与运载火箭力学环境分析方法及试验技术[M]. 北京:科学出版社,2014.
[14] 邱吉宝,向树红,张正平. 计算结构动力学[M]. 合肥:中国科学技术大学出版社,2009.
[15] 朱建斌,向树红. 航天器动力学试验评价技术[J]. 装备环境工程,2012(3):5-10.
[16] 杨松,李声远,王晓耕. 卫星动力学环境模拟试验技术展望[J]. 航天器环境工程,2002,19(2):19-23.

第 5 章
振动环境模拟与试验技术

5.1 概述

  振动环境由于作用的持久性、环境效应的严重性以及环境本身的复杂性，使之成为机电产品和结构工程相当重要的环境因素。大多数机电产品的破坏、故障或失效都与振动环境因素有直接或间接的关系。据统计，各种环境因素引起的产品破坏中，1/3 左右是由于振动引起的。特别是当今机电产品和结构工程的大型化、轻型化、高速、高能和高集成化等发展趋势，导致振动环境和振动效应更为复杂和严酷，引起更大关注。要求机电产品或结构工程在振动环境作用下结构完整性和工作性能稳定性，确保产品的环境适应性和可靠性。

  航天器从地面运输到发射、飞行及再入过程中所经受的振动环境按振动的性质可分为：正弦激励、随机激励和瞬态激励。正弦激励主要来自运载火箭发动机不稳定燃烧而产生的推力脉动变化，旋转设备的不平衡转动，液体运载火箭所特有的飞行器结构与液体推进剂、贮箱及供应系统在燃烧室压力和推力脉动变化下相互作用而产生的纵向自激振动。航天器所经受的随机激励主要是一种声致振动，主要来自两方面：一是起飞排气噪声；二是运载火箭跨声速飞行及高速飞行时引起的气动噪声。气动噪声产生的随机振动激励比排气噪声产生的随机振动激励更恶劣，频率可高达 10kHz。此外，地面运输环境也是一种频率较低的随机振动激励，其频率范围大致为 0.5~100Hz。瞬态激励主要来自飞行过程中的阵风、发动机点火和关机、级间分离等突发载荷，它们基本上是一个自由衰减的正弦振动。阵风、发动机点火和关机而引起的瞬态振动主要是在低频，而级间爆炸分离引起的瞬态振动主要是在高频。本章主要介绍正弦激励与随机激励的环境模拟与试验技术。

  从环境模拟观点看，振动环境模拟试验的目的是要在试验室内复现实际工况下产品所受的振动环境和环境效应，鉴定产品的环境适应性，验证产品的机械、电气性能是否符合设计要求。

为此,首先必须结合具体产品,辨识引起产品振动的振源,详细分析振源的特性,实测或预估振动环境数据。进而,分析产品固有的动态特性,研究产品的关键部位和薄弱部位,预估振动环境效应和产品破坏、故障或失效模式与机理,建立破坏和故障模型,确定模拟试验的基本准则和环境替代的等效依据,制订或剪裁试验条件和方法,合理地进行试验设计。在试验阶段,严格按试验大纲要求,提供有代表性的试验件,确保产品的安装边界条件,有效地进行振动环境试验条件的控制和输入振动环境与响应输出数据的测量、采集以及处理,并在试验前、后或试验中进行功能测试,提取产品结构强度和性能信息。最后,根据试验结果对产品的环境适应性和可靠性做出评估。

5.2 基本知识

5.2.1 术语

1. 极限和最高预示随机振动环境

由直接或间接作用的噪声或气动环境激励、发动机工作时燃烧不稳定、机械部件带来的随机扰动引起的飞行器组件的随机振动环境。随机振动环境用至少在 20~2000Hz 频率范围内的加速度功率谱密度(单位 g^2/Hz)来表示(一般简称为功率谱密度,PSD)。其分析带宽的分辨率不大于 1/6 倍频程,但也不需要小于 5Hz。极限和最高预示随机振动环境(相应为 $P99/90$ 和 $P95/50$ 的 PSD 值),分别是考虑了最低制造质量试验量级的鉴定级和验收级试验谱的基线。

2. 极限和最高预示正弦振动环境

由旋转机械的周期激励、或是 POGO(结构和推进动力学相互作用)、或是颤振(结构动力学和空气动力学相互作用)、或是燃烧的不稳定引起的飞行器组件的正弦振动环境。地面运输期间也可产生周期激励的正弦振动环境。最高预示正弦振动环境的频率范围,对于飞行激励,频率范围为 20~2000Hz,对于地面激励,频率范围为 0.3~300Hz。飞行数据足够多时,最高预示正弦振动环境必须通过参数统计方法来得到。数据必须经过检验以保证能很好地服从假定的潜在分布。最高预示正弦振动环境定义为在 50% 的时间内(50% 置信度估计)至少 95% 的飞行次数中不会被超过。如果飞行数据少于 3 次,由于环境的不确定性需要增加 3dB 的裕度。

3. 下凹

振动试验过程中,根据鉴定或验收载荷,通过降低输入量级或谱的方式来限制共振频率处的结构响应。

4. 响应限幅控制

通过降低输入加速度使关键部位响应不超过限定值。

5. 力限控制

振动试验过程中,降低振动台/夹具和航天器之间的界面力以不超过限定值,界面力一般通过飞行预示再加上设计裕度得到。

6. 全量级

航天器需经受考核的试验量级,一般指验收级、准鉴定级和鉴定级。

7. 特征级

用于结构响应特征检验和全量级试验下凹条件预示,并检验航天器在经历全量级试验后航天器动态特性变化情况的试验量级。

5.2.2 振动破坏和失效

产品在振动环境作用下,在产品各结构元件上产生动态响应(位移、加速度、应变和机械应力),从而可能导致有害的环境效应(结构完整性破坏、性能失效或工艺故障)。

材料的疲劳破坏是最普遍的振动破坏形式。结构和材料在振动环境作用下,可能在应力集中区、表面滑移带、晶粒边界或交界上形成微裂缝,这些裂缝不断扩展和传播,最终造成疲劳断裂,大量的实验数据提供了各种材料在单频的正弦交变载荷作用下的疲劳曲线(应力——循环次数曲线或 S-N 曲线)。图 5-1 为对数坐标上的 S-N 曲线。大多数疲劳试验数据表明,在 $N=10 \sim 10^7$ 之间,S-N 曲线可近似用斜率为 $(-1/b)$ 的直线表示:

$$\lg S = -\frac{1}{b}\lg N + \frac{1}{b}\lg C$$
$$\text{或 } S^b N = C \tag{5-1}$$

式中:S 为交变应力幅度;N 为出现疲劳断裂时的应力循环次数;C 为由实验确定的常数。

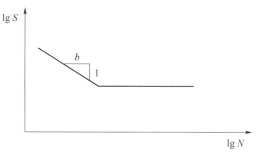

图 5-1 S-N 曲线

疲劳曲线的形状和位置受许多因素的影响。这些影响因素可分为以下三类：

（1）物理因素：材料的类型、材料的晶粒和亚晶粒的尺寸、材料组织的不均匀性、材料的强度极限以及材料表面的完整性（粗糙度、残余应力和表面组织结构等）；

（2）几何因素：缺口效应和尺寸效应；

（3）外界环境因素：加载方式、腐蚀效应、温度效应和接触效应等。

由于影响因素的复杂性，导致材料疲劳强度的分散性。需要用故障树分析方法，分析和判断材料疲劳破坏的类型和主要影响因素。随机载荷作用下材料的疲劳试验数据相当少，随机载荷下的疲劳破坏分析一般借助于单频正弦的疲劳曲线外推。

结构完整性破坏的另一种形式是磨损。磨损是指运动机构的配合面在相对运动时摩擦副表面层微切割、塑性和弹塑性变形、表面疲劳、局部过热、氧化以及冷焊，造成运动表面损伤。虽然磨损也具有累积性质，但与疲劳破坏的机理不同。在振动环境作用下，磨损增量一般随时间而减小。开始时磨损增量可能较大，随着时间的推移而逐渐减小，达到一定时间后，总磨损量不再增加。至于允许磨损量和磨损破坏的定义，要根据产品的精度、关键程度和安全要求定。

产品功能失效主要是指误动作、工作不连续和性能异常等故障。这些故障往往是在振动的量级超过某一阈值时发生的，然而，当振动减小到阈值以下或停止激励时，产品的功能又可能恢复到原有正常工作状态。因此，功能失效可看作一种可逆性的功能破坏，它与时间无关，而与振动的峰值有关。

工艺故障属于工艺设计和装配质量问题，难以与振动环境联系起来作出定量分析。当振动的量级大于某一量值时，可能由于紧固力或摩擦力不足造成紧固件松动或连接件错位，这种故障是不可逆、累积的。

从产品可靠性角度看，无论是结构完整性破坏还是功能失效和工艺故障，都将导致产品丧失其规定的功能，统称为失效。产品的失效规律一般用失效率函数描述，大多数产品的失效率函数呈现"浴盆"形状（图5-2）。这里，失效率$\lambda(t)$定义为已工作到时间t的产品在t时刻以后的单位时间内发生失效的概率。

失效率函数大致可划分为下列三个阶段：

（1）早期失效阶段。早期失效的原因大多是由于设计和制造中的不合理和原材料的缺陷引起的，一般失效率较高，但随着产品工作时间的增加失效率迅速下降。

为了减少产品的早期失效，尽早暴露产品的缺陷，及时修复和剔除，应加强原材料的检验和设计以及制造质量的管理，并进行老化试验和环境应力筛选

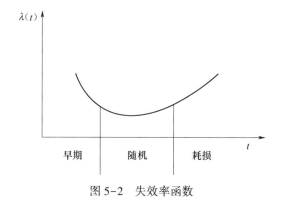

图 5-2 失效率函数

试验。

（2）偶然失效阶段。产品在这个阶段的失效原因虽然较多，但这些因素的影响不严重，并具有偶然性。这个阶段是产品最佳的工作时期，失效率低，数值又比较稳定，可以近似看作常数。

（3）耗损失效阶段。在这个阶段，失效率随时间增长而迅速增长，这时，大部分产品开始失效。为此，必须及时采取补救措施，例如进行预防性措施或成批更换器件，以减少灾害性事故和损失。

振动破坏模型：

从以上振动破坏和失效的宏观分析中可以看出，产品的可靠性分析不仅要建立振动破坏（如疲劳）的力学模型，而且要考虑影响破坏的每个因素的统计变化规律。振动破坏的模型应根据破坏机理，建立平均寿命与载荷之间的函数关系，其中载荷表示在失效破坏部位的应力或应变，这些应力是由振动环境和其他非力学环境因素以及材料本构关系所决定的；而平均寿命是材料疲劳和断裂性质的数值表征。

振动破坏的形式大致可分为可逆的和不可逆的两类；还可分为累积型和即发型两种破坏模式。常见的振动破坏模型有以下几种。

（1）疲劳破坏模型。这种模型的基本概念是在交变载荷每一次循环作用下，材料产生不可逆的损伤，当损伤累积到某一损伤量时，材料发生疲劳破坏。这种模型也称为累积损伤模型。

工程上最常采用的累积损伤模型是基于 Miner 线性累积损伤假设。设材料在 p 级幅值分别为 $s_1,s_2,\cdots,s_p$ 的交变应力作用下，各应力的实际循环次数分别为 $n_1,n_2,\cdots,n_p$，根据 Miner 线性累积损伤假设，材料总的累积损伤量 D 可用下式定义

$$D = \sum_{i=1}^{p} \frac{n_i}{N_i} \tag{5-2}$$

式中：N_i 为第 i 级交变应力 s_i 作用下材料发生疲劳破坏时的循环次数。

根据 Miner 假设，当 $D=1$ 时，材料发生疲劳破坏。式(5-2)所描述的疲劳破坏模型将应力 s_i 每一次循环所造成的损伤都取为 $1/N_i$，不考虑各次应力循环作用之前材料已有损伤历史的影响、多级应力作用的序列影响以及其他物理、几何尺寸和环境因素的影响。实验结果表明，发生疲劳破坏时的 D 值有较大的分散性，约在 0.3~30 之间。虽然 Miner 线性累积损伤假设相当粗糙，但从工程应用观点看，仍可用于疲劳寿命估算或作不同类型振动所造成损伤的等效准则。

(2) 一次通过破坏模型。当激励或响应的振动幅值首次达到某一阈值后，立即发生破坏，又称为即发性破坏模型。

对于周期振动情况，当最大振幅达到某一破坏阈值 a 后产品失效。

对于随机振动情况，假设振动激励(或响应) $y(t)$ 是一个平稳随机过程。在单位时间内，$y(t)$ 以正斜率穿越破坏阈值 a 的平均次数为

$$V_a^+ = \int_0^\infty \dot{y} p(a, \dot{y}) d\dot{y} \qquad (5-3)$$

式中：$\dot{y} = \dfrac{dy(t)}{dt}$；$p(a, \dot{y})$ 为当 $y=a$ 时，y 与 $\dot{y}$ 的联合概率密度函数。设 $y(t)$ 是平均值为零的正态随机过程，则

$$p(y, \dot{y}) = \frac{1}{2\pi\sigma_y \sigma_{\dot{y}}} \exp\left[-\frac{1}{2}\left(\frac{y^2}{\sigma_y^2} + \frac{\dot{y}^2}{\sigma_{\dot{y}}^2}\right)\right] \qquad (5-4)$$

则有

$$V_a^+ = \frac{\sigma_{\dot{y}}}{2\pi\sigma_y} \exp\left[-\frac{a^2}{2\sigma_y^2}\right] = V_0^+ \exp\left[-\frac{a^2}{2\sigma_y^2}\right] \qquad (5-5)$$

式中：σ_y 为 $y(t)$ 的均方根值；$\sigma_{\dot{y}}$ 为 $\dot{y}(t)$ 的均方根值。

如果 $y(t)$ 是窄带随机过程(如具有弱阻尼的单自由度系统在随机载荷激励下的响应)，单位时间 $y(t)$ 以正斜率穿越零值的平均次数 V_0^+ 等于该窄带随机过程的平均频率 f_0，于是式(5-5)可写成

$$V_a^+ = f_0 \exp\left[-\frac{a^2}{2\sigma_y^2}\right] \qquad (5-6)$$

进一步假设破坏阈值 a 足够大，并将 $y(t)$ 每一次以正斜率穿越 a 值的事件看作是独立随机事件，这样，由这些穿越 a 值的时刻所构成的集合 $\{t_k\}$ 服从泊松分布。由此可以导出在 T 时间内发生 $y(t)$ 首次穿越破坏阈值 a 的概率密度函数为

$$p(T) = V_a^+ \exp[-V_a^+ T] \qquad (5-7)$$

于是，出现 $y(t)$ 首次穿越破坏阈值 a 的平均时间——产品的平均寿命 $\bar{T}$ 为

$$\overline{T} = \int_0^\infty T p(T) \mathrm{d}T = \frac{1}{V_0^+} \exp\left[\frac{a^2}{2\sigma_y^2}\right] \qquad (5-8)$$

(3) 振动峰值破坏模型。假设在振动环境激励下,产品存在一个破坏阈值。只有当振动载荷的幅值超过阈值时,才可能造成产品损伤,并且超过阈值的振动峰值次数累计达到一定次数时,产品才出现破坏或故障。这种模型与疲劳破坏模型的不同之处是属可逆的、连续损伤累积型破坏,适用于描述产品功能失效。

对于周期振动情况,当振幅超过破坏阈值,而且连续振动激励的时间达到一定值时,产品失效。

对于随机振动情况,如果产品的动态特性中某一阶模态的贡献明显大于其余各阶模态的贡献的话,则产品可近似地模型化为单自由度系统。在正态随机载荷激励下,单自由度系统的响应 $y(t)$ 为窄带正态随机过程,响应的峰值 y_p 服从雷瑞分布

$$p(y_p) = \frac{y_p}{\sigma_y^2} \exp\left[-\frac{y_p^2}{2\sigma_y^2}\right] \qquad (5-9)$$

峰值 y_p 穿越破坏阈值 a 的概率为

$$\int_a^\infty p(y_p) \mathrm{d}y_p = \exp\left[-\frac{a^2}{2\sigma_y^2}\right] \qquad (5-10)$$

在产品使用寿命 T 时间内,窄带随机响应的峰值总数为 $f_0 T$,而其中峰值超过 a 值的平均次数为

$$n_p^a = f_0 T \exp\left(-\frac{a^2}{2\sigma_y^2}\right) \qquad (5-11)$$

峰值破坏模型是

$$n_p^a \geqslant N_a \qquad (5-12)$$

式中:N_a 为产品发生破坏时,峰值大于破坏阈值口的次数。于是,产品的平均使用寿命为

$$\overline{T} = \frac{N_a}{f_0} \exp\left[\frac{a^2}{2\sigma_y^2}\right] \qquad (5-13)$$

当 $N_a = 1$ 时,结果与一次通过破坏模型一致。

5.3 振动环境模拟技术

5.3.1 振动环境模拟试验类型

根据振动环境数据的类型和振源的特性,振动环境模拟试验类型主要有以

下几种：

(1) 定频正弦振动试验；

(2) 扫描正弦振动试验；

(3) 宽带随机振动试验；

(4) 宽带随机叠加定频正弦振动试验；

(5) 宽带随机叠加扫描正弦（或窄带扫描随机）振动试验；

(6) 窄带扫描随机振动试验；

(7) 声振试验。

正弦振动试验是普遍采用的模拟试验方法，适用于模拟周期振动环境，也常用作产品检验性振动试验；而随机振动试验用于模拟随机振动环境，也是电子元器件应力筛选的一项关键试验项目，在一定条件下，上述各种试验类型可以利用振动等效技术作相互替代，以选择技术上可行的模拟试验方法。

5.3.2 振动环境模拟试验等效方法

振动环境的模拟和环境试验条件制定时，为了复现振动环境效应，遇到两类等效问题：一类是从损伤观点看，根据累积总损伤量或响应值（均方根值或峰值分布）相等的条件，建立不同振动载荷之间的等效替代关系；另一类是试验支持结构的动态特性与实际支持结构动态特性之间的等效。

1. 同类型振动环境等效

对于长寿命产品，振动耐久试验的时间相当长，有必要通过增加振动的量级来缩短试验时间。另外，产品在整个寿命期间，各阶段所受的振动环境量级并不相同，而试验一般采用单一试验量级进行试验，这样，就需要将各振动量级折算成统一的试验量级。前者称为加速试验；后者属于环境数据归纳，都是以总累积损伤量相等的条件，建立等效折算关系的。

(1) 定频正弦振动加速试验

$$\ddot{X}_{d_2} = \ddot{X}_{d_1} \left(\frac{T_1}{T_2}\right)^{\frac{1}{b}} \tag{5-14}$$

式中：$\ddot{X}_{d_1}$ 为原试验的基座输入加速度幅值；$\ddot{X}_{d_2}$ 为加速试验的基座输入加速度幅值；T_1 为原试验所需的试验时间；T_2 为加速试验所需的试验时间。

(2) 扫描正弦振动加速试验

$$\ddot{X}_{s_2} = \ddot{X}_{s_1} \left(\frac{L_1 T_1}{L_2 T_2}\right)^{\frac{1}{b}} \tag{5-15}$$

式中：$\ddot{X}_{s_1}$ 为原试验的基座输入加速度幅值；$\ddot{X}_{s_2}$ 为加速试验的基座输入加速度

幅值；T_1 为原试验单向扫描一次所需时间；T_2 为加速试验单向扫描一次所需时间；L_1 为原试验正反向扫描的次数；L_2 为加速试验正反向扫描的次数。

这里必须注意，加速试验时间 T_2 的选择应满足对扫描率 β 的限制要求。

（3）宽带随机振动加速试验

$$S_{\ddot{X}_2} = S_{\ddot{X}_1} \left(\frac{T_1}{T_2}\right)^{\frac{2}{b}} \tag{5-16}$$

式中：$S_{\ddot{X}_1}$ 为原试验基座输入加速度功率谱密度；$S_{\ddot{X}_2}$ 为加速试验基座输入加速度功率谱密度。

以上加速试验的等效关系是基于线性单自由度系统模型，未计及由于基座输入量级的提高引起的产品结构非线性影响。而且，加速试验的基座输入振动量级的选择还应考虑产品中易损元件对振动量级的限制。

2. 支持结构的动态特性等效

产品在振动环境激励下，结构响应的时间、空间分布密切与产品和支持结构所组成的系统固有动态特性有关，因此，在试验室条件进行振动环境模拟试验，只有在产品试验件、试验安装夹具和试验设备所形成系统的动态传递特性与实际状态相一致时，前述的疲劳损伤的等效模拟设计才有效。支持结构动态特性等效的目的是复现结构实际的动态传递特性，改善模拟试验的失真性。

为了说明支持结构的影响，将产品与支持结构动态耦合作用用最简单的双自由度系统模型（图 5-3）模拟。图中，m_1 和 m_2 分别为支持结构和产品的等效质量，而 k_2 和 C_2 分别为产品与支持结构之间的连接刚度和阻尼系数。分析在振动台上进行产品振动试验的特性，也采用这种模型。该系统的两个固有频率分别为零（刚体运动）和 $f_0[1+(m_2/m_1)]^{\frac{1}{2}}$，其中，$f_0 = (1/2\pi) \cdot (k_2/m_2)^{\frac{1}{2}}$。

质量 m_1 和 m_2 的加速度幅值频响函数（图 5-3(b)、(c) 和 (d)）分别为

$$\frac{A_1}{F} = \frac{1}{m_1} \frac{\left\{\left[1-\left(\frac{f}{f_0}\right)^2\right]^2 + 4\xi^2\left(\frac{f}{f_0}\right)^2\right\}^{\frac{1}{2}}}{\left\{\left[1+\frac{m_2}{m_1}-\left(\frac{f}{f_0}\right)^2\right]^2 + \left[2\xi\left(\frac{f}{f_0}\right)\left(1+\frac{m_2}{m_1}\right)\right]^2\right\}^{\frac{1}{2}}} \tag{5-17}$$

$$\frac{A_2}{F} = \frac{1}{m_1} \frac{\left\{1+4\xi^2\left(\frac{f}{f_0}\right)^2\right\}^{\frac{1}{2}}}{\left\{\left[1+\frac{m_2}{m_1}-\left(\frac{f}{f_0}\right)^2\right]^2 + \left[2\xi\left(\frac{f}{f_0}\right)\left(1+\frac{m_2}{m_1}\right)\right]^2\right\}^{\frac{1}{2}}} \tag{5-18}$$

$$\frac{A_2}{A_1} = \frac{\left\{1 + 4\xi^2 \left(\frac{f}{f_0}\right)^2\right\}^{\frac{1}{2}}}{\left\{\left[1 - \left(\frac{f}{f_0}\right)^2\right]^2 + 4\xi^2 \left(\frac{f}{f_0}\right)^2\right\}^{\frac{1}{2}}} \tag{5-19}$$

式中：F 为作用在质量 m_1 上的正弦激励力；ξ 为阻尼比

$$\xi = \frac{c_2}{2\sqrt{k_2 m_2}} \tag{5-20}$$

从以上各式可以看出，传递特性不仅与 m_2、k_2 和 C_2 有关，而且还与 m_1 有关。上述分析表明，在振动环境模拟设计时，应考虑产品与支持结构的相互动态耦合作用和作用的等效。

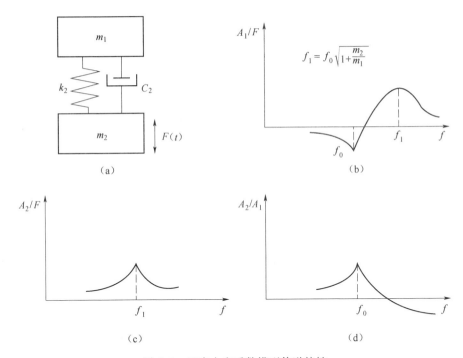

图 5-3 双自由度系数模型传递特性
(a)双自由地系统模型；(b)幅频曲线(A_1/F)；(c)幅频曲线(A_2/F)；(d)幅频曲线(A_2/A_1)。

5.3.3 振动环境模拟试验条件

振动环境模拟试验条件的确定方法详见 2.6.2 节。

5.4 振动试验系统

5.4.1 振动台系统

振动台是产生振动、并将振动传递到产品试验件的振动发生设备,用于研究振动环境效应,评估产品的力学特性。不同的振动发生原理和振动传递方式构成不同类型的振动试验机结构。适用于产品振动环境试验的振动台主要有以下三类。

1. 机械振动台

图 5-4(a)为由旋转偏心轮和移动滑杆组成的机械振动台原理图,产生正弦振动激励,激励的位移振幅为常数。这种设备适用于低频(10Hz 以下)、最大加速度约 3g 的振动试验。

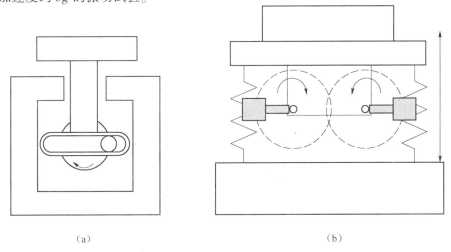

(a)　　　　　　　　　　　　　(b)

图 5-4　机械振动台原理图
(a)偏心式机械振动台;(b)反应式机械振动台。

图 5-4(b)为反应式机械振动台原理图,借助偏心重块在旋转时产生的离心力激励使振动台台面产生正弦振动。激励力的大小与偏心重块的质量、偏心距和旋转角速度的平方成正比,但振动台面的运动大小还与由运动质量(振动台台面、试验件和其他主机构的质量)和支持弹簧所组成的弹性悬挂系统的固有动态特性有关。振动激励力的方向可通过各旋转轴上的偏心重块相对安装位置调节。为了抑制与主激励方向垂直的运动,垂直振动试动台的结构一般采用双旋转轴相对旋转的形式;而适用于垂直、水平振动试验的振动的需采用四旋转轴相对旋转的结构形式。反应式振动台适用于低频(5~100)Hz、最大位移±3mm 和最大加速度 10g 的振动试验。

机械振动台的结构简单,操作方便,但所产生的周期运动波形畸变比电动振动台和液压振动台大,使用频带窄,又不能进行随机振动试验,因此,逐步由电动振动台和液压振动台所代替。

2. 电动振动台

20世纪50年代中期以来,电动振动台已发展成为航空、航天和电子电工产品振动环境模拟试验的主要设备。这类振动台的特性可满足中、小型产品试验件、试验频带在2~3000Hz内、最大位移10~76mm、最大速度0.5~2m/s、最大加速度70~150g和单台最大激励力达700kN的正弦和随机振动试验要求。

图5-5为双磁路的电动振动台台体结构的原理图。悬挂在直流磁场中的同心圆形螺旋线圈在交变电流驱动下,根据左手定则,产生与直流磁场磁力线正交的振动激励力,将电能转换成机械能。激励力F的大小取决于动框线圈的总长度l、磁感应强度B和线圈电流I。

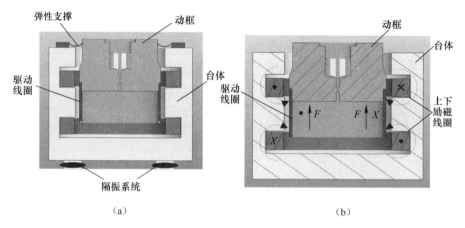

图5-5 电动振动台台体结构与激励力产生示意图
(a)电动振动台台体组成示意图;(b)激励力产生示意图。

电动振动台机电耦合分析的简化模型可用图5-6表示。振动台台面加速度的频响函数可以写成

$$H_{\ddot{X}_2}(\omega) = \frac{\ddot{X}_2(\omega)}{E(\omega)}$$
$$= j\omega^3 Bl(k_1 + j\omega c_1) /$$
$$\left\{ \begin{array}{l} (R + j\omega L)(k_1 - \omega^2 m_1 + j\omega c_1)[k_1 + k_2 - \omega^2 m_2 + j\omega(c_1 + c_2)] \\ -(R + j\omega L)(k_1 + j\omega c_1)^2 + j\omega B^2 l^2[k_1 + k_2 - \omega^2 m_2 + j\omega(c_1 + c_2)] \end{array} \right\}$$

(5-21)

式中:m_1、m_2 为振动台动框下部和上部质量;k_1、k_2 为动框悬挂刚度系数和动框等效刚度系数;c_1、c_2 为动框悬挂支承阻尼系数和动框等效阻尼系数;L、R 为动框线圈的电感系数和电阻(包括信号源内阻);E 为激励电压振幅。

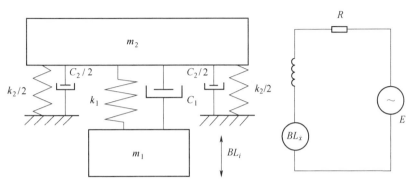

图 5-6 电动振动台机电耦合分析模型

幅频特性如图 5-7 所示。图中低频的阻尼峰值为机电耦合共振;而后,由于感抗的影响,幅值随频率增加而减小;高频端的幅值为动框本身的轴向机械共振。

如果安装在振动台台面上的试验件不是纯惯性负载(刚体),而是弹性系统,必须考虑试验件的弹性耦合影响,造成在试验件固有频率附近幅频特性的峰和谷。当试验件的固有频率 Ω_s 大于机电耦合的共振频率 Ω_1 时,幅频特性在 Ω_s 附近出现谷值(图 5-7(b)),起到动力吸振器的作用,而后由于试验件的共振造成台面加速度增加。当 $\Omega_s < \Omega_1$ 时,低频处的峰值明显降低,但不超过低频渐近线(图 5-7(c))。

实际的试验件在试验频带内具有多个固有频率,因而,振动台机电耦合的传递特性更为复杂。

电动振动台系统包括台体、功率放大器、控制系统、直流励磁电源、冷却系统以及继电保护系统等,如图 5-8 所示。

电动振动台台面的最大输出参数(最大激振力、最大位移、速度和加速度)如图 5-9 所示,可按下列公式估算。

(1)最大激振力:

$$F_{\max} = BlI_d \tag{5-22}$$

式中:I_d 为动框线圈允许电流

$$I_d = \frac{E_0}{Z_f} \tag{5-23}$$

其中,$E_0 \leq \sqrt{WZ_f}$,Z_f 为动框线圈阻抗;W 为功率放大器最大输出功率。

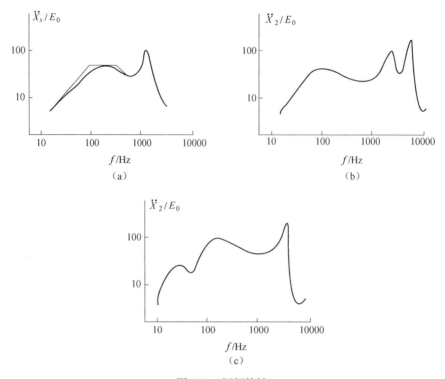

图 5-7 幅频特性

(a)刚性试验件负载;(b)弹性试验件负载($\Omega_s > \Omega_1$);(c)弹性试验件负载($\Omega_s < \Omega_1$)。

（2）最大位移。最大位移由振动台机械设计允许振幅或下式确定

$$x_{max} = \frac{BlE_0}{Z_f k_2} \qquad (5-24)$$

（3）最大速度。最大速度主要取决于功率放大器的功率,可按以下两式之一进行估算

$$V_{max} = \frac{E_0}{Bl} \text{ 或 } V_{max} = \frac{2W}{F} \qquad (5-25)$$

（4）最大加速度

$$\ddot{X}_{max} = \frac{F}{m_1 + m_2} \qquad (5-26)$$

（5）试验件最大重量：

$$G = k_2(X_{max} - X_d) \qquad (5-27)$$

式中：X_d 为试验条件规定的振幅。

对于大型试验件,一般要求采用空气弹簧或附加支承装置支承试验件。

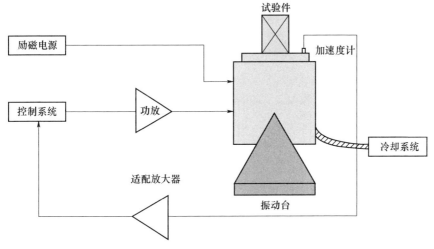

图 5-8 电动振动台系统

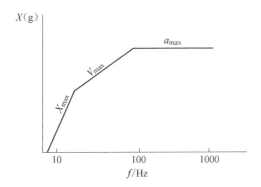

图 5-9 电动振动台台面最大输出参数

3. 液压振动台

液压振动台具有大振幅、大激振力、低频、无漏磁场干扰和结构上耐横向载荷的特点,适用于大、重型机电产品正弦和随机振动环境下的疲劳试验和性能试验。

液压振动台系统主要由振动台台体、电液伺服阀、油源和测量控制系统组成。图 5-10 为液压振动台小闭环测量控制回路框图。伺服阀是液压振动台的关键元件,通过动圈式力电机将输入电信号转换成引导阀滑阀的机械运动,再经功率阀功率放大驱动振动台台体活塞的往复运动,从而将油泵输送的高压油能量转换为振动台台面运动的机械能。图 5-10 中所示的台体活塞缸活塞位移和功率阀滑阀位移的负反馈电信号用于改善液压传递过程的非线性畸变;而高频抖动信号用于减小振动台甚低频激励时滑阀与壁的摩擦力,防止滑阀卡住。

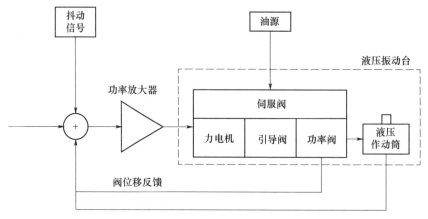

图 5-10 液压振动台小闭环测控回路

对于刚性试验件负载情况,振动台台面加速度频响函数可写成下列形式

$$H_{\ddot{X}}(\omega) = \frac{\ddot{X}(\omega)}{E_0(\omega)} = \frac{-K\omega^2}{\left(1+\mathrm{j}\dfrac{\omega}{\Omega_1}\right)\left(1+\mathrm{j}\dfrac{\omega}{\Omega_3}\right)\left[1-\left(\dfrac{\omega}{\Omega_2}\right)^2+\mathrm{j}2\xi_2\left(\dfrac{\omega}{\Omega_2}\right)\right]}$$

(5-28)

式中:Ω_1 为活塞位移反馈折点的圆频率;Ω_2 为油缸可动部分质量与刚度所形成的弹性系统固有圆频率;ξ_2 为油缸可动部分质量与刚度所形成的弹性系统的等效黏性阻尼比;Ω_3 为与电路、引导阀增益有关的折点圆频率;K 为常数。

幅频特性如图 5-11(a)所示。对于弹性试验负载情况,幅频特性在试验件固有频率处出现反共振谷,如图 5-11(b)所示。

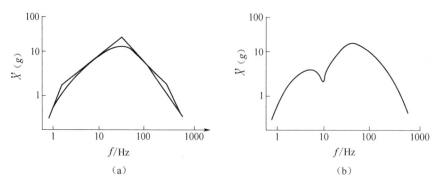

图 5-11 液压振动台台面频响函数
(a)刚性试验件负载;(b)弹性试验件负载。

从加速度幅频特性分析,液压振动台的最大输出特性可用图 5-12 所示的组合渐近线表示。甚低频上的最大位移受台体活塞冲程的限制。活塞缸油柱共振频率以下的最大速度取决于油泵的流量、伺服阀和台体活塞缸的面积以及阀中的压力损失:

$$V_{max} = \frac{26Q_V}{A_c}(\text{cm/s}) \qquad (5-29)$$

式中:Q_V 为伺服阀流量(1/min);A_c 为台体活塞缸面积(cm^2)。

振动台最大激励力由下式确定

$$F_{max} = (p_s - p_d)A_c \qquad (5-30)$$

式中:p_s 为油缸的供油压力;p_d 为油缸的泄油压力。

最大加速度为

$$\ddot{X}_{max} = \frac{F_{max}}{m_t} \qquad (5-31)$$

式中:m_t 为包括试验件在内的振动台运动部分的质量。

活塞缸油柱的共振频率为

$$f_c = \frac{1}{2\pi}\sqrt{\frac{4E_eA_c}{m_tV_c}} \qquad (5-32)$$

式中:E_e 为等效容积弹性模量;V_c 为油缸总容积。

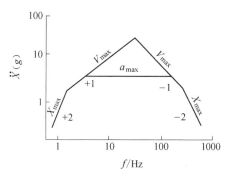

图 5-12 液压振动台台面最大输出特性

当频率大于油柱共振频率时,由于油的可压缩性,有效激振下降,输出最大加速度与频率成反比;而当频率大于伺服阀上限工作频率时,输出最大加速度与频率平方成反比。为了提高油柱的共振频率,要求缩短油路的长度,一般将伺服阀直接装在振动台台体上。

液压振动台的加速度波形失真度一般小于 10%,这项性能指标比机械振动台好,但不如电动振动台。还应指出,用液压振动台进行随机振动试验时,随机振动的加速度均方根值应小于等于正弦振动最大允许加速度振动量级的 1/3,

而不像电动振动台那样,允许瞬间超载,可取正弦振动最大允许振动量级的 70%~100%。

5.4.2 试验辅助系统

当试验件的尺寸和重量较大时,需要采用专用的试验辅助系统安装和支承试验件。

1. 垂直扩展台

为了适应于大尺寸试验件的垂向振动试验,采用垂直扩展台作为振动台动框与试验件的转接装置。板状结构和锥状结构是比较常见的扩展台结构形式。板状扩展台通常情况下直径略大于振动台台体直径,上表面设有等角度的径向T形槽,用于提高试验件装卡的灵活性。板状扩展台的刚度对振动台动态特性的传递具有较大影响,因此在设计时需要考虑板状扩展台的厚度、T形槽数量及分布等。扩展台示意图如图5-13所示。

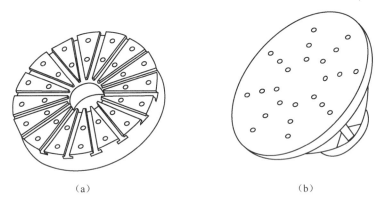

图 5-13 扩展台示意图
(a)板状扩展台示意图;(b)锥状扩展台示意图。

锥状结构的扩展台适用于振动台动框接口较小,但试验件尺寸较大的情况。通常为倒锥形。为减轻扩展台的重量,同时保证自身刚度,其结构比板状扩展台复杂,以减少振动台的推力损失。扩展台中段一般采用带有均布的径向筋。可使用铸造或焊接手段进行加工。

在材料的选择方面,一般应选用比刚度大的材料。最常用的材料是镁合金或铝合金。铝合金焊接、易铸造,但重量约是同体积的镁合金材料的1.5倍。采用镁合金进行大型扩展台设计可大幅降低振动台的推力损失,但镁合金的焊接和铸造难度相对较高。

大型的扩展台在试验过程中其重量大部分通过支持装置承担。空气弹簧是比较常见的支撑形式,如图5-14所示。扩展台运动导向一般通过混合屈曲导向结构、直线轴承、滑动静压轴承进行辅助,一方面提供了运动导向,另一方面具有抗倾覆、降低横向分量的功能。

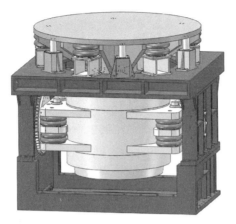

图 5-14 垂直扩展台支撑形式

2. 水平滑台

用于水平振动试验的水平滑台主要由试验件安装台面、与电动振动台或液压振动台运动部件连接的接头(俗称牛头)和滑台水平运动的导向系统等组成(图 5-15、图 5-16)。导向系统的形式有摇摆式、板簧式、动轴承式、磁轴承式以及静压轴承式等,其中静压轴承式导向系统应用最广泛,它适用于甚低频到高频的宽带振动试验。

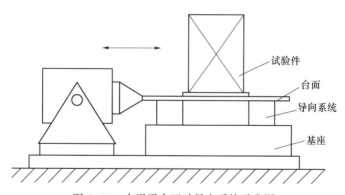

图 5-15 水平滑台运动导向系统示意图

水平滑台的选择除了考虑承载能力外,还必须从结构上考虑抑制倾覆、滚转和偏航振动的能力以及安装台面传递特性影响。T 形、V 形和小孔节流型这类静压轴承具有自动调节功能保持油膜厚度不变,抑制非主振方向的运动。由于试验件的质心不在振动台激振力作用线上,要求动态倾覆力矩小于水平滑台

图 5-16　水平试验台结构示意图

允许的倾覆力矩值,同时必须考虑静压轴承的油膜刚度和支承台面刚度对试验件振动环境试验结果的影响。

水平滑台安装台面的基本固有频率一般比振动台轴向共振频率低,当激励的频率接近或超过安装台面的基本固有频率时,台面上各点的传递特性各不相同,不能将连接接头处的振动均匀传递到台面的另一端,因而水平滑台的使用频带的上限取安装台面的基本固有频率,以保证水平滑台的动态传递性能。

3. 多台并激系统

当激振力的要求超出试验室现有单台振动台最大推力,或者当试验件尺寸较大,无法用单台振动台消除横向运动,有效地通过夹具传递激振力时,需要用多台振动台并联激励才能满足试验件的激励力要求或模拟实际分布的振动环境。

为以空间站为代表的大型航天器的总体设计提供试验验证的技术基础,北京卫星环境工程研究所研制了水平推力 700kN 双台并激振动试验系统和垂直推力 1400kN 四台并激振动试验系统,以解决空间站等大型航天器产品振动环境适应性无法有效验证的问题。

图 5-17 为天津 AIT 中心水平 700kN 双台并激振动试验系统设计示意图与实物照片。系统由 2 个 350kN 激振器、耳轴、滑台基座、轴承安装钢板、静压轴承、液压系统、连接件、滑板等部件组成。水平滑台基座起到支撑作用,轴承安装板固定在水平滑台基座上,轴承安装板的主要作用是为轴承提供安装面,轴承滑动部件与水平滑板连接,振动台工作时推动连接件与水平滑板,带动轴承运动部件往复运动。系统首次采用组合式水平滑台构型和自补偿的双排导向系统,实现水平向抗倾覆力矩 5800kN·m。

图 5-18 为天津 AIT 中心垂直 1400kN 四台并激振动试验系统设计示意图与实物照片。系统由 4 台 350kN 振动台、垂直扩展台面、扩展台导向轴承、导向轴承安装框架、空气弹簧、支撑系统(含各类支座)等组成。系统工作时,底部四

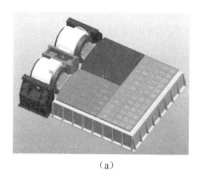

图 5-17　天津 AIT 中心水平 700kN 双台并激振动试验系统
(a)水平振动试验系统设计模型；(b)系统实物照片。

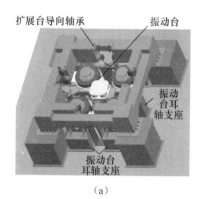
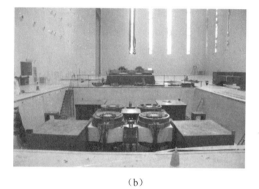

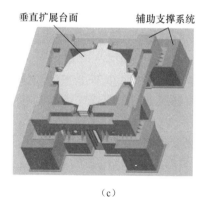

图 5-18　天津 AIT 中心垂直 1400kN 四台并激振动试验系统
(a)垂直振动试验系统设计模型(不含扩展台)；(b)实物照片(不含扩展台)；
(c)垂直振动试验系统设计模型(含扩展台)；(d)实物照片(含扩展台)。

个振动台通过动框转接头推动垂直扩展台面做上下运动,扩展台导向轴承提供方向约束与抗倾覆力矩,五组空气弹簧起静载支撑作用。4.6m×4.6m 整体式轻质高刚度的扩展台面采用优化的网格状加筋设计,采用高稳定性自适应集成导向支撑系统,保证了台面响应的一致性,实现了355kN·m的抗倾覆力矩。图5-19为系统调试照片。

图5-19　现场调试照片

4. 相位同步控制系统

振动控制系统存在弱信号同步差问题,当多振动台输出相位过大时,就会造成试验设备,甚至试验产品损坏。为保证多个振动台同步运行,通常采用振动控制器和相位同步控制器分别对多个振动台的振幅和相位进行控制。在试验过程中,形成了两个独立的闭环控制[2]。

外闭环主要控制振动台台面的振动幅值。它一般采用多点平均控制技术,由振动控制器根据响应信号得到的响应谱与参考谱进行比较,计算出误差谱,并通过不断修改驱动谱,使振动控制点的响应与参考值相比在允许误差范围内。内闭环主要修正多个振动台驱动信号的相位。该闭环由数字相位同步控制器和霍尔效应传感器等组成,霍尔效应电流传感器通过实时监测电动振动台动框电流并提供与功放输出电流成正比的电压信号,电压信号反馈给数字相位同步控制器,数字相位同步控制器根据多路信号的相位差来调节驱动信号,实现多个振动台的同步控制。多台振动台相位控制原理如图5-20所示。

研究发现,在多振动台同步控制系统中,振动控制器与相位控制器两者相匹配是顺利完成振动同步控制的前提。由于两者控制速度相互制约,内闭环循环一次所需的时间与外闭环循环一次所需的时间必须匹配,其中任何一个的控制速度过快或过慢都会引起失控,从而导致试验的停止。因此,需要协调两者相互匹配是同步控制系统的关键。

在北京卫星环境工程研究所的400kN双振动台并激试验系统上,利用SD2560振动控制器和数字相位同步控制器实现运行匹配。试验幅值控制误差

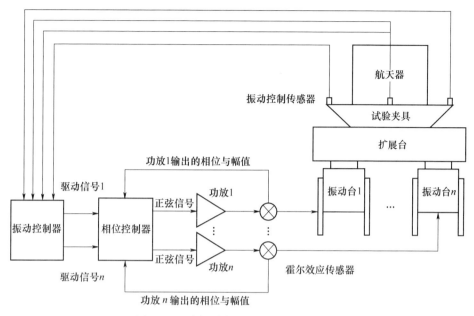

图 5-20　多振动台相位控制原理示意图

在±10%以内，双振台相位同步精度达±5°，取得了良好的双台并激同步控制效果。在我国天津 AIT 中心的世界最大电推力 1400kN 四振动台并激振动试验系统上，利用 VibRunner 控制系统和自研数字相位同步控制器实现了四振动台幅值控制误差小于±5%，相位同步精度优于±5°的良好效果。图 5-21 为 1400kN 振动系统四振台相位同步调试曲线。

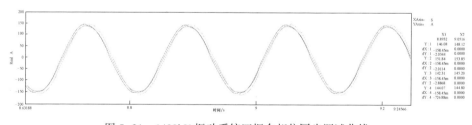

图 5-21　1400kN 振动系统四振台相位同步调试曲线

5. 静载悬挂系统

当振动台动框或水平滑台的静承载无法满足试验件时，可采用弹性悬挂系统将装上试验件(包括夹具)的振动台动框调整到空载时动框的平衡位置上以保持振动台原有最大位移特点，实现垂直向振动试验。也可通过上述方式将水平滑台滑板空载状态下的油膜厚度，提高水平滑台的顺畅程度。

悬挂系统(图 5-22)的弹性元件可采用多股橡皮绳、螺旋弹簧或液压弹簧，它的选择由试验件的重量确定。为了减小支承装置与试验件结构之间的耦合影响,支承系统的固有频率应为试验件结构基本固有频率的 1/5 以下。需要注意的是,在实施过程中应使弹性元件的合力在水平方向保持为零。避免引入多余的横向分力。同时,由于辅助支撑手段的引入,势必会引起试验边界条件的变化,为保证振动试验的有效性,引入大承载低刚度弹性悬吊系统作为支承边界。

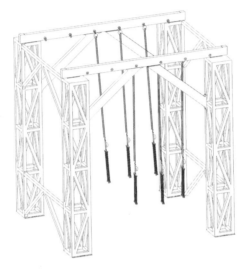

图 5-22　振动试验台静载辅助支撑系统示意图

我国东方红一号卫星振动试验(图 5-23)时,通过静载悬挂的方式减小了

图 5-23　东方红一号卫星振动试验照片

振动台动框的负载,进而顺利完成了振动试验。我国天舟一号货运飞船力学试验状态的最大重量超过 13t,超过了当时的水平滑台静承载能力。通过静载悬挂系统来克服掉货运及试验工装组合体的部分重量,使水平滑台承受的重量降低到极限能力以下。图 5-24 为振动试验台静载辅助支撑系统。

图 5-24 振动试验台静载辅助支撑系统

5.4.3 振动台控制系统

电动振动台或者液压振动台的台面加速度频响函数是频率的函数,频响函数除了与台体本身的动态特性参数有关外,还与试验件固有的动态特性有关。而扫描正弦或随机振动环境试验要求一般都规定了试验件与振动台台面机械接口安装面上加速度谱要求(这种试验谱的谱形往往比较简单),为了确保接口安装面上控制点的加速度谱满足试验要求,并将它控制在允差范围内,就必须实时调节振动台功率放大器的输入电压,形成振动的闭环控制系统。

1. 控制系统配置

以计算机为主体的振动台数字控制系统硬件配置框图如图 5-25 所示。系统由以下三部分组成。

(1) 控制。控制包括计算机、数字信号处理模块和时钟,进行振动谱的分析、比较、控制修正、离散时间序列信号合成、试验参数输入以及数据文件管理。

(2) 测量。用加速度计(或位移计)测量振动台台面运动,电信号经适调放大器放大,由模数转换器(ADC)采样,将所转换得到的离散时间序列数据送数字信号处理模块。

(3) 执行。将合成的离散时间序列由数模转换器(DAC)变换成模拟电信号,经功率放大器放大驱动振动台。

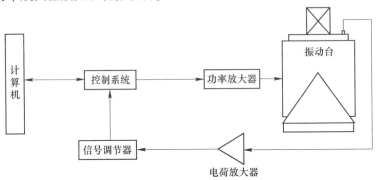

图 5-25 振动数字控制硬件配置

2. 随机振动控制

随机振动控制的基本概念可用图 5-26 的例子说明。试验件要求振动台台面在 20~2000Hz 试验频带内加速度功率谱密度是平直谱(曲线 A)。如果将具有相同功率谱密度的随机信号输入功率放大器,由于振动台和试验件的传递特性影响,台面的加速度输出功率谱密度为曲线 B,不满足试验要求。为了保证振动台面的输出谱特性满足试验条件要求,需采用均衡补偿的方法对输入信号进行修正(曲线 C)。

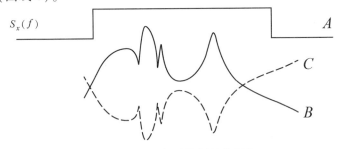

图 5-26 随机振动控制基本概念

数字均衡是根据试验要求的功率谱密度 $S_y(f)$ 和传递特性 $H(f)$,估计输入功率放大器信号的功率谱密度 $S_x(f)$

$$S_x(f) = \frac{1}{|H(f)|^2} S_y(f) \qquad (5-33)$$

由于传递特性的非线性,式(5-33)中的 $H(f)$ 实际上是 $S_x(f)$ 的函数。为了达到控制目标,要求在闭环控制过程中,根据输入与输出数据实时辨识传递特性 $H(f)$。

图 5-27 为典型的数字随机振动控制框图,大致可划分为下列几步:

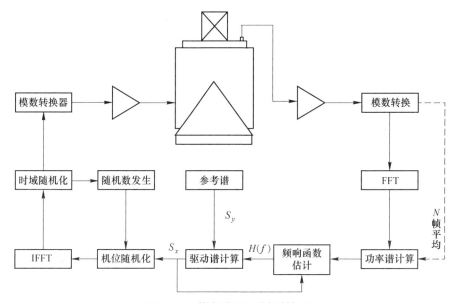

图 5-27 数字随机振动控制框图

(1) 反馈控制从前,闭环控制的振动台驱动谱和台面控制点的响应谱,估计传递特性 $H(f)$,再根据试验要求的谱 $S_y(f)$ 去获得下一次闭环控制的驱动谱 $S_x(f)$。首次闭环控制时的传递特性可根据小量级振动激励的输入输出得到。

(2) 随机信号发生将输入信号谱(驱动谱)$S_x(f)$ 开方,再相位随机化,也就是,乘以 $\exp(j\theta)$,而幅角 θ 为在 $(0,2\pi)$ 范围内服从均匀分布的随机变量。所得到的复驱动谱逆傅里叶变换,得到伪随机离散时间序列,再时域随机化,经数模转换后得到模拟的平稳随机输入激励信号。

(3) 功率谱密度分析用加速度计测量振动台台面控制点的振动,经模数转换得到的离散时间序列傅氏变换,取模值平方得到制点的 $S_y(f)$。

3. 扫频正弦控制

数字式扫描正弦振动控制是按照试验要求的扫描率步进正激励,控制框图与随机振动控制(图 5-27)类似,但其中随机信的发生用正弦信号合成代替;检测控制点的功率谱密度估计改为时域上正弦波峰值、均方值或数字跟踪滤波后的正弦波峰值。每一步频率间隔的时间内,要完成检测控制点响应数据的延时集和处理、比较和调节控制决策以及正弦激励信号合成。为了善频率步进之间不连续瞬态过滤过程的影响,在频率步进的时间隔内再进一步细化分档,这种措施对高频端的谱控制尤为重要。

多数扫描振动试验条件,在低频端是等位移控制;而在高频端是等加速度控制。为了提高液压振动台的振动控制精度,通常在交越频率以下用位移计检测的信号反馈;而在交越频率以上用加速度计检测的信号反馈。

4. 检测控制点

检测控制点一般应选择在试验件与夹具的连接界面上。对于小型试验件,取一个检测点就可以;而对于中型或大型试验件,应取多个检测控制点,采用平均控制的方法,以减小由于检测控制点相互之间相差较大造成产品欠试验或过试验的风险。

5. 试验控制方法的讨论

上面介绍的振动控制方法是控制试验件与夹具连接界面的运动,使它满足规定的振动谱要求。这种控制方法适用于小型、实体试验件。这里既没有考虑产品在实际使用条件下与支持结构之间的弹性耦合作用,又未计及试验件与振动台动框之间机械阻抗的影响,而是假设试验件的阻抗为零或产品安装基座的阻抗为无穷大。但实际上它们都是有限值,试验时,特别是大型试验件,必须考虑它们的影响。

为了讨论方便起见,用图 5-3(a) 所示的双自由度模型模拟产品与支持结构或试验件与动框之间的动态耦合作用。如果按上述控制方法控制,保持台面加速度 A_1 为常数,这将造成试验件在频率 f_0 附近过试验(图 5-3(a))。为了减小试验件与动框之间动态耦合影响,或者使产品试验状态接近于实际工况,可采用以下振动试验控制方法。

1)响应限幅控制

响应限幅控制方法是在控制试验件激励输入使之满足试验谱要求的同时,确保试验件上某些点的响应量级不超过预估值。一旦这些点的响应超过预估值,就降低输入激励,形成输入激励谱在某些频带上的带谷。这种控制方法也称带谷控制。例如图 5-3(a) 模型,质量 m_1 的频响函数在 f_0 处出现反共振(图 5-30(b)),若按试验要求控制 m_1 的运动,必然造成质量 m_2 在 f_0 附近过试验。为此,应在 f_0 附近降低输入激励,以保证 m_2 的响应不超过某一限制值 A(图5-28)。力限控制就是一种响应限幅控制,具体见第 11 章。

2)激励控制

从图 5-3(c) 看出,控制激励力 F 为常数,将造成质量 m_2 在 $f_0(1 + m_2/m_1)^{\frac{1}{2}}$ 频率附近过试验。于是提出一种折中的控制方法,使响应加速度与激励力乘积保持常数(FA_1 =常数),这样 m_1 和 m_2 的加速度响应曲线分别如图 5-29(a)、

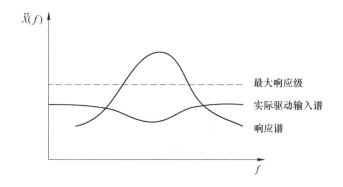

图 5-28 响应控制方法

(b)所示。从图中可以看出,m_2 在 f_0 和 $f_0(1+m_2/m_1)^{\frac{1}{2}}$ 处有两个峰值,但它们的大小都比图 5-3(c)、(d)的值低,从而减小了动态耦合的影响。

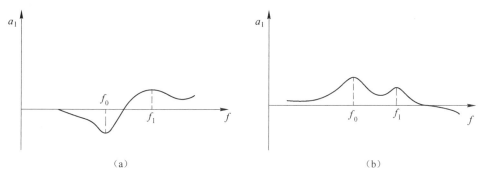

图 5-29 激励控制方法
(a)m_1 的加速度响应曲线;(b)m_2 的加速度响应曲线。

5.4.4 振动试验测量系统

振动环境模拟试验时,应按需方要求和试验大纲测量振动模拟环境输入数据和产品结构的响应输出数据。这些数据是试验有效性判断、产品环境适应性鉴定、产品性能评估、故障和失效原因分析以及设计修改的数值依据,还可作为产品系列型号数据库中的环境试验数据,提供产品子系统的力学环境试验数据和后续型号设计的类比参数。

1. 测量系统配置

振动试验需测量的物理量有加速度、位移、应变和速度等,根据试验任务书的要求确定。这些物理量是非电量,大多采用电测方法测量。测量系统的配置框图如图 5-30 所示。首先通过传感器将力学量变换成电量(电参数或电量),

再通过适调放大器(前置放大器、信号调节器和抗混淆滤波器等)适调(如电量转换为电压)和电压放大,送数据采集处理系统采集、存储和分析。

图 5-30 振动测量系统框图

为了高保真地获取振动数据,测量系统的线性特性、频响特性、动态范围和精确度要求应根据所测物理量的特性选定。

(1) 传感器。振动测量的传感器类型相当多。按机电变换方式大致可划分为下列两类:①发电式传感器将力学量变换为电量(电压或电荷等),如压电式、电动式和磁电式传感器;②参数式传感器将力学量变换成电参数(电感、电阻或电容等)。常用的传感器有电感式、压阻式和电容式传感器。

表 5-1 列出某些类型传感器和它们的使用范围。除非试验有特殊要求,一般振动环境试验总优先选用压电式加速度计,这主要是这种传感器相对于其他类型传感器讲,具有重量轻、体积小、使用频带宽和动态范围大的特点。

表 5-1 振动测量传感器

安装方式	机电变换形式	测量量	使用频率范围/Hz
接触式	压电式	加速度	0.2~60000
	电动式	速度	10~1000
	差动变压器式	位移	DC~100
	压阻式	位移、加速度	DC~500
	伺服式	加速度	DC~50
非接触式	电容式	位移	DC~100000
	光电式	位移	DC~100000
	涡流式	位移	DC~200
	激光多普勒式	速度	DC~740000

压电式加速度计的选择和使用应考虑传感器本身的特性参数(质量、频响特性、动态范围和横向效应等)和使用环境(安装方式、接地回路、基座应变、声场、磁场和温度等)因素。

(2) 适调放大器。适调放大器应具有以下功能:①输入端与传感器阻抗匹配前置级的形式随机电变换形式的不同而异,例如压电式传感器应接电荷放大器或阻抗变换器;压阻式传感器应接电桥将电参数变化调制成载波电信号;②信号调节,例如模拟电信号的放大、微分、积分、滤波、解调和归一化处理等;③输出级与数据采集、记录和处理系统相匹配。

(3) 数据采集、记录和处理系统。由适调放大器输出的模拟电信号用数据采集处理系统对数据进行时间域和幅值的离散化处理,将所得到的离散时间序列数字存储在磁盘或磁带上,脱机进行数据处理,而其中某些测量通道还可以实时处理和结果显示。数据采集处理系统一般计算机为主体的系统,硬件基本配置与振动数字控制系统相同。

2. 随机振动数据处理要点

为了正确提取随机振动数据中的有效信息,数据处理一般按下列步骤进行(这些要点也适用于周期振动和瞬态冲击数据处理)。

1) 数据预处理

(1) 数据编辑删除具有严重畸变的数据;

(2) 数据转换用模数转换器将原始数据从模拟量转换为数字量 $\{\mu_n\}$,采样率 f_s 按下值取(f_{max} 为数据中包含的谐波最高频率)

$$对随机数据 \quad f_s = (2.5 \sim 4)/f_{max}$$
$$对周期数据 \quad f_s \geqslant 10 f_{max}$$
$$对瞬态数据 \quad f_s = (5 \sim 10) f_{max}$$

(3) 数据归一化得到均值为零的新离散时间序列 $\{x_n\}$;

(4) 剔除序列中异常数据,并用插值代替;

(5) 消除变化周期大于数据长度的低频趋势项;

(6) 数字滤波,控制数据中的谱分量。

2) 数据检验

(1) 平稳性检验;

(2) 各态历经性检验;

(3) 周期性检验;

(4) 正态性检验。

3) 数据的特征估计

单个测点数据 $\{x_n\}$ 的概率密度函数估计

$$\hat{p}(x) = \frac{N_x}{NW} \tag{5-34}$$

式中:N_x 为 N 个离散数据中,数值落在 $(x-W/2, x+W/2)$ 区间内的数据个数;W 指中心值为 x 的窄区间

$$W = \frac{b-a}{K} \tag{5-35}$$

式中:b 为 $\{x_n\}$ 数列中上限值;a 为 $\{x_n\}$ 数列中下限值;K 为分段数目。

两个测点数据 $\{x_n\}$ 和 $\{y_n\}$ 的联合概率密度函数估计

$$\hat{p}(x,y) = \frac{N_{x,y}}{NW_x W_y} \tag{5-36}$$

式中:W_x 为中心值为 x 的窄区间;W_y 为中心值为 y 的窄区间;$N_{x,y}$ 为 x_n 值落在

$(x - W_x/2, x + W_x/2)$ 区间内,而 y_n 落在 $(y - W_y/2, y + W_y/2)$ 区间内的数据个数;N 为离散时间序列长度。

谱估计包括如下内容:

(1) 快速傅里叶变换(FFT)。快速傅里叶变换是计算有限傅里叶变换(DFT)的一种快速算法,它于1965年由 J. W. Cooley 和 J. W Iukey 提出,成为谱估计数值计算的基本算法。频域和时域的有限离散傅里叶变换对定义为

$$X_k = \frac{1}{N} \sum_{n=0}^{N-1} x_n \exp\left(-j\frac{2\pi kn}{N}\right) \quad (5-37)$$

$$x_n = \sum_{n=0}^{N-1} X_k \exp\left(j\frac{2\pi kn}{N}\right) \quad (5-38)$$

利用函数 $\exp\left(-j\frac{2\pi kn}{N}\right)$ 的周期性和对称性,用迭代运算代替直接计算,从而大大减少了计算量,加速了变换速度。快速傅里叶变换算法一般是以2为基数的频域或时域抽点算法。为了进一步提高变换速度,可用基数为4、8或16的快速傅里叶变换算法,基数越高,计算次数越少,但算法越复杂。

(2) 周期数据的谱分析取 $N\Delta t$(Δt 为采样时间间隔)等于周期数据周期 T 的整数倍,可用FFT算法得到傅里叶谱

$$A(f_k) = 2X_k\left(k = 0, \frac{N}{2} - 1\right) \quad (5-39)$$

式中:$f_k = \frac{k}{mT}$,m 为正整数,$m = \frac{N\Delta t}{T}$。

(3) 傅里叶积分的近似计算平稳随机振动或瞬态冲击数据的傅里叶谱由傅里叶积分定义,但实际上傅里叶谱只根据有限长数据样本按下列卷积公式估计

$$\hat{X}_h = X_k * W_k \quad (5-40)$$

式中:W_k 为矩形时间窗的谱

$$W_k = T\frac{\sin(k\pi)}{k\pi} \quad (5-41)$$

如果在时间窗内数据的端点有间断点,这将造成能量泄漏,引起谱估计误差。为了减小能量泄漏影响,应采用两端带梢时间窗 $W(t)$。于是,傅里叶积分的数值计算可近似用有限离散傅里叶变换代替。

(4) 功率谱估计

$$\hat{S}_{xx}(f_k) = K_W \frac{2N\Delta t}{n_d} \sum_{i=1}^{n_d} |X_{k,i}|^2 \quad (5-42)$$

$$\hat{S}_{xy}(f_k) = K_W \frac{2N\Delta t}{n_d} \sum_{i=1}^{n_d} X_{k,i}^* Y_{k,i} \quad (5-43)$$

式中: n_d 为长度为($N\Delta t$)的时序列样本的帧数; $X_{k,i}$ 为第 i 帧样本 $\{x_{n,i}\}$ 对应频率为 $f_k=k/T$ 的傅里叶谱分量; $Y_{k,i}$ 为第 i 帧样本 $\{y_{n,i}\}$ 对应频率为 $f_k=k/T$ 的傅里叶谱分量; K_w 为时间窗修正系数,

$$K_W = \frac{1}{\frac{1}{T}\int_0^T \omega^2(t)\mathrm{d}t} \tag{5-44}$$

具体值如下:

矩形窗　$K_w=1$
汉宁窗　$K_w=2.67$
Hamming 窗　$K_w=2.52$

均方值为

$$\sigma_x^2 = \frac{1}{N\Delta t}\sum_{k=0}^{\frac{N}{2}-1}\hat{S}_x(f_k) \tag{5-45}$$

相关函数估计

$$\hat{R}_{xx}(r\Delta t) = \frac{1}{N-r}\sum_{n=1}^{N-r}x_n x_{n+r} \tag{5-46}$$

$$\hat{R}_{xy}(r\Delta t) = \frac{1}{N-r}\sum_{n=1}^{N-r}x_n y_{n+r} \quad (r=0,\cdots,m) \tag{5-47}$$

互相关系数

$$\hat{\rho}_{xy}(r\Delta t) = \frac{\hat{R}_{xy}(r\Delta t)}{\sqrt{\hat{R}_{xx}(r\Delta t)\hat{R}_{yy}(r\Delta t)}} \tag{5-48}$$

式中: r 为延时数; m 为小于 N 的最大延时数。

(5) 频响函数

$$\hat{H}_{yx}(f_k) = \frac{\hat{S}_{xy}(f_k)}{\hat{S}_{xx}(f_k)} \tag{5-49}$$

3. 扫频正弦数据处理要点

扫描正弦数据是非稳态信号,频率随时间按线性或对数规律变化,因而响应所对应的激励频率应跟踪辨识。频率辨识可以用锁相电路或跟踪滤波器硬件实现;也可以用数字跟踪滤波或快速傅里叶变换软件实现。这里介绍数字跟踪滤波的频率辨识算法。在扫描某一瞬间响应数据的离散时间序列可模型化为 AR(2)模型。通过离散时间序列与 AR(2)模型的最小二乘拟合,可获得模型的系数 a_1 和 a_2。于是该瞬间 f_t 的激励频率可按下式估计

$$f_t = \frac{1}{2\pi}(\sigma_t^2 + \omega_{dt}^2)^{\frac{1}{2}} \tag{5-50}$$

式中

$$\sigma_t = \frac{1}{2\Delta t}\ln(c^2 + d^2) \tag{5-51}$$

$$\omega_{dt} = \frac{1}{\Delta t}\arctan\left(\frac{d}{c}\right) \tag{5-52}$$

其中

$$c = -\frac{1}{2}a_1 \tag{5-53}$$

$$d = \frac{1}{2}(4a_2 - a_1^2)^{\frac{1}{2}} \tag{5-54}$$

响应幅值对应激励频率 f_t 的响应幅值估计有下列4种方法：

（1）峰值响应。信号不作任何滤波,检测一个周期内响应离散时间序列绝对值最大,将此值作为响应幅值。

（2）平均值。计算一个或几个周期内响应离散时间序列绝对值的平均值,将此值乘以($\pi/2$)的积作为该激励频率上部分滤去高次谐波分量和随机噪声干扰后的响应幅值。

（3）均方根值。计算一个或几个周期内响应离散时间序列的均方根值,将此值乘以($\sqrt{2}$)的积作为该激励频率上的响应幅值。

（4）相关函数。分别计算一个或几个周期内响应离散时间序列与 $\cos(2n\pi f_t \Delta t)$ 和 $\sin(2n\pi f_t \Delta t)$ 的相关函数

$$R_R(0) = \frac{1}{N}\sum_{n=1}^{N} x_n \cos(2n\pi f_t \Delta t) \tag{5-55}$$

$$R_I(0) = \frac{1}{N}\sum_{n=1}^{N} x_n \sin(2n\pi f_t \Delta t) \tag{5-56}$$

通过以上两式相关分析可滤去高次谐波和随机噪声干扰,于是激励频率上响应的幅值和相角分别为

$$A_t = \sqrt{R_R^2(0) + R_I^2(0)}$$
$$\phi_t = \arctan\left(\frac{R_I(0)}{R_R(0)}\right) \tag{5-57}$$

5.4.5 振动试验夹具

试验夹具是用于将试验件安装在振动台台面上的过渡段,它的一端与振动台运动部分(动框、活塞杆或水平滑台台面)机械接口,而另一端与试验件机械接口,从而将振动台的机械能传递到试验件上,如图5-31所示。

1. 夹具设计

夹具设计一般包括夹具主体、连接螺栓和配套压环的设计。系统级航天器

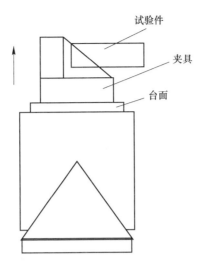

图 5-31 振动试验夹具

振动试验夹具一般结构外形通常采用圆台体。组件级产品振动试验夹具一般根据产品实际尺寸包络和接口进行设计。

为了将单轴振动台的机械振动能够保真地传递到试验件上,夹具应满足下列要求:在试验频带内夹具的传递特性无共振峰;在试验频带内不产生与主振动方向正交的横向运动夹具与试验件接口面运动均匀。

实际上,夹具的动态特性很难满足上述要求。表 5-2 列出各种不同重量和尺寸试验件的夹具特性参数允许值,供设计参考。

表 5-2 振动夹具特性参数允许值

试验性特征	频率范围/kHz	传递特性			横向运动 ($\ddot{Y}/\ddot{X}$)	接口用振动不均匀度/%
		n①	Q②	B③/Hz		
质量小于 2kg	≤1	0			<1	±20
	1~2	≤3	<5	>100	<1	±50
质量小于 7kg,体积<160cm³试验件	≤1	0			<1	±30
	1~2	≤4	<5	>100	<1	<200
质量小于 25kg,体积<0.1cm³ 类型试验件	<0.8	0			<1	±50
	0.8~1.5	≤3	<6	>100	<2	<200
	1.5~2	≤4	<8	>125	<2 (B>200 时此值<3)	<200

续表

试验性特征	频率范围 /kHz	传递特性 n①	传递特性 Q②	传递特性 B③/Hz	横向运动 ($\ddot{Y}/\ddot{X}$)	接口用振动不均匀度/%
质量 250kg,体积 0.6cm³ 大型试验件	≤0.5 0.5~1 1~2	0 ≤2 ≤3	 <6 <8	 >125 >150	<1 <2 <2.5 (B>200 时此值<3)	±50 <250 <250 (B>200 时此值<300)
质量大于250kg,体积大于 0.6cm³ 大型试验件	≤0.5 0.15~0.3 0.3~1 1~2	6 ≤1 ≤3 ≤5	 <3 <5 <10	 >100 >200	<1.5 <1.5 <2.5 <4	±50 ±50 <200 <200 (B>200 时此值<300)

注:①值为允许的共振峰数目;②值为放大因子;③值为-3dB 带宽。

(1) 夹具的尺寸与质量。夹具的上、下端面尺寸分别由振动台和试验件机械接口尺寸确定。夹具的高度一般根据传递特性要求确定。在高频振动试验时,夹具的高度 h 应小于振动传递路径波长的 1/4。而在水平滑台上进行试验时,应考虑滑台的最大倾覆力矩和对试验件的耦合影响。

夹具的允许质量 m 可按下式估算

$$m \leqslant K \frac{F}{a} - \sum_i m_i \tag{5-58}$$

式中:F 为振动台最大激振力;a 为正弦振动加速度峰值或随机振动加速度均方根值;K 为系数(一般取 0.8);$\sum_i m_i$ 为试验件和振动台运动部件的质量总和。

(2) 材料。用做夹具的材料有铸铁、钢、铝镁合金和塑料等。材料的选择满足夹具的质量限制和振动传递特性要求,还需考虑夹具加工艺和制造成本。有些材料(如铝镁合金)的刚度质量比较大,还有比钢高的阻尼性质,从而可抑制夹具传递特性的共振峰值,改传递特性。

(3) 结构形式。夹具的结构形式有整体式和组装式两种。整体式结构可用机械加工、铸造或焊接方式成型;而组装式结构主要用螺接或铆接。从动态特性和刚度质量比考虑,特别是高频振动试验,一般选用整体结构。

(4) 校核分析。大型试验件的振动试验夹具在结构形式、尺寸和材料确定后,根据试验件特性、产品状态参数和振动环境试验条件对夹具进行动态强度和刚度校核及动态传递特性分析,总体鉴定夹具设计的合理性。连接螺栓需进行校核计算,包络螺栓预紧力矩校核、螺栓强度校核及刚度校核。

2. 夹具的优化

航天器振动夹具在设计上存在一定的矛盾性,一方面要提高刚度,尽量使其一阶频率大于试验最高频率，或者大于试验件基频的3~5倍。另一方面，在保证接口尺寸的前提下，尽可能地降低夹具重量。这是因为，重量过大会消耗激振设备的部分能量，由于激振设备的运动还需要克服内部其他负载的重量，这样就减少了激振设备分配给试验件的能量，降低激振设备的推力指标。由于产品的研制过程需要进行一系列结构验证试验，单纯依靠提升激振设备的性能来确保试验量级要求，这往往需要投入大量建设成本，也会延长产品的研制周期。因此，可以从夹具优化设计上寻求到一种有效的方法。

航天器力学环境试验对振动夹具的上下接口有明确的规定和严格的限制。因此，夹具中段的设计刚度和强度直接影响其整体特性。本算例对夹具整体厚度、筋的排布数量和几何外形进行优化，优化原则包括以下几个方面：①尽量提高夹具基频；②最大程度减小夹具质量，以保证振动台额定指标满足试验条件要求；③在试验过程中，夹具应力分布尽量均匀。

图 5-32 为现有的某航天器力学环境试验夹具模型。其材料为铸铝；上端直径为 $\phi1260$mm，与试验产品相连；下端直径为 $\phi1800$mm，与激振设备相连。上下接口尺寸已经固定，预留均布的 $\phi125$mm 圆形通孔用于进行特殊操作。因此，优化时需要考虑的设计参数包括：夹具侧壁厚度 t_s；内置三角筋的数量 n_m；三角筋底边长度 t_l；筋的厚度 t_m。

图 5-32 典型航天器力学环境试验夹具模型

对比表 5-3 中的原始值和优化后结果可以看出，原夹具的中段侧壁设计过厚，不但对夹具基频贡献较小，而且大大增加了夹具重量。因此在夹具设计时需要考虑夹具重量的增加对刚度的贡献度。

表 5-3 夹具参数优化结果

设计参数	t_s/mm	n_m	t_l/mm	t_m/mm
原始值	50	8	200	50
优化值	11.8	12	276.5	43.4

3. 夹具性能检验

在夹具制作完成后,应及时安排夹具和产品对接试验,确保夹具和产品接口一致,外形轮廓无干涉,安装操作方便。在夹具使用前,应测定夹具固有频率,验证夹具设计结果的可信性。并在空载、模拟负载或正式试验件负载下测定夹具的动态传递特性、横向运动和机械接口面运动的均匀性,检验夹具的性能是否满足试验要求。用正式试验件作负载时,夹具性能测试应在低振动量级下进行,以免损伤试验件。如果夹具的某些性能不满足试验要求,可采取适当措施补救。如通过局部加强或增加阻尼以改善传递特性和接口面运动均匀性。加配重或去掉一定质量可改善夹具动平衡特性,减小横向运动。

5.4.6 国内外航天器振动试验系统

限于单振动台推力的限制,国内外宇航公司越来越多地采用多台并激的方式实现大型航天器产品的振动环境模拟。下文中列出国内外现阶段典型构型的大型航天器振动试验系统。

1. 美国航空航天局 GRC 中心的大推力液压振动试验系统

美国航空航天局的六自由度振动系统(图 5-33),垂直方向 16 个液压作动器总推力约 213.6t 力。水平方向为两套平动轴承完成水平振动,水平方向总推力为 75.65t 力。水平和垂直振动频率可达 150Hz。

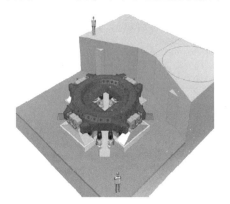

图 5-33 NASA MVF 振动试验系统

该液压六自由度振动台用于 CEV 的振动试验,产品一次安装,依次完成三个正交方向的试验。

2. ESTEC HYDRA 六自由度液压振动试验系统

欧空局的 ESTEC 中心的多轴液压振动试验系统(HYDRA)可对大尺寸、超大重量的航天器进行振动试验,一次试件安装可完成三方向六自由度的振动试验,该系统可进行正弦振动、随机振动及冲击试验(图 5-34)。该试验系统由安装在地表下面的多个液压作动筒及试件安装台面组成,试件安装台面与地表面对齐。该试验系统的最大静承载为 22.5t,垂直最大推力:252t 力;水平最大推力:128t 力;最大抗倾覆力矩:1330kN·m;台面尺寸达到 5.5×5.5m,频率范围:1~100Hz;最大加速度 5g。

图 5-34　ESTEC HYDRA 六自由度液压振动试验系统

3. ESTECQUAD 电动振动系统

欧空局/ESTEC 试验中心还配备了一套 64t 垂直振动试验台,该振动台由 4 个 16t 电动振动台并联而成,主要完成质量或尺寸较大的航天器的垂直向振动试验(图 5-35)。该试验台由安装在地表下面的 4 个振动台及一个扩展台面组成,扩展台面与地表面对齐。该扩展台面为镁制材料,对中及导向系统为特殊设计,使得各个方向的寄生运动减到最小。扩展台附加的气囊加载补偿装置使得该系统静承载能力可以达到 10t。并联振动台数:4 个;最大推力:64t 力(4×160kN);最大静承载:10000kg;台面尺寸:3.2m×3.2m;频率范围:3~2000Hz;最大加速度 20g。

4. 中国北京卫星环境工程研究所 1400kN 振动试验系统

由北京卫星环境工程研究所自主研制的大型电动振动试验系统分为 1400kN 四台并激垂直振动试验系统和 700kN 双台并激水平振动试验系统 (图 5-36)。垂直振动试验系统扩展台面直径 4.6m,激励设备由四台 35t 振动台并联而成。水平振动试验系统台面尺寸为 4.5m×4.7m,激励设备由 2 台 35t 振

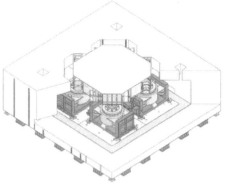

图 5-35 ESTEC QUAD 振动试验系统

动台并联而成。两个振动试验系统起振频率为 2Hz，满足空间站系列舱体和大型航天器振动试验需求。

图 5-36 北京卫星环境工程研究所 1400kN 振动试验系统

5.5 振动试验技术

5.5.1 试验要求

1. 接口要求

（1）确定航天器技术状态，一般包括航天器的质量特性、外形尺寸、动力学特性，及航天器的各分系统的组成及状态。

（2）明确航天器与振动台之间的接口，并给出试验夹具的设计指标要求。

2. 试验控制要求

试验控制要求包括试验条件和试验控制策略。试验条件要求如下：

（1）试验量级一般分为预振级试验、特征级试验、全量级试验。

（2）预振级试验量级小于或等于特征级试验量级，试验类型一般与特征级试验相同。

（3）特征级试验一般情况下是正弦振动试验，如有特殊要求，可以以随机振动的形式进行。正弦试验量级不宜超过验收级试验量级的1/3，随机试验条件的功率谱密度谱形与验收级一致，加速度总均方根值不超过验收级的1/3。

（4）全量级试验根据试验目的进行选择，加载顺序从低到高。

（5）正弦振动试验允许偏差包括试验频率、加速度幅值允许偏差要求，随机振动试验包括不同频率段的功率谱密度和加速度总均方根允许偏差、试验时间允许偏差。试验条件允许偏差一般在试验输入文件中规定，否则应采取表5-4所给出的允许偏差。

表5-4 试验条件允许偏差

序号	参数			试验条件允许偏差
1	试验持续时间			0%~10%
2	振动频率			±2%
3	正弦振动加速度幅值			±10%
4	随机振动功率谱密度*	频率范围	最大控制带宽	
		2~100Hz	10Hz 或者更窄	±1.0dB
		100~1000Hz（不含1000Hz）	中心频率的10%	±1.0dB
		1000~2000Hz	100Hz	±1.0dB
	随机振动加速度中均方根值			±1.0dB

注：* 为了估计允许偏差，可以将控制带宽合并，统计自由度至少为100。

试验控制策略要求一般包括控制点位置要求、控制方式要求、下凹控制要求、响应控制与力限控制要求。具体要求如下：

（1）控制点位置。试验控制点一般安装在航天器与夹具的对接面附近，多点控制时一般采用均匀分布。在有特殊要求时，根据设计要求来确定控制点位置。

（2）控制方式。振动试验控制一般采用多点控制方式，包括多点平均控制、多点极大值和极小值控制，具体方式由相关试验技术文件确定。正弦振动试验时每个控制通道的数据处理方式有绝对值峰值法、均值峰值法、有效值峰值法、滤波峰值法等，一般采用绝对值峰值法，特殊要求时由相关试验技术文件确定。随机振动试验时按照常规的随机数据处理方式进行控制数据的处理。

(3) 下凹控制。在全量级振动试验中,如果需要对验收级、鉴定级或准鉴定级的试验条件进行预先下凹,在试验输入文件中应明确下凹的原则和要求。

(4) 响应控制。在全量级振动试验中,如果需要采用航天器的关键部位响应进行响应控制,在试验输入文件中应规定响应控制原则、测点、控制条件及控制通道数量等要求。

(5) 力限控制。如果在试验中需要使用力限控制,则应在试验输入文件中规定力传感器的安装方式、力(力矩)控制的原则和力限控制条件等。

3. 试验数据采集与处理要求

(1) 规定测量传感器的数量、安装位置、类型、量程以及对测量数据的处理方式、处理要求等进行规定;

(2) 按规定处理振动试验响应数据,给出各方向试验响应结果。

4. 试验安全性要求

规定航天器安装过程中的安全防护要求,如果需要,可以安装悬吊保护带,保护带的要求如下:

(1) 保护带总的许用拉力应大于航天器起吊时的起吊载荷,并应有一定的安全裕度;

(2) 保护带固定点应高于航天器 1m 以上,安装完成后,保护带保持松弛,在正常的试验过程中应保证不对航天器产生附加力。

5.5.2 试验系统的选择

在航天器状态确定后,需要根据航天器质量特性、尺寸、最大试验量级、试验夹具质量特性等因素来估计试验所需的最大推力、最大速度、最大位移、安装台面尺寸,及抗倾覆力矩,进而选择合适的试验系统。

首先,要使得选择的试验系统能够满足试验条件中的可控频率范围。其次,判断振动试验系统最大推力、速度、位移,以及台面安装尺寸、抗倾覆力矩等是否满足试验要求。

1. 最大推力估算

航天器振动试验所需的振动试验系统最大推力可通过牛顿第二定律公式进行估算。设扫描正弦试验量级中的最大加速度值或随机振动试验中最大总均方根值为 a_1,航天器质量为 m_1,振动试验夹具质量为 m_2,振动台自身运动部件质量为 m_3,k 为换算系数。最大所需的振动台推力为

$$kF = (m_1 + m_2 + m_3)a_1 \tag{5-59}$$

需要指出的是,以上公式未简化的估算方法,未考虑动力学方程中的阻尼项和刚度项。实际上,所需振动试验系统推力还与试验件及夹具组合体的动力学特性,以及随机试验条件频段能量的分布有关。k 值一般为 1~3 之间,随机

试验推力一般小于扫频正弦推力,可通过试验件或同类试验件低量级试验的功率放大器电压和电流值进行进一步分析和研判。

2. 最大速度、位移估算

对于扫频正弦试验,位移半峰幅值 D、速度幅值 V 和加速度幅值 A 之间的关系为

$$V = 2\pi f D$$
$$A = (2\pi f)^2 D \tag{5-60}$$

通过以上公式和扫频正弦试验条件确定试验系统的速度、位移是否满足试验要求。

对于试验条件为平直谱的随机振动试验,最大位移可用下式估算:

$$D \approx 533\sqrt{\frac{W_1}{f_1^3}} \tag{5-61}$$

式中:D 为位移半峰值(mm);W_1 为频率为 f_1 处的功率谱密度(g^2/Hz);f_1 为试验下限频率(Hz)。

3. 台面尺寸及抗倾覆力矩估算

在试验系统的指标满足试验条件量级的基础上,若试验件接口尺寸与台面尺寸不匹配时,可通过设计试验夹具进行转接。试验夹具和试验件的组合体在试验状态下不应与试验系统的机械结构发生干涉。

在使用水平滑台进行试验前,水平滑台的抗倾覆力矩应大于产品试验状态达到的最大力矩值,估算方式如下。

设试验件与试验夹具的组合体总重量为 m,质心高度为 H_1,扫描正弦试验量级中的最大加速度值或随机振动试验中最大总均方根值为 a_1,倾覆力矩估算公式为

$$M_1 = mH_1 a_1 \tag{5-62}$$

M_1 值应小于振动台水平滑台给定的最大抗倾覆力矩值。

在进行垂直向振动试验时,若试验件及夹具组合体存在水平偏心,设组合体水平向质心偏出振动台中心距离为 L,组合体总重量为 m,扫描正弦试验量级中的最大加速度值或随机振动试验中最大总均方根值为 a_2,倾覆力矩估算公式为

$$M_2 = mLa_2 \tag{5-63}$$

M_2 值应小于振动台垂直台给定的最大抗倾覆力矩值。

5.5.3 振动试验流程

振动试验主要流程包括试验前准备、试验实施、试验结束三个步骤(图5-37)。

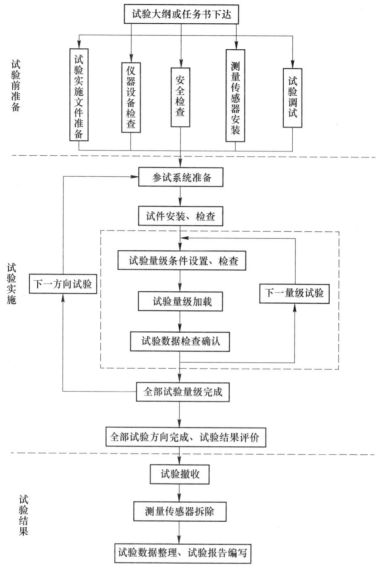

图 5-37 振动试验实施一般流程

1. 试验准备

在试验大纲或任务书下达后,编写试验实施文件,一般包括试验方案、试验流程等。对试验件的危险源进行辨识,包括是否有火工品、高压气瓶,并按照要求制定相应的防护措施。产品进场前需要满足产品的起吊、停放、转运所需的空间,清除试验场地周围与试验无关的物品,保证环境条件满足试验大纲要求。

检查试验方案中所使用的仪器设备的状态是否满足精度要求,按照试验条件对振动台进行空载状态下的调试。产品内部传感器的安装需要在产品总装过程中实施。在传感器安装过程中需确定准确的安装位置和传感器导线固定及走线出口位置。为了防止传感器脱落,尽量粘贴小型的三向加速度传感器。产品外部传感器可在试验现场粘贴。传感器安装过程中,记录测点编号、对应方向以及传感器编号、导线编号,并进行导通检查。

2. 试验实施

安装产品吊具,起吊产品,放置在振动试验夹具上。将产品与夹具紧固。拆除产品吊具。试验控制与测量系统按照要求设置试验参数。试验前由试验指挥根据各参试系统的要求协调制定试验口令,试验过程中试验口令由试验指挥发出,各参试系统应严格按照口令进行操作。试验一般分为 X、Y、Z 三个方向,每个方向试验工况时一般分为预振级、特征级和全量级,根据试验流程完成每个工况的振动加载及测量。每个工况结束后检查控制试验控制数据的精度和测量数据的有效性。单方向试验结束后,进行产品方向的转换,需要进行振动台倒向操作的,先将试验件吊装下振动台,待试验台系统完成准备工作后再进行吊装安装。全部三方向试验完成后,对试验结果进行评价。确认无误后,进行试验结束环节。

3. 试验结束

试验结束后,安装吊具,将产品吊离试验夹具后妥善安放。断开测试线缆,拆除产品表面传感器。产品内部传感器在总装过程中拆除。拆除过程中,如果遇到传感器已经脱落的情况,需记录测点号,并拍照留存。最后进行试验数据整理和试验报告编写工作。

5.5.4 下凹条件制定原则

航天器的全量级振动试验主要有验收级试验和鉴定级试验,任何一种全量级试验中,部分频段(包括整星的共振频率、单机和部组件的局部共振频率)通常需要进行下凹控制,以避免由于响应过大造成航天器结构或星载设备的损坏。全量级振动试验条件的下凹量级和下凹频段是遵循一定的方法和准则确定的。对于整星正弦振动试验,试验条件下凹量级确定的准则主要是:

准则1:主结构受力不大于准静态载荷设计值。

准则2:振动量级不小于器/箭耦合分析的量级。

准则3:关键部件的输入在整星试验中不高于组件级力学环境条件。

准则4:对飞船等多舱段结构,舱段连接面或飞船前端框等位置在共振时的加速度响应值不大于船箭界面处试验条件的 α 倍(例如6倍)。

准则5:被动响应限幅控制。

下面对上述 5 项试验条件下凹准则的算法进行阐述。

1. 按主结构受力不大于准静态载荷设计值下凹的算法

1) 应变放大系数法

对于主结构受力不大于准静态载荷设计值的准则，实际应用中可按下述方法进行。

在静力试验工况下星箭连接面单位长度的最大支反力 $F_{S\max}$ 可以近似表示为

$$F_{S\max} = \frac{M}{2\pi R^2}(Ra_{AS} + 2H_c a_{LS}) \tag{5-64}$$

式中：M 为卫星的质量；R 为星箭连接面半径；H_c 为卫星的质心高度；a_{AS}，a_{LS} 分别为某一静力试验工况的轴向静过载和横向静过载，式右端第一项为纵向静过载引起的支反力，第二项为横向静过载引起的支反力。

在振动试验中，卫星根部单位长度的最大支反力为（包括重力）

对纵向振动：

$$F_{A\max}(f) = \beta_A(f)\frac{M}{2\pi R}a_A + \frac{M}{2\pi R}g \tag{5-65}$$

对横向振动：

$$F_{L\max}(f) = \beta_L(f)\frac{H_c M}{\pi R^2}a_L + \frac{M}{2\pi R}g \tag{5-66}$$

式中：$\beta_A(f)$，$\beta_L(f)$ 分别为纵向振动和横向振动星箭连接面最大支反力的放大系数，是扫描频率 f 的函数，该系数由卫星结构动力特性决定；a_A 为纵向振动的试验加速度条件；a_L 为横向振动的试验加速度条件；g 为重力加速度。

由下凹原则 $F_{A\max} \leqslant F_{S\max}$ 或 $F_{L\max} \leqslant F_{S\max}$ 得

对纵向振动：

$$a_A \leqslant \frac{1}{\beta_A(f)}\left(a_{AS} + \frac{2H_c}{R}a_{LS} - g\right) \tag{5-67}$$

对横向振动：

$$a_L \leqslant \frac{1}{\beta_L(f)}\left(\frac{R}{2H_c}a_{AS} + a_{LS} - \frac{R}{2H_c}g\right) \tag{5-68}$$

以上两式即为考虑主结构的受力不大于静载条件下主结构的受力这一下凹原则时航天器振动试验的下凹量级。

上述放大系数 $\beta_A(f)$ 和 $\beta_L(f)$ 根据低频定频标定试验结果及特征级试验结果计算得到，其具体方法如下。

低频定频标定试验所选择的频率应当远远低于航天器的基频，此时航天器近似处于刚体运动状态，使得卫星上任意一点的响应与输入的试验条件基本相同,这相当于对卫星结构进行静力试验,低频定频标定试验量级与特征级试验量级相同,以便于计算。星箭连接面最大支反力与该处的应变成正比,于是放大系数可表示为如下形式

$$\beta_A(f) = \frac{\bar{\varepsilon}_A(f)}{\varepsilon_{Ac}} \text{ 或 } \beta_L(f) = \frac{\bar{\varepsilon}_L(f)}{\varepsilon_{Lc}} \quad (5-69)$$

式中:$\bar{\varepsilon}_A$,$\bar{\varepsilon}_L$ 分别为纵向和横向特征级振动试验时结构根部(星箭连接面处)母线方向的应变响应;ε_{Ac},ε_{Lc} 分别为纵向和横向低频定频标定试验时结构根部母线方向的应变。

用于计算放大系数的应变计应当安装在没有桁条或隔框等加强件、并且远离开孔较远的结构蒙皮上,这些位置应变相对比较均匀,受局部结构的影响较小,应变梯度比较小,可以反映卫星结构主体的应力水平。对于横向振动试验,应变计安装在振动方向的象限线上,因为横向载荷引起的卫星根部单位长度的最大支反力发生在此处。

对该条下凹准则的使用,由于卫星结构非线性特性,直接采用公式计算可能导致下凹量级和下凹频段范围不准确,因此,实际试验中还可直接采用界面力法或被动响应限幅控制方法代替。

2) 界面力法

通过测力设备,在特征级试验中测得界面力或力矩,在全量级下凹时,先假定或参考历史下凹条件,给定下凹量级,按下凹量级相对特征级的放大系数进行界面力/力矩线性推算,再考虑一定的大量级响应的非线性降低系数,并与星箭耦合分析结果比较,确保覆盖星箭耦合分析结果。

假设特征级试验时的试验量级为 $a_L(f)$,特征级试验时界面力为 $F_L(f)$,非线性降低系数为 β,星箭耦合分析界面力为 $F_0(f)$,则为确保覆盖星箭耦合分析结果,全量级振动试验条件下凹量级应满足

$$a_H(f) \geqslant \frac{1}{\beta} \frac{F_0(f)}{F_L(f)} a_L(f) \quad (5-70)$$

2. 按振动量级不小于器/箭耦合分析的量级下凹的算法

对于振动量级不小于器/箭耦合分析的量级的下凹原则,假设器/箭耦合分析的界面加速度条件为 $a_I(f)$,则下凹时下凹量级 $a(f)$ 必须满足 $a(f) \geqslant a_I(f)$。

3. 按关键部件的输入在整星试验中不高于组件级力学环境条件下凹的算法

对于星载关键设备的输入不高于组件级力学环境条件的下凹原则,假设特征级试验时的试验量级为 $a_L(f)$,关键设备安装界面的振动响应为 $a_i^L(f)$,而该关键设备的组件级力学环境条件为 $a_i^S(f)$,按照结构线性假设,关键设备安装

界面的振动响应不高于其组件力学环境条件量级时的试验条件为

$$a_{H\_i}(f) \leq \frac{a_i^S(f)}{a_i^L(f)} a_L(f) \tag{5-71}$$

假设共有 n 个关键设备,则综合考虑所有关键设备后的下凹量级为

$$a_S(f) \leq \min_{i=1,2,\cdots,n} (a_{H\_i}(f)) \tag{5-72}$$

4. 按多舱段航天器响应倍数下凹的算法

假设特征级试验时的试验量级为 $a_L(f)$,舱段关键位置的振动响应为 $a_i^L(f)$,船箭界面处试验条件量级为 $a_H(f)$,按照线性假设,舱段关键位置振动响应值不大于船箭界面处试验条件量级的 α 倍时的试验条件为

$$a_{H\_i}(f) \leq \frac{\alpha a_H(f)}{a_i^L(f)} a_L(f) \tag{5-73}$$

假设共有 m 个这样的关键位置,则综合考虑所有关键位置后的下凹量级为

$$a_S(f) \leq \min_{i=1,2,\cdots,n} (a_{H\_i}(f)) \tag{5-74}$$

5. 被动响应限幅下凹的算法

在全量级试验前,通过直接对某些测点振动响应量级做出限定,通过试验控制系统,自动实现试验条件下凹。被动响应限幅控制的下凹量级由试验控制系统自动实现,不需要预先设计,但在全量级试验前可以对下凹量级进行预估,便于试验人员提前预估试验结果。

假设特征级试验时的试验量级为 $a_L(f)$,响应限幅点响应为 $a_i^L(f)$,响应限幅量级为 $a_i^H(f)$,则按线性推算,响应限幅自动下凹量级为

$$a_{H\_i}(f) \leq \frac{a_i^H(f)}{a_i^L(f)} a_L(f) \tag{5-75}$$

假设共有 k 个响应限幅点,则最终的自动下凹量级为

$$a_S(f) \leq \min_{i=1,2,\cdots,k} (a_{H\_i}(f)) \tag{5-76}$$

6. 综合分析

试验条件下凹的 5 条准则一般需要综合考虑,对应前面两个准则,一般不应该出现矛盾,如果出现矛盾,则说明卫星与运载火箭的动刚度匹配关系不合理。对于第三个准则,如果与前面两个准则发生矛盾,则说明仪器设备局部支撑结构设计不合理。除了特殊约定(如界面力条件共识)外,5 条准则的关系是,以准则 2 的器箭耦合分析条件为最低限,其他准则分析的下凹量级在不低于器箭耦合分析条件的前提下,取最低下凹量级。

5.5.5 试验中断及处理

1. 试验中断

出现下列情况之一时,应中断试验:

(1) 试验设备出现故障;

(2) 航天器及其地面测试设备出现故障;

(3) 试验中出现欠试验或过试验。

2. 中断处理

试验中断的处理一般按下述原则进行:

(1) 试验设备引起的中断:在故障排除后,应判断中断对航天器有无影响,如果没有影响,在确认航天器上的仪器、设备正常后,方可继续试验;如果有影响,则应在分析的基础上,做出是否继续试验的决定。继续试验原则是正弦振动试验从中断频率开始,随机振动试验则应将剩余时间完成。

(2) 航天器上的仪器、设备故障造成的中断:在故障排除后,根据分析结果确定是否继续试验。

(3) 欠试验引起的中断:在找出原因、采取措施后重新试验,处理原则是正弦振动试验从欠试验时的频率开始,随机振动试验则应将出现欠试验时所剩余的时间完成。

(4) 过试验引起的中断:应在对试验数据和航天器特性综合分析的基础上,做出是否继续试验的决定。

5.5.6 振动试验实施实例

1. 扫描正弦试验实例

为了进一步暴露飞船材料、元器件和工艺等方面的缺陷,提高飞行可靠性,验证载人飞船整船设计方案和工艺方案的合理性与协调性,检验载人飞船经受验收级正弦振动环境的能力,2015 年我国完成了载人飞船整船 Y、Z、X 三个方向正弦扫描试验。图 5-38 为飞船在振动台上就位后的照片。

每个方向的扫描正弦试验流程为:预振级→第一次特征级→验收级→第二次特征级。表 5-5 为扫描正弦预设试验控制参考谱及控制精度要求。

在完成第一次特征级后,根据航天器结构振动响应频率-幅值曲线制定实际正弦试验下凹控制谱及响应限幅条件,如图 5-39、图 5-40 所示,响应限幅点如图 5-41 所示。控制谱主要根据航天器结构二阶频率峰值以及内部设备响应量级较大位置进行主动下凹,响应限幅测点选取航天器前端框Ⅰ、Ⅱ象限测点,起到保护主结构的作用。

图 5-38　载人飞船在振动台上就位

表 5-5　整船正弦试验技术条件

试验方向	频率/Hz	允许偏差	
		频率	幅值
Y	2~100	±2%	±10%
扫频速率	4oct/min			

验收级试验后,对各个测点 Y 方向第一次特征级和第二次特征级数据曲线一致性进行比较(图 5-42)。结果说明航天器结构通过验收级力学环境试验考核。

2. 随机振动试验实例

随机振动试验 X 向控制参考谱如图所示,总均方根值 5.36grms,试验时间 60s。在随机验收级试验前后各进行一次特性级扫描振动试验,对比前后特征

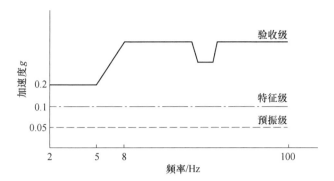

图 5-39　神舟十一号飞船 Y 向扫描正弦振动试验参考控制谱示意图

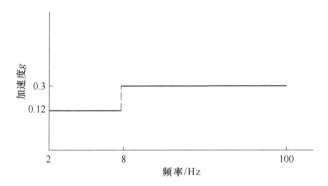

图 5-40　神舟十一号飞船 Y 向扫描正弦振动响应限幅谱示意图

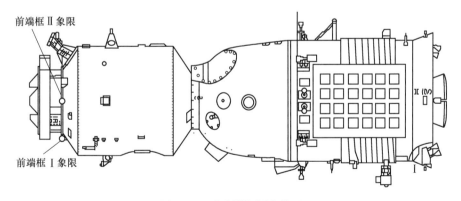

图 5-41　响应限幅测点位置

级试验的测点曲线来评价结构品对验收级试验的适应性。特征级试验参考谱如图 5-43、图 5-44 所示。

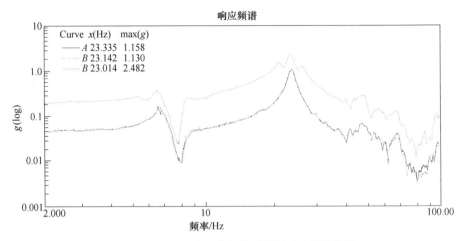

图 5-42　Y 向正弦验收级前后特征试验数据曲线

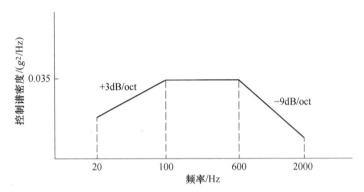

图 5-43　某天线验证结构 X 向随机振动验收级参考控制谱示意图

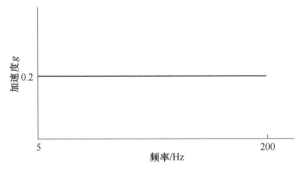

图 5-44　某天线验证结构 X 向特征级扫描正弦振动试验参考控制谱示意图

对比随机振动验收级试验前后两次特征级试验的测点曲线,曲线重合性较好,如图 5-45 所示。认为结构通过了 X 向随机验收级的试验考核。

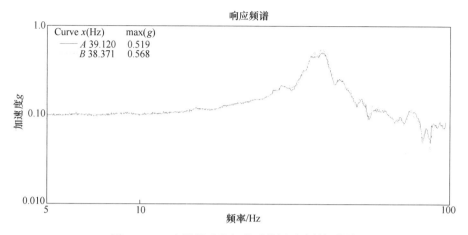

图 5-45 Y 向随机验收级前后特征试验数据曲线

参 考 文 献

[1] 向树红. 航天器力学环境试验技术[M]. 北京:中国科学技术出版社,2010.
[2] 柯受全,等. 卫星环境工程和模拟试验(下)[M]. 北京:中国宇航出版社,1996.
[3] 高非,雷志辉. 相位/幅值同步控制器及其在双振动台系统中的应用[J]. 计算机测量与控制,2005,13(5):474-476.
[4] 邱汉平,冯咬齐. 双振动台正弦振动同步控制新方法[J]. 航天器环境工程,2006,23(6):355-358.
[5] 张俊刚,何玲,高海洋,等. 大型航天器动力学试验验证技术进展[J]. 中国科学:物理学力学天文学,2019(02):35-43.
[6] 刘明辉,王剑,高海洋,等. 大型振动台结构设计中的有限元分析与应用[J]. 航天器环境工程,2016,33(3):257-261.
[7] 钟继根,王东升. 振动试验夹具设计技术发展[J]. 振动与冲击,2006,25(S):1062-1064.
[8] 高海洋,冯咬齐,岳志勇,等. 基于代理模型的航天器振动夹具优化方法[J]. 航天器环境工程,2016,33(1):65-71.
[9] Spacesystem-Vibrationtesting:ISO 23670[S].
[10] 航天器振动试验方法:GB/T 34516—2017[S].
[11] 航天器系统级振动试验方法:QJ 1579A—2005[S].

第 6 章
声环境模拟与试验技术

6.1 概述

　　航天器在任务周期内,将受到各种环境和载荷的作用,在设计、试验、研制阶段,我们必须考虑这些环境的影响以避免航天器发射失败和性能降低。在这些环境中,高强度声环境引起的结构的机械振动为人们所重视,是因为它可造成结构和设备的过应力或疲劳破坏,还可能造成设备的误操作。

　　航天器的高强度声环境主要在发射、上升和返回过程中产生。在起飞时,火箭发动机点火以及推力脉动,排气噪声和喷气产生的地面反射噪声通过整流罩传入激励航天器;在上升到跨声速阶段(气流扰动)和超声速阶段(气流最大动压处),将产生较大的声环境和结构响应;在第二级、第三级火箭点火时,也将产生较大的声环境和结构响应;在返回阶段,噪声环境主要来源于气动噪声,再入过程中,气流与返回舱相互作用的扰动引起返回舱表面压力脉动,气动压力脉动是产生气动噪声的根本原因,在返回舱表面不同流态区域,压力脉动情况不同,引起的噪声强度和频率分布也各不相同,在激波振荡区,压力脉动最大,噪声声压最大。图6-1(a)为美国阿波罗飞船登月舱的声压级与飞行时间的关系,在起飞、跨声速飞行以及最大动压时声压级出现峰值。图6-1(b)为该登月舱振动响应的有效值与飞行时间的关系,在声压级级峰值处,振动响应也出现了峰值。

　　在发射和飞行过程中,运载火箭头部的航天器受到四个主要振源的影响:由发动机点火、级间分离等引起的瞬态振动;由运载火箭发动机推力脉动或其他机械装置引起的振动;由发动机在起飞阶段排气噪声引起的结构振动,以及因气动噪声引起的结构振动。前两种环境在靠近振源处较为严重,对远离振源的航天器则因运载火箭的结构阻尼而衰减,且高频能量衰减严重。后两种振源直接作用于航天器或航天器整流罩的表面,将引起卫星结构的强烈振动。航天

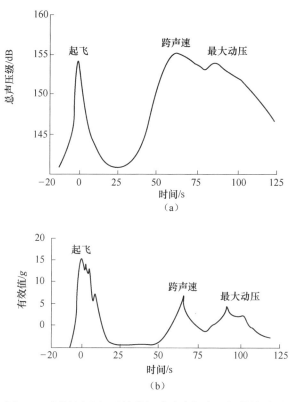

图 6-1 阿波罗飞船登月舱振动响应与声压级的关系图

器所受到的振动和噪声载荷示意图如图 6-2 所示。

声引起的振动最好用声试验方法来模拟。根据试验原理,只要能使卫星内部振动场的分布与实际飞行条件下的相同,或在需考核的频率域内,由试验室噪声激励引起的结构振动与飞行条件下近似,就可以认为重现了卫星结构的振动响应,达到了声环境的模拟要求。作为工程试验问题,声试验不需要模拟真实的声场特性,而是寻求产生相似振动响应的等效声场。

通过混响室中的声学试验来模拟航天器的声振环境,是最好的系统级试验方法。ISO 19924《Space systems-Acoustic testing》国军标 GJB-1027A《运载器、上面级和航天器试验要求》美国标准 SMC-S-016《运载器、上面级、航天器试验要求》和欧洲标准 ECSS-E-ST-0-03C《空间工程试验》对声试验做了相应规定,特别是面积质量比大的结构和体积较大的产品更应该做声试验。航天器声试验的目的是考核航天器和航天器舱段,特别是机电设备经受声学环境的能力,从而暴露航天器设计及工艺装配中存在的问题,验证航天器结构动力学特性和电性能是否符合设计要求。ISO 19924《空间系统 声试验》、NASA-STD-

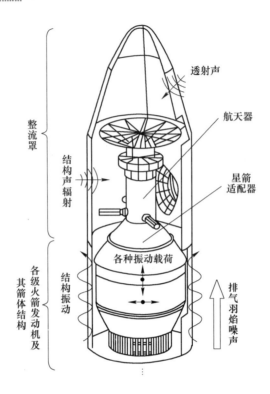

图 6-2 航天器所受振动及噪声载荷

7001《有效载荷声振试验准则》等标准对声试验方法进行了明确规定。

6.2 基本知识

弹性媒质中质点的机械振动由近及远的传播称为声振动的传播或称为声波。连续媒质可以看作是由许多紧密相连的微小体积元组成的物质系统,在平衡状态时,系统可用体积 V_0(或密度 ρ_0)、压强 P_0 及温度 T_0 等状态参数来描述。声波的传播也就是媒质内稠密和稀疏的交替过程,这样的变化过程可以用体积元内压强、密度、温度以及质点速度等的变化量来描述,这里仅介绍一下与航天器噪声试验有关的几个声学概念。

6.2.1 术语

1. 声压

设体积元受声扰动后压强由 p_0 改变为 p_1,则由声扰动产生的逾量压强(简称为逾压),就称为声压。

$$p = p_1 - p_0 \tag{6-1}$$

因为声传播过程中,在同一时刻,不同体积元内的压强 p 都不同,对同一体积元,其压强 p 又随时间而变化,所以声压 p 一般地是空间和时间的函数,即 $p = p(x,y,z,t)$。由于声压的测量比较容易实现,通过声压的测量可以间接求得质点速度等其他物理量,所以声压已成为目前人们普遍采用的描述声波性质的物理量。

存在声压的空间称为声场。声场中某一瞬时的声压值称为瞬时声压。在一定时间间隔中最大的瞬时声压值称为峰值声压或巅值声压。在一定时间间隔中,瞬时声压对时间取均方根值称为有效声压

$$p_e = \sqrt{\frac{1}{T}\int_0^T p^2 dt} \tag{6-2}$$

式中:下角符号"e"代表有效值;T 代表取平均的时间间隔,它可以是一个周期或更长时间间隔,人们习惯上指的声压,往往是指有效声压。

声压的大小反映了声波的强弱,为了方便起见,后面的有效声压将统一用符号 p 表示,除非特殊说明,单位为 Pa(帕)。

2. 声功率

声源辐射声波时对外做功,声功率是指声源在单位时间内向外辐射的声能,记为 W,单位为瓦(W)或微瓦(μW,10^{-6} W)。

3. 声压级

因为声振动的能量范围极其广阔,人们通常讲话的声功率只有 10^{-5} W,而火箭的噪声声功率可高达 10^9 W,两者相差十几个数量级。另一方面从声音的接收来讲,人的耳朵接收到声振动以后,主观上产生的"响度感觉"并不是正比于强度的绝对值,而是更近于与强度的对数成正比。基于这两方面的原因,在声学中普遍使用对数表度来度量声压,称为声压级。其单位常用 dB(分贝)表示。

声压级(SPL)以符号 L_p 表示,其定义为

$$L_p == 20\lg\frac{p}{p_0}(\text{dB}) \tag{6-3}$$

式中:p 为待测声压的有效值;p_0 为参考声压。

在空气中,参考声压 p_0 一般取为 2×10^{-5} Pa,这个数值是正常人耳对 1kHz 声音刚刚能觉察其存在的声压值,也就是 1kHz 声压的可听阈声压,一般讲,低于这一声压值,人耳就再也不能觉察出这声音的存在了。显然该可听阈声压的声压级即为零分贝。

4. 声功率级

声功率以"级"表示便是声功率级,即

$$L_W = 10 \lg \frac{W}{W_0} \text{(dB)} \tag{6-4}$$

式中：L_W 为声功率级(dB)；W 为某声源的声功率(W)；W_0 为参考声功率，一般取值 10^{-12} W。

5. 声级的叠加

当几个不同的声源同时作用于某一点时，若不考虑干涉效应，该点的总声能密度是各个声能密度的代数和，即

$$E = E_1 + E_2 + \cdots + E_n \tag{6-5}$$

而它们的总声压(有效声压)是各声压的方根值，即

$$p = \sqrt{p_1^2 + p_2^2 + \cdots + p_n^2} \tag{6-6}$$

总声压级为

$$L_p = 20 \lg \frac{p}{p_0} \tag{6-7}$$

对于 n 个声压级 $L_{pi}(i = 1, 2, \cdots, n)$ 叠加，可以用下式计算总声压级：

$$L_p = 10 \lg (10^{\frac{L_{p1}}{10}} + 10^{\frac{L_{p2}}{10}} + \cdots + 10^{\frac{L_{pn}}{10}}) \tag{6-8}$$

声强级、声功率级的叠加也同样按上述方法进行。

6. 混响和混响时间

混响和混响时间是室内声学中最为重要和最基本的概念。所谓混响，是指声源停止发声后，在声场中还存在着来自各个界面的迟到的反射声形成的声音"残留"现象。这种残留现象的长短以混响时间来表征，混响时间公认的定义是声能密度衰减 60dB 所需要的时间。

美国声学家赛宾通过大量试验于 1900 年提出了混响时间计算公式——赛宾公式：

$$T_{60} = K \frac{V}{A} \tag{6-9}$$

式中：T_{60} 为混响时间(s)；V 为房间容积(m^3)；A 为室内的总吸声量(m^2)，如果材料吸声系数为 α_i，面积为 S_i，则总吸声量 $A = \sum S_i \alpha_i$；K 为与声速有关的常数，一般取 0.161。

赛宾公式中认为室内声波的衰减主要是壁面吸收引起的，对于房间较小且频率较低时是可以这么认为。但是如果房间比较大，在壁面两次反射之间的距离很大，而频率又较高时，声传播介质对声波的吸收衰减就必须要考虑了。当房间较大时，在传播过程中，空气等介质也将产生很大的吸收，这种吸收主要决定于空气的相对湿度，其次是温度。试验表明，对于大的房间，频率高于 1kHz，介质对室内混响的影响是不可低估的。因此提出了修正的赛宾公式，即依林-

努特生混响时间计算公式：

$$T_{60} = \frac{0.161V}{-S\ln(1-\bar{\alpha}) + 4mV} \tag{6-10}$$

式中：S 为室内总表面积（m^2）；$\bar{\alpha}$ 为室内表面平均吸声系数；$4m$ 为空气吸收系数。

依林-努特生公式考虑空气吸收时，将相应的空气吸收系数（$4m$）乘以房间容积 V，得到考虑空气吸收量时的混响时间计算公式。

7. 倍频程和 1/3 倍频程

在声测量中，频谱一般是按照一定宽度的频带来进行，即分析各频带的声压级。在某一频带中声音的声压级称为该频带的声压级。声测量中最常用的频带宽度是倍频程和 1/3 倍频程。倍频程是指比值为 2 的两个频率之间的区间。1/3 倍频程是指比值为 2 的 1/3 次方的两个频率之间的区间。

6.2.2 扩散声场

假设在一封闭空间中有一声源发出声波，这一声波将向四周传播开去，经壁面多次反射，如果壁面也呈不规则状，使室内声的传播完全处于无规则状态，以致从统计观点来说可以认为声通过任何位置的几率是相同的，并且通过的方向也是各方向几率相同的，由此造成室内声场的平均能量密度分布是均匀的，这一种统计平均的均匀声场称为扩散声场，扩散声场的特点为：

（1）声以声线方式以声速 c_0 直线传播，声线所携带的声能向各方向的传递几率相同；

（2）各声线是互不相干的，声线在叠加时，它们的相位变化是无规则的；

（3）室内平均声能密度处处相同。

扩散声场的产生从波动声学观点来看也是有根据的，当声源在室内辐射时，由于壁面以及各种反射体与散射体的存在，使室内形成数目极多的驻波，造成其中声压的分布规律极为复杂。如果假定驻波进一步增加，而声场分布进一步复杂化，从而使驻波声场中声压极大与极小的差异几乎消失，由此就形成"均匀"的声场。

6.2.3 室内声场

1. 室内声场的特征

从室外某一声源发生的声波，以球面波的形式连续向外传播，随着接收点与声源距离的增加，声能迅速衰减。在无反射面的空中，声压级的计算遵循以下公式：

$$L_p = L_W + 10\lg\frac{1}{4\pi r^2} \tag{6-11}$$

式中：r 为测点与声源的距离(m)。

上式也可以改写为

$$L_p = L_W - 20 \lg r - 11 \qquad (6-12)$$

在这种情况下，声源发出的声能无阻挡地向远处传播，接收点的声能密度与声源距离的平方成反比，性质极为单纯。但是声源在室内所形成的声场要比露天复杂得多，这种声场将引起一系列特有的声学特性，室内声场的显著特点是：

（1）距声源一定距离的接收点上，声能密度不随距离的平方衰减，有些远处的点上的声强比近声源处更高；

（2）源在停止发声以后，在一定的时间里，声场中还存在着来自各个界面的迟到的反射声，产生"混响现象"。

2. 几何声学与波动声学

忽略声音的波动性质，以几何学的方法分析声音能量的传播、反射、扩散的叫"几何声学"。与此相对，着眼于声音波动性的分析方法叫做"波动声学"或"物理声学"。室内声场一般采用几何声学的方法进行处理。

6.3 声环境模拟技术

6.3.1 声环境模拟方式

产品在高声强声环境激励下的环境效应（声疲劳寿命、性能失效模式和工艺故障）相当复杂，难以用理论分析的方法预估，一般应通过声环境模拟试验考核产品结构强度和工作可靠性，鉴定产品对声环境的适应性。暴露于噪声环境的产品可能出现的问题的部分实例如下：

（1）导线磨损；

（2）产品声疲劳和振动疲劳；

（3）部件连接导线断裂；

（4）印制线路板开裂；

（5）波导部件失效；

（6）电触点断续工作；

（7）小型仪表板和结构零件的破裂；

（8）光学失调；

（9）小颗粒脱落引起的回路和机构卡死；

（10）过量的电噪声。

通常有下面两种声环境模拟方式，可提供具有指定总声压级和声谱的声环境。

(1) 用实际的噪声源(如喷气发动机)作为声源,对产品进行环境模拟试验。这种试验方法所提供的环境比较接近实际环境,模拟的效果较可靠,但试验设备庞大,投资和试验费用较高。

(2) 用模拟的噪声源(如气流调制器),在专门的声试验室内进行声环境试验。虽然这种试验方法所提供的环境与实际环境有一定差距,但试验简便、试验条件可调和试验费用低,因而广泛为工程试验所采用。

按声场的特点区分,高声强噪声环境试验室主要有混响室和行波管两种。前者模拟混响声场(或扩散场),例如湍流边界层噪声和飞行器整流罩内的内声场;而后者模拟行波声场,例如喷气发动机喷口后的局部声场和整流罩的外声场。

对某些产品,可以用随机振动环境试验代替噪声环境试验。但严格地讲,噪声环境的激励状态、频带和谱形并不能完全由随机振动环境所模拟,环境效应有一定差别。一般规定:当总声压级超过 135dB,而且对声敏感的试验件(表面积质量比大、低阻尼的试验件,如卫星太阳帆板和天线),必须进行声环境试验。噪声与随机振动试验项目裁剪选取参见 ISO 23670《空间系统 振动试验》。

6.3.2 声环境试验类型

1. 声功能试验

声功能试验是验证产品在声环境下的功能是否满足设计要求。声试验的声场有宽带噪声场和以某一基波为主频的周期稳态噪声场两种。要求在试验前后对试验件进行外观检查和功能、性能检测。航天器产品研制初样阶段和正样鉴定、验收阶段,都需进行声功能试验。

2. 声疲劳试验(声耐久试验)

在产品研制初样阶段,进行声疲劳试验,发现设计中的缺陷,以便采取修改措施,提高产品环境适应性。

一般讲,声试验装置不宜长时间连续工作,因而,声疲劳试验都采用加速试验,根据累积损伤假设和试验时间的限制,估算试验声压级。例如 ISO 2671"飞机设备环境试验(声振部分)"标准规定了加速试验方法。声疲劳加速试验的等效关系式可参照随机振动加速试验(见(2-13)) 写成下列形式

$$\frac{T_s}{T_a} = \left(\frac{\overline{p}_a^2}{\overline{p}_e^2}\right)^{b/2} \qquad (6-13)$$

式中:T_s 为产品所要求的使用寿命;T_a 为加速试验所取的试验时间;$\overline{p}_e^2$ 为等效声压功率谱密度;$\overline{p}_a^2$ 为加速试验的声压率谱密度。

于是,加速试验的声压级应为

$$L_{p,a} = L_{p,e} + \frac{20}{b}\lg\left(\frac{T_s}{T_a}\right) \tag{6-14}$$

式中：$L_{p,e}$ 为根据累积损伤假设折算的等效声压级

$$L_{p,e} = 10\lg\left[\frac{1}{T}\sum_{i=1}^{n}(10^{\frac{L_{pi}}{10}})^{\frac{b}{2}}T_i\right]^{\frac{2}{b}} \tag{6-15}$$

式中：L_{pi} 为飞行剖面第 i 工况的声压级；T_i 为飞行剖面第 i 工况的飞行持续时间；T 为总的飞行持续时间；n 为飞行剖面上的工况数目。

6.3.3 声环境试验条件

声环境试验参数包括总声压级(OASPL)、声压级谱(SPL)、频率范围和试验持续时间(暴露时间)，这些参数定义了声环境试验的严酷度。试验参数主要是根据大量实测数据归纳得到，或用类比法、统计能量法预估，若没用实测数据，也可采用有关标准中推荐的试验参数值。例如 GJB 150.17A 中规定的噪声谱如图 6-3 所示，具体声谱参见表 6-1。

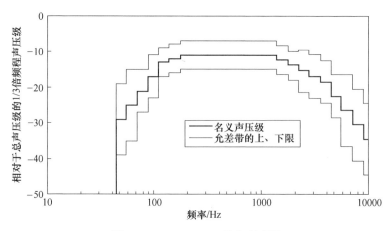

图 6-3　GJB 150.17A 的参考声谱

表 6-1　图 6-3 的 1/3 倍频程声压级

1/3 倍频程中心频率/Hz	允差上限/dB	名义声压级/dB	允差下限/dB
50	-19	-29	-39
63	-15	-25	-35
80	-15	-21	-27
100	-11	-17	-23
125	-9	-13	-17

续表

1/3 倍频程中心频率/Hz	允差上限/dB	名义声压级/dB	允差下限/dB
160	-8	-12	-16
200	-7	-11	-15
250	-7	-11	-15
315	-7	-11	-15
400	-7	-11	-15
500	-7	-11	-15
630	-7	-11	-15
800	-7	-11	-15
1000	-7	-11	-15
1250	-7	-11	-15
1600	-8.5	-12.5	-16.5
2000	-10	-14	-18
2500	-9.5	-15.5	-21.5
3150	-11	-17	-23
4000	-12.5	-18.5	-24.5
5000	-16.5	-22.5	-28.5
6300	-16.5	-26.5	-36.5
8000	-20.5	-30.5	-40.5
10000	-24.5	-34.5	-44.5

试验还规定了试验参数的允许偏差,以保证环境试验条件的重现性。

航天器产品的声试验一般选用混响声场,因而当用混响声场近似模拟行波声场环境时,考虑到两种声场环境引起环境效应的差别,应对实测数据进行适当修改。另外在制定试验条件时还应考虑填充效应的影响,填充效应计算方法见第 2 章。

6.4 声试验系统

高声强声试验系统主要有混响场声试验系统和行波场声试验系统两种。试验系统由声试验场所(混响室或行波管)、噪声源(包括气流调制器和喇叭)、气源、排气消声装置、控制系统和数据采集测量系统等组成,每个组成部分的特性都将对试验声空间的声场特性产生影响,同时,试验件的存在还会与声空间产生耦合作用,综合形成声模拟试验环境。

图 6-4 为典型的混响场声试验系统配置示意图。系统的基本工作原理是具有一定压力的气源(液氮气化的气体或空气),经噪声源(气流调制器或电声换能器)调制产生高声强、宽频带的噪声,经喇叭辐射到混响室内形成模拟的扩散声场,声场的压力脉动从空间各方向激励试验件。声场的总声压级和声压级谱通过传声器测量反馈给控制系统,并由控制系统按试验条件要求进行闭环控制。产品的结构响应由数据采集处理系统进行采集测量。

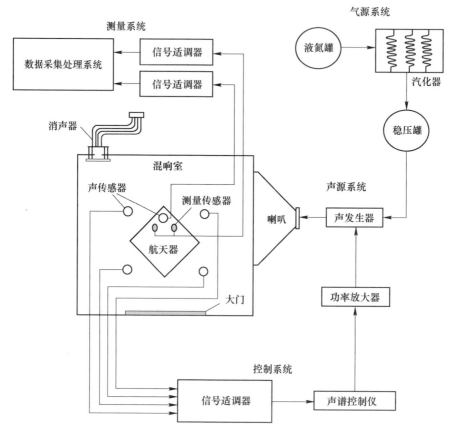

图 6-4 混响场声试验系统典型配置图

6.4.1 混响室

混响室是由钢筋混凝土或钢壁板构成的四周具有刚性声反射墙面的封闭空间,使声波可以在房间内多次反射形成均匀的混响声场。混响室内的声场具有以下特性(以长方体为例)。

1. 声模态频率(简正频率)

混响室内的声模态频率计算公式为

$$f_i = \frac{c_0}{2}\sqrt{\left(\frac{N_x}{L_x}\right)^2 + \left(\frac{N_y}{L_y}\right)^2 + \left(\frac{N_z}{L_z}\right)^2} \quad (6\text{-}16)$$

式中:L_x、L_y 和 L_z 为长方体各边边长;N_x、N_y 和 N_z 分别为沿 x、y 和 z 向的半波数(大于等于零的正整数)。

由式(6-16)可以得到相应的声模态密度

$$\frac{\mathrm{d}n(f)}{\mathrm{d}f} = \frac{4\pi f^2}{c_0^3}\left(V + \frac{c_0 A}{8f} + \frac{c_0^2 L}{32f^2}\right) \quad (6\text{-}17)$$

式中:$\frac{\mathrm{d}n(f)}{\mathrm{d}f}$ 为对应于 f 频率上单位频率宽度上的声模态个数;L 为总边长;A 为混响室内表面总面积;V 为混响室体积。

由式(6-17)看出,频率越高,模态密度越高。当频率较高时,公式可简化成

$$\frac{\mathrm{d}n(f)}{\mathrm{d}f} \approx \frac{4\pi f^2 V}{c_0^3} \quad (6\text{-}18)$$

这样,中心频率为 f、带宽为 Δf 内的声模态个数 $n_{\Delta f}(f)$ 可近似由下式得到

$$n_{\Delta f}(f) = \frac{\mathrm{d}n(f)}{\mathrm{d}f}\Delta f \quad (6\text{-}19)$$

2. 声模态阻尼比(混响时间)

由于气体介质和混响声空间边界壁面吸收声能形成声模态阻尼。与力学系统一样,对应于简正频率为 f_i 的声模态阻尼比 ζ_i 定义为

$$\zeta_i = \frac{1}{2}\frac{\Delta f_i}{f_i} \quad (6\text{-}20)$$

式中:Δf_i 为声模态共振的半功率带宽。

习惯上,混响室声能吸收用混响时间 T_{60} 来表征,声模态阻尼比与混响时间关系为

$$\zeta_i = \frac{1.1}{f_i T_{60}} \quad (6\text{-}21)$$

3. 模态振型

对应声模态频率 f_i 的声压振型为

$$p_i(x,y,z) = A_i \cos\left(\frac{N_x \pi x}{L_x}\right)\cos\left(\frac{N_y \pi y}{L_y}\right)\cos\left(\frac{N_z \pi z}{L_z}\right) \quad (6\text{-}22)$$

式(6-22)表征了混响空间驻波振荡的声压空间变化模式。

在稳态宽频带随机噪声源激励下,混响声空间产生各阶模态振荡,声空间中某一点 (x,y,z) 的声压为试验频带内各阶模态振荡向量和,即

$$p(x,y,z) = \left\{ \sum_{i=1}^{n} \left[A_i \cos\left(\frac{N_x \pi x}{L_x}\right) \cos\left(\frac{N_y \pi y}{L_y}\right) \cos\left(\frac{N_z \pi z}{L_z}\right) \right]^2 \right\}^{1/2} \quad (6-23)$$

式中：A_i 为第 i 阶声模态的贡献系数；n 为在试验频带内包含的声模态阶数。

理想的混响声场是由宽带噪声源激励的扩散声场。扩散场要求声波从任何方向通过空间某一点的概率相等,能量密度在空间、时间上分布均匀。封闭声空间的混响声场实际上是驻波振荡声场,因此,在低频区由于模态稀疏,声压不均匀性大,难以满足扩散场的条件;而在高频区,模态密度较高,声压不均匀性小,一般可近似达到理想的扩散条件。根据 IEC 60068-2-65 声致振动规定:混响试验的最低频率定义为倍频程内的模态个数至少等于 20 所对应的中心频率,这就是说,倍频程内的模态个数大于等于 20 时的驻波振荡声场可近似看作混响场。最低试验频率可根据式(6-1)估算。例如,体积为 70m³、200m³ 和 1000m³ 混响室的最低试验频率分别为 250Hz、125Hz 和 31.5Hz。

合理地选择混响室的几何形状,可以调整声模态在空间和频域上分布的均匀性,从而降低最低试验频率,改善声扩散条件。一般小型混响室(体积小于 200m³)可做成没有一对平行面的不规则形状,例如,具有斜顶板的不规则五边形。如果混响室是长方体,边长比最好选用 1∶0.79∶0.63。如果混响室体积大于 200m³,其他的边长比(1∶0.83∶0.47、1∶0.83∶0.65、1∶0.68∶0.42 或 1∶0.7∶0.59 等)同样可获得较满意的结果。

为了改善混响室低频区的扩散特性,还可在声空间内悬挂适当的附加声反射面,改变原有反射路径。

还必须指出,装入试验件后混响室的声特性与空室的混响特性不一样,影响的程度与试验件和声空间的相对大小和位置、试验件的模态特性以及试验件结构和材料对不同方向入射声波的吸声特性有关。一般认为:试验件的体积小于混响室体积的 1/10 以下,而且试验件离混响室壁面的距离大于最低试验频率所对应波长的 1/2 时,可以不考虑边界效应的影响。图 6-5 为试验件对混响室声场影响曲线,当试件与混响室体积比达到 10% 之后,声场均匀性标准差呈

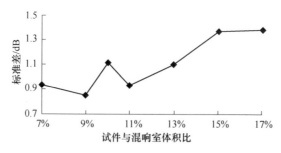

图 6-5 试验对混响室声场影响曲线

现上升趋势,表明声场的不均匀性开始增加,一般建议声试验选择的混响室其体积是试验件的 10 倍以上。

声压级在整个声空间内分布的不均匀性一般用标准偏差表示

$$s = \sqrt{\frac{n\sum_{i=1}^{n} L_{pi}^2 - \left(\sum_{i=1}^{n} L_{pi}\right)^2}{n(n-1)}} \tag{6-24}$$

式中:n 为测点数;L_{pi} 为第 i 个测点测量的声压级。

s 是频率的函数,低频区值大,而高频区值小,但装入试验件后,可能由于壁面和试验件的边界效应而增加,因此,在大型试验件正式试验前,建议用模拟件进行预调试验,以避免过试验。

图 6-6、图 6-7 为 2163m³ 混响室的声场分布仿真分析结果,在所计算的平面上,其声压级分布随着频率的升高变得越来越均匀。在去除房间边角 0.5m 的区域后,到 500Hz 时,考察的平面区域声压级的极差可以达到 0.3dB 以内,标准偏差达到 0.02dB 以内。由分析结果可以看出,在低频段房间的声场分布均匀性差,在房间的壁面、棱角处声场均匀性变化明显,因此试验时产品应距混响室壁面不小于 1m。

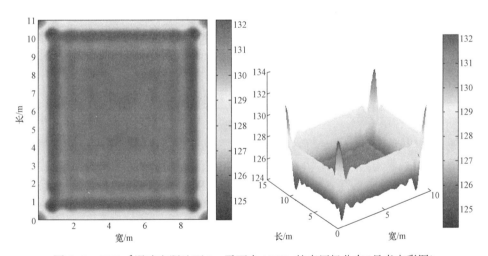

图 6-6 2163m³ 混响室距地面 2m 平面内 125Hz 的声压级分布(见书末彩图)

6.4.2 控制系统

1. 控制方式

目前采用的控制方式有下列两种:

(1) 开环手动模拟式控制:随机信号发生器产生宽带白噪声信号,经 1/3

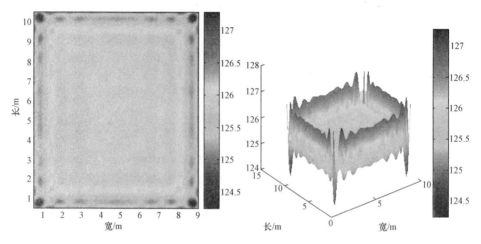

图 6-7　2163m³ 混响室距地面 2m，去除 0.5m 边角区域后平面内 125Hz 的声压级分布（见书末彩图）

倍频程梳状滤波器加权，输入驱动气流调制器动圈的功率放大器，使混响场的总声压级和声压级谱满足试验要求。试验时，根据安装在混响室内传声器所测的声压级谱，手动调节输入噪声源的电平和梳状滤波器各滤器的加权系数，保证混响室的声试验环境控制在试验条件所要求的允差范围内。

这种控制方式操作简便，但控制的效果很大程度上与试验人员的技能和经验有关。

（2）闭环计算机数字控制闭环计算机数字控制系统的原理配置基本上与振动台随机控制一样，只不过控制系统的输入是传声器测量得到的声压信号。试验开始时噪声控制系统根据参考谱和初始电压由控制系统产生驱动信号，经功放放大后，驱动扬声器在混响室内产生声场。混响室内的声压级由声传感器测量并反馈到控制系统，控制系统将测量结果和参考谱进行比较并修正驱动信号，使混响室产生的声场符合试验条件的要求。航天器声试验往往需要多个声源，控制系统应具有多通道输出控制能力。图 6-8 为北京卫星工程研究所开发的多输入多输出的噪声试验控制系统。多点声压测控制、多个气流调制器输出系统的控制过程框图可参照图 6-9。

2. 混响试验控制特点

基于混响室本身的谱特性和声试验的特点，混响室声场控有以下特点。

（1）声试验的谱是倍频程（或 1/3 倍频程）谱（表 6-2），因由傅氏变换得到的等频率分辨率的声功率谱密度要转换到相应倍频程声压级谱，对应每个倍频的声压均方值与该频带内等频率分辨率的声功率谱密度之和成正比，个别频率上的功率谱密度值超差对该倍频程均方值的响相对比较小，因而，一般声谱的

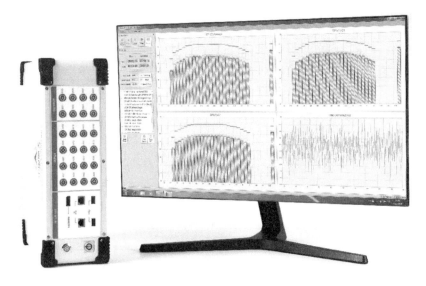

图 6-8　多输入多输出噪声试验控制系统

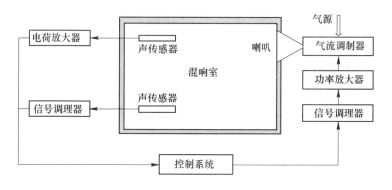

图 6-9　闭环自动模拟式控制

控制要求较之于振动台随机振动控制要容易满足。

表 6-2　倍频程和 1/3 倍频程频率范围表

中心频率/Hz			频率限/Hz	
标称值		精确值		
倍频程	1/3 倍频程		下限	上限
	25	25.1	22.4	28.2
31.5	31.5	31.6	28.2	35.5
	40	39.8	35.5	45

续表

中心频率/Hz			频率限/Hz	
标称值		精确值	下限	上限
倍频程	1/3 倍频程			
63	50	50.1	45	56
	63	63.1	56	71
	80	79.4	71	89
125	100	100	89	112
	125	125.9	112	140
	160	158.5	140	180
250	200	199.5	180	224
	250	251.2	224	280
	315	316.2	280	355
500	400	398.1	355	450
	500	501.2	450	560
	630	631	560	710
1000	800	794.3	710	900
	1000	1000	900	1120
	1250	1259	1120	1400
2000	1600	1585	1400	1800
	2000	1995	1800	2240
	2500	2512	2240	2800
4000	3150	3162	2800	3550
	4000	3981	3550	4500
	5000	5012	4500	5600
8000	6300	6310	5600	7100
	8000	7943	7100	9000
	10000	10000	9000	11200

（2）计算机数字合成的激励信号谱频带和测量的声压谱的带宽与试验条件要求的频带一致。一般情况下混响试验可控频带下限为混响室的最低试验频率，上限为气流调制器工作频率的上限，这个频带通常比试验要求的频带窄，因此，反馈控制效果比较好的部分只限于可控频带范围内，可控频带外的声压级不可控或难以控制。可控频带外的低频声谱可通过增加声吸收系数，调节声模态半功率带宽和模态之间叠程度，或者采用旋涡式噪声发生器补充低频声

能来改善。可控频的高频声谱靠气流调制器的非线性冲击波(这种波具有较大随机性)或者附加的一组高频声调制器增加声压级。

(3) 为了保证混响声空间的声场具有较好的扩散性,混响室的混响时间应尽量长(一般是几秒到几十秒)。这表明,达到稳态声场激励所需要的闭环控制时间至少也是几秒量级,它比电动振动台控制回路时间常数长,声压数据的延时采样时间也应相应增加。

(4) 考虑声场的不均匀性,可采用多个控制检测点进行声场的平均控制。平均的声压级可按下式确定

$$\overline{L}_p = 10\lg\left[\frac{1}{N}\sum_{i=1}^{n} 10^{\frac{L_{p,i}}{10}}\right] \qquad (6-25)$$

式中:$\overline{L}_p$ 为平均声压级;$L_{p,i}$ 为第 i 个控制检测点的声压级;N 为控制检测点的数目。

6.4.3 声源系统

大功率的声源是产生噪声环境的必要设备,声源系统一般包括声发生器和与之匹配的喇叭组成。

1. 声发生器

常见的声发生器有气笛式、电动式气流调制声发生器、电液式气流调制发生器、电动扬声器等几种类型。气笛式是早期用的声源,它利用机械转子的旋转调节气流发声,声功率可达到几万声瓦,气笛式发声器的发声频率与转子的转速相关,因此其发声频率不是连续谱,难以满足噪声试验要求,因此在噪声试验中已不常用。

电动式气流调制声发生器(电声换能器)是目前最常用的一种声发生器,其原理是将恒定气压的气流(一般 0.2~0.3MPa),通过由电信号控制的动圈位置变化改变套筒阀的开口度大小,调制流经套筒阀气缝的气流,转换成具有高声功率的噪声源。电动式气流调制声发生器的结构如图 6-10 所示。由于电动式气流调制声发生器结构紧凑,除功率放大器外不需要额外设备,使用方便。目前该类声发生器最大输出声功率可达 6 万 dBW。

电液式气流调试声发生器是通过液压伺服机构控制提升阀的开合,调节气流通道面积产生噪声。电液式气流调制器结构如图 6-11 所示。电液式气流调制声发生器供气压力为 1~1.38MPa,由于供气压力的提高,其声功率输出也有提升,最大输出声功率可达 20 万 dBW。电液式气流调制器需有配套的高压油源,且供气压力较高,使用操作比较复杂。

电动扬声器的原理是通有交变电流的线圈在磁场中运动,带动与音圈相连的振膜振动产生声音。该类设备可用频率范围宽,可控频率范围能到 5000Hz,

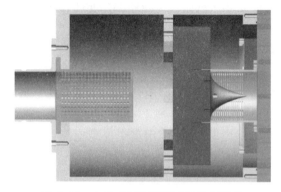

图 6-10　电动式气流调制声发生器结构

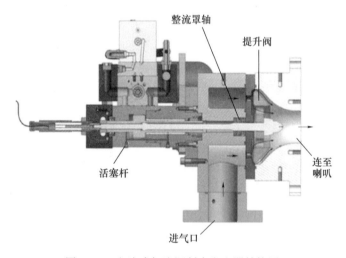

图 6-11　电液式气流调制声发生器结构图

不过其声功率较低,连续使用时最大在 1000~2000dBW,由于其结构特点一般使用在 145dB 以下的噪声环境中。

气流调制的声发生器由于受气流调制器运动部件质量和弹性支承刚度所形成的力学系统动态特性的影响,在高频区动圈的位移减小,造成声功率输出降低。这表明声压的可控性与气流调制器的动态特性有关。电动式气流调制器的有效可控频率范围大致为 5~1500Hz,电液式气流调制器的最高频率为 800Hz。气流调制式声发生器高于 1500Hz 的声谱部分主要由于高次谐波产生,声谱量级不可控。对于总声压级低于 145dB 的噪声试验,若高频量级较高时,可采用气流调制声源和电动扬声器组合的声源配置。

2. 喇叭

喇叭是用来增加声源的辐射能力,以获得最大的声传递效率。喇叭的一端与气流调制器的喉部接口;而另一端接混响室。喇叭的尺寸和形状决定了声能的传递特性和效率。一般采用指数型喇叭,它的横截面变化服从下式:

$$S = S_0 \exp\left(\frac{4\pi x f_c}{c_0}\right) \tag{6-26}$$

式中:S_0 为气流调制器喉部面积;x 为离气流调制器喉部口的距离;f_c 为喇叭的截止频率(最低传声频率);c_0 为声速。

这种喇叭的辐射功率 W 是频率的函数

$$W = \frac{1}{2}\rho c_0 \mu_0^2 S_0 \sqrt{1 - \left(\frac{f_c}{f}\right)^2} \tag{6-27}$$

式中:μ_0 为气流调制器喉部的质点速度;ρ 为气体密度。

为了保证喇叭与混响空间的模态耦合,喇叭与混响室的接口周长至少应为喇叭截止频率的波长。喇叭的安装位置最好在三面墙连接处,其次是在两面墙连接处。

3. 声功率估算

声源在封闭声空间内辐射声能时,部分声能被室内各壁面和气体分子所吸收,另一部分被反射为混响声能。在开始建立混响场时,随着气源压力的增加,混响室声能密度逐渐增加,被吸收的声能也不断增加,当声源供给混响场的能量正好补偿被壁面和气体传递介质所吸收的声能时,混响场达到稳态激励状态。根据赛宾方程,输入声功率级与混响室声压级的关系服从下式

$$L_W = L_p + 10\lg(A\alpha + 4mV) - 6 + 10\lg\left(1 + \frac{A_c}{8fV}\right) \tag{6-28}$$

式中:$A\alpha$ 的取值应考虑到喇叭的吸声和排气能量的损耗,α 一般取 0.3,式中最后一项是邻近混响室壁面的声压级损失。按式可以得到各频带内的输入功率要求,但气流调制器的功率还需考虑喇叭与混响室的耦合损耗、喇叭的效率、喇叭的安装位置影响以及气流调制器使用频带外的能量非线性分布,大致还要增加 8.5dB。可根据每个气流调制器的额定声功率选择气流调制器的数目。每个气流调制器最好各自有独立的辐射喇叭,以避免几个气流调制器共有一个喇叭造成组合损耗。根据喇叭截止频率的不同,喇叭可分低(25~50Hz)、中(80~100Hz)和高(100~200Hz)三类,具体的配置要由混响室声谱要求确定。

6.4.4 气源系统

大功率的声源都是采用气流调试声源。因此需要气源系统为气流调制器提供具有一定气压、流量的气体。目前,声试验系统常用的气源系统有以下两种。

(1) 用氮气作为声传递介质的气源系统,通过液氮气化产生具有一定压力

的氮气,为气流调制器提供气源。采用氮气作为声传递介质是因为氮气的湿度远比空气低,高频区的声能吸收系数低,另外,还因为氮气介质对试验件(特别是光学仪器)的污染较小。

(2) 空气作为声传递介质的气源系统,一般由空气压缩机、过滤器、贮气罐、输气管道和气流控制设备所组成。

6.4.5 消声系统

由混响室排出的气体应经消声段消声,使试验室外的环境声压级降到允许的环境要求。消声段可采用串接双级扩展式消声器或周围填有吸声材料(如石棉)的穿孔连通管式消声器。

混响室的内墙和地板宜支承在减振铺层上,以隔离混响室内的振动向外传递。

6.4.6 行波管

典型行波管配置由噪声源(包括喇叭)、过渡段、试验段以及排气消声段等组成,见图 6-12。声波不断地从声源沿管道以行波形式传播,在试验段形成行波声环境,而在排气消声段由具有高声吸收系数的介质(如玻璃纤维"尖劈")所吸收,防止行波反射回管道。如果管道的横截面保持不变,又忽略管壁和试验件吸收声能的影响,可以认为声压级沿管长保持不变。

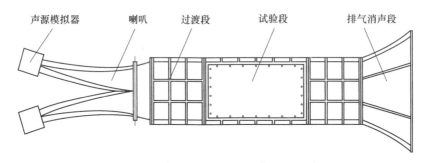

图 6-12 行波场声试验系统典型配置图

行波管通常是有刚性壁面的管道。行波管的截面可能是矩形或则是圆形的。对于壁板类产品而言,矩形截面更合适,对于圆柱型产品而言,圆形截面更好。

行波管沿管道方向的驻波振荡由于行波管的结构而受抑制;而行波管横截面方向存在驻波振荡形式的声模态特性,声模态频率由下式确定

$$f = \frac{c_0}{2}\sqrt{\left(\frac{N_x}{L_x}\right)^2 + \left(\frac{N_y}{L_y}\right)^2} \qquad (6-29)$$

式中: L_x、L_y 为行波管横截面各边的长度;N_x、N_y 为沿 x 和 y 向的半波数;c_0 为声速。

一般认为,当激励的声波频率低于横截面最小声横态频率($f = c/(2L_y)$ 其中 L_y 是长边)时,行波管所产生的声波是平面波,平面声波的谱特性主要与声源谱和喇叭的截止频率有关。

当激励的声波频率高于横截面最小声模态频率时,管内声波不再是平面波,声压级在横截面上的分布不均匀,而且声压级大小沿管长指数衰减。为了减小横向声模态的影响,在设计时应尽量缩小横截面尺寸,并采用高阻尼材料的管壁。但随着管道横截面面积与试验件面积之比的减小,又导致辐射阻尼对试验件结构低阶模态的影响增加。两者的影响需要折衷处理。

行波管声功率估算:

行波管总声压级及所需声功率估算公式如下:

$$L_W = L_p + 10\lg A \tag{6-30}$$

式中:A 为行波管横截面积。

为了保持行波管内声场均匀,行波管的终端吸收要求全吸收(吸收系数大于90%)才能保证管中是行波。为了避免消声通道对声波的反射干扰行波管内的平面声场,在行波管出口处正对应方向设计 $\bar{\alpha} = 0.99$ 的吸声结构,吸声结构多采用吸声尖劈。尖劈(声压反射系数0.1)的结构如图6-13所示,它的截面

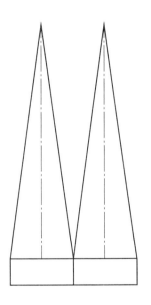

图6-13 吸声尖劈图

从尖端开始随着尖劈的增长而扩大,尖劈的长度则根据所要求的低频下限频率的波长确定。

与混响室一样,由于行波管排气噪声较高,直接排出会环境噪声影响,还需对排出气流进行降噪处理。行波管的吸声可以采用扩张消声和阻性消声相结合的方式进行。

行波管噪声试验的控制系统、气源系统以及所用声源类型与混响室噪声试验系统基本一致。

6.4.7 国内外典型声试验室简介

为满足噪声环境试验需求,很多试验室都建设了噪声试验设备。如为了空间站噪声环境试验研制的容积 4000m³ 的混响场噪声试验室。该混响室长、宽、高分别是 14.5m、11.5m 和 24m,在中心频率 25Hz 的 1/3 倍频程带宽内有 7 个声模态,最低可用频率低至 25Hz,平均混响室时间约 28s,可用空间内总声压级的空间变化小于 0.6dB。试验室配有 20 个喇叭和声发生器,采用液氮汽化作为气源,最大声压级可达 158dB。混响室内部如图 6-14、图 6-15 所示。国内外主要混响噪声试验设备能力如表 6-3 所示。

图 6-14 北京卫星环境工程研究所 4000 立方混响室内部图

图 6-15　格伦中心 2865 立方混响室内部图

表 6-3　国内外主要混响噪声试验设备

序号	单　　位	混响室容积/m³	最大声压级/dB
1	北京卫星环境工程研究所	4000	158
2	北京卫星环境工程研究所	2163	154
3	上海卫星装备研究所	1100	156
4	北京强度环境研究所	900	152
5	美国洛克希德·马丁公司	5358	156.5
6	美国格伦中心	2865	163
7	阿尔卡特	1000	156
8	俄罗斯一般空气动力学研究中心	1504	164
9	加拿大国家试验室 NRC	540	157
10	欧空局 ESTEC	1623.6	154.5
11	德国 IABG	1378	150
12	巴西航天局	1170	156
13	印度航天局	1100	152
14	日本 JAXA	1746	152

图 6-16 为高声强噪声行波管试验系统。该行波管配有 4 个声发生器和喇叭，最大声压级可达 172dB。

图 6-16　北京卫星环境工程研究声学行波管试验系统

6.5　声环境试验技术

6.5.1　声环境试验技术要求

试验前应根据产品的任务特点确定声激励的类型，并明确试验条件、测试需求、试验项目等信息。声试验一般分为混响场噪声试验和行波场噪声试验，相关要求如下：

1. 混响场声试验

混响场(扩散场)声试验是使用强度均匀的宽频带噪声作用于试验产品的所有外露表面。这种试验适用于在运载器、动力设备和其他高强度声源等产生的噪声声场中工作或者生存的装备结构，利用噪声激励内部安装的产品的动力学响应。由于混响场的激励机理与气动紊流的激励不同，因此不适合表面直接受噪声作用的薄壳结构的完整性试验，如火箭的整流罩、飞机蒙皮等。采用混响室试验时一般要求如下：

(1) 试验装置要求。容积不小于试验产品体积的 10 倍，空室状态下，混响室可用空间内的总声压级均匀度满足试验要求，总声压级高于试验条件规定值，声谱成型能力满足试验条件控制要求，最低可用频率处 1/3 倍频程频段内至少应具有七个模态。在空室条件下，混响室总声压级分布应优于±1.5dB。

(2) 航天器安装要求。试件置于混响室中心位置，其主要外立面不应与混响室任一内壁表面平行,外缘距离混响室内壁表面应大于 1.0m,试件所有外表面均应暴露在声场中,不得受任何遮挡;试件采用弹性支撑或弹性悬挂方式安装,整体系统的固有频率应低于 25Hz;试件连接的电缆及其他装置等不应对试件的试验状态产生附加约束影响。

(3)试验控制要求。混响室一般采用三点或三点以上多点平均控制,用于控制的声传感器安装在试件周围,位于试件表面与混响室内壁之间距离的 1/2 处,且距离试件和混响室内壁表面均不小于 0.5m,高度应位于试件中部与试件主轴垂直的平面内。

2. 行波场(掠入场)声试验

行波场(掠入场)声试验是使用高强度、具有一定谱型的快速波动噪声以特定的方向作用于试验产品的表面。适用于表面承受脉动环境下工作的产品,这些环境是整流罩、飞机壁板和外挂所特有的。在壁板情况下,试件安装在管道壁上,单面受激励。对于外挂类设备,将在行波管内同轴安装,产皮整个表面施加激励。对于 165dB 以上的混响室可能难以达到的高声强噪声试验,也可以使用行波管进行,采用行波管试验时要求如下:

(1)试验装置要求。行波管试验段的横截面积应满足减少辐射阻尼和避免出现横向驻波;行波管的终端应能吸收 80% 以上的声能,并能是气流自由流过;或自由扩散至大气,当预定声环境沿纵向有变化时,行波管试验段的横截面积沿纵向应作响应的变化,试验产品周围的空间应该均匀一致;总声压级不低于试验要求。

(2)试件安装要求。试件(如壁板)的受试面作为行波管的一部分暴露于噪声激励中,应使该面与管道的内表面齐平以防止引入空腔共鸣或局部紊流效应;试件(如飞机外挂设备)用弹性支承悬挂在管道中间,试件的取向应使承受噪声的表面受到行波作用。试件安装后的刚体模态频率应小于 25Hz 或最低试验频率的 1/4。支承系统和辅助结构不应引入附加噪声或振动。

(3)试验控制要求。行波管可采用单点或多点平均控制;多行波管时传声器安装在每路行波管的中线上,垂直于噪声传播方向,与行波管壁为弹性连接;试件长度小于 2m 时,每路行波管安装一个传声器,用于行波声场测量和控制;试件长度大于 2m 时,一般安装 2 只传声器,分别安装在距上下端 500mm 处,声道的声谱取 2 个传声器的平均值;传声器头距安装壁的距离大于 5mm;进行平均声压谱计算时,若各控制点总声压级测量结果的相差范围小于 5dB,可采用分贝数的算术平均;若各控制点总声压级测量结果的相差范围大于 5dB,需采用压力(Pa)的平均,然后转换为分贝数。

6.5.2 试验流程

试验一般流程如下:

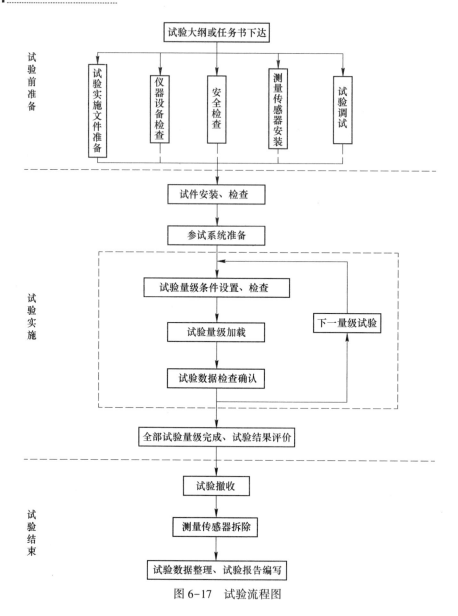

图 6-17 试验流程图

1. 试验准备

试验准备阶段主要工作内容主要包括按照试验大纲或任务书的要求准备相关试验文件,进行试验调试。

试验文件主要包括试验实施方案和试验细则等。

声试验调试主要用于检查试验系统各部分是否工作正常,能否满足试验要求。试验调试可采用空载调试、模拟件调试或试件调试。调试时控制系统参数设置、控制点位置等应与实际试验状态一致。当混响室容积与产品体积比大于10倍时可采用空载调试,若容积无法满足要求或空室调试不满足试验要求时可采用模拟件进行调试。如没有模拟件也可用试件进行调试,使用试件进行调试时,调试量级应按照试验条件降6dB以上。

2. 试验实施

试验实施时按照要求安装试件、控制和测量用声传感器等。根据试验目的,试件可能会需要进行试验前测试检查和初始化设置等。准备就绪后进行试验声谱的加载,并进行试件的检测和性能测试。试验加载初始量级一般应低于试验条件10dB以上,从初始量级增加到规定试验条件的时间应尽可能短。试验中应记录每个声传感器的测量结果和试件振动响应结果。每项试验条件加载完成后应进行试验结果判读并进行评价。

3. 试验结束

试验结束后拆除传感器,试件撤离试验系统。试验人员应尽快完成试验数据分析和并编制试验报告。

6.5.3 试验中断及处理

1. 试验中断类型

试验过程出现下列情况时试验中断:
(1)试验仪器、设备出现故障;
(2)试验加载出现欠试验或过试验不能满足试验条件要求;
(3)试件及其测试设备出现故障。

2. 中断处理

试验中断后处理原则如下:

(1)试验仪器、设备故障引起的中断:在仪器、设备故障排除并确认试件产品未受到任何影响后,从中断点继续进行试验,试验中断前后的试验时间总和应满足试验要求。

(2)欠试验或过试验引起的中断:

① 欠试验,查明原因,重新进行试验加载,中断前的试验时间无效;

② 过试验,应确认试验是否对试件造成影响,当过试验时间未对试件产生影响时,查明原因,从中断点继续进行试验;当过试验时间对试件产生影响时,则终止试验。

(3)试件及其测试设备故障引起的中断:故障排除后,根据故障分析和处理情况决定继续试验或重新开始试验。

6.5.4 混响场声试验实例

卫星外部装有太阳帆板、天线等载荷,外形尺寸不规则,声试验一般选用混响场进行。试验的目的是为了考核卫星承受高声强噪声环境的能力,暴露卫星材料和工艺等方面的缺陷,获取卫星结构动力学特性响应参数,为修正卫星模型提供依据。下面以卫星噪声试验为例介绍噪声试验的实施过程。

1. 试验条件

为了保证试验总声压级分布均匀,采用四点平均控制,倍频程试验条件见表6-4。

表6-4 噪声试验条件

倍频程中心频率/Hz	声压级/dB			试验偏差/dB
	预试验	特征级	鉴定级	
31.5	124	124	132	-2~+4
63	128	128	136	
125	131	131	139	
250	134	134	142	
500	135	135	143	
1000	134	134	142	
2000	131	131	139	
4000	128	128	136	-5~+4
8000	126	126	134	-5~+5
总声压级	140.1	140.1	148.1	-1~+3
时间/s	40		60	±5%

注:0dB 参考声压为 2×10^{-5} Pa。

2. 试验实施

为了确认各系统工作正常,试验前进行了空室状态下系统联合调试,声传感器的安装位置与试验状态一致。在调试结果满足试验要求情况下,打开混响室将卫星推入混响室中央,并用专用弹簧浮起,使系统一阶频率小于 25Hz。关好混响室大门后,各系统准备就绪,按照特征级、验收级、特征级试验顺序加载。每个试验量级实施步骤为:

(1) 声场从低于试验量级的 -12dB 开始加载,以 3dB 为一个台阶,待声场均衡后逐级加载到满量级;

(2) 满量级声场平稳后,启动结构响应测量系统,进行数据采集和处理;

(3) 数据采集和处理要在满量级试验结束前完成,试验加载持续时间满足后试验结束;

(4) 试验数据分析。

卫星混响室噪声试验如图 6-18 所示。

图 6-18　卫星混响室噪声试验

3. 试验结果及评估

试验完成后,一般从以下几个方面对试验结果和卫星性能进行评估:

(1) 卫星外表检查,看是否有松动地方,太阳帆板电池片是否有破损等;
(2) 声场加载期间,卫星功能是否正常;
(3) 声场控制量级是否满足要求,测量数据是否有效;
(4) 通过验收级前后特征级数据曲线的一致性对比,评估结构是否发生变化。

噪声试验控制结果如图 6-19 所示,验收级试验前后特征级响应曲线对比如图 6-20 所示。

行波管的典型试验案例是美国国家航空航天局载人飞船中心在 20 世纪 60 年代利用改进的行波场合混响场完成了阿波罗飞船的声试验(图 6-21)。试验沿飞船纵向均匀设计了 16 个行波管,相邻行波管间用挡板隔开,挡板与蒙皮接触处采用软连接以防止声压在相邻管道之间渗透,并减少结构的附加约束。飞船的外蒙皮作为行波管的内侧管壁。声源和吸声终端也是独立配备的,这样可

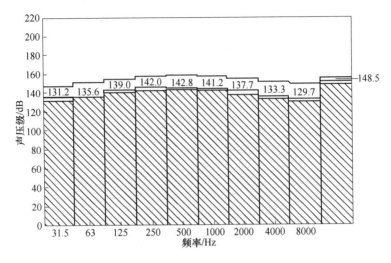

图 6-19 噪声试验控制结果

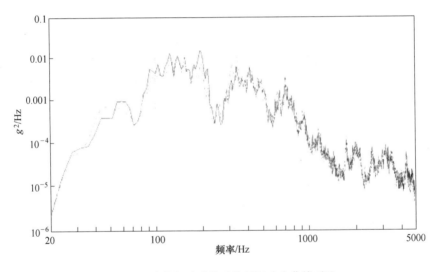

图 6-20 验收级试验前后特征级响应曲线对比

以产生不相关声场。其中两个或多个噪声源也可用输入同一信号,使这些声场相关。

20 世纪 70 年代末,北京卫星环境工程研究所对"东方红 2 号"通信卫星进行了行波场试验。试验使用真实的卫星整流罩、三级火箭仪器舱、卫星支架和三级火箭短壳。行波声场由 12 个轴向环绕的声道产生。每个声道都用独立的功率放大器和气流扬声器控制,声道截面按照声压级大小沿纵向变化。声道出口采用了减少声反射的喇叭形扩散段,气源采用但其,得到了较高的声压级。

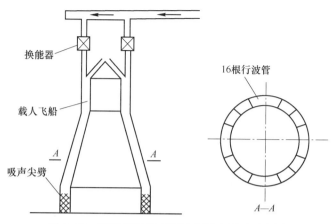

图 6-21 阿波罗飞船多行波管噪声试验示意图

对不同结构尺寸的航天器采用行波场模拟试验时需设计不同的行波试验,它不像混响室那样有较好的适应性。因此,自 20 世纪 60 年代以来,除了美国阿波罗飞船、海盗探测器外较少此类装置。

6.6 其他声试验技术

6.6.1 直接声场声试验

直接声场法最早由美国 J. Van Houten 于 1966 年提出。1999 年完成 QuikSCAT 卫星的噪声试验后,直接声场法开始被接受并作为混响室噪声试验的替代方案。

与混响室声振试验相比,直接声场避免了由于混响室引起的重大试验计划冲突,降低了搬运风险以及试验成本。但是,在技术成熟前,不推荐直接声场法用于飞行产品的噪声试验。

在当前技术条件下,直接声场试验可 20~20kHz 的宽频范围内产生总声压级 145~147dB 的声场 30s,142~145dB 的声场 1min,138~142dB 的声场 1h,138dB 以下的声场 3h。

直接声场声试验所用设备取决于产品的尺寸、试验声谱和声压级、设备布局等因素。设备一般包括扬声器、功率放大器以及控制系统(图 6-22)。麦克风应选用无指向性的麦克风。

6.6.2 噪声+热组合试验

高超声速飞行器是航空航天领域的研究热点和重要发展方向之一,其在巡

图 6-22　直接声场声振试验布置图(美国)

航或再入飞行过程中经历着极端严酷的气动热、噪声、力载荷等复合飞行环境。与常规飞行器不同,高超声速飞行器的噪声源主要是边界层、激波、冲压发动机等,当噪声声强超过 140~150dB,将对声敏感结构的强度设计产生影响。现有资料表明,高超声速飞行器大部分结构将处在 160dB 以上的噪声环境,局部由推进系统/激波产生的高声强噪声超过 170dB。飞行器机身、机翼、垂尾等大部分区域的温度在 750~1450℃ 之间,前锥端部和进气道等部位接近 1800℃ 局部高温区。极端的表面温度、高温度梯度、高噪声脉动压力以及长时间巡航是高超声速飞行器飞行环境的显著特点,高温环境对结构材料性能、结构动力学特性、自动控制等都产生了严重影响。因此,新型高超声速飞行器结构设计中必须考虑热/噪声复合环境的影响。热噪声疲劳试验设备包含噪声产生装置和加热装置,并且要求有较高的噪声声压级和加热能力,因此热噪声设备多采用行波管装置。热噪声试验系统如图 6-23 所示。

6.6.3　声振组合试验

航天器在飞行过程中,受到从运载器传到航天器的随机振动激励和从声空间传到航天器的噪声激励。随机振动环境和声环境对航天器的激励方式不同,随机激励通过运载器与航天器的接口机械传递到航天器的各部件,声激励通过整流罩和航天器之间的声空间直接作用于航天器的各部件。随机环境激励为点或面激励,而声环境激励为空气压力脉动的作用。二者激励相互耦合,共同作用于航天器。

图 6-23 热噪声试验系统

国外相关试验结果表明,在声环境试验中,声场直接激励的外壳或板将有最高的振动级,载物块的振动级次之,中心结构的响应级最小。而随机振动试验相反,中心结构(承力筒)直接安装到振动台上,将有最大的振动级,其余地方较小。这样,用随机或声模拟环境都将在某些部位产生欠试验或过试验。在目前航天器的动力学环境试验中,噪声试验和随机振动试验一般是选择一项进行,只能反映卫星飞行过程中某部分的力学环境,不能复现噪声和振动共同作用的组合环境,因此试验室开始进行了声-振组合动力学环境试验研究并研制了相应的设备,可同时施加振动和噪声激励。声振组合试验室如图 6-24 所示,声振

图 6-24 声振组合试验室

及温度组合试验如图 6-25 所示，QuikSCAT 声振组合试验图如图 6-26 所示。

图 6-25　声振及温度组合试验

图 6-26　QuikSCAT 声振组合试验图

参 考 文 献

[1] 柯受全,等. 卫星环境工程和模拟试验(下)[M]. 北京:中国宇航出版社,1996.
[2] 晏廷飞,杨松,张俊刚. 航天器声学试验计算机闭环控制技术[C]. 航天第八专业信息网学术交流论文集,2003,09:253-256.
[3] 运载器、上面级和航天器试验要求:GJB 1027A[S].
[4] 航天器声试验方法:GJB 1197A[S].
[5] Space_systems-Acoustic_Testing:ISO 19924[S].
[6] Environmental testing— Part 2-65:Tests Fg:Vibration-Acoustically induced method:IEC 60068-2-65[S].
[7] Cleanrooms and associated controlled environment — Part 1:Classification of air cleanliness:ISO14644-1[S].
[8] Acoustics —preferred frequencies:ISO 266:1997[S].
[9] Mechanical Environmental Tests:AECTP-400[S].
[10] Department of defense test method standard—Environmental engineering considerations and laboratory tests:MIL-STD-810G[S].
[11] Test requirements for launch, upper-stage, and space vehicles:MIL-STD-1540[S].
[12] Payload vibroacoustic test criteria:NASA-STD-7001A[S].
[13] Space engineering —Testing:ECSS-E-ST-10-03C[S].
[14] Part 3:Environmental test methods:DEF STAN 00-35[S].
[15] WILLIAM O,HUGHES,MARK E MCNELIS.NASA LeRC's Acoustic Fill Effect Test Program and Results[R]. NASA TM-106688, 1994.
[16] MASAHIRO TSUCHIHASHI, QINZHONG SHI.Spacecraft Vibration Subjected to Acoustic load with Fill Effect[C].Proceeding of 24th Aerospace Testing Seminar, 2008.
[17] JOHN C FORGRAVE,KIN F MAN,JAMES M NEWELL. Acoustic and Random Vibration test Tailing for Low-Cost Missions[C].proceedings of the 44th IES Annual Technical Meeting,1998.
[18] WILLIAM O HUGHES,ANNE M MCNELIS.Acoustic Testing of the Cassini Spacecraft and Titan IV Payload Fairing[R].NASA TM-107474,1996.
[19] TERRY D SCHARTON.Vibration and Acoustic Testing of spacecraft[J].sound and vibration,2022,36(6):14-18.
[20] NAOTAKA KUMAGAI, SHIGEMASA ANDO, QINZHONG SHI,et al. Simplified Spacecrafts Vibration Analysis Subjected to Acoustic Fill effect[J].Transactions of the Japan Society of Mechanical Engineering, 2010,76(771):2870-2875.
[21] MASAHIRO TSUCHIHASHI,QINZHONG SHI, SHIGEMASA ANDO, et al.Investigation of Vibration Response of Spacecrafts due to Local Sound Pressure Level Increase[C].Proceedings of the Mechanical Engineering Congress,2007.
[22] NAOKI OZAWA,QINZHONG SHI, SHIGEMASA ANDO,et al.Investigation of Spacecraft Vibration Subjected to Acoustic Sound Field of Fill Effect[C].52nd AIAA/ASME/ASCE/AHS/ASC Structures, Structural Dynamics and Materials Conference
 19th 4 - 7 April 2011.
[23] XIANG SHUHONG, Li YE, ZHANG JUNGANG.The Investigation of Acoustic Test Specifications on Spacecraft Structure by Numerical Methods[C]. The 22nd international Congress on Sound and Vibration, 2015.

[24] ZHENGLING, WUHAO, ZHANG DONGDONG.The Vibroacoustic Analysis of Spacecraft Structure Subject to Acoustic Excitation[C]. The 22nd international Congress on Sound and Vibration, 2015.

[25] XIANG SHUHONG, ZHANG MINJIE, FANG GUIQIAN, et al. A New Methodology of calculating Fill Effect Based on Statistical Acoustics Compared to Test Results[C]. The 23nd international Congress on Sound and Vibration, 2016.

第 7 章
冲击环境模拟与试验技术

7.1 概述

冲击是指一个结构系统所受到的瞬态激励,也可以看成是能量从外界传递到一个结构系统的短暂过程。在这种激励的作用下,该系统的位移、速度、加速度发生瞬态变化。

冲击一般分为两大类,即简单冲击与复杂冲击。简单冲击,其冲击幅值随时间变化的曲线近似简单的几何图形,如半正弦波、矩形波、锯齿波等,这种冲击作用的时间往往小于结构系统的自振周期。复杂冲击,其冲击幅值随时间变化的曲线呈复杂的振荡衰减形状,其作用时间可以延续到系统的若干个自振周期。

对冲击波形进行傅里叶分析可以得到:简单冲击的能量主要集中在频率较低的范围内,频带宽度与冲击延续时间成反比;复杂冲击的能量则分布在较宽的频率范围内。典型冲击时域谱见图 7-1。

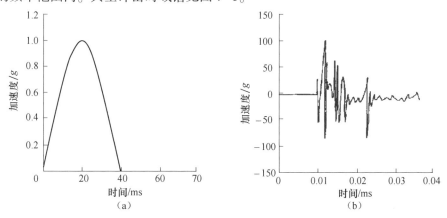

图 7-1 典型冲击时域谱
(a)简单冲击;(b)复杂冲击。

从产品的研制、运输以及飞行结束,在航天器全寿命周期内,其结构以及仪器设备可能经历各种各样的冲击环境,如运输冲击、点火冲击、爆炸冲击或着陆冲击、交汇对接以及在轨太空碎片撞击等。其中最主要的冲击环境则是由航天器为了完成各种任务而安装的火工装置在工作时产生,例如航天器和运载火箭末级分离,航天器舱段分离,航天器上伸展部件展开过程中的解锁、释放和分离等。

航天器上所用的火工装置种类繁多,如爆炸螺栓、分离螺母、拔销器、绳索切割器和V型炸药等。数量可达几十个甚至更多。这些火工装置工作时由于能量高速释放而产生爆炸冲击,一般简称火工冲击。在航天领域通常将火工冲击源分为点源和线源两类,点源包括爆炸螺栓、分离螺母、拔销器、切割器等,线源包括柔性聚能切割索、膨胀索等。

火工冲击环境主要取决于火工冲击源的类型、工作形式和能量,以及结构传递特性(包括结构类型和构型、连接形式、质量分布等)和火工冲击源到响应测点的距离。在火工装置附近,冲击加速度范围为 1000~100000g。它以应力波的形式传到卫星的各部位,加速度值随传播距离的增加而逐渐减小。在火工冲击载荷的作用下,可能导致结构预紧力应变能的释放,火工冲击环境具有瞬态、高频和高加速度的特性,其特点是高 g 值(最高可达 300000g),高频(高达1000kHz),瞬时(低于 20ms)。

火工冲击环境一般不会对航天器主结构造成破坏或者损伤,但对一些脆性材料,如石英晶体,以及一些电子设备可能造成损坏或故障。如继电器产生误动作,晶体碎裂而造成仪器损坏,导线断开以及污染物的移位引起电子零部件的损坏等。其程度一般随冲击量级和持续时间的增加而增大,随着距离火工冲击源的距离增大而减小。

7.2 基本知识

7.2.1 术语

(1) 冲击激励作用域系统并产生机械冲击的激励。

(2) 冲击响应谱,将受到机械冲击作用的一系列单自由度系统的最大响应(位移、速度或加速度)作为各个系统固有频率的函数的描述,如不加说明,则认为系统是无阻力的。

(3) 火工冲击环境,火工装置爆炸时刻产生的高量级、高频瞬态载荷作用在结构上的响应。

(4) 冲击脉冲持续时间,简单冲击脉冲的运动量上升到某一设定的最大值的分数值和下降到该值的时间间隔。对于实测脉冲,通常取 0.1 的最大值作为设定值,对立项脉冲设定值取为零。

7.2.2 冲击环境的数学表述

由冲击产生的环境通常用力、加速度、速度位移等物理量来描述,最常用的是冲击的加速度时间历程来进行描述。尽管冲击复杂多样,且以不同形式出现,但各种冲击均有如下特征:

(1) 波形复杂,很难用数学表达式进行描述;
(2) 持续时间变化较大(4ms~1.4s);
(3) 非周期性,峰值变化较大,其频谱是连续的;
(4) 瞬态激励,冲击作用时间短,响应也是瞬态的。

尽管冲击环境表征困难,但为了研究冲击对产品的破坏机理和在实验室里比较精确模拟现场的冲击环境,有必要对冲击环境进行定量描述。一般有两种描述方式:一种是描述冲击激励的参数,如冲击激励的时间历程;另一种是描述冲击激励引起的系统响应参数。

另外,从冲击激励的作用机理和破环机理考虑,也可通过以下三点(称为冲击三要素)定量的描述一次冲击所具有的严酷度:

(1) 峰值加速度 A_p;
(2) 持续时间 D;
(3) 冲击波形。

对线性系统定常系统,系统的响应与峰值加速度 A_p 成正比;持续时间 D 对系统的影响较复杂,系统的响应与持续时间 D 与系统固有周期 T 的比值有关,响应的最大值发生在 $D/T=0.5~1$ 之间。

对于常见的半正弦、后峰锯齿波、梯形波等冲击波形,当峰值加速度和持续时间一定时,梯形波给系统造成的冲击响应最大。参考各通用规范,如 GJB 150,MIL-810 等,经典冲击试验主要包括半正弦冲击、后峰锯齿波形冲击和矩形波冲击等。

1. 半正弦波冲击脉冲的表述

半正弦波冲击脉冲的描述可用一个时间的连续函数描述:

$$A(t) = \begin{cases} A_p \sin\left(\dfrac{t\pi}{D}\right) & (0 \leq t \leq D) \\ 0 & (t > D) \end{cases} \tag{7-1}$$

其频域表达式为

$$F(f) = \int_{-\infty}^{+\infty} A(t) \sin\frac{\pi}{D} e^{-j2\pi ft} dt$$

$$= \int_{-\infty}^{+\infty} A_p \sin\frac{\pi}{D} e^{-j2\pi ft} dt = \frac{A_p}{\left(\frac{\pi}{D}\right)^2 - 4\pi^2 f^2} \cdot \frac{\pi}{D} \cdot (e^{-j2\pi ft} + 1) \quad (7-2)$$

其幅值谱,从式(7-2)得

$$|F(f)| = \frac{2AD}{\pi}\left|\frac{\cos\pi D}{1 - 4D^2 f^2}\right| \quad (7-3)$$

半正弦波的时域波形和幅值谱如图 7-2 所示。

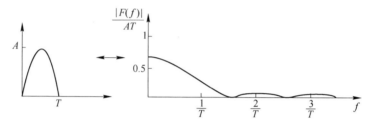

图 7-2 半正弦冲击波时域和频域图

2. 矩形波冲击脉冲的表述

矩形波冲击脉冲的描述可用一个时间的连续函数描述,具体见下式:

$$A(t) = \begin{cases} A_p & (0 \leqslant t \leqslant D) \\ 0 & (t > D) \end{cases} \quad (7-4)$$

其频域表达式为

$$F(f) = \int_{-\infty}^{+\infty} A(t) \sin\frac{\pi}{D} e^{-j2\pi ft} dt$$

$$= \int_0^D A_p \sin\frac{\pi}{D} e^{-j2\pi ft} dt = \frac{A_p}{\left(\frac{\pi}{D}\right)^2 - 4\pi^2 f^2} \cdot \frac{\pi}{D} \cdot (e^{-j2\pi ft} + 1) \quad (7-5)$$

其幅值谱,从式(7-5)可得

$$|G(f)| = AD\left|\frac{\sin\pi fD}{\pi ft}\right| \quad (7-6)$$

矩形冲击波的时域波形和幅值谱如图 7-3 所示。

3. 后峰锯齿波冲击脉冲的表述

后峰锯齿波冲击脉冲的描述可用一个时间的连续函数描述。

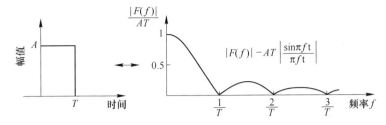

图 7-3 矩形冲击波时域和频域图

$$A(t) = \begin{cases} \dfrac{A_p}{D}t & (0 \leqslant t \leqslant D) \\ 0 & (t > D) \end{cases} \quad (7\text{-}7)$$

其频域表达为

$$F(f) = \dfrac{A_p}{D}\left[\dfrac{1}{\pi fD}\sqrt{1 - \dfrac{1}{\pi fD}\sin 2\pi fD + \left(\dfrac{1}{\pi fD}\cdot \sin\pi fD\right)^2}\right] \quad (7\text{-}8)$$

后峰锯齿波的时域波形和幅值谱如图 7-4 所示。

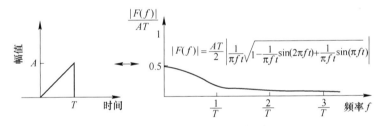

图 7-4 后峰锯齿波时域和频域图

分析简单冲击的时域图和频域图,发现后峰锯齿波谱的能量较均匀,易激起各个频率的响应。而半正弦波、矩形波在某些频域上为零。

(4) 冲击响应谱的表述

为研究结构耐冲击能力,布洛特(M. A. Blot)于 1963 年提出了冲击响应谱的概念。它用冲击载荷作用在结构系统上的效果来描述冲击。冲击响应谱是一系列不同频率、具有一定阻尼的线性单自由度系统受到冲击所产生的最大响应(位移、速度、加速度)与系统频率的关系曲线,简称冲击谱,它被广泛用于航天器产品的耐冲击设计和冲击环境模拟试验。

需要指出的是,冲击响应谱只是响应幅值与频率的关系曲线,没有相位信息,因此由冲击响应谱不能复现原来的冲击波形。对于一个实际的物理系统,如图 7-5 所示,则可理解为由这样多个不同频率、阻尼的单自由度系统构成,因此对每个单自由度系统进行冲击响应谱分析计算,最后加以合成,即可得到整个系统的冲击响应谱。

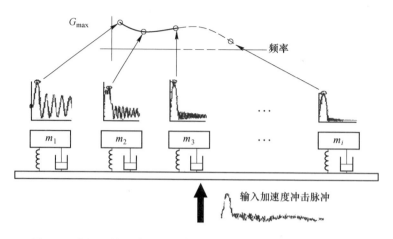

图 7-5 实际系统可等效为多个不同的单自由度(SDOF)系统组成

对于如图 7-6 所示的一个质量为 m，刚度为 k，阻尼为 c 的线性单自由度系统，当其安装基座受到冲击 $x(t)$ 激励时，该系统的运动方程表示为

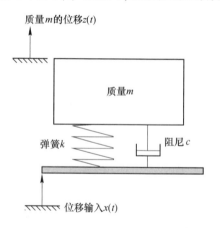

图 7-6 基座受到冲击的单自由度系统

$$\ddot{y}(t) + 2\zeta\omega_n\dot{y}(t) + \omega_n^2 y(t) = -\ddot{x}(t) \tag{7-9}$$

式中：$x(t)$ 为激励输入位移；$z(t)$ 为质量 m 的位移；$y(t) = z(t) - x(t)$；$\omega_n = \sqrt{\dfrac{k}{m}}$ 为系统的无阻尼固有频率；$\zeta = \dfrac{c}{2\sqrt{km}}$ 为系统的阻尼系数。

7.2.3 冲击响应谱计算与分析方法

当系统的初始位移和初始速度为零时，式(7-9)的解为

$$y(t) = \frac{1}{\omega_n\sqrt{1-\zeta^2}} \int_0^t \ddot{x}(t) \exp[-\zeta\omega_n(t-\tau)] \sin\omega_n[\sqrt{1-\zeta^2}(t-\tau)]\mathrm{d}\tau \tag{7-10}$$

式(7-10)即为有阻尼系统的杜哈梅尔积分。

显然 $y(t)$ 的解是系统固有频率 ω_d 和阻尼系数 ζ 的函数。当 ζ 值一定时,可以做出 $y(t)$、$\dot{y}(t)$、$\ddot{y}(t)$ 的最大值随 ω_d 的变化曲线,此即为位移冲击响应谱、速度冲击响应谱、加速度冲击响应谱。下面以一个单自由度系统为例来讨论冲击响应、冲击激励和系统固有频率的关系。

单自由度系统受迫激励的运动方程:

$$m\frac{\mathrm{d}^2 y}{\mathrm{d}t^2} + c\frac{\mathrm{d}y}{\mathrm{d}t} + ky = f(t) \tag{7-11}$$

如果求半正弦波冲击激励下系统的响应,那么就是求下面微分方程的解:

$$m\frac{\mathrm{d}^2 y}{\mathrm{d}t^2} + c\frac{\mathrm{d}y}{\mathrm{d}t} + ky = \begin{cases} A\sin\frac{\pi t}{D} & (0 \leq t \leq D) \\ 0 & (t > D) \end{cases} \tag{7-12}$$

由于冲击是一个瞬态过程,阻尼对放大关系影响较小,忽略阻尼对所研究问题影响不大,同时也为了简单可以假定 $c=0$。

不考虑阻尼,单自由度系统响应的齐次方程为

$$m\frac{\mathrm{d}^2 y}{\mathrm{d}t^2} + ky = 0 \tag{7-13}$$

其通解为

$$y(t) = C_1\sin\omega_n t + C_2\cos\omega_n t \tag{7-14}$$

式中:C_1、C_2 为常数,$\omega_n = \sqrt{k/m}$ 由初始条件决定,假设初始位移为 y_0,初始速度为 v_0,代入式(7-14)可得

$$C_1 = \frac{y_0}{\omega_n}, C_2 = v_0 \tag{7-15}$$

则系统自由振动的方程为

$$y(t) = \frac{y_0}{\omega_n}\sin\omega_n t + v_0\cos\omega_n t \tag{7-16}$$

设该系统静止于初始位置,则 $x_0 = 0, v_0 = 0$。

在 $t=0$ 时,作用冲量 $f(t)\Delta t$,Δt 为小量,根据冲量原理:

$$f(t) \cdot t = m \cdot v \tag{7-17}$$

则质量块 m 在 Δt 时间内速度增量:$v = f\Delta t/m$,则位移为

$$\Delta y = v\Delta t = \frac{f(t)\Delta t}{m\omega_n}\sin\omega_n t \tag{7-18}$$

如果冲量是在 $t=\tau$ 开始,则在 $t>\tau$ 时,系统位移：

$$\Delta y = \frac{f(t)\Delta t}{m\omega_n}\sin\omega_n(t-\tau) \qquad (7\text{-}19)$$

对于一个任意激励函数 $f(t)$,可将系统看作无数微冲量的迭加,冲击激励由 0 到 t 连续作用使质量块 m 在 t 时刻产生的位移为

$$y(t) = \frac{1}{m\omega_n}\int_0^t f(\tau)\sin\omega_n(t-\tau)\,\mathrm{d}\tau \qquad (7\text{-}20)$$

式(7-20)积分称为无阻尼系统的杜哈梅积分。用式(7-20)可计算静止平衡位置的单自由度无阻尼系统对任意激励的响应。

若激励在 $t=0$ 作用之前,质量 m 已有位移 x_0,速度 v_0,则式(7-20)可改写为

$$y(t) = \frac{y_0}{\omega_n}\sin\omega_n t + v_0\cos\omega_n t + \frac{1}{m\omega_n}\int_0^t f(\tau)\sin\omega_n(t-\tau)\,\mathrm{d}\tau \qquad (7\text{-}21)$$

如果定义在冲击激励作用持续时间内($0 \leqslant t \leqslant D$)系统的响应称为初始响应。那么对于半正弦波冲击激励的初始响应则为

$$y(t) = \frac{1}{m\omega_n}\int_0^t A\sin\frac{\pi}{D}t\sin\omega_n(t-\tau)\,\mathrm{d}\tau$$

$$= \frac{A}{2m\omega_n}\cdot$$

$$\left\{\frac{1}{\frac{\pi}{D}+\omega_n}\sin\left[\left(\frac{\pi}{D}+\omega_n\right)\tau - \omega_n t\right] - \frac{1}{\frac{\pi}{D}-\omega_n}\cos\left[\left(\frac{\pi}{D}-\omega_n\right)\tau + \omega_n t\right]\right\}\Big|_0^t$$

$$= \frac{A}{2m\omega_n}\frac{1}{\left(\frac{\pi}{D}\right)^2 - \omega_n^2}\left(-\frac{\pi}{D}\sin\omega_n t - \omega_n\sin\frac{\pi}{D}t\right)$$

$$= \frac{A}{k}\left(\frac{1}{1-T^2/4D^2}\right)\left(\sin\frac{\pi}{D}t - \frac{T}{2D}\sin\omega_n t\right) \qquad (7\text{-}22)$$

式中: k 为弹性系数; T 为系统固有周期, $T = \frac{2\pi}{\omega_n}$。

冲击激励作用时间后($t>D$)系统的响应称为剩余响应。求剩余响应就是求 $t>D$ 时的系统响应,故将积分分为两段,一段从 $0 \to D$,另一段从 $D \to t$,因后一段中 $f(t)=0$ 故积分为 0。则剩余响应为

$$y(t) = \frac{AT}{2mD}[\sin\omega_n t + \sin\omega_n(t-D)] \quad (t \geqslant D) \qquad (7\text{-}23)$$

对冲击来说,我们关心的是响应的最大值,将系统任意时间响应的最大值称为最大响应。最大响应不仅与激励的特性有关,而且与系统的固有周期 T 有关。

（1）当冲击激励的持续时间 D 与产品的固有周期比值小于 1/2 时,响应的最大值发生在剩余响应阶段。

（2）当冲击激励的持续时间 D 与产品的固有周期比值大于 1/2 时,响应的最大值发生在初始响应响应阶段。

因此,工程应用中,通常将冲击响应谱按照响应峰值取法不同分为：

（3）初始响应谱：在冲击持续作用的时间范围内出现的最大响应峰值与系统固有频率之间的关系,简称"主谱"。

（4）剩余响应谱：在冲击持续作用完结之后的时间范围内出现的最大响应峰值与系统固有频率之间的关系,简称"余谱"。

（5）最大响应谱：在整个响应过程中的最大响应峰值与系统固有频率之间的关系,亦即"主谱"和"余谱"的包络谱。当此最大响应峰值为绝对值最大时,称为绝对最大响应谱。

（6）最小响应谱：在整个响应过程中的最大响应峰值与系统固有频率之间的关系。

为了进一步分析最大响应的规律,需将响应在频域内分析。如果用同一加速度冲击激励一系列不同的 f_n（试验样品的固有频率）就可得到一系列最大响应加速度 A_{max}。

把系统初始响应的加速度最大值作为系统固有频率的函数所给出的曲线称为初始冲击响应谱,把系统剩余响应加速度的最大值按固有频率的大小给出的曲线称为剩余冲击响应谱。

图 7-7 为峰值加速度 $A=10g$,冲击持续时间 11ms 的半正弦冲击激励产生的最大加速度响应谱曲线。是用加速度峰值 A 和持续时间 D 相同的半正弦冲击脉冲激励一系列单自由度线性系统得到。如果用相同的波形,相同的加速度峰值,但持续时间 D 不同的冲击脉冲激励同一个产品,其最大加速度会如何变化呢？

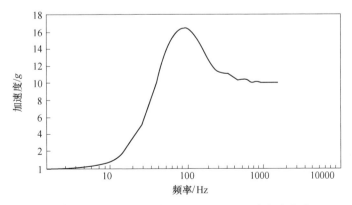

图 7-7 半正弦波峰值加速度 10g@11ms 冲击响应谱

从式(7-23)中我们发现最大响应加速度的式中包含 D/T 比例因子,也即系统的最大响应除与冲击激励的峰值 A 有关外,还与比例因子 D/T 有关。如果冲击激励的峰值 A 不变,而改变冲击激励的持续时间,把最大响应与持续时间的关系画在一张图上,也将会得到同样形状的谱。不同的冲击激励的峰值 A 只会影响应最大值的大小,不会改变曲线的形状。

为了研究方便:令横坐标 $f_d = D/T$,f_d 称为广义频率或归一化频率,纵坐标为 $a = y_{max}/A$,a 称为广义加速度或响应系数,所得到的谱称为响应系数谱。

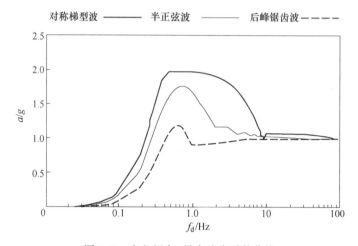

图 7-8　广义频率-最大响应系数曲线

广义频率最大响应系数可以看成一个峰值加速度为 A 和脉宽为 D 的半正弦波,冲击激励一系列单自由度无阻尼线性系统得到的最大加速度响应谱,也可看作一系列 A 和 D 均不相同的半正弦冲击,分别去激励同一个单自由度无阻尼线性系统得到的最大加速度响应谱。

图 7-8 的三条曲线分别是对称梯形波、半正弦波、后峰锯齿波对应的广义频率最大响应曲线。从该图中可看出:脉冲上升时间对初始冲击响应谱的影响很大。后峰锯齿波的上升速度最慢,其响应最小;而对称梯形脉冲的上升速度最快,所以响应最大。在更高频率上,广义冲击响应谱值近似为 1。

目前冲击响应谱的计算方法主要有两大类:

一类是用机械或电子的方法模拟单自由度系统的物理模型,给该模型以冲击输入求响应,如簧片仪、振子式冲击谱分析仪、电子模拟冲击谱测量仪。这类方法的优点是简单、经济、可靠,缺点是设备笨重、频带窄、精度差。

另一类方法是直接求解单自由度二阶微分方程,由计算机完成,这是最近几十年迅速发展起来的方法,主要计算方法如下:

(1) 直接积分法。直接积分法即直接对单自由度系统的响应进行积分(杜

哈梅积分),其通解见下式

$$\delta(t) = \frac{1}{\omega_d} \int_0^t \ddot{x}(\tau) e^{-\zeta\omega_n(t-\tau)} \sin\omega_d(t-\tau) d\tau \qquad (7-24)$$

式中:$\omega_d = \omega_n \sqrt{1-\zeta^2}$

然后将方程变量离散化,以和式代替积分求得 $\delta(t)$。这种方法编程简单,但计算量大,占用计算机时间长。

(2) 傅里叶变换法。这种方法的思路是将冲击信号进行傅里叶变换(采用快速傅里叶算法),然后乘以单自由度系统的频响函数,再对乘积求解逆快速傅里叶变换,从而得到时域响应,最后经峰值检测得到冲击响应谱。该方法的优点是可利用快速傅里叶变换信号分析软件,运算速度快。但是这种算法要做多次快速傅里叶变换和逆快速傅里叶变换,程序复杂。

(3) 递推法,其思路是在求解 δ_{i+1} 时,尽量用到 δ_i 和 δ_{i-1},并将正弦运算和指数运算作为因子提出,使得递推运算仅含有乘法和加法运算,并可以循环运算。这样就简化了直接积分方法。

(4) 数字滤波器法。将绝对加速度模型和相对位移模型的传递函数离散化,并将模型参数转化为数字滤波器系数。这种方法充分利用了数字滤波方法及其成果,受到广大工程技术人员的青睐。

7.3 冲击环境模拟技术

7.3.1 冲击环境模拟技术途径

在冲击环境作用下,经产品结构传递产生的应力和运动瞬态响应,通过材料的机械性能造成冲击环境效应。因此,冲击环境模拟试验设计除了考虑激励输入(时间域和频率域)特性外,还应考虑与产品固有动态特性有关的响应特性。在试验室条件下,通常有下列三种冲击环境模拟技术途径。

(1) 冲击时间历程模拟——时域模拟。再现实际的冲击时间历程或者能反映实际冲击时间历程主要特性(如主脉冲波形或速度变化)的典型脉冲波形(后峰锯齿波或梯形波)。

(2) 在实际冲击激励下的响应模拟。预先根据产品的固有动态特性确定产品对实际冲击载荷激励下的响应,施加能与该响应的主要特性相一致的任何冲击波形。

(3) 产品破坏条件模拟。模拟产品在实际冲击环境作用下的破坏模式和程度。

以上三种途径中最难实施的是第三种。

7.3.2 爆炸冲击环境模拟方法

1. 用火工装置进行模拟

直接使用火工装置产生冲击环境,可以更好地模拟实际的冲击环境。按照火工装置安装及载荷传递的具体结构不同,火工装置模拟可以分为火工装置-真实结构法、火工装置-模拟结构法(图 7-9)和火工装置-夹具法 3 种。

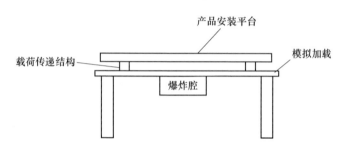

图 7-9　火工装置模拟试验台示意图

火工装置+真实结构、火工装置+模拟结构两种方法,顾名思义,就是采用真实的火工装置对真实产品或模拟产品进行爆炸分离试验。

这两种方法的特点是:从爆炸分离冲击的物理过程和效应上讲,模拟的效果都最为真实,并且适用于任何全尺寸产品;

缺点是:

(1) 载荷的重复性较差;

(2) 试验的量级很难控制,尤其在鉴定试验中要稳定提高量级非常困难;

(3) 试验成本较高,尤其是采用真实的产品;

(4) 由于采用了火工品,试验具有一定的危险性。

鉴于上述特点,这两种方法的应用场合主要在以下两个方面:一是研究性试验,用于研究爆炸分离冲击的应力波或者结构响应传递规律,统计制定冲击环境条件等;二是功能考核、验证性鉴定、验收试验,用于考核或验证分离动作和冲击环境下装备结构和功能的完整性。

火工装置-夹具法是采用火工装置爆炸,通过夹具传递载荷,对试件实施冲击载荷。其中,夹具的具体结构多种多样,根据其特性的不同可分为普通夹具和谐振夹具。通过调整夹具响应特性、装药特性、夹具和试件间的阻尼材料等,可获得不同形状的冲击载荷。这种方法的真实性比较好,但仍存在波形重复性差的缺点,需要反复的试验调试。

总体上说,火工装置模拟的优点是模拟真实、载荷量级高、可以同时满足 3 个方向的加载,缺点是试验成本高、载荷的重复性和可控性差,无通用的设备,并且有一定的危险性。目前已经发展了多种使用火工装置的爆炸冲击模拟器。这些试验装置并未得到推广使用,其主要原因是作为试验手段,安全是至关重要的问题,同时试验冲击谱不易控制在容差范围内。火工品爆炸冲击试验多在整星级试验中模拟星与过渡段分离的爆炸解锁试验中采用,用于分析结构响应。

2. 用机械撞击进行模拟

为了提高试验量级,机械撞击模拟冲击在工程上较为常用。

机械撞击式冲击模拟试验装置基本原理是用一个质量以一定初速度撞击另外一个专门设计的谐振结构,使被撞装置产生与要求的冲击环境类似的响应。这种设备多用摆锤、自由跌落质量、气动活塞、弹射弹等撞击板、梁、杆或者组合结构等,以激发该结构产生共振,产生瞬态响应。

试验时,将试件装在共振装置上,用冲击发生器撞击共振装置使共振装置产生频率很高的振荡。被测仪器安装在共振装置上或与共振装置连接,在被测仪器上能够产生与火工冲击十分接近的冲击激励。通过改变摆锤的初始距离或者气动活塞压力来改变冲击响应谱的幅值或者量级,通过改变共振装置的结构特性来改变冲击响应谱的谱形。

实际的共振装置可以采用共振杆、共振梁、共振板或多层板等多种形式。图 7-10 为两种主要应用形式。

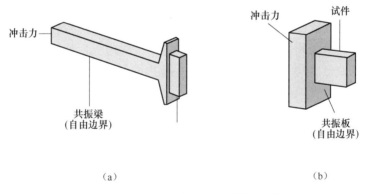

图 7-10　机械式冲击模拟试验装置示意图
(a)共振梁结构;(b)共振板结构。

3. 用振动台进行模拟

振动台模拟爆炸冲击环境以冲击响应谱等效为基础,采用振动台产生满足谱规范要求的振荡型冲击,对产品实施考核。通过使用各种不同的波形组合,由计算机计算出给定基本波形组合的冲击谱,修改基本波形的参数以满足冲击规范。

该方法目前较为成熟且得到广泛应用。采用振动台模拟瞬态环境的优点是试验成本低,试验的自动化程度高,可控性和重复性较好,在目前的模拟方法中,没有哪一种方法在冲击谱条件控制方面能与振动台相比。缺点是受振动台推力、速度、位移等技术条件限制,瞬态作用时间较难控制,瞬态加速度幅值受限。对大质量试件,高谱值条件的试验很难完成。并且振动台的工作频率大多在 2kHz 以下,少数小型振动台可以达到 3kHz,这也影响了冲击环境模拟的高频特性。国外有关标准建议:只有整个装备处于冲击源的远场,受结构响应支配,数据处理结果满足振动台的频率范围,才可以使用振动台模拟。

4. 三种模拟方法比较

上述三种冲击响应谱试验模拟方式都有各自的优点和缺点。电动振动台模拟在载荷的重复性、可控性方面具有无可比拟的优点,因此数十年来受到了人们的青睐,但受到振动台推力、速度、位移等技术指标限制,使其只能完成试件不太重、谱峰值不太高的试验;频率范围的限制,又使其只能用于爆炸分离冲击环境的远场模拟。

火工装置模拟载荷重复性差、可控性差、试验成本高的缺点,但他们在模拟真实性和大型产品试验等方面又具有突出的优点,可满足近、中、远场 3 个区域的三轴向试验模拟。因此,这种方法在许多大型航天产品的研制、验收、鉴定试验中发挥了重要的作用。

机械碰撞装置模拟技术是当前该领域内的热点之一。这类技术对爆炸分离冲击环境的中场和远场的模拟较为真实,并且载荷重复性较好,试验成本也低,但载荷的可控性不是很理想,容易产生较大的低频分量,调试需要花费较多的时间。

7.3.3 着陆冲击环境模拟方法

返回舱或者月球、火星等探测器着陆地球、月面或者火星表面时,瞬时的动量转化为冲量作用在器上,使其承受冲击作用。为了考核结构在着陆冲击过程中的抗冲击性能、测量关键部位和关键设备连接处的冲击响应,需要进行着陆冲击环境的模拟。

1. 返回舱着陆冲击环境模拟

着陆冲击模拟按试验方式不同分为着陆冲击试验、垂直投放试验和水平投放试验。

1)着陆冲击试验

返回舱乘主伞或备份伞以不同速度和姿态投放并着陆在能模拟真实着陆场有代表性土介质的着陆冲击模拟试验床上的试验。

2)垂直投放试验

这种试验方式中,返回舱在一定高度上以一定的姿态投放,自由下落至着陆冲击模拟试验床上。垂直下落速度 V_v 由返回舱大底外底面中心位置距底面高度即投放高度来确定,按式(7-27)确定投放高度,以获取需要的垂直下落速度 v_v。

$$H = \frac{v_v^2}{2g} \quad (7-25)$$

式中:H 为投放高度(m);v_v 为返回舱获得的垂直下落速度(m/s);g 为重力加速度(m/s²)。

3)水平投放试验

水平投放试验中,返回舱在一定高度上以一定姿态和一定的水平初速度投放,自由下落至着陆冲击模拟试验床上。

水平速度 V_h 由悬挂装置的摆动角来确定,在试验架上安装悬挂装置和投放装置,当返回舱摆动到铅垂位置时,投放返回舱,返回舱作水平投放运动。在重力的作用下,返回舱以一定的水平速度和垂直下落速度着地。摆角和水平速度之间的关系为

$$\varphi = \arccos\left(1 - \frac{v_h^2}{2gL}\right) \quad (7-26)$$

式中:φ 为初始摆角;v_h 为返回舱水平速度(m/s);L 为悬挂装置总长度(m)。

通过返回舱着陆冲击试验,可以获取所关心部位的冲击响应参数和舱体运动数据。

2. 星球探测器着陆冲击环境模拟

星球探测器着陆冲击试验一般通过将试验器起吊至预定高度,然后以自由落体的方式释放到模拟着陆面上的方式进行。

投放高度根据着陆冲击过程中最大触地能量推算,假设探测器最大着陆质量为 m_{max},最大垂直着陆速度为 v_{max},试验器质量为 m,初始投放高度为 H,根据能量等效,可得出地面试验所需的初始投放高度为:

$$H = \frac{m_{max} v_{max}^2}{2mg} \quad (7-27)$$

式中:g 为地面试验中的重力加速度。

通过探测器着陆冲击试验,可以考核探测器主结构在着陆冲击过程中的抗冲击性能,测量所关心部位的冲击响应参数,同时可以获取着陆冲击分析模型修正所需要的试验数据。

7.3.4 经典冲击冲击波形等效计算方法

产品的冲击环境给出冲击激励的三要素(峰值,脉冲宽度,波形),但在实验

室里对这些冲击条件进行模拟试验时,由于试验设备或其他方面的限制,往往不能满足所规定的条件。有时不能产生规定的持续时间,有时不能产生规定的波形,而只能产生另一种波形。本节讨论不同冲击波形的等效计算方法。冲击引起的失效主要是由于最大加速度引起的,所以,冲击等效的依据是:规范所规定的最大冲击加速度与冲击试验时试验样品响应的最大加速度相等。

设试验规范规定的冲击波形的峰值加速度为 A_1,脉冲宽度为 D_1,最大响应加速度为 $a_{\max 1}$,试验所采用的波形峰值加速度为 A_2,脉冲宽度为 D_2,最大响应加速度 $a_{\max 2}$。根据响应加速度等效的原则,如果

$$a_{\max 1} = a_{\max 2} \tag{7-28}$$

则认为这两种冲击等效。其中:

$$\begin{aligned} a_{\max 1} &= A_1 \times \beta_1 \\ a_{\max 2} &= A_2 \times \beta_2 \end{aligned} \tag{7-29}$$

式中:β_1、β_2 为最大响应系数,从半正弦波的广义频率-最大响应系数曲线中获得。

1. 相同冲击波形,持续时间不同的等效

举例说明如下。以半正弦波冲击为例,设实际环境峰值加速度 $A_1 = 5g$,持续时间 $D_1 = 500\text{ms}$,需要标准化的持续时间 $D_2 = 0.0115\text{s}$,求用多大的 A_2 进行试验,才能使冲击效果相同?(假设产品共振频率为40Hz)。

求解如下:

$$fD_1 = 40 \times 0.5 = 20$$

从半正弦波的广义频率-最大响应系数曲线上可找到其最大响应系数 $\beta_1 \approx 1$。

$$fD_2 = 40 \times 0.011 = 0.44$$

从半正弦波广义频率-最大响应系数曲线上可找到 $\beta_2 \approx 1.44$。

则由 $A_1 \beta_1 = A_2 \beta_2$,得出:

$$A_2 = \frac{A_1 \beta_1}{\beta_2} = \frac{1 \times 5}{1.44} = 3.5(g)$$

2. 不同持续时间,不同波形的等效

在试验时,由于设备的限制,有时产生不了需要的冲击波形。这种情况的等效,分别取自不同波形的最大响应系数谱。

举例说明如下。用一个脉冲宽度0.5s 的半正弦波模拟一个脉冲宽度0.011s,峰值为10g 个后峰锯齿波,系统固有频率 $f_n = 40\text{Hz}$。求半正弦波的加速度峰值。

求解如下:

$$fD_1 = 40 \times 0.011 = 0.44$$
$$fD_2 = 40 \times 0.5 = 20$$

根据广义频率-最大响应系数曲线分别查出后峰锯齿波($fD_1=0.44$)和半正弦波($fD_2=20$)的最大响应系数为

$$\beta_1=1.12, \beta_2=1$$

则

$$A_2=\frac{A_1\beta_1}{\beta_2}=\frac{1.12\times 10}{1.0}=11.2(g)$$

即用脉冲宽度0.5s的半正弦波波模拟脉宽0.011s,峰值为$10g$个后峰锯齿波时,峰值应取$11.2g$。

当采用相同的脉冲宽度来做波形间的等效时,梯形波的峰值最小,半正弦波的峰值稍大,后峰锯齿波的峰值最大。上述讨论的是理论得出的单自由度、无阻尼、线性系统的等效关系,如果系统是并联多自由度系统,应根据不同的共振频率求出对应的峰值响应加速度取较大的,如果是串联的多自由度系统应取第一级响应。

需要指出的是,冲击试验以峰值破坏为基础,不能简单的用于模拟疲劳破坏的碰撞等。

7.3.5 冲击响应谱模拟技术优势

产品采用冲击响应谱模拟方式是发展趋势。冲击响应谱试验与典型冲击(Classical Shock)试验相比,采用冲击响应谱规范进行冲击模拟具有明显的合理性和优势:

(1) 冲击响应谱具有明确的物理意义,采用冲击引起的响应大小来衡量试验对象在现实冲击的破坏力。可用于比较不同冲击的严酷程度,因此冲击谱试验规范更为合理。

(2) 冲击响应谱是对系统响应进行等效,因此对产品的作用效果也等效,冲击响应谱模拟比规定冲击脉冲来模拟更接近实际冲击环境。

(3) 冲击响应谱试验能充分暴露冲击环境造成的功能失效,试验效果比较有真实性。

(4) 对冲击脉冲的类型和产生冲击的方法不做严格要求,因此试验时有较大的灵活性。

(5) 对于工程设计人员来说,通过冲击响应谱的分析,可以对设备各部件冲击响应谱试验时产品所承受的最大动力载荷能够比较准确的把握,从而预测冲击的潜在破坏,同时还能提供给工程设计人员一个比较灵活的技术,以确保试验的可重复性。

冲击响应谱试验得到了广泛的应用,但是冲击响应谱试验规范也有自己的局限性。冲击响应谱描述的是多个单自由度系统在同一冲击作用下的最大响应同系统固有频率之间的关系,其间未包括相位信息,因此冲击作用力与冲击响应谱之间不存在唯一的对应关系,即存在着不同冲击作用力具有相同冲击谱的现象。

这种同一冲击谱对应多个冲击作用力的现象导致的最大问题是不同受试产品在执行相同试验规范时可能受考核的严酷程度不一致。例如,选两个具有相同冲击响应谱而它们的时域特征差别却很大的冲击作用力对同一批产品进行冲击试验,试验结束后尽管这批产品可以得到相同的冲击谱,但它们各自结构的真实响应却会有很大差异。因此冲击响应谱试验需要在工程实践中不断完善。

目前冲击响应谱作为试验规范已被广泛地用于各种产品的耐冲击设计与冲击环境模拟试验,越来越多的经典冲击试验规范逐渐被冲击响应谱试验规范替代。

7.3.6 爆炸冲击零漂数据处理技术

1. 零漂产生机理分析

爆炸所产生的冲击,可以用锯齿形冲击波表述,其公式为

$$a(t) = \begin{cases} \dfrac{A}{\tau}t & (0 \leqslant t \leqslant \tau) \\ 0 & (其他) \end{cases} \quad (7\text{-}30)$$

齿形冲击波与压电加速度传感器输出波形如图 7-11 所示。

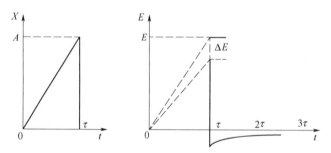

图 7-11 齿形冲击波与压电加速度传感器输出波形

由图 7-11 电路得到回路方程为

$$I = C_T \dfrac{\mathrm{d}e_f}{\mathrm{d}t} + \dfrac{e_f}{R} = \dfrac{Q_E}{t} = \dfrac{S_q * a}{t} \quad (7\text{-}31)$$

带入初始条件:当 $t=0$ 时,$e_f=0$

$$e_f = \dfrac{S_q A R}{\tau}(1 - \mathrm{e}^{-\frac{t}{RC_t}}) \quad (0 \leqslant t \leqslant \tau) \quad (7\text{-}32)$$

当 $t = \tau$ 时,锯齿波的理论电压为

$$E = \frac{S_q A}{C_T} \tag{7-33}$$

电压偏差最大为

$$\Delta E = \frac{S_q A}{C_T}\left(1 - \frac{RC_T}{\tau}(1 - e^{-\frac{\tau}{RC_i}})\right) \tag{7-34}$$

令 $y = \dfrac{\Delta E}{E}$,$x = \dfrac{RC_T}{\tau}$,则 $\lim\limits_{x \to \infty} y = 0$

图 7-12 给出了 x 与 y 的关系,可知 RC_T 越大,电压偏差越小,当 $RC_T \geqslant 10\tau$ 时,零漂偏差控制在 5% 以内。理论上有两种解决方案可以提高 RC_T $RC_T \geqslant 10\tau$:

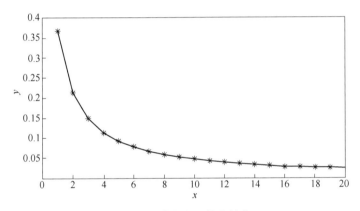

图 7-12　输出电压偏差趋势

（1）增加测试线缆长度,提高电缆电容 C_c,但这样会使电压灵敏度降低,损失一定的动态范围。

（2）采用具有高输入电阻的前置放大器。

2. 零漂数据抢救方法——小波分析法

零漂现象是由于压电加速度传感器的工作机理造成的,冲击测试时很难完全避免。对于压电传感器测量得到的失真数据,通过信号分析处理,将信号中的低频零漂分量去除掉,尤为重要。

傅里叶变换是最为常用的信号分析处理方法,但傅里叶变换是一种全局变换,不能反应信号的时域特性,而建立在傅里叶变换上的小波变换,具有多分辨率分析的特点,而且在时域和频域都具有表征信号局部特征的能力,是一种时间窗和频率窗可改变的时域和频域局部分析方法。小波变换在低频部分有很高的频率分辨率和较低的时间分辨率,在高频部分具有较高的时间分辨率和较低的频率分辨率。因此可以同时观察到信号的时域特征和频域特征。爆炸分

离冲击信号为典型的瞬态信号,较适合应用小波分析,对本次测量的数据应用小波分析,可去除由于放大器饱和造成的失真,提取出真实的爆炸分离信号。

选用某次爆炸冲击测试,爆炸源附近测点的测试数据如图 7-13 所示,由于测点距离爆炸源很近,测量信号出现了低频零漂现象。对信号进行多尺度小波分解,提取并重建尺度 5 水平下的近似部分和细节部分系数,如图 7-14 所示。

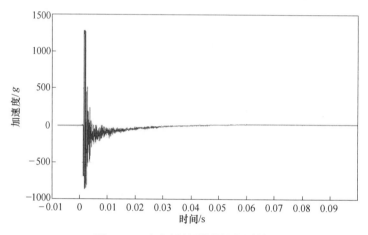

图 7-13 产生低频零漂的测试数据

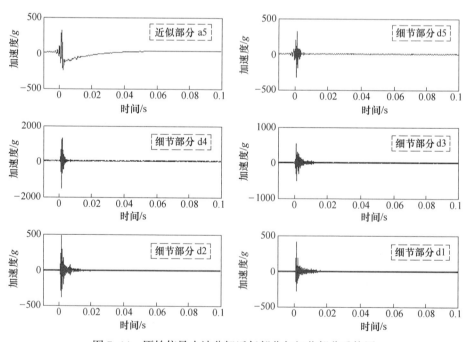

图 7-14 原始信号小波分解近似部分与细节部分重构图

可以看到，a5 为电荷饱和造成的低频分量，滤掉 a5 对信号进行重构，得到信号与原始信号的对比，如图 7-15 所示。

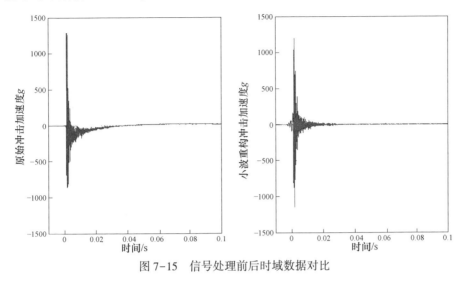

图 7-15　信号处理前后时域数据对比

对原始信号和处理后信号分别进行冲击响应谱分析，如图 7-16 所示。

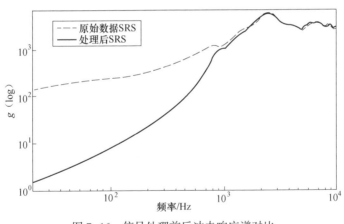

图 7-16　信号处理前后冲击响应谱对比

可以看到，对信号的小波分析，只是滤除了信号的低频部分，对信号的高频影响不大。

7.4　爆炸冲击环境地面模拟试验技术

目前，爆炸冲击环境试验技术较仿真预示技术相对成熟、规范，在冲击测试技术、模拟试验方法等方面取得了大量的成果和工程经验,并在工程中得到了广泛的应用。工程中,冲击的环境数据的获取最终都通过试验或飞行中的实测来验证,产品抗爆炸冲击能力的设计鉴定和验收考核也必须通过试验手段来完成。

一般而言,冲击试验主要对象为航天器组件,但为了更严格地对航天器系统级进行考核,检验其承受爆炸冲击环境的能力,评估部分组件所承受的冲击环境,有时也进行航天器系统级的冲击试验。航天器系统级试验通常采用星上的火工装置起爆来产生冲击环境。

7.4.1 星箭爆炸分离解锁试验方法

星箭分离试验是考核卫星与运载适配器之间机械接口、电气接口的准确性、协调性和可靠性而进行的一项试验。

通常在常温、常压下进行火工品包带解锁爆炸,测量火工品爆炸起爆时对卫星结构产生的冲击响应。本质上是一种真实火工品的爆炸解锁冲击试验。

星箭分离试验时,应尽量模拟实际的飞行状态边界条件,使卫星与运载适配器(卫星支架)在自由落体状态下实现分离。

试验前分离弹簧压装在卫星对接框和运载适配器(卫星支架)之间,分离弹簧的一端固定在适配器上,另一端固定在卫星对接框下部,由包带组件将卫星和运载适配器(卫星支架)连接起来。分离试验时将由包带组件连接起来的卫星和运载适配器(卫星支架)整体吊起到海绵垫上方一定高度后,控制分离火工品(爆炸螺栓)起爆后实现分离。

星箭分离前卫星与运载适配器(卫星支架)对接试验状态见图7-17。

所用试验设备包括:试验对象、卫星支架车、卫星吊具、卫星加电设备、高速摄像系统、冲击响应测量系统、海绵垫,以及试验用的运载适配器、星箭分离弹簧、爆炸螺栓、弹簧锁紧装置、星箭解锁装置等。此外还包括一些试验辅助设备,比如卫星支架车、工艺装配台架、分离火工品防爆盒、分离开关测试仪(含电缆)、分离火工品发火控制器及接口电缆、爆炸螺栓解锁直流电源、包带解锁测量设备(含电缆)、包带锁紧加力器(液压加力和手动加力)、包带安装工具、脐带电缆脱落控制器及电缆、分离插头脱落指令盒等。

7.4.2 跌落式冲击试验技术

跌落冲击台在冲击试验模拟早期广泛使用。最早由Fandrich于1974年提出。该方法的优点是获得的振荡型脉冲与爆炸分离冲击载荷类似。可以根据有关参数预先计算,结合适当的试验调试来获得所希望的冲击谱型。但由于它的固有特性,往往导致试件不应有的损坏,主要原因是:

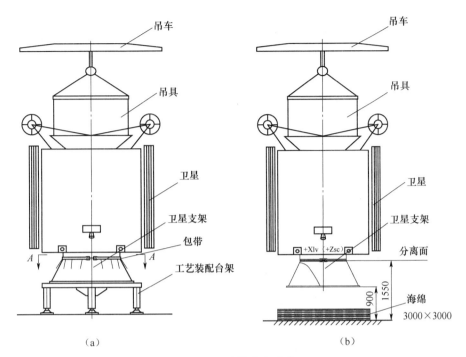

图 7-17 星箭分离试验
(a)星箭对接试验状态;(b)分离试验状态。

(1) 跌落式冲击有较大的速度变化,它在低频部分能量较实际爆炸冲击大。

(2) 跌落式冲击为典型冲击,速度和位移变化较大,而爆炸冲击是高频振荡形,加速度变化大,但速度和位移变化小,两种载荷作用的方式不同,破坏的效果也不一样。

但是由于跌落式冲击试验台使用方便,试验成本低廉,重复性较好,在没有更合适的设备时,可以用来模拟爆炸冲击环境,结果偏保守。

跌落式冲击台试验原理:将试验件安装在冲击台面上,将平台整体提升到满足规范要求的高度后释放,冲击台面落下后撞击试验机底部的波形发生装置。冲击台面下落高度和波形发生装置的特性决定试验件所经受的冲击特性(冲击幅值、波形和持续时间)。

跌落式冲击台组成:一般由冲击台面、提升机构、释放机构、导向杆、底座、波形发生装置等组成。跌落式冲击台简单构型见图7-18。

7.4.3 摆锤式谐振板冲击试验方法

摆锤式冲击台由王永联(1993)首先研制。与跌落冲击台类似,也是利用离

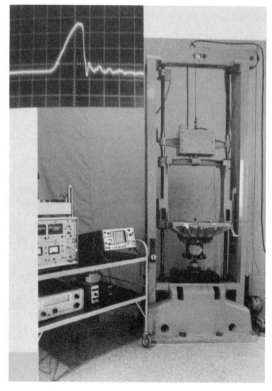

图7-18 典型跌落式冲击台示意图

散系统在撞击下的响应来对试验件加载。如图7-19所示,试验件安装在台面上,台面两侧分别通过弹性装置(如阻尼波形垫等)与刚性板作用,构成类似一个双自由度弹簧-质量系统。试验时采用摆锤或者气动装置撞击刚性板,台体在此载荷下产生瞬态振动,由此实现对试验件的加载。

摆锤式谐振板冲击台组成:一般由谐振板台面、摆锤、提升机构、挂钩及释放机构、冲击台基座、缓冲垫及波形发装置等组成。

摆锤式谐振板冲击台见图7-19所示,其试验原理如下:冲击台体前、后装有阻尼器,冲击锤通过前阻尼器作用在冲击台上,台体受到摆锤式撞击后产生少数几个频率成分为主的瞬态衰减振动。实际使用过程中,通过改变平台结构的频率设计和阻尼器可控制拐点频率和谱型。这种方法可产生高达8000g的冲击谱,频率成分可达10kHz,拐点频率在600~3000Hz范围可调。

该方法优点是冲击谱形具有一定的可控性和重复性,获得的冲击波形与外场爆炸分离冲击环境类似,试验成本较低。但受试件尺寸和质量限制,适合用于中、小型产品的试验。

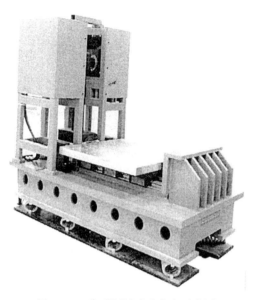

图 7-19 典型摆锤式冲击台示意图

7.4.4 气动式谐振板冲击试验方法

大型气动式谐振板冲击台是 21 世纪新发展的技术,北京卫星环境工程研究所首先研制推广应用。主要原理是利用气体瞬间释放膨胀推动冲击质量块加速撞击具有多阶固有频率的金属板,金属板会激起谐振,调整金属板前、后波形垫及冲击力的作用效果,使金属板被激起的响应近似于复杂的衰减正弦波,模拟爆炸冲击环境。

气动式谐振板冲击台:一般由谐振板台面、冲击锤头、冲击气缸及储气缸、压缩空气泵、波形测控系统、冲击台基座、波形垫等组成,具体见图 7-20。

图 7-20 水平气动式冲击冲击台示意图

气动式谐振板冲击台试验原理：通过压缩空气提供动力，冲击气缸的控制阀门瞬间打开，压缩气源进入冲击气缸，气缸活塞通过气体瞬间膨胀推动冲击沿水平/垂直方向加速运动，冲击头加速至所需速度打击冲击台面连接的波形垫，冲击响应台面受冲击激励，使得台面上安装的试件，其各个单自由度系统产生的响应峰值作为自由度系统的固有频率的函数，自动绘制出响应谱曲线。

这种方法可产生高达 15000g 以上的冲击谱，频率成分可达 15kHz，拐点频率在 400~3000Hz 宽频范围内可调。适用于完成较大产品的冲击谱试验，如安装尺寸 1m 以上，质量 200kg 以下的产品。

该方法与摆锤式谐振板冲击台类似，冲击谱形具备一定的可控性和重复性，获得的冲击载荷为瞬态振荡衰减波，近似外场爆炸分离冲击环境。

7.4.5 电动振动台冲击模拟试验方法

采用电动振动台进行冲击载荷模拟是一种简单快捷的方法。振动台模拟爆炸冲击仍以冲击谱等效为基础。

振动台模拟爆炸冲击试验基本原理：振动控制系统使用各种不同的波形组合来实现冲击响应谱模拟，由于冲击谱为幅频曲线，不含相位信息，因此一个冲击谱可用多种不同的时域波形来实现，最常见的合成方法有衰减正弦波（余弦波）、合成小波等。

振动台进行冲击响应谱试验设备主要有：电动振动台、响应测量系统、振动控制系统、信号调节器。

利用电动振动台进行冲击响应谱试验，需根据振动台、试验件以及夹具等特性合理设置相关控制参数才能得到理想的试验效果。这些参数通常包括滤波器设置、采样频率设置、阻尼及步长设置、时域波形优化等。振动台瞬态冲击试验的计算机控制原理框图如图 7-21 所示。

7.4.6 火工装置模拟试验技术

按照火工装置安装及载荷传递的具体结构不同，火工装置模拟可以分为火工装置-真实结构法、火工装置-模拟结构法和火工装置-夹具法。

火工装置-真实结构法及火工装置-模拟结构法的特点是：从爆炸分离冲击的物理过程和效应上而言，模拟的效果最为真实，并且适合任何全尺寸的产品。缺点是：载荷重复性较差；试验量级很难控制，尤其在鉴定试验中要稳定提高量级非常困难；试验成本较高，尤其是采用真实产品；试验具有一定的危险性。鉴于上述特点，这两种方法的应用场合主要在以下两个方面：一是研究性试验，用于研究爆炸分离冲击的应力波或结构响应传递规律，统计制定冲击环境条件等；二是功能考核，考核或验证分离动作和冲击环境下结构和功能的完整性。

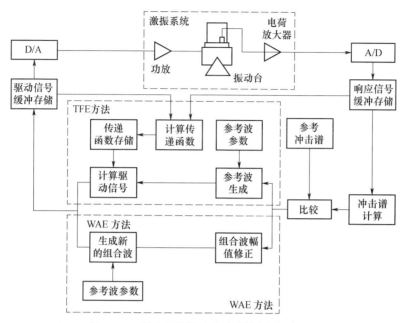

图 7-21　振动台模拟冲击试验控制原理框图

火工装置-夹具法是采用火工装置爆炸,通过夹具传递载荷,对试件实施冲击加载。对于火工装置-普通夹具,典型的有:①桶状模拟器(barrel tester),1964 年由 Ikola 提出,采用线形装药切割与桶状结构连接的"套筒",实现对安装于桶状结构上的试验件加载,通过调整装药特性及其试验件的距离来获得给定的冲击载荷;②"花盆"(flower pot)模拟器,由 White 等 1965 年提出,后经 Kacena、Caruso 开展应用研究,该方法是将小型装药放入"花盆"(由不锈钢圆筒焊接在钢板上),然后安装在试件上对其施加加载,通过调整"花盆"数量、装药特性、"花盆"中装填材料(如砂子、脆性材料等)、"花盆"和试验件的阻尼材料等,可获得不同形状的冲击载荷。火工装置-夹具法模拟真实性较好,但仍存在波形重复性差的缺点,需要反复调试。为此,Thomas(1973)提出了火工装置-谐响应板法,之后 Powers、Lieberman、Piersol、Cambier 等开展了进一步的研究或应用工作。该方法的基本思想是采用火工装置加载,激起谐振板的多阶模态响应,由此实现对试件的加载,其典型试验装置如图 7-22 所示。这种方法的优点是夹具可以重复使用,因此试验成本较低。载荷传递与夹具的模态分布有较大关系,因此载荷的重复性有所改善,相对火工装置-真实(模拟)结构法更容易调整和控制。

总体而言,火工装置的优点是模拟真实、载荷量级高、同时满足 3 个方向加载的需求。缺点是试验成本高、载荷的重复性和可控性差,无通用的设备,并具有一定的危险性。

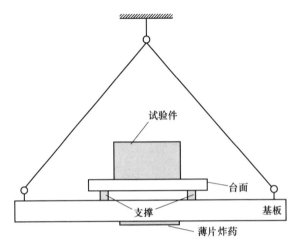

图 7-22 典型火工装置-谐振板原理示意图

7.4.7 冲击试验夹具设计

冲击试验是否能满足模拟要求，除了与试验设备的特性有关外，还与夹具的传递特性有很大关系。试件的安装固定、冲击载荷的传递都是靠夹具来完成。因此，冲击试验夹具的设计对冲击环境模拟的真实性具有很大的影响。

理想的冲击试验夹具除要满足边界条件、力传递路径、强度、刚度等一般要求外，还要真实的传递冲击设备所模拟的冲击载荷。

冲击试验用的夹具应满足前文所述振动试验夹具的一般要求外，还应考虑以下因素：

(1) 对高加速度和上升前沿时间短的冲击试验，要求在冲击激励的主频带内夹具存在共振频率；

(2) 夹具尺寸设计应使力传递路径的长度小于波长的 1/4；

(3) 夹具阻尼尽量大，一阶共振时建议品质因子不大于 5；

(4) 夹具固有频率应足够高，一阶频率与产品低阶固有频率应避免耦合；

(5) 波形失真小，第一阶固有频率前波形失真度一般应小于 25%；

(6) 合理选择夹具材料。对大多数金属材料，E/ρ（样式模量与密度比）基本相同，几何构型确定时，不同材料对频率特性的影响几乎可以忽略，因此重量和阻尼特性是主要考虑因素，如钢密度 $\rho = 7.8 \times 10^3 kg/m^3$，铝的密度 $\rho = 2.7 \times 10^3 kg/m^3$ 是钢的三分之一，镁的密度 $\rho = 1.8 \times 10^3 kg/m^3$ 是钢的四分之一，因此建议首选镁铝合金，且镁、铝阻尼特性比钢要好；

(7) 加工制造首选铸造，部分小型夹具可采用焊接，不推荐螺接；

(8) 夹具与台面连接建议采用螺栓连接,连接刚度、强度应满足冲击试验要求,每个螺栓的预紧力应比振动试验施加的预紧力大,且每个工况试验结束后应检查螺栓连接的预紧力,尽量减少因工装产生的冲击能量损失。

7.4.8 整星爆炸分离解锁实施案例

1. 试验前准备

(1) 试验文件确认:试验前确认试验输入文件(大纲或任务书)和试验实施文件(实施方案、技术流程、质量保证大纲等)准备就绪,并准备相应的质量记录表格。

(2) 试验技术状态确认,包括:航天器技术接口状态;分离解锁装置类型及技术状态;分离解锁试验技术状态;试验场地技术状态。

(3) 明确试验相关要求,包括:试验安全要求;冲击测量要求(测点布置、传感器要求、冲击响应谱分析频率范围等)。

测点布置及频响测量要求见表7-1。

表7-1 测点布置及频响测量要求

序号	传感器序号	传感器测量范围	传感器频率响应范围	通道数	位置描述
1	S11	±8000g	10~10000Hz	3	见图7-23
2	S12	±5000g	10~10000Hz	3	
3	S13	±5000g	10~10000Hz	3	
4	S21	±5000g	10~10000Hz	3	
5	S31	±8000g	10~10000Hz	3	
6	S32	±5000g	10~10000Hz	3	
7	S33	±5000g	10~10000Hz	3	
8	S41	±8000g	10~10000Hz	3	

(4) 冲击测量传感器粘贴:根据各测点的安装位置和响应量级的预分析,S11,S12,S13,S21,S31,S41测点的安装方式为螺接;S32,S33测点由于不具备打孔条件,因此采用的安装方式为胶接。传感器安装粘贴实物图如图7-24所示。

(5) 参数设置及试验前调试:

① 对数据采集处理系统进行测量参数设置;为保证数据采集系统的触发通道正常工作,对触发通道进行多次触发调试;本次冲击试验要求测量在F12A解锁时刻,星上各测点的加速度响应,因此采用单通道触发的方法进行冲击测试,选取距离F12A较近的星上测点S11作为触发通道,触发量级设置为10g,这样既能保证触发通道成功检测到触发信号,也可以避免触发通道由于外界细微干扰而提前触发。

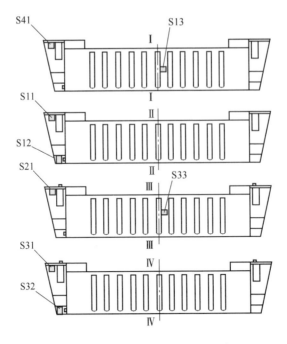

图 7-23　XX 整星分离冲击试验测点布置图

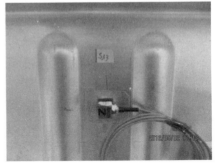

图 7-24　传感器安装粘贴实物图

② 采样频率设置为 51.2kHz，采样时间为 0.32s。全部测量通道进行冲击响应谱计算，分析频率为 10~10000Hz，分析频率间隔为 1/12 倍频程，阻尼系数取 0.05，即放大倍数 $Q=10$。

(6) 试验口令协调：在正式试验开始之前，参与试验的相关方试验前进行指挥口令协调，确保各分系统按规定口令正确操作。

2. 试验实施

试验准备就绪后，撤去对接试验中卫星支架支座，由吊车将卫星及卫星支架吊起距地面900mm,卫星支架下方地面铺设3m×3m×0.4m(厚)海绵垫保护,如图7-25所示。

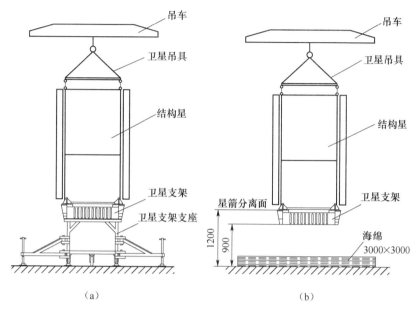

图7-25 整星分离冲击试验技术状态示意图
(a)对接试验状态;(b)分离、冲击试验状态。

试验实施过程如下:
(1) 再次确认冲击触发通道触发测试正常;
(2) 各系统就绪后,根据试验指挥口令启动冲击测量系统,启动完毕后,回答冲击测量系统启动完毕;
(3) 试验指挥发出……5,4,3,2,1火工品起爆指令;
(4) 火工品起爆后,确认数据采集系统触发正常,记录到各测点的时域响应数据,并实时完成冲击响应谱的计算,对各测点的时域曲线和冲击响应谱曲线进行检查;
(5) 对传感器进行检查,所有传感器都没有脱开和松动的情况;
(6) 数据保存输出,试验完成;
(7) 确认分离解锁工作正常;
(9) 冲击响应电缆断开及传感器拆卸:试验结束后,先断开传感器与数采设备之间的连接电缆,拆去传感器。

3. 数据整理及报告编写

试验完成后,将全部测点响应数据按时域、SRS曲线分别进行检查,确认各通道数据采集情况。本次测试部分测点产生了数据异常和零漂现象。

（1）零漂现象分析。如S11X在冲击瞬间出现了零漂现象,时域响应曲线见图7-26。这种现象是由于近场测试时加速度计的压电元件在承受高冲击载荷后残留电荷所致。由于零漂,测点S11X在低频处的冲击响应谱偏大。

（2）数据异常分析。如S13时域曲线在正负向响应不对称,参见图7-27。主要原因是所用传感器量程过小。

（3）报告整理：数据分析处理完成后进行测点数据检查,对数据曲线异常的分析原因、给出解释;数据全部整理完整无误后随试验报告进行归档。

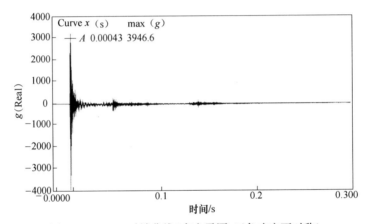

图7-26　S11X时域曲线(存在零漂,正负响应不对称)

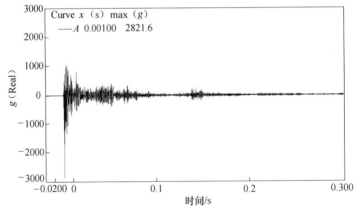

图7-27　S13X向响应时域曲线(测点数据异常,主要由于传感器量程过小)

7.4.9　单机/组件爆炸冲击试验实施案例

1. 试验任务书确认

送试验方和承试方在试验前对任务书进行双方确认和签署。

试验任务书一般应包括以下内容试验件概况、规定的冲击试验谱、试验方向及顺序、冲击次数、试验证明书/报告要求。如某航天产品高量级冲击试验条件见表 7-2。

表 7-2 冲击响应谱试验条件

试验条件	频率范围/Hz	试验量级
	100~800	6dB/oct
	800~5000	3000g
试验加载方向及顺序	X 向→Y 向→Z 向	
试验次数	每个轴向 3 次	
持续时间	小于 20ms	
SRS 分析步长	冲击响应谱分析间隔 1/6 倍频程($Q=10$)	
允许偏差	≤3000Hz,±6.0dB >3000Hz,+9.0~-6.0dB 至少有 50% 的谱值大于额定试验规范值	

2. 试验准备

工装选用。采用专用铸铝工装,与台面采用螺钉连接。

试验设备调试。冲击台面上安装配重进行调试,确认工装连接面的响应满足试验谱要求。

采用气动冲击台进行试验时,操作程序如下:

（1）检查气泵的排气口是否关闭,开气泵增压阀门,确认仪表指示正常;
（2）安装模拟件或配重;
（3）开启冲击台控制仪;
（4）在冲击台面和缓冲垫座之间放入阻尼垫;
（5）在撞击板上粘贴阻尼垫;
（6）根据试验量级,在气动控制软件上设置冲击压力,设置范围为 0.05~0.7MPa;
（7）设置刹车延迟时间;
（8）设置缓冲气缸压力;
（9）进行冲击试验;
（10）检查试验曲线,如果冲击曲线不满足试验要求,重新进行(4)~(9)步骤,直至满足试验要求为止。

3. 试验实施

（1）卸下模拟件或配重后安装试件;
（2）试件的安装方案应得到送试方认可;
（3）按任务书的要求加载顺序完成试验。

(4) 试验中注意观察试验情况,重点关注人员安全、产品安全、设备安全。

(5) 按要求进行"三检",做好质量记录。

4. 试验撤收、数据输出及试验报告编写

按任务书要求提供试验数据,整理现场,并关闭试验设备:

(1) 排空气泵的气体,关闭气泵阀门。

(2) 关闭冲击控制,数据采集系统。

(3) 拆下试件后,压板、螺栓等归位,检查台面有无多余物。

典型冲击响应谱试验曲线如图 7-28、图 7-29 所示。

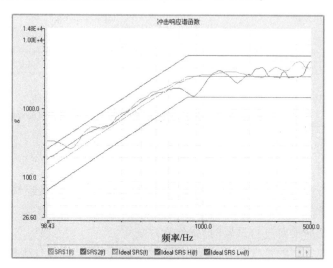

图 7-28　冲击响应谱试验控制曲线(频域谱)

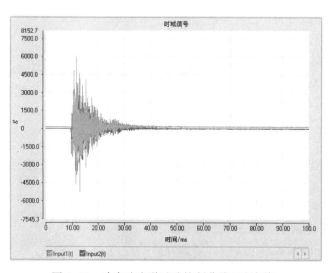

图 7-29　冲击响应谱试验控制曲线(时域谱)

参 考 文 献

[1] 柯受全,等. 卫星环境工程和模拟试验(下)[M]. 北京:中国宇航出版社,1996.
[2] Pyroshock Test Criteria:NASA-STD-7003A[S]. 2011.
[3] Spacecraft mechanical loads analysis handbook:ECSS-E-HB-32-26A[S].2013.
[4] Environmental engineering considerations and laboratory tests:MIL-STD-810H[S]. 2008.
[5] 运载器、上面级和航天器试验要求:GJB 1027A—2005[S].
[6] 向树红. 航天器力学环境试验技术[M]. 北京:中国科学技术出版社,2010.
[7] 马兴瑞,韩增尧,等,卫星与运载火箭力学环境分析方法及试验技术[M]. 北京:科学出版社,2014.
[8] YAN T F,XIANG S H,SHEN Z Q,et al. Design and analysis of a pneumatic test system for shock response spectrum[C]// International Conference vibroengineering,2014.
[9] 焦亮,邓明,等. 爆炸分离冲击试验分析[J]. 电子产品可靠性与环境试验,2013(1): 31-34.
[10] 赵欣,丁继峰,等. 航天器火工冲击模拟试验及响应预示方法研究综述[J]. 爆炸与冲击,2016,36(2):259-268.
[11] LEE J R,CHIA C C,KONG C W. Review of pyroshock wave measurement and simulation for space systems[J]. Measurement,2012,45(4):631-642.
[12] 张建华. 航天产品的爆炸冲击环境技术综述[J]. 导弹与航天运载技术,2005,276:30-35.
[13] 晏廷飞,沈志强,向树红,等. 一种气动式爆炸冲击响应谱试验系统的设计与分析[J].空间环境工程与材料科学,2015,3(1):23-36.
[14] 毛勇建,李玉龙. 爆炸分离冲击环境的模拟试验技术进展[J]. 导弹与航天运载技术,2007(4):37-44.
[15] 载人飞船返回舱着陆冲击试验方法:Q/QJA 188—2014[S].
[16] 月球探测器地面试验 第2部分:着陆冲击地面试验方法:QJ 20534.2—2016[S].
[17] 晏廷飞,李晔,朱子宏. 振动台进行冲击响应谱试验控制参数优化方法[J].装备环境工程,2012,9(3):33-36.
[18] 徐鹏,祖静,范锦彪. 高g值加速度冲击试验技术研究[J]. 振动与冲击,2011,30(4):241-244.
[19] 王飞,皮本楼,冯伟干. 气动式爆炸冲击环境模拟装置试验技术研究[J]. 强度与环境,2011,38(4):16-19.
[20] 王招霞,宋超. 摆锤式冲击响应谱试验机的调试方法[J]. 航天器环境工程,2010,27(3):336-338.
[21] 钱志英,韩世泽,等. 航天器振动试验中的频率漂移现象研究[J]. 航天器环境工程,2018,35(4):342-347.

第8章 恒加速度环境模拟与试验技术

8.1 概述

加速度 a 是一个矢量,它有方向和大小两个要素。一般地,加速度的方向和大小均不发生变化时称为恒加速度。恒加速度环境是普遍存在的,由于地球的自转,地球表面的物体均受到 $0.034 m/s^2$ 的离心加速度,同时由于万有引力作用,地球表面的物体又受到 $1g$ 的向地心加速度,即重力加速度。绝对的恒加速度在工程上是很少有的,但加速度数值大小变化缓慢的直线加速度以及相对产品方向不变的离心加速度是经常遇到的,如卫星、飞船等航天器在发射阶段的加速度。

航天器在发射过程中经受的加速度环境可分为恒加速度环境和瞬态加速度环境两类。航天器在发射阶段由于火箭发动机的推力而获得的加速度,其数值变化是缓慢的,加速度的方向相对于航天器的方向是不变的,可近似认为稳态的、恒定的,即为恒加速度环境。发动机点火或关机、火箭级间分离等,会使航天器加速度产生突然的变化,激起航天器结构的动态响应,此加速度环境为瞬态加速度环境。

加速度环境是航天器在发射过程中经受的一个重要的动力学环境,是航天器结构设计中需要考虑的主要因素。航天器经受的恒加速度环境主要沿发动机推力方向(纵向)。此外,由于瞬态加速度激起整个飞行器的弯曲振型,而使航天器受到垂直推力轴(侧向)的振动加速度响应,如欧洲阿里亚娜火箭的加速度环境(表 8-1)。

表 8-1 欧洲阿里亚娜火箭的加速度环境

飞行事件	纵向/g			侧向/g		
	稳态	动态	最大值	稳态	动态	最大值
最大动压(起飞后85s)	-1.9	±1.6	-3.5	±0.1	±1.6	±1.7

续表

飞行事件	纵向/g			侧向/g		
	稳态	动态	最大值	稳态	动态	最大值
第一级燃尽	-4.3	±1.9	-6.2	±0.2	±0.9	±1.1
第二级燃尽	-4.7	±3.1	-4.8	±0.4	±0.8	±1.2

注：正值表示拉伸，负值表示压缩。

航天器承受的加速度环境主要是压缩载荷，是航天器结构设计要考虑的主要载荷，可能引起结构破坏或失稳。此外，加速度环境还可能使航天器上仪器设备发生故障而不能正常工作。这些故障包括由于结构永久变形或破坏而使设备损坏或无法正常工作、传动装置失灵、密封装置泄漏或液体管路破裂等。

GJB 1027A—2005《运载器、上面级和航天器试验要求》对航天器组件加速度试验目的进行了规定："验证组件承受鉴定级加速度环境的能力"。GJB 150.15A—2009《军用装备实验室环境试验方法第15部分：加速度试验》对加速度试验的目的也做了规定："a)装备在结构上能够承受使用环境中由平台加、减速和机动引起的稳态惯性载荷的能力，以及在这些载荷作用期间和作用后其性能不会降低；b)装备承受追撞惯性过载之后不会发生危险"。在工程实践中恒加速度环境模拟试验一般分为结构完好性试验和功能适应性试验两类。随着深空探测科学技术的发展以及适应产品化生产的要求，航天器加速度模拟试验也由最初的单方向结构试验发展到现在的多方向的结构完好性试验、功能适应性试验或者二者兼做的试验模式。进行功能适应性试验时，航天器产品应处于工作状态，试验过程中进行输入、输出等操作，检测其在加速度环境中的功能适应性；大多数航天器产品在发射阶段加速度环境中并不工作，要求它们在经受恒加速度环境后，结构不发生严重变形甚至断裂等失效和损伤，称为结构完好性试验。这两类试验的目的可归纳为：

（1）结构完好性试验，验证产品经受恒惯性载荷作用后，不发生结构强度破坏；

（2）功能适应性试验，验证产品在恒加速度环境作用时和作用后，没有出现性能降级、故障或失效。

恒加速度环境模拟试验的严酷度由恒加速度试验量级和持续时间所决定。另外对产品失效有影响的试验参数还有试验加卸载速率和加速度方向等。航天器恒加速度环境模拟试验条件制定就是对这些试验参数进行规定。

8.2 基本知识

8.2.1 术语

1. 恒加速度的方向和量值

用离心机进行航天器恒加速度试验时,离心机实质上是一在平面内绕固定轴转动的长臂。试件装在转臂的一端(试件质心至离心机旋转轴中心线的距离为 R),另一端加配重以保持平衡。当该臂以某一角速度 ω 做等速圆周运动时,产生指向旋转轴的恒加速度 a ,则:

$$a = R\omega^2 \tag{8-1}$$

2. 切向加速度

在离心机启动加速和减速过程中,必定产生切向加速度,它与法向加速度合成的加速度值可能大于试验条件规定的加速度值,而且合成的加速度方向也偏离试验件的考核方向。为了减小切向加速度的影响,有的标准要求切向加速度值小于试验加速度的 1/10,有的标准规定了加速或减速时间不得小于 15s。

3. 转速波动

在恒加速试验时,可能由于机械传动机构或轴承间隙、电机扫镗、转臂两边的质量不平衡以及主轴动态特性的影响造成试验机转速波动,从而使法向加速度出现波动,还叠加了切向加速度的影响。当加速度波动的频率与试验件的某一固有频率相重合时,还将产生严重的耦合影响。因此,应提高离心机设计、加工制造和维护的质量,尽量减小转速波动的影响。

4. 加速度梯度

试件是具有一定几何尺寸的,将它固定在离心试验转臂上时,由于试件上各点离旋转轴距离的不等造成加速度梯度,以致不管将试件以哪个基准点或面安装,都会使试件其他各点的部件过试验或欠试验。为了减小加速度梯度的影响,应根据试验件尺寸合理选用离心机的转臂半径,使整个试件上所受的加速度值控制在±10%允差内。

5. 试验持续时间

试验持续时间是指试验设备加载到要求的加速度量级后所保持的时间。

6. 试验允许偏差

用离心机进行航天器恒加速度试验时,不可避免要带来方法误差。为了保证试验的再现性,GJB 1027A—2005《运载器、上面级和航天器试验要求》中规定加速度量级允差为 0%~10%,试验持续时间允差为 0%~10%。即控制点(试验的控制点一般选在试件的质心位置)的加速度最小不能低于额定值,最大不能超出额定值的110%,同样试验时间要求大于额定值,小于额定值的110%。可以看出航天器加速度试验无论从量级还是试验持续时间都要求在正容差范围内,不允许欠试验。

7. 气动力影响

当离心机转臂转动时,受到空气动力作用,特别是在恒加速度试验时,空气动力对试件的诱发影响不可忽略,这种环境与产品的实际恒加速度环境不一致。必要时需采用整流罩屏蔽,以减小空气动力的影响。

8. 角速度影响

对角速度敏感的试件不能采用离心机进行恒加速度境试验,否则会给试件性能参数带来较大误差,甚至工作异常以致无法评估产品的环境适应性。必要时应选用直线恒加速度试验设备,或采用静力试验等。

9. 哥氏加速度影响

如果试件中存在相对于离心机转臂有较大速度的运动部件,还应考虑由于离心机转臂的牵连运动造成的附加哥氏加速度影响。哥氏加速度 a_c 为

$$a_c = 2\omega \times v_r \qquad (8-2)$$

式中:ω 为离心机转臂角速度;v_r 为试验件中运动部件相对于转臂的速度矢量。

8.2.2 离心机试验产生的加速度场与航天器实际经受的加速度环境差别

用离心机模拟航天器恒加速度试验时,试件做圆周运动,这时试件上每个质点的加速度与该质点到离心机轴心的距离成正比,试件上各点将因加速度不同而产生加速度梯度,因此,不可能使试件上的每一点都满足给定的加速度试验条件。为防止试件上加速度梯度过大,在 GJB 150.15A—2009《军用装备实验室环境试验方法第15部分:加速度试验》中规定,试件或其考核部分任意一点的加速度应在试验规定值的 90%~110% 之间。

另外,离心机转动时,试件上各点加速度的方向不平行,而是呈辐射状指向离心机轴。这时,试件上各点经受到一个附加的侧向加速度。如果试件很宽,试验加速度值高,该附加加速度值就很大。但对尺寸较小的航天器组件,影响一般不大。

8.2.3 恒加速度试验通用标准

国内有关航天器结构静力试验的标准主要有 GJB 2497—95《卫星结构试验方法》、航天工业标准 QJ 1917—90《弹道式导弹弹头壳体静强度与刚度试验规范》和 GJB 1027A—2005《运载器、上面级和航天器试验要求》等。

国外加速度试验标准主要有MIL-STD-810H《环境工程考虑和实验室环境试验方法》，国内常用的加速度试验标准有GJB 1027A—2005《运载器、上面级和航天器试验要求》和GJB 150.15A—2009《军用装备实验室环境试验方法第15部分：加速度试验》。其中，MIL-STD-1540C《运载器、上面级和航天器试验要求》和欧洲空间标准化合作组织标准ECSS-E-10-03C《空间工程：试验》对航天器加速度试验提出了指导性的要求，而GJB 150.15A—2009《军用装备实验室环境试验方法第15部分：加速度试验》和MIL-STD-810H《环境工程考虑和实验室环境试验方法》则详尽的规定了试验要求、试验设备、试验过程及剪裁指南等，这两个标准偏重于飞机、直升机等飞行器上的装备。在中国航天器加速度试验工程中，主要以GJB 1027A—2005《运载器、上面级和航天器试验要求》作为参考依据。

GJB 1027A—2005《运载器、上面级和航天器试验要求》中的术语"最高预示加速度"定义为"由准稳态加速度、声振环境及对重要的瞬态飞行事件（如，运载器起飞、发动机点火和关机、跨声速和最大动压飞行、风载荷、飞行器分离等）的动态响应组成的加速度环境，用于结构载荷分析和试验，即最高预示加速度是航天器发射时的准稳态加速度（恒加速度）与瞬态振动响应加速度复合的最大值，这里也包括了当组件支架或安装结构固有频率与瞬态加速度耦合可能引起的动态放大。

航天器加速度环境试验一般只在研制试验阶段和鉴定试验阶段开展。通常在试验产品三个相互垂直轴的每个方向上进行，试验量级至少为最高预示加速度值的1.25倍，对于载人飞行为1.4倍；除非另有规定，对于每一个试验方向，试验持续时间应至少5min；加卸载速率应确保试验控制点处切向加速度不大于试验量级的10%，一般加卸载速率应为不大于0.5g/s。

8.3 恒加速度环境模拟试验方法

航天器承受的加速度环境主要是压缩载荷，静载荷试验可以用来研究产品结构在压缩载荷作用下的强度、刚度以及应力、变形分布情况，是验证航天器产品结构强度和结构载荷分析的重要手段。但是，航天器加速度环境用恒加速度试验机来模拟更加直接，并且随着力学试验设备的快速发展，综合性试验方法和试验设备也逐渐成熟，如振动-加速度综合试验方法、加速度-振动-热综合试验方法、力热联合试验等已开始应用于工程实际。

8.3.1 静载荷试验

静载荷试验（静力试验）是通过加载系统对航天器结构的若干部位进行加

载,使之产生适当的应力分布,从而考核航天器结构在模拟的稳态加速度惯性载荷下的强度和刚度。试验效果在很大程度上取决于加载方式、加载点的数目和位置、能否产生所希望的载荷分布。静载荷试验的一个局限是不能真实再现加速度环境产生的惯性载荷,另一个局限是一些结构尺寸和形状不允许在所希望的位置加载,例如在结构内部加载就有很大困难。静载荷试验适用于大尺寸的航天器结构,在试验过程中可以布置大量测点,以获得所需数据来进一步研究结构的受力状况以及发现结构的薄弱部位,而且可以较容易地改变加载状态,以研究不同载荷分布对结构的影响。在航天器的研制过程中,如果采用新型结构材料,不仅初样阶段需要做结构静载荷试验,在正样阶段也需要做结构静载荷鉴定试验。

8.3.2 恒加速度试验

用于模拟恒加速度环境试验的设备大体可分为两大类。一类是能产生与地面、航天器产品保持方向不变的直线恒加速度试验机,如火箭滑车(火箭橇),它是一种以液体或固体火箭为动力推动小车在平直铁轨上滑行的试验机。试验产品的加速度试验方向靠安装方式来保证,加速度的大小靠控制发动机的推力和配重来调节(图8-1)。另外,如果试验件尺寸较小、加速度作用时间短,也可采用空气炮来进行直线恒加速度试验。

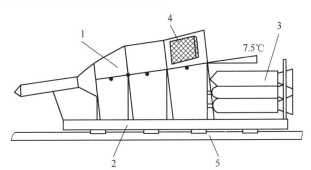

1—逃逸塔及整流罩;2—火箭橇;3—HP-5火箭;4—栅格翼;5—滑轨。
图8-1 直线恒加速度试验状态

另一类能产生相对航天器产品加速度方向保持不变而与地面相对关系在不断变化的离心试验机(离心机)。离心机目前有两种类型:一种为转盘式离心机,适用于电子元件及微电子器件的筛选试验,其旋转半径一般仅几十厘米,加速度可达几万 g;另一种为转臂式离心机,适用于组件、分系统级及整器级产品加速度试验,其旋转半径可达十几米,加速度可达几百 g,受试产品重量可达几吨(图8-2)。离心机是一类有转子的旋转设备,试件装在转盘上或转臂端,当驱动转臂匀速旋转时,即可在试件上形成稳态加

253

速度场；离心机以一定角加速度转动，又可模拟加速度变化率，用于载人离心机和动态飞行模拟器。

图 8-2　浙江大学离心试验设备

作为恒加速度模拟设备的火箭滑车和离心机各有优缺点：火箭滑车加速度场均匀，模拟逼真，置信度高，但这种设备占地面积大，观察检测难，动态控制精度低，运行时间受限，而且造价昂贵，试验费用很高。若非有特殊要求产品（如对哥氏加速度敏感的产品或弹射救生等设备），不建议采用这类设备。离心机置于室内，工作环境好，动态过程精确可控，模拟状态可多次准确重复，允许长时间连续运行，观察检测方便，使用性强。但相对来说它产生的加速度场不均匀，存在一定试验误差。由于离心机造价相对便宜，试验费用低，离心机产生的误差在航天器产品允许范围内，因此离心机在航天器产品恒加速度试验中被广泛采用。

8.3.3　正弦-脉冲试验

正弦-脉冲试验是一种用于结构鉴定的瞬态振动试验，将准静态载荷施加到试件上来验证试件的强度和飞行设计的合理性。正弦-脉冲试验实际上是通过振动台来产生一个一定振动频率的、振幅由低到高、振荡若干周期后再下降到零的输入来模拟准静态载荷的作用，可以用来代替静载荷试验和恒加速度试验。正弦脉冲波形可由一个梯形及其镜像进行包络，其峰值先斜坡上升至最大量级，然后保持最大量级循环几个周期，最后斜坡下降到零。其中，斜坡上升段的循环周期应不少于 15 个，稳定段的循环周期不少于 10 个，斜坡下降段的循环周期不少于 15 个（图 8-3）。正弦波循环过程中，每个周期的上升下降阶段可视为静载荷试验中的各级加载卸载，整个上升段循环可视为静载荷试验的逐级加载过程,最大量级处的循环则相当于静载荷试验的最大量级处的加载卸载。

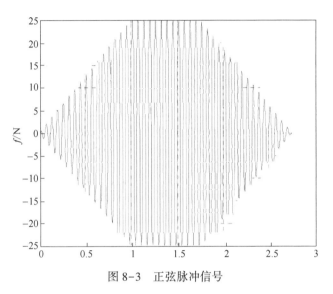

图 8-3　正弦脉冲信号

正弦-脉冲试验可以大大节省时间和经费,并且在设备能力允许的情况下,试验的控制精度也能够极大地提高。但它也有一定的局限性,由于试验频率必须充分低于试件的任何一个共振频率,因而排除了大型结构做正弦-脉冲试验的可能性,因为大型结构的共振频率通常很低。总的来说,正弦-脉冲试验相对于静载荷试验和恒加速度试验来说,是一种既经济又有效的替代方法。

8.3.4　振动-加速度综合试验

航天器在发射阶段要经受到综合力学环境效应的作用,如加速度、噪声、振动和压力变化等。目前一般的做法是对这些环境分别考虑,规定必要的单项力学环境试验,但是真实环境为这些力学环境效应同时作用,因而应当考虑它们的综合效应。例如,由于稳态加速度和振动的综合作用,航天器结构或组件会受到很大的外载荷。美国桑地亚(Sandia)国家实验室在离心机与振动台综合的试验设备上进行了一些开关装置与照相机的试验,暴露了在离心机与振动单项试验中未发现的问题,从而根据试验结果对试件进行了改进。可以预见,在航天器发展的新阶段,星上仪器设备更加复杂和精密,对环境的敏感性将进一步增强,因此对发射阶段的星箭综合环境试验应引起足够的重视。

在国防工业中,航空航天设备普遍工作于振动和线加速度同时作用的综合动态环境中,如航天器在发射阶段时,飞机在爬升、俯冲和盘旋时,战略导弹在主动段和通过再入段时,其设备和装置受到加速度过载和发动机振动的综合作用。由于加速度环境与振动环境的综合影响并不等于各因素的分别影响之和,用独立的试验手段不能预测综合环境影响下设备的可靠性。MIL-STD-810H《环境工程考虑和实验室环境试验方法》和 GJB 150.1A —2009《军用装备实验室环境试验方法第1部分:通用要求》均明确指出:"综合环境试验可能比一系列连续的单个试验更能代表实际环境效应。使用环境中遇到这些条件时,鼓励进行综合环境试验"。因此振动-加速度综合环境试验技术的研究,将对我国航空航天设备研制水平的提高、设备可靠性的提高以及研制成本的降低起到积极作用,为我国航空航天及国防事业的发展做出巨大贡献。

8.4 静载荷试验技术

8.4.1 静载荷试验目的

航天器结构静载荷试验的目的根据航天器所处的研制阶段(模样阶段、初样阶段、正样阶段)而有所不同,总的来说可以归纳为以下几项:

(1) 获得被试结构和关键承载部位的应力和变形,以判断航天器结构设计的合理性与分析计算的正确性,为优化和改进设计提供依据;

(2) 测量航天器结构在规定的静载荷作用下的应力分布和变形状态,获取航天器结构最大应力的数值和所在部位,为评定结构的承载能力和可靠性提供依据;

(3) 通过破坏性试验,获取航天器结构的破坏试验载荷值,对航天器结构的设计余量及失效分析提供依据;

(4) 验证航天器结构设计、材料和制造工艺,特别是当航天器结构使用新工艺、新材料或新结构时,为评定其可行性提供依据;

(5) 暴露航天器结构材料和制造工艺缺陷,提高航天器的飞行可靠性;

(6) 试验任务书或试验大纲中规定的其他目的。

8.4.2 静载荷试验类型

航天器结构静载荷试验按照载荷类型可以分为三类:集中载荷试验、压力载荷试验以及多种载荷联合试验。

1. 集中载荷试验

集中载荷试验可分为轴向拉压载荷试验、侧向载荷试验、纯弯矩载荷试验、纯扭矩载荷试验、分布载荷或均布载荷试验。

1）轴向拉压载荷试验

轴向拉压载荷试验加载分为轴向压载荷和轴向拉载荷试验。轴向压载荷试验示意图如图 8-4 所示,轴向拉载荷试验示意图如图 8-5 所示。

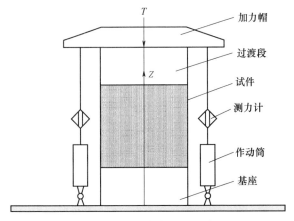

图 8-4　轴向压载荷试验示意图

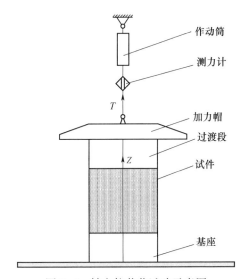

图 8-5　轴向拉载荷试验示意图

轴向拉压载荷试验应满足以下要求：

（1）试验装置应保证轴向载荷（T）的作用线和试件结构的中心轴线重合度在规定允差范围内,使传到试件的力接近真实的受力状态；

（2）试件上端通过过渡段与加力帽对接,使用作动筒加载；

（3）过渡段与加力帽的重量应计入轴向载荷内。

2）侧向载荷试验

侧向载荷试验示意图如图 8-6 所示。

侧向载荷试验应满足以下要求：

（1）试验装置应保证作动筒提供侧向载荷（Q）的作用线垂直于试件结构中心轴线 Z；

（2）试件上端通过过渡段与加力帽对接，利用作动筒加载；

（3）加载时必须使作用在试件的上对接面和下对接面的弯矩符合试验技术文件的要求。

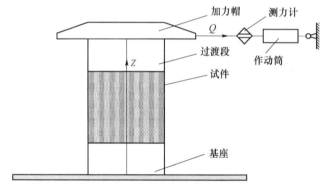

图 8-6　侧向载荷试验示意图

3）纯弯矩载荷试验

纯弯矩载荷试验加载示意图如图 8-7 所示。

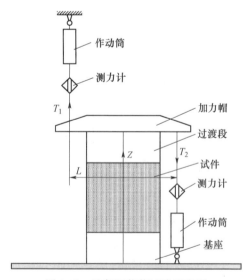

图 8-7　纯弯矩载荷试验示意图

纯弯矩载荷试验应满足以下要求：

(1) 拉力 T_1、T_2 与 Z 轴平行，大小相等，方向相反，T_1、T_2 作用线与 Z 轴的距离相等；

(2) 试验装置应保证弯矩载荷作用于试验技术文件规定的作用面内，在加载过程中 T_1、T_2 必须协调同步进行，避免产生附加力和力矩；

(3) 试件上端通过过渡段与加力帽对接，使用作动筒加载。

4) 纯扭矩载荷试验

纯扭矩载荷试验示意图如图 8-8 所示。

纯扭矩载荷试验应满足以下要求：

(1) 作用在加力帽上的纯扭矩是由侧向力 Q_1、Q_2 决定的，Q_1、Q_2 平行且大小相同，它们的作用线构成的平面与 Z 轴线垂直；

(2) 试验装置应使扭矩载荷作用于试验技术文件规定的作用面内，Q_1 和 Q_2 方向相反，加载时应协调同步进行；

(3) 试件上端通过过渡段与加力帽对接，使用作动筒加载。

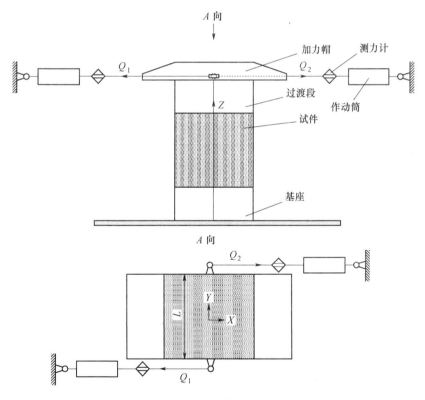

图 8-8 纯扭矩载荷试验示意图

5) 分布载荷试验

分布载荷试验的加载一般等效为若干个小的集中载荷来加载。以大梁为例,其分布载荷试验示意图如图8-9所示。分布载荷试验应满足以下要求:

(1) 试验装置应保证分布载荷满足试验技术文件规定的载荷值和边界条件;

(2) 当一组分布载荷,位置靠近,方向一致且数值较小时,可使用杠杆系统将这一组载荷合成为单个集中载荷;

(3) 施加集中载荷的杠杆系统和有关部分的自身重量,应进行称量和平衡并计入集中载荷内,集中载荷可以使用作动筒加载。

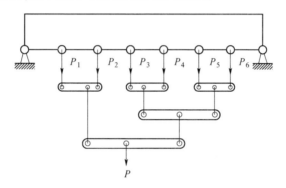

图8-9 大梁分布载荷试验示意图

典型卫星承力筒结构静载荷试验的杠杆加载系统原理示意图、杠杆加载系统安装示意图和某型号卫星承力筒结构静载荷试验现场图如图8-10~图8-12所示。

6) 均布载荷试验

均布载荷试验应满足以下要求:

(1) 试验装置应保证分布载荷满足试验技术文件规定的载荷值和边界条件;

(2) 分布在试件上的直线或平面局部均布载荷,在保证与原载荷等效的条件下可用杠杆系统合成为集中载荷。

在对航天器上均匀承载的平板结构进行静载荷试验时,往往采用面接触方式更真实地模拟均布载荷。例如对于太阳能电池板(太阳翼基板)这种薄弱单机产品的均布载荷试验,工程实践中,一般利用规格一致、洁净无污染、重量可微调的打印纸作为施加载荷。首先按照太阳能电池板的形状尺寸选择相应规格的打印纸并设计好布局,然后按照太阳能电池板自身重量和过载量级,换算得到每次加载所需的纸张重量,依次称量出相应重量纸张并粘贴牢

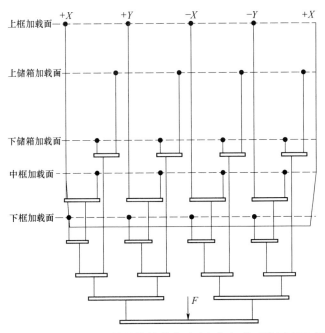

图 8-10 典型卫星承力筒结构静载荷试验杠杆加载系统原理示意图

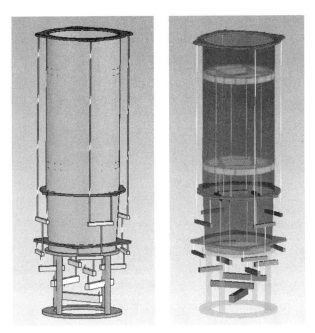

图 8-11 典型卫星承力筒结构静载荷试验杠杆加载系统安装示意图

图 8-12　某型号卫星承力筒结构静载荷试验现场图

固。布局设计时,在保证纸张满铺的前提下,应尽量使纸张与太阳能电池板外边缘平齐,并尽可能避开压紧座等突出物,若确实无法避开,一般采用挖孔的方法使底部加载物能够避让。图 8-13 是某型号太阳能电池板静载荷试验现场图,可以看到太阳能电池板安装在模拟墙上,模拟墙水平放置于平整的地基上,在试验时需杜绝振动或噪声的干扰,否则位移计、应变片的测试准确性可能会受到影响。

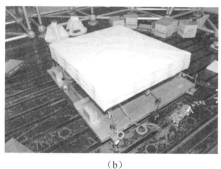

（a）　　　　　　　　　　　　（b）

图 8-13　太阳翼基板静载荷试验现场图

2. 压力载荷试验

压力载荷试验可分为内压载荷试验和外压载荷试验。

1）内压载荷试验

内压载荷试验应满足以下要求：

（1）试验用的充压介质应能模拟真实的工作状况，可视载荷大小及试验危险程度采用水、油、气或其他工质充压，采用气体压缩机或液压泵作为压力源，密封舱一般采用纯净自来水；

（2）试验时试件的温度应与实际工作时的温度一致，当不一致时，试验压力应进行温度修正。

2）外压载荷试验

外压载荷试验的主要工况和相应要求：

（1）局部外压载荷试验。

①在结构壳体局部外压试验中，允许将作用在试件某一区域的局部外压载荷简化为某一包角(β)范围内的均布外压，如图8-14所示；

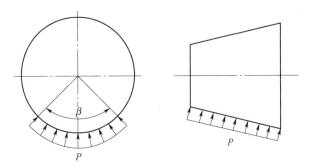

图8-14　局部外压载荷转化为包角(β)范围内的均布外压

②局部外压载荷试验时，试件一端固定，固定方式与实际工作状态连接方式相同；

③局部外压载荷试验装置由橡皮囊和托架构成，以水为介质向橡皮囊内充压，使试件承受均匀局部外压载荷，如图8-15所示。

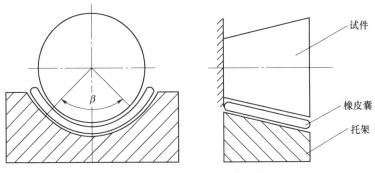

图8-15　橡皮囊局部加载方式

（2）全外压载荷试验。

① 垂直作用在试件外表面的全外压载荷如图 8-16 所示；

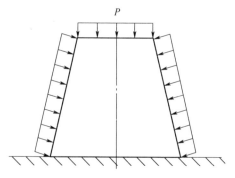

图 8-16　作用在外表面的全外压载荷

② 全外压载荷试验时，试件一端固定在试验装置上，另一端为自由段；

③ 根据试验方案设计专用的试验装置或选用合适的通用试验装置，试验装置必须有足够的强度和刚度，一般以试件破坏载荷的 1.5~2 倍作为试验装置设计的使用载荷；

④ 若试件本身密封性好，可直接将试件放入液压筒内做水压试验，如图 8-17 所示。

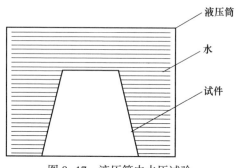

图 8-17　液压筒内水压试验

⑤ 若试件不具备密封性条件，必须设计专用液压筒和橡皮囊实施。

（3）侧外压载荷试验。

① 侧外压载荷是垂直作用在试件侧表面上的均布压力载荷，如图 8-18 所示；

② 侧外压载荷试验时，试件一端固定在试验装置上，另一端为自由端；

③ 侧外压载荷试验时，必须设计专用液压筒和橡皮筒，在液压筒和橡皮筒之间充水压，使试件承受均匀的侧外压载荷。

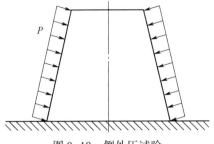

图 8-18 侧外压试验

3. 多种载荷联合试验

多种载荷的联合试验主要有下列情况：

（1）轴向载荷、外压载荷联合试验；

（2）轴向载荷、侧向载荷联合试验；

（3）局部外压、合成集中载荷联合试验；

（4）侧向载荷、合成集中载荷和轴向载荷联合试验。

多种载荷联合试验应满足以下要求：

（1）试验装置应能同时施加各种载荷并尽量避免各种载荷间的相互干扰，各种载荷分别采用作动筒或外压加载装置同时加载；

（2）试验装置必须满足试验技术文件规定的边界条件；

（3）多种载荷联合试验的加载和测量方法应符合所对应的各单种载荷的要求。

8.4.3 试验系统要求

航天器结构静载荷试验系统分为加载系统和测量系统，静载荷试验系统一般组成如图 8-19 所示。

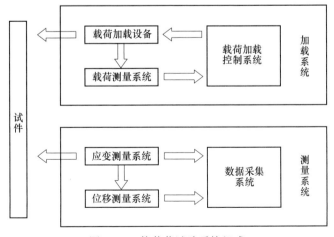

图 8-19 静载荷试验系统组成

1. 加载系统要求

1) 加载系统组成

加载系统主要是将加载设备产生的规定静载荷作用在航天器结构上,能较真实地模拟加速度环境。加载系统分为通用加载系统和专用加载系统两类。通用加载系统在静载荷试验中普遍使用,根据试验类型,通用加载方式分为液压作动筒加载和加压液体直接加载两种。液压作动筒加载系统由液压源、作动筒和测力计等组成,液压源包括高压泵、蓄能器及阀门等,对作动筒输出高压液体驱动作动筒工作;加压液体直接加载系统由水泵、增压阀、阀门、排水阀、压力表和压力传感器等组成。专用加载系统为特定试验设计的加载试验设备,一般包括杠杆、加力帽、过渡段、液压筒、橡皮筒等,需根据不同试验技术文件要求设计。

加载系统应满足以下要求:

(1) 加载系统设计应满足试验技术文件的要求。

(2) 试验中所使用的仪器仪表必须经过二级以上(含二级)计量部门检定合格,并在规定的有效使用期内。

(3) 具有保障试件、试验人员和试验设备的安全措施。

2) 载荷加载控制系统

载荷加载控制系统应满足以下要求:

(1) 优先选用多点实时载荷控制系统;

(2) 加载控制精度应小于 1%FS。

3) 载荷加载设备

载荷加载设备应满足以下要求:

(1) 试验时加载设备对所有的加载点提供正确的试验值,多点同时加载时每个加载点的载荷偏差应符合试验技术文件的要求。

(2) 加载设备的使用载荷一般为试验最大载荷的 1.5~2 倍。若进行破坏试验时,加载设备的使用载荷应为破坏载荷的 1.5~2 倍。

(3) 加载设备应具备同步加载时防止各载荷值超差和超载的功能和措施。

(4) 在试验之前应进行加载设备的负荷调试,检验其强度和刚度是否满足要求。

(5) 杠杆加载系统可以选用由液压作动筒、电液伺服阀和载荷故障保护器组成的伺服机构进行加载。

(6) 内外压加载系统可以选用气体压缩机或液压泵进行充压,在气体介质进行内压试验时必须采取可靠的安全措施,以保证人员和设备的安全。

(7) 液压源选用供液压力波动小于 3%PS,流量满足各加载点供液要求。

4) 载荷测力系统

(1) 测力计。液压作动筒加载的静载荷试验测量可以选用应变式测力计,测力计应满足以下要求:

① 测力计的精度应小于 0.5%FS;

② 根据使用载荷选用测力计,一般使所选测力计的量程为试验最大使用载荷的 1.5~2 倍。

(2) 压力表。内外压加载的试验测量可以选用标准压力表和压力传感器,它们应该满足以下要求:

① 按照使用载荷选用适当量程的标准压力表或压力传感器,压力表量程应取试验最大使用载荷的 1.5~2 倍,压力传感器可满量程使用;

② 试验中所使用的仪器仪表必须经过二级以上(含二级)计量部门检定合格,并在规定的有效使用期内。

2. 测量系统要求

1) 测量系统组成

测量系统主要是完成应变和位移两项测量内容。应变测量系统主要由应变计、静态应变仪等组成。位移测量系统主要由位移传感器、转角测量设备、百分表、千分表等组成。测量系统应满足以下要求:

(1) 测量必须按照试验技术文件要求给定的位置和测量级别进行;

(2) 测量仪器和传感器必须经过二级以上(含二级)计量部门检定合格,并在规定的检定有效期内使用。

2) 测量数据采集系统

对于大型航天器结构静载荷试验测点需求量大的要求,现多采用计算机控制的测量数据采集系统进行数据采集和处理。测量数据采集系统应满足以下要求:

(1) 测量数据采集系统的测量精度应满足试验技术文件的规定;

(2) 测量数据采集系统的存储容量应满足试验测量要求。

3) 应变测量系统

(1) 静态应变仪。静态应变仪应满足以下要求:

① 可提供满足试验技术文件规定的测量通道数量;

② 具有可接入四分之一桥、半桥或全桥型;

③ A/D 转换位数 16 位以上;

④ 分辨率可以达到 $\pm 1\mu\varepsilon$;

⑤ 通道循环采样速度高于 12 次/min。

(2) 应变计。应变计应满足以下要求:

① 应变计应根据试验技术文件的要求、试件的结构类型和材料来选用单

向、双向或应变花型应变计；

② 应变计使用前应进行筛选，同一试件必须使用同一型号、灵敏度系数相等(误差小于0.01)和阻值相等(误差小于0.5Ω)的应变计；

③ 选择具有温度补偿作用的半桥连接方式时，补偿片应与工作片使用同一批次的应变计。

4) 位移测量系统

(1) 线位移测量。线位移测量可采用应变式位移计，应变式位移计应满足以下要求：

① 位移计一般选用应变式(全桥)位移计，也可选用百分表、千分表等位移计；

② 应变式位移计的精度应小于0.5%FS。

(2) 角位移测量。角位移测量可采用转角测量设备，转角测量设备应满足以下要求：

① 角位移测量应根据试验技术文件规定的位置和测量级别进行；

② 刚性水平转角可用水准仪或倾角仪测量，对于微量转角应采用微转角测量设备；

③ 角位移测量的误差应满足试验技术文件的要求。

8.4.4 试验技术要求

1. 安装技术要求

1) 试件安装要求

试件的安装应按照试验技术文件的要求，尽可能模拟正确的试验边界条件。

2) 应变计安装要求

应变计的安装应满足以下要求：

(1) 根据试验技术文件中应变测量点位置要求确定粘贴位置；

(2) 对测点位置的试件表面进行打磨，如果试件表面有漆层或氧化层，必须将漆层或氧化层打磨掉，保证应变计粘贴在结构材料的表面；

(3) 打磨后对粘贴位置进行清洗，保证表面清洁度要求；

(4) 按方向要求粘贴应变计，使用专用黏结剂保证粘贴牢固，焊接连线并固定；

(5) 记录测点编号。

3) 位移计安装要求

位移计的安装应满足以下要求：

(1) 根据试验技术文件中位移测量点位置要求安装位移计；

（2）位移计安装支架应有足够的刚度，以保证测量过程中支架变形引起的误差小于位移计的误差；

（3）位移计的安装支架应与加载装置分开，以避免在试验过程中受到干扰。

2. 加载技术要求

载荷的施加应满足以下要求：

（1）典型的加载控制过程如图 8-20 所示，载荷应按试验技术文件的规定分级加载；

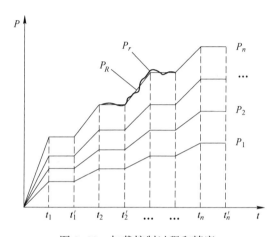

图 8-20　加载控制过程和精度

（2）试验过程中，应能随时对载荷上升（下降）的启动、停止、加速、减速和紧急卸载等进行人工干预，其中包括试验出现异常情况时，具备应急中断试验的能力；

（3）试验的主要参数曲线，如载荷上升（下降）曲线、载荷精度控制曲线、载荷误差表、载荷 - 应变曲线和载荷 - 位移曲线等可按要求显示在屏幕上，当超过允许值时应进行报警；

（4）在加载过程中载荷应单调平稳地增加，由于载荷的传递有一定的滞后，所以当每级载荷达到规定值后应保持一段时间再进行测量。

3. 卸载技术要求

载荷的卸除应满足以下要求：

（1）卸载过程与加载过程对应；

（2）在卸载过程中载荷应单调平稳地减小，由于载荷的传递有一定的滞后，所以当每级载荷达到规定值后应保持一段时间再进行测量；

（3）试验的卸载过程按试验技术文件的规定进行，试验件若为薄壁容器，

试验卸载时应绝对防止出现负压,以避免产生失稳或崩塌;

(4)紧急卸载过程应符合试验技术文件规定的要求。

4. 测量技术要求

1)应变测量要求

应变测量应满足以下要求:

(1)按照试验技术文件要求粘贴应变计和补偿片(补偿片在四分之一桥、半桥连接方式时使用),根据测量要求选择按四分之一桥、半桥和全桥连接方式与静态应变仪连接组成应变测量系统,一般选择具有温度补偿作用的半桥连接方式进行测量;

(2)桥路连接后,通过计算机采集的通道平衡数值检查各通道的连通情况和初始值的大小,对未平衡的通道查找原因,使其达到平衡;

(3)保证小应变时的测量精度和灵敏性,初始值的调整可采用配电阻的方式进行;

(4)按照试验技术文件的测量要求进行每次加载或卸载后的数据采集,为保证测量精度的稳定性,根据具体加载或卸载的情况,应在加载或卸载后保持一定时间再进行数据采集。

2)位移测量要求

(1)线位移测量要求。线位移测量应满足以下要求:

① 可采用应变位移计或百分表、千分表测量线位移;

② 当测量误差要求小于 0.001mm 时,可采用光栅测位移计或相应的位移计;

③ 若用百分表、千分表等位移计测量位移时,测量读数时尽量使视线与表的刻度线保持水平,测量误差应小于表 8-2 规定值。

表 8-2 位移计测量误差规定

量程/mm	测量绝对误差/mm	测量相对误差/%
2	±0.10	±5
4	±0.10	±2.5
6	±0.15	±2.5
8	±0.15	±2
10	±0.20	±2

(2)角位移测量要求。角位移测量可采用下列方法:

①某一刚性面的转角可用测量一定距离两点的位移来间接测量,原理如图 8-21 所示,转角 $\Delta\theta$ 按以下式计算:

$$\Delta\theta = \arctan\left[\frac{(\delta_A - \delta_B)}{S}\right] \tag{8-3}$$

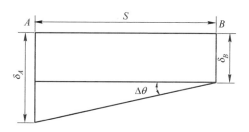

图 8-21 转角测量方法

② 在试验件可见部分,可利用激光管发出的激光束通过固定在试验件上的镜面的反射现象测量该点的转角,原理如图 8-22 所示,按以下式计算。

$$\Delta\theta = \frac{\arctan\left[\dfrac{(S_1 + \delta)}{S}\right] - \arctan\left(\dfrac{S_1}{S}\right)}{2} \tag{8-4}$$

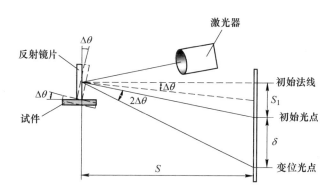

图 8-22 光反射法测量转角原理

5. 加载误差要求

加载误差可按以下式计算。

$$E_I = \left[(P_R - P_r)/P_m\right] \times 100\%\,\text{FS} \tag{8-5}$$

为保证数据采集精度,在载荷调节阶段 $(t'_{n-1} - t_n)$ 中 E_I 应小于 $\pm 1.5\%\,\text{FS}$,在载荷保持阶段 $(t_n - t'_n)$ 中 E_I 应小于 $\pm 1\%\,\text{FS}$。

加载过程总误差包括力源不稳定误差、测力计系统误差、载荷换算误差及加载装置加工和安装误差,总误差应小于 2%。

8.4.5 力热联合试验技术及要求

随着航空航天技术的发展,飞行器及航天器面临越来越严酷的飞行环境考验,对试验技术的发展提出了更加苛刻的要求,力热联合试验(图8-23)越来越普遍应用于航天器的研制过程中。

图8-23 力热联合试验

力热联合试验其静载荷类型包含8.4.2节所提到的静载荷类型。

热载荷加载常用的控制方式有温度控制和热流密度控制,采用的仪器设备通常为石英灯阵加载。加载温度根据试件经受的飞行环境从几十摄氏度到1000多摄氏度。当高温加载时,热载荷加载装置需要进行降温处理,力载荷加载装置需要进行隔热处理,防止高温造成加载装置异常。

高温下的应变测量需要使用高温应变片进行应变测量。高温下的位移测量可以有两种方式一种接触式位移传感器,但是需要使用耐高温变形小的材料(一般选用陶瓷杆)进行转接。另外一种是采用非接触式的激光位移传感器,但是需要注意激光的波长需要与加热灯阵的波长不重叠。

8.5 恒加速度试验技术(转臂式离心机试验技术)

8.5.1 离心机的工作原理

离心机最早是被应用在轻工、食品、化工、医药、采矿等领域,至今品种已达上千种。20世纪60~70年代伴随着航空航天工业的发展,针对飞行器部件和卫星用的航空航天离心机也悄然兴起。首先在美国遍地开花,空军、海军以及学校等部门纷纷建立各种离心机设备进行稳态加速度模拟试验研究。中国航空航天离心机、土工离心机和载人离心机都开始于20世纪50年代末,图8-24是北京卫星环境工程研究所1962年投入使用的中国第一台航天器中型离心机,图 8-25 是 1967 年投入使用的航天器大型离心机。现在航天器恒加速度试验用离心机在国内外已经由专门生产厂家进行研制,根据需求不断改进和完善发展,离心机样式也在不断变化,但它们的工作原理却是大同小异。下面就以中型离心机为例对它们的工作原理进行介绍。

图 8-24　中型离心机

图 8-25　大型离心机

中型离心机一般由转臂、安装试件的吊篮、可调节配重、减速箱、润滑系统、电动机、汇流环和底座等组成,离心机主体结构如图 8-26 所示。转臂通过法兰盘与主轴刚性的连接成一体,电动机带动减速箱内的涡轮蜗杆等传动系统,将运动和动力传递给主轴,驱动转臂旋转。产品安装在转臂一端的吊篮里,并通

过汇流环进行供电及测试工作,转臂的另一端加配重块。转臂带动吊篮作等速圆周运动,试件上产生下列恒加速度环境:

$$G = KRN^2 \qquad (8-6)$$

式中:G 为要求的加速度量级($g, g = 9.8 \text{m/s}^2$);K 为常数,$K = 1.118 \times 10^{-3}$;R 为控制半径,控制点至离心机旋转轴中心线的距离(m);N 为离心机转速(r/min)。

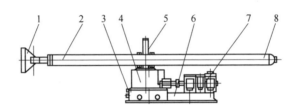

1—吊篮;2—转臂;3—润滑系统;4—减速箱;5—汇流环;6—底座;7—电动机;8—配重。

图 8-26 离心机简易图

离心机的控制系统形式较多,经历了由手动调节到自动控制,由晶闸管直流调速到工控机控制直流、交流调速的技术发展过程。工控机自动控制系统如图 8-27 所示,该控制系统通过工控机对控制参数(如加速度、试验时间、加载速率等)进行设置,工控机对参数进行逻辑运算后通过通讯网络将控制信号传输给直流驱动模块,驱动模块把交流电压经过整流变成直流,然后送到直流电动机的电枢上控制电机的转速,从而控制离心机的转速。同时直流驱动模块通过配置在电机上的光电编码器等测速装置对电机进行实时测速,并反馈给工控机,工控机通过调节控制信号达到闭环控制。试验结束后工控机对离心机运动全过程的图形和数据进行储存处理并输出。

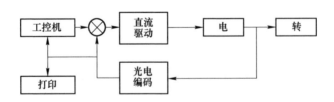

图 8-27 控制系统框图

8.5.2 离心试验要求

加速度试验系统包括离心机台体系统、控制系统及专用测试系统,系统组成示意图见图 8-28。其中,离心机台体系统包括离心机本体和驱动设备等;控制系统包括工控机、控制柜等;专用测试系统包括结构应变测量系统和地面测试系统等。

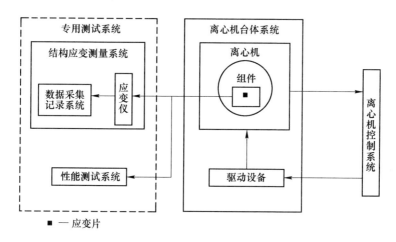

图 8-28 加速度试验系统组成示意图

1. 离心机台体系统

离心机台体一般要求如下:

(1) 离心机额定负载满足产品和试验工装的总重量要求;

(2) 离心机额定加速度满足试验条件要求;

(3) 确保试件上任意一点所承受的加速度值在试验量级的 90%~110% 范围以内;

(4) 离心机汇流环系统阻抗平稳,可抗高频干扰,通道间绝缘良好,有足够数量的产品功能测试通道。

2. 离心机控制系统

离心机控制系统应满足如下要求:

(1) 确保离心机的加载、卸载速率满足试验条件要求;

(2) 离心机匀速运转阶段,确保运转平稳,转速稳定度为±2%;

(3) 控制系统的其他功能,如数据的处理、输出、存储等,应满足试验要求。

3. 结构应变测量系统

结构应变测量系统包括应变片、应变仪和数据采集记录系统等。

1) 应变片

应变片的使用应遵循以下原则:

(1) 根据测量要求和试件状态选择应变片的形式(单向应变片或应变花)、栅丝尺寸和阻值;

(2) 按照各测点要求完成应变片粘贴、固定和连接导线焊接、走线、检查;

（3）应变片粘贴过程应注意对粘贴表面进行打磨、清洁等适当的处理，保证粘贴质量；

（4）应变片导线焊接、固定牢固。

2）应变仪

应变仪应满足如下要求：

（1）通道数量满足试验大纲规定的测量要求；

（2）通道测量分辨率优于±1$\mu\varepsilon$；

（3）应变测量范围：不小于±10000$\mu\varepsilon$；

（4）具有1/4桥、半桥、全桥桥路测量连接方式；

（5）具有自动平衡功能；

（6）具有长导线电阻修正功能等。

3）数据采集记录系统

数据采集记录系统应满足如下要求：

（1）通道参数设置，采集记录过程性能稳定；

（2）通道循环采样频率满足试验要求；

（3）数据采样 A/D 转换位数 16 位以上；

（4）具有自动采集记录存储试验数据功能；

（5）根据需要绘制输出工况加载及对应的应变数据变化曲线；

（6）试验后可以将数据以文本文件的格式输出。

4. 地面测试设备

地面测试设备应满足如下要求：

（1）应满足航天器试件在加速度试验中进行性能测试的要求；

（2）测试设备电缆与离心机汇流环的接口匹配；

（3）设备性能稳定、可靠。

5. 试验工装

试验工装应满足如下要求：

（1）应能使试件在规定试验方向上承受加速度载荷；

（2）形状与几何尺寸应满足试件及离心机的接口要求；

（3）与试件的对接面应尽可能地模拟产品与航天器的对接面；

（4）设计时要进行风阻计算，选择风阻小的设计方案；

（5）变形量不应大于产品的变形量；

（6）必须进行强度校核，安全系数应大于3；

（7）试验工装与离心机安装面的连接应使用螺栓穿孔连接；

（8）试验工装与离心机安装面的连接螺栓的预紧力、强度、尺寸及个数应保证满足试验要求。

6. 试件(受试产品)

试件安装应满足如下要求：

（1）试件与试验工装的连接螺栓(钉)应与产品在航天器上的实际安装螺栓(钉)相同；

（2）试件按实际使用状态，通过其在航天器上的真实安装点直接或通过适当的工装安装在试验设备上，应避免附加约束；

（3）试验中需要的测量导线和试验安全保护设施等附件应可靠地紧固在试验设备上；

（4）试件安装方向应与产品在飞行中经受的加速度方向一致。

试件在试验过程中应满足如下要求：

（1）对于充气、充液的试件，要根据情况做好防护措施；

（2）带支架或减振器的试件，支架或减振器应与试件一起进行试验；

（3）在航天器上升、再入、返回阶段有操作的产品，应在试验中全过程对试件进行性能监测，监测其功能是否有间歇或持续性的故障。

8.5.3 离心试验程序

1. 试验前检查

试验前对各系统仪器、设备进行检查，确保其处于正常工作状态。对试验产品进行外观检查、功能/性能测试，确保试件在试验前满足试验状态，并记录检查、测试结果。

2. 试件结构应变测量准备

试验中如需进行应变测量，其准备内容如下：

（1）试件进入试验现场后，按测量要求完成测点应变片的粘贴、焊线、走线等工作，粘贴过程中记录测点编号、对应方向、导线编号，编制加速度试验应变测量跟踪卡；

（2）完成相应补偿片的粘贴和准备等；

（3）将应变仪安装在离心机上，确保安装牢固；

（4）试件安装后进行应变仪测量通道连线，系统调平衡，设置采集参数，对有问题的通道进行检查和修复；

（5）通道检查后进行试验前采集调试，确认测量系统工作正常。

3. 试件性能监测

试验中需进行性能监测的试件，试验前准备内容如下：

（1）对离心机汇流环进行导通，确保各通道阻值满足试件测试要求，通道间绝缘良好；

（2）通过电缆将试件测试设备与汇流环、汇流环与试件连接；

（3）对试件进行功能监测，确保测试设备与汇流环、汇流环与试件连接正确。

4. 试件安装

试件、试验工装的安装过程如下：

（1）按相关技术文件上对试验顺序的要求确定试验安装方向；

（2）将试件要求安装在试验工装上，将试验工装（或组合体）安装在离心机安装面上，工装与试件的安装顺序可根据需求适当调整；

（3）在离心机转臂的另一端安装平衡质量块，使离心机达到动平衡；

（4）清理试验现场。

5. 试验实施

试验实施步骤如下：

（1）试件安装好后，测量控制半径；

（2）低速运转一圈，观察有无障碍；

（3）按试验文件要求进行系统参数设置；

（4）按要求启动测试系统；

（5）按要求离心机加载，直至达到试验要求的加速度量级；

（6）在试验要求的持续时间里，离心机保持平稳运转，即确保试验量级始终满足试验允差要求；

（7）按要求离心机卸载至停机；

（8）按要求停止测试系统；

（9）进行试件外观检查及功能检测；

（10）检查应变测量数据是否完整；

（11）按相关技术文件要求需更换试验方向时，重复 8.5.3 小节 4~5。

如为性能试验，当离心机达到试验要求的加速度量级，即步骤（5）完成后，开始监测试件状态，在满足实验要求的持续时间，即步骤（6）完成后，停止对试件的监测。

6. 试验后处理

试验数据处理内容如下：

（1）试验以加速度值—时间曲线的形式给出控制结果，并给出本次试验的最大加速度值及在试验持续时间内的平均加速度值；

（2）按照测量要求给出各试验工况的应变测量数据曲线。

8.5.4 离心试验中断与处理

1. 试验中断

出现下列情况之一时，应中断试验：

（1）试验过程中设备出现故障,或异常现象；

（2）试验过程中对试件进行测试的设备出现故障或受到干扰,无法进行正常测量；

（3）试验过程中试件出现故障。

2. 中断处理

1）试验设备产生的中断

试验设备产生的试验中断按如下规定进行处理：

（1）未加载至要求的加速度量级时,在设备排除故障后,按8.5.3小节5重新进行试验；

（2）已加载至要求的加速度量级时,在设备排除故障后,继续试验,试验持续时间为试验中断前后试验持续时间的总和；

（3）试件承受超过要求的加速度量级时,应立即停机,检查试件,进行外观及功能检测,在确认设备故障排除后,根据试件检测结果判定是否需要更换试件：

① 如使用原试件继续试验,试验持续时间为试验中断前后试验持续时间的总和；

② 如更换试件,按 8.5.3 小节3~5重新进行试验,中断前试验持续时间无效。

2）性能测试设备产生的中断

性能测试设备产生的中断按如下规定进行处理：

由于试件测试设备产生的试验中断,在设备排除故障后,由送试方决定重新或继续进行试验,如继续试验,试验持续时间为试验中断前后试验持续时间的总和。

3）Ⅲ组件故障产生的中断

试件故障产生的中断按如下规定进行处理：

由于试件发生故障产生的试验中断,在试件维修或更换后,按 8.5.3 小节3~5重新进行试验,中断前试验持续时间无效。

8.6　正弦-脉冲试验技术

8.6.1　正弦-脉冲试验基本原理

正弦-脉冲试验是对试件施加一个瞬态正弦激励,使之产生与准静载荷等效的加速度量级。激励的正弦频率必须远远低于试件的基频,以避免发生动态放大。一般采用不大于试验件基频1/3的频率来激励,这是一个基本而重要的原则。但在某些情况下,例如由于振动设备的限制而无法在该频率上完成时,允许使用与试件基频相近的频率来进行试验。在这种情况下,利用试件一阶频率的放大特性,来解决试验设备限制的问题。如果是由于试件的重量而不是振动台的行程限制了试验的进行,那么可以将振动台电流加大,有可能达到需要的载荷量级。在这种情况下,由于试验时间短允许振动台电流过载。

正弦-脉冲试验实际上是一个瞬态振动试验,利用振动控制系统的典型冲击模块。首先按照控制系统所要求的通用文件格式输入参考波形,然后按照典型冲击的方法完成试验。

8.6.2 正弦-脉冲试验方法

1. 控制点的选取

试验采用单点控制。一般选取振动试验所使用的控制传感器中的一个作为正弦-脉冲试验的控制点。

2. 试验条件的确定

试验的频率一般为试件基频的 1/3。量级大小的确定要通过对试件的应力进行分析,根据应力等效原则,使之产生与静载荷等效的应力。

3. 波形生成

正弦脉冲波形为一定频率正弦波,其幅值由一梯形及其镜像进行包络,在最大量级时的周期数至少应为 10 个;在上升段和下降段,每一段均应包括至少 15 个周期。其表达式为

$$y = \begin{cases} \dfrac{2A}{(\tau - \tau_1)} t\sin(2\pi f t) & (t \leqslant (\tau - \tau_1)/2) \\ A\sin(2\pi f t) & ((\tau - \tau_1)/2 \leqslant t \leqslant (\tau + \tau_1)/2) \\ \dfrac{2A}{(\tau - \tau_1)} (\tau - t)\sin(2\pi f t) & ((\tau + \tau_1)/2 \leqslant t \leqslant \tau) \\ 0 & (t \geqslant \tau) \end{cases}$$

(8-7)

式中:A 为最大峰值(g);τ 为脉冲总宽度(s);τ_1 为量级最大时的脉冲宽度(s);f 为正弦频率值(Hz)。

4. 加载过程

每个方向的试验加载均采用手动方式逐级加载,即系统在 -21dB 均衡完毕后,量级由小到大,按照满量级的 12.5%(-12dB)、50%(-6dB)、70%(-3dB)的顺序来加载。这样逐级加载的方式,可以确定试件、夹具、振动台组成的系统是否是线性响应,一旦确认振动系统响应满足要求,就可以进行满量级的试验(100%,0dB)。在试验逐级加载过程中,如果振动台系统不能满足试验要求,即不能进行

100%量级(0dB)的试验,而应根据应力等效原则,采用外推法进行验证分析。由于试验是瞬态过程,因此在试验时,只能记录加速度和应变的时间历程。

5. 安全保证措施

鉴于正弦-脉冲试验是一开环试验不能进行实时控制为了防止过冲保证试验设备和试件的安全应采取如下预防和安全措施:

(1) 试验前应检查振动台及水平滑台是否处于良好的工作状态(包括电、机械);

(2) 产品上振动台前,先用模拟件或配置调试,确认系统正常后再安装试件;

(3) 系统自检后应检查逆传递函数及驱动电压是否正常,确认正常后再进行试验;

(4) 从低量级到高量级始终监视其波形是否正常。

8.6.3 正弦-脉冲试验试验程序

1. 试验准备

试验准备过程如下:

(1) 检查各试验系统,确保各系统正常;

(2) 对试验工装进行检查,工装应能模拟组件边界条件和受力状态,传递性能好,波形失真度小的要求;

(3) 检查模拟件是否满足要求;

(4) 对组件进行外观检查和功能/性能检测,记录检查结果。

2. 试验实施

试验实施过程如下:

(1) 按组件连接状态安装模拟件;

(2) 连接试验设备和测量仪器;

(3) 按试验文件要求安装控制传感器和测量传感器;

(4) 根据试验技术文件输入参考波形参数;

(5) 对试验设备的预调,直到连续两次得出的控制曲线满足试验条件要求;

(6) 拆除模拟件,并安装组件;

(7) 启动测试系统;

(8) 按试验设备操作规程进行冲击-脉冲试验,并进行响应数据测量及数据处理;

(9) 关闭测试系统;

(10) 对组件进行外观检查及功能检测;

(11) 判断试验数据的有效性;

(12) 当技术文件要求变换试验方向进行试验时,重复(1)~(11)。

3. 试验后处理

试验后处理过程如下:

(1) 拆卸控制传感器和测量传感器;

(2) 拆卸组件,并对组件表面的残余物进行清理;

(3) 分析整理试验数据,确认试验数据有效性、完整性;

(4) 编写相关文件,并归档保存。

8.7 振动-加速度综合试验技术

8.7.1 振动-加速度综合环境模拟

综合力学环境模拟试验是在试验室内再现产品或结构承受的实际力学环境。综合力学环境存在两种或两种以上的外载荷激励,它们是在同一空间同时作用的,而且综合力学环境不是单一力学环境的简单组合,而是具有相互耦合作用的,这也正是单一力学环境试验不能替代综合力学环境试验的原因。振动-加速度综合环境,对处于该环境中的产品就多出了哥氏力的作用,这是单独的振动环境或线加速度环境所不能产生的。从模拟试验的角度看,存在两个关键问题:一是如何模拟真实的综合力学环境;二是如何达到试验设备的协调。要真实地模拟力学环境,应当建立力学试验环境模拟理论,解决真实力学环境与模拟力学环境的等效关系,这一点可以从相似学的角度进行研究。从理论上讲,环境试验要真实模拟所预期的各种环境,必须具备足够的使用环境条件数据。但实际上,即使获得了全部环境数据,要在试验室内进行真正模拟也是不能实现的。实践表明,完全模拟真实环境有时并无必要,可以用环境影响模拟代替真实模拟。设备方面,利用离心机产生的离心加速度模拟加速度环境,采用振动台模拟振动环境,然而振动台同样受到离心力的作用,离心转臂也受到振动台的振动激励,从而大大限制了设备的工作能力。因此对振动-加速度综合试验设备必须进行特别的设计才能达到试验设计要求。

因此对于综合力学环境模拟试验,在模拟理论上,应当建立综合力学环境的等效性条件,从而保证综合力学环境模拟试验与实际综合力学环境下的故障模式的一致性和可重复性;在模拟方法上,应当协调匹配试验装置的性能,扩大系统的试验能力。

8.7.2 振动-加速度综合环境试验技术研究

航天器在发射以及再入过程中要经受振动环境、加速度环境的综合作用。

这种综合作用环境,通过航天器的结构动态传递,逐级作用到航天器的系统级、分系统级以及部组件级的结构或星上仪器设备上,并可能导致结构破坏、仪器设备性能下降、故障或失效。

在发射及再入过程中所经受的振动环境包括正弦激励、随机激励和瞬态激励。正弦激励主要来自运载火箭发动机不稳定燃烧而产生的推力脉动变化,旋转设备的不平衡转动,液体运载火箭所特有的飞行器结构与液体推进剂、贮箱及供应系统在燃烧室压力和推力脉动变化下相互作用而产生的纵向自激振动,即POGO振动。正弦激励主要是低频正弦振动,其频率范围大致为 5~100Hz。随机激励主要来自两个方面:一是起飞排气噪声,即运载火箭发动机排气涡流产生的噪声;二是运载火箭快声速飞行及高速飞行时引起的气动噪声。瞬态激励主要来自飞行过程中的阵风、发动机点火和关机、级间分离等突发载荷,它们基本上是一个自由衰减的正弦振动。阵风、发动机点火和关机而引起的瞬态振动主要是在低频,级间爆炸分离引起的瞬态振动主要是高频振动。

加速度环境主要是由运载火箭工作时产生的。航天器在发射过程中经受的加速度环境可分为两个部分:一是变化缓慢的准稳态加速度;二是因发动机点火、关机等产生的瞬态加速度。航天器加速度环境主要是压缩载荷,可能引起结构破坏或失稳。此外,加速度环境还可能使星上仪器设备发生故障而不能正常工作。这些故障包括:由于结构永久变形或破坏而使设备损坏或无法正常工作;传动装置失灵,密封装置泄露或液体管路破裂等。

由于运载器、航天器在发射以及再入过程中经受振动环境、加速度环境的综合作用,因此从模拟真实环境角度考虑,运载器、航天器的部组件级单机产品均需进行振动/加速度环境试验的考核,暴露组件的材料、元器件和工艺制造质量方面的潜在缺陷,验证组件承受力学环境并能正常工作的能力。表 8-3 是振动/加速度试验统计表。由于综合试验设备以及相应规范标准的滞后,大多都用单项试验代替。

表 8-3 振动/加速度试验统计表(部分)

序号	项目名称	正弦/g	随机/g_{rms}	加速度/g	质量/kg
1	燃气源	—	18.7	15	10
2	红外探测器试验件(试验件)	12	12.81	8	1
3	红外探测器试验件 GIBD-30-A (试验件)	15	18.1	9	1
4	XB1-60-100-2-6/4 型固体润滑谐波传动减速器	10	—	10	3
5	GPS 接收机	16	13.6	9	5

续表

序号	项目名称	正弦/g	随机/g_{rms}	加速度/g	质量/kg
6	弹射式回收信标天线、弹射式国际援救信标天线 a	15	15.2	16.5	5
7	S 频段测控天线 a、GPS 天线	15	15.2	16.5	5
8	红外探头组件	12	12.81	8	1
9	红外探测器试验件	12	12.81	8	1
10	红外探头组件试验件	20	18	10	1
11	红外探测器	15	—	10	1
12	非电传爆装置	15	—	16.5	5
13	红外探测器	15	—	10	1
14	STAR1000 图像传感器	20	20.8	18	3
15	红外地球敏感器	15	18.4	9	2
16	光纤陀螺组件	15	12.69	12	5
17	气加排阀、氧化剂加排阀等	12	20.3	9	4
18	BD2/GPS 接收天线	15	14.33	10	5
19	0.2N 推力器组件	16	13.6	9	10
20	单向阀(验收件)	20	14.5	9	5
21	红外地球敏感器	15	18.4	9	2
22	光纤陀螺组件	18	15.9	9	5
23	选择性波峰焊试验板	18	20.8	9	1
24	CAST3000 卫星中心控制单元	16	13.6	9	8
25	驱动控制单元	16	13.6	9	15
26	推进电路盒	9	12.82	10	15

环境适应性不仅是设计人员的设计目标,同时也是试验验证的目标,因而是剪裁选用试验方法的依据。

航空航天设备普遍工作于振动和线加速度同时作用的综合动态环境中,对于航天器单机产品在发射阶段经受振动、加速度综合环境,因此严格意义来讲,都要进行振动-加速度综合环境试验。对于组件级产品,如果已经用于型号产品,可以根据产品修改程度考虑是否做综合环境试验。对于用于首次飞行的或应用环境较以前型号有较大程度变化的研制产品,建议进行振动-加速度综合环境试验,以提高航天器的可靠性以及降低研制成本。

根据文献调研与试验结果,推荐以下两类产品进行振动-加速度综合环境试验:

(1) 开关类电子产品(如含有接触器设备),并且在发射阶段带电工作的

产品;

(2) 薄壁类、对基频比较敏感的机械结构产品。

8.7.3 振动-加速度综合环境试验方法

1. 振动-加速度综合环境试验系统

振动-加速度试验系统主要包括振动环境试验系统和加速度环境试验系统,其中,振动环境试验系统用于提供振动激励,主要包括电磁振动台、强制空气冷却系统和摄像系统,电磁振动台、强制空气冷却系统和摄像系统通过螺栓连接固定在离心机转臂上;加速度环境试验系统用于通过转臂旋转,来提供恒定线加速度环境应力,主要包括机座、电动机、传动系统、测速装置、工作转臂、集流环、电控系统。除原理图(图8-29)和主要结构图(图8-30、图8-31)中所示试验现场的结构外,还有与之相匹配的供配电系统、测试与控制系统。

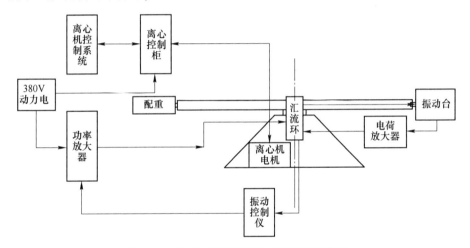

图 8-29 振动-加速度试验工作原理示意图

典型的振动-加速度综合环境试验系统实物照片如图8-32所示。

2. 试验加载顺序

振动-加速度综合环境试验根据实际应用环境会有以下加载顺序的需求:
(1) 振动过程中,施加离心加速度;
(2) 离心加速度0至满量级加载过程施加振动试验。

3. 试验程序

1) 试件安装

组件安装应满足如下要求:

(1) 组件与试验工装的连接螺栓(钉)应与组件在航天器上的实际安装螺栓(钉)相同;

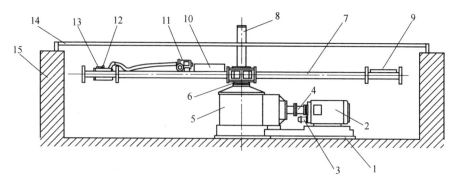

1—机座;2—电动机;3—测速装置;4—联轴器;5—减速器箱体;6—旋转主轴;
7—工作转臂;8—集流环;9—配重;10—电控系统的接线面板;11—风机;12—电磁振动台吊环;
13—电磁振动台;14—钢支架;15—地坑安全墙。

图 8-30 振动-加速度试验系统组成示意图(正视图)

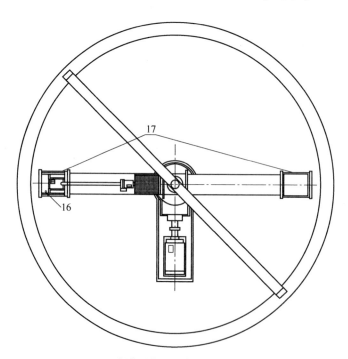

16—摄像系统;17—转臂安装平面。

图 8-31 振动-加速度试验系统组成示意图(俯视图)

(2) 组件按实际使用状态,通过其在航天器上的真实安装点直接或通过适当的工装安装在试验设备上,应避免附加约束;

(3) 工装与振动台台面必须通过螺钉连接,不能通过压板压紧方式进行固定;

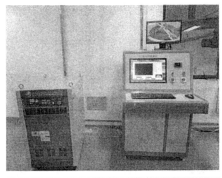

图 8-32 振动-加速度综合环境试验系统照片

（4）试验中需要的测量导线和试验安全保护设施等附件应可靠地紧固在试验设备上；

（5）组件安装方向应与组件在飞行中经受的加速度方向一致。

2）试验控制与测量

（1）试验控制。振动试验控制应满足如下要求：

① 一般应采用两点或两点以上加速度平均控制方式，对于较小试件可以采用单点控制；

② 振动控制仪动态范围不应小于 90dB；

③ 控制传感器一般采用压电式加速度计，并在使用的频率范围内具有平坦的频响特性，横向灵敏度不应大于轴向灵敏度的 5%；

④ 控制传感器一般采用胶接，也可采用螺接方式，且应浮地；

⑤ 信号调节器应在进入汇电环前进行信号放大。

（2）测量系统。试验测量系统应满足如下要求：

① 原则上不通过汇电滑环，将测量设备固定到转轴附近，试验过程中自动采集数据，试验完成改后进行数据分析处理；

优点：电噪声小；

缺点：试验过程中数据异常时，不能及时处理；

② 若通过汇电滑环,须将信号适调器对测量滤波放大后,再通过汇电滑环连接测量系统。

3) 试验步骤

试验步骤如下:

(1) 安装组件;

(2) 粘贴控制、测量传感器;

(3) 连接控制、测量导线,固定线缆、信号调节器、电荷放大器等;

(4) 测量试件质心半径;

(5) 低速运转一圈,观察有无障碍;

(6) 开启振动、离心机总电源;

(7) 清理试验现场,锁紧试验区门窗;

(8) 按试验技术文件要求进行振动、离心系统参数设置;

(9) 进行控制系统导通测试;

(10) 按要求启动测试系统;

(11) 启动振动功率放大器,加励磁,并将增益旋转适当位置;

(12) 安装任务书要求顺序,启动振动、离心控制系统;

(13) 离心机加载,直至达到试验要求的加速度量级;

(14) 在试验要求的持续时间里,确保离心机保持平稳运转,振动曲线、加速度曲线始终满足试验允差要求;

(15) 依次停止振动、离心机卸载至停机;

(16) 按要求停止测试系统;

(17) 进行组件外观检查及功能检测;

(18) 检查测量数据是否完整;

(19) 当相关技术文件要求更换方向进行试验时,重复以上步骤。

8.7.4 典型振动-加速度综合环境试验案例

以某型号红外探测器产品为试件,对综合环境试验和单项试验的试验效果、失效形式进行夹具设计与试验。试验条件为:

正弦振动条件:

10Hz~17.8Hz,11.7mm(0-p)

17.8Hz~70Hz,15g

70Hz~2000Hz,10g

扫描时间:18min

加载方向:X、Z 两个方向

离心加速度试验条件:

X 向:2g

Z 向:5g

加载时间:20min

试件 5 件,分为两批。第一批 EC34、EO45;第二批,EF95、EO78、EH30。第一批进行单项试验,加载顺序为:Z 向振动试验——Z 向加速度试验——X 向振动试验——X 向加速度试验。第二批进行综合试验,加载顺序为:Z 向振动-加速度综合试验——X 向振动-加速度综合试验。

试验控制点选在试验组件与工装连接面上,采取两点平均控制。测量点一个粘贴在工装上表面,一个粘贴于盖板上。试件安装方式、控制及测量点分布位置如图 8-33 和图 8-34 所示。

 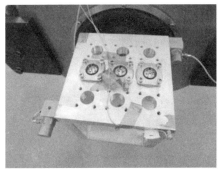

图 8-33 红外探测器(EC34、EO45)单项试验控制、测点位置分布图

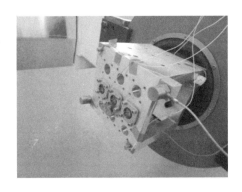 

图 8-34 红外探测器(EF95、EO78、EH30)综合试验控制、测点位置分布图

试验完成后对试件外观和产品性能指标进行了检查和测试,测试结果见表 8-4 和表 8-5,综合试验和单项试验振动测量曲线对比如图 8-35、图 8-36 所示。

表 8-4　红外探测器单项试验(先振动后离心加速度试验)前后对比

试件编号	宽带噪声(试验前)	外观检查	宽带噪声(试验后)	结论
EC34	0.28	完好	0.32	合格
EO45	0.31	完好	0.32	合格

表 8-5　红外探测器振动-加速度综合试验前后对比

试件编号	宽带噪声(试验前)	外观检查	宽带噪声(试验后)	结论
EF95	0.34	完好	0.44	性能缺陷
EO78	0.28	完好	0.3	合格
EH30	0.26	芯壳分离	0.26	装配缺陷

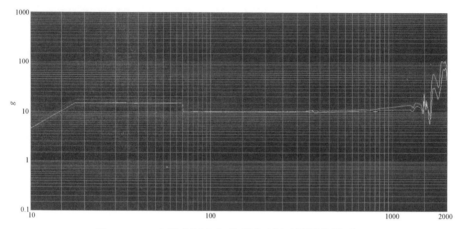

图 8-35　Z 向综合试验和单项试验振动测量曲线对比

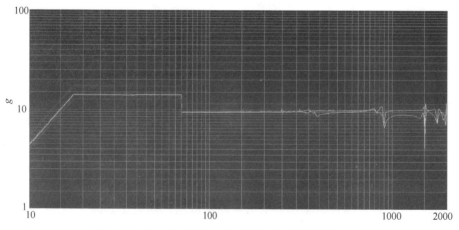

图 8-36　X 向综合试验和单项试验振动测量曲线对比

从试验测试结果看，经受单项试验后试件完好，而经受振动-加速度综合环境试验后，3件试件有两件暴露出问题。从单项试验和振动-加速度综合试验，盖板测点响应曲线对比可以看出，综合试验在高频部分(600~2000Hz)较单项试验有明显放大，而试件又对高频较为敏感，为暴露产品问题的主要原因。

参 考 文 献

[1] 贾普照. 稳态加速度模拟试验设备-离心机概论与设计[M]. 北京:国防工业出版社,2013.
[2] 邢天虎,等. 力学环境试验技术[M]. 西安:西北工业大学出版社,2003.
[3] 张阿舟,等. 振动环境工程[M]. 北京:航空工业出版社,1986.
[4] HARRIS C M. Shock and Vibration Handbook[M]. McGRAW-HILL Book Company,1976.
[5] 徐兰菊. 一种利用振动台模拟准静态环境的试验方法[J]. 航天器环境工程,2003,20(1):19-22.
[6] RANDALL R B,Tech B,B. A. Frequency analysis[M]. B&K:K. Larsen&Son,1987.
[7] 谷口修. 振动工程大全[M]. 北京:机械工业出版社,1983.
[8] 王仁智,等. 疲劳失效分析[M]. 北京:机械工业出版社,1987.
[9] FACKLER W C. 振动试验中的等效技术[M]. 姚起杭,译.北京:国防工业出版社,1979.
[10] КЛЮЕВ В В. 振动、噪声、冲击的测量仪器与系统手册[M]. 北京:国防工业出版社,1988.
[11] 马大猷,等. 声学手册[M]. 北京:科学出版社,1987.
[12] BELL L H. Industrial Noise Control[M]. Marcel dekker,Inc. ,1982.
[13] BENDAT J S. RandomData:Analysis and Measure Procedures[M]. John Wiley&Sons,Inc. 1986.
[14] 向树红,等. 航天器力学环境试验技术[M]. 北京:中国科学技术出版社,2010.

第 9 章
结构模态分析与试验技术

9.1 概述

结构动态特性直接关系到产品研制的性能、寿命、可靠性、安全性和经济性。产品的高性能、轻量化和研制的高效率、低成本的发展趋势,使结构动态特性分析显得更为重要。结构试验模态分析的主要目的是:从试验测量数据中辨识结构动态特性参数(模态参数);鉴定结构的动态特性是否符合设计要求;用模态试验的结果去验证和修正结构数学模型(有限元模型);校核动态分析结果的有效性,检查结构中的薄弱环节及部位。

研究发现,一般大型结构在激励作用下受到的严重振动及其造成的破坏,就其本质而言,都是由于模态参数不合理造成的。模态参数识别是模态分析的核心内容。其最终目的在于结构系统由经验、类比和静态设计方法改变为动态、优化设计方法;在于通过试验与理论分析相结合的方法,对已有结构系统进行识别、分析和评价,从中找出结构系统在动态性能上所存在的问题,确保工程结构安全有效地工作;在于根据现场测试的数据来诊断、预报振动故障和进行噪声控制。通过上述方法为改进旧的结构和设计新结构提供科学可靠的依据。因此,模态分析是结构设计中一种有效、可靠的测试手段,主要用于结构动力学模型修改、结构优化设计、故障诊断、状态监测、振动控制与声控分析等领域。它广泛应用在航天航空、船舶、交通、机械、化工、核能、内燃机等许多涉及振动工程的行业。

结构模态分析与试验技术最早应用于航空、航天工业部门。早在 20 世纪四五十年代,航空工业曾采用共振试验确定系统的固有频率。随着相关技术的发展,模态分析技术的实用性日益完善,应用成本不断降低,其应用领域也逐渐扩展。在发达国家,试验模态分析技术在各个工业部门已经得到广泛应用。在 60 年代,发展了多点单相正弦激振、正弦多频单点激励,通过调力调频分离模态,制造出商用模拟式频响函数分析仪。60年代后期到70年代,出现了各种瞬态和随机激振、频域模态分析识别技术。随着FFT数字式分析技术普及到各个工业领域,试验模态分析得到快速发展而日趋成熟,商用数字分析仪及软件大量出现。70年代后期试验模态分析技术逐步推广至其他领域,比如汽车动态特性分析,大型桥梁的振动安全性研究等。到了80年代后期,主要是多输入多输出随机激振及步进正弦激励技术和识别技术得到发展。80年代中期到90年代,模态分析应用达到黄金时期。进入21世纪,特别是近年来,在结构故障诊断、状态监测、振动控制、声学分析等诸多领域内,模态分析从单一、直接应用发展到与多种方法的综合应用,提出了众多的研究方法,基于最优控制理论进行结构动力修改、利用统计能量分析法进行模态参数计算、利用子空间分析方法进行模态参数识别、工作模态参数识别等均取得了丰硕的研究成果。

结构模态分析与试验技术在航天领域已有很长的应用和发展历史。正如我们所知,在航天器结构研制的整个过程中,动力学问题是需要解决的难题之一。设计者必须考虑到航天器在各种工况下经受的多种复杂的动力学环境,包括发射起飞、跨声速飞行、最大动压飞行、分离冲击、空间变轨及再入飞行等,根据这些动力学环境,对航天器进行动态响应预示、载荷辨识、结构特性辨识、稳定性分析、振动和噪声控制等研究,同时需考虑乘员舒适性、质量控制、使用寿命以及安全储备等多种相关因素。

一般在航天器结构设计时,首先采用数学模型(如有限元模型)来完成结构动态特性分析工作。由于实际结构相当复杂,结构数学模型的精确度很大程度上取决于对结构特性的了解,要建立一个与特定的实际结构动态特性相一致的数学模型,要求工程技术人员具有相当强的力学分析能力和建模经验。建模的假设前提与实际结构的不符合性、结构物理参数的误差、边界条件处理不恰当以及算法误差等不确定因素都会影响用数学模型模拟实际结构固有动态特性的准确度,特别是航天器新型结构构型、新材料、新设计概念与方法的引入,更加增添了构建准确数学模型的难度。因此,结构动态特性计算分析需与结构模态试验紧密结合,根据已被证实有效的模态试验结果来验证结构数学模型的准确性,进而修正数学模型、综合试验模型,使数学模型能够模拟实际结构的主要动态特性。根据修正后的数学模型,工程技术人员可以更准确地预示航天器结构在所受工作环境下的响应,控制结构的动态特性,优化结构的功能和性能。综上所述,结构模态试验分析技术在航天器结构研制中具有十分重要的作用。

结构模态分析与试验技术是一门多学科的综合技术,从学科上讲属于系统辨识问题,它综合了结构动力学、控制理论、估计理论、最优化方法、信号处理、测试技术和计算机技术等学科。经过几十年的发展,模态试验分析技术已趋于成熟,商业化的模态试验分析系统可以满足各种大小型结构模态试验与分析需求。在硬件上,开发了各种档次的以计算机为主体的多通道激励信号生成、多通道数据采集和处理系统,形成结构动态特性试验分析的硬件平台,硬件性能可以满足对不同采样频率、通道数、精确度、处理速度和容量等技术要求。在软件上,从试验方法看,经典的多点稳态正弦激励法(相位共振法)、单点随机激励法和单点步进正弦激励方法、多输入的随机激励法和多输入的步进正弦激励方法都已广泛用于实际结构的模态试验中;从模态参数辨识算法看,已开发成功多种具有较高模态分辨能力和参数估计精确度的参数辨识算法,如频域上的单参考点及多参考点直接参数辨识算法、时域上的单参考点及多参考点复指数算法等,这些参数辨识算法可以满足各种简单或复杂结构的动态特性辨识需求;从软件的内容上看,已形成了商业化的功能较为完善和使用方便的模态试验分析软件包,主要包括以下功能:激励信号的发生、数据采集处理、频响函数估计、模态参数辨识与结果有效性评估、振型图形输出及动画显示等。

9.2 基本知识

9.2.1 术语

1. 单自由度系统

结构系统在确定的坐标系几何位置中,在空间运动时涉及的独立坐标数称为自由度数。如果衡量该系统的独立坐标只有一个,那么称该系统为单自由度系统。单自由度系统是最简单的振动系统,它是研究更复杂振动系统的基础。

2. 多自由度系统

当需要两个或者两个以上的独立坐标描述该结构系统的几何位置时,称该系统为多自由度系统。实际工程中,结构系统往往用一个有限的多自由度系统来描述。

3. 结构固有频率

固有频率也称自然频率。结构系统做自由振动时,其位移随时间按正弦规律变化,又称为简谐振动。简谐振动的振幅及初始相位与振动的初始条件有关,振动的周期或频率与初始条件无关,而与系统的固有特性有关,称为固有频率或者固有周期。结构系统的固有频率与它的刚度、质量等物理参数及结构边界条件有关。当结构系统的固有频率与外界激励力的频率大约相等时,结构会发生大振幅振动的共振现象。结构模态试验最主要的目的就是利用试验测试手段获取结构系统的固有频率。

4. 阻尼比

阻尼比是指运动结构系统的阻尼系数与临界阻尼系数之比,用于表达结构标准化的阻尼大小,是描述结构在振动过程中能量耗散的术语。阻尼比是无单位量纲,表示了结构系统在受激振后振动的衰减形式。

5. 模态振型

模态振型,也称为模态向量,通俗地讲就是结构系统每阶固有频率下的振动形态。模态振型是结构节点(或测点)及结构模态阶数的函数,结构的每阶模态振型都不相同。

9.2.2 结构系统的运动方程

对于一个机械结构系统,建立振动力学方程并进行相应参数(固有频率、振型等)求取时,大致可以分为以下几类(图 9-1):

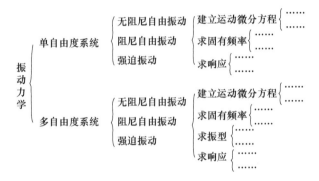

图 9-1 振动力学主要分类图

如图 9-2 所示的系统是一个典型的单自由度振动系统。

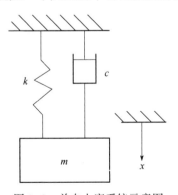

图 9-2 单自由度系统示意图

该系统主要由质量(m)、弹簧(k)、阻尼(c)三部分组成。系统的坐标如图 9-2 中所示,假设作用在质量块上的激振力为 $f(t)$,为时间的函数,设在任一时刻 t,质量块离开平衡位置的位移为 x,质量块受到的弹性力为 $-kx$,阻尼力为

$-c\dot{x}$。根据牛顿第二定律，图 9-2 所示系统的运动方程为

$$m\ddot{x} + c\dot{x} + kx = f(t) \tag{9-1}$$

激振力一般为简谐力，用下式表示：

$$f(t) = F_0\sin(\omega t) \tag{9-2}$$

式(9-1)左端关于位移、速度、加速度的状态变量是线性的，是线性微分方程。在数学运算中，求解式(9-1)时，首先求解系统在没有任何动载荷(自由状态下)状态下的根。

1. 自由状态下单自由度系统的运动方程

自由状态下，式(9-1)的解根据阻尼力的大小可以分为无阻尼自由振动和有阻尼自由振动。

1) 单自由度无阻尼自由振动

自由状态下无阻尼系统的运动方程如下所示：

$$m\ddot{x} + kx = 0 \tag{9-3}$$

对于式(9-2)假设 $\omega_n^2 = k/m$，则式(9-3)可写成

$$\ddot{x} + \omega_n^2 x = 0 \tag{9-4}$$

式(9-4)是二阶齐次线性微分方程。其通解为

$$x = A_1\sin(\omega_n t) + A_2\cos(\omega_n t) \tag{9-5}$$

式(9-5)中得出该运动的周期为

$$T_n = \frac{2\pi}{\omega_n} = 2\pi\sqrt{\frac{m}{k}} \tag{9-6}$$

运动的频率为

$$f_n = \frac{1}{T_n} = \frac{1}{2\pi}\sqrt{\frac{k}{m}} \tag{9-7}$$

由式(9-7)可以看出，在自由、无阻尼的状态下，运动的频率只与系统的本身的参数 m, k 有关，而与运动的初始条件等无关，所以，将自由、无阻尼状态下，运动的振动频率称为固有角频率或者自由频率。

假设运动的初始条件为，设 $t = 0$ 时，$x = x_0, \dot{x} = \dot{x_0}$，代入式(9-5)，求出常数 A_1, A_2 后，得

$$x = \frac{\dot{x_0}}{\omega_n}\sin(\omega_n t) + x_0\cos(\omega_n t) \tag{9-8}$$

如果令 $x_0 = A\sin\varphi, \dfrac{\dot{x_0}}{\omega_n} = A\cos\varphi$，则上述方程变为

$$x = A\sin(\omega_t + \varphi) \tag{9-9}$$

进而

$$A = \sqrt{x_0^2 + \left(\frac{\dot{x}_0}{\omega_n}\right)^2}, \tan\varphi = \frac{\omega_n x_0}{x_0} \qquad (9-10)$$

由式(9-10)得出,无阻尼自由振动下,运动的振幅和相位角与初始条件有关,而频率与初始条件无关。

初始相位为零的无阻尼自由振动的运动曲线如图9-3所示。

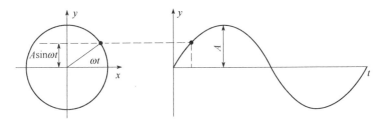

图 9-3　无阻尼自由振动曲线

2) 单自由度有阻尼自由振动

自然界中,无阻尼振动实际上并不存在,所有的振动都因为存在阻尼而消耗振动能量,振动都会在或长或短的时间内衰减下来。图9-2为典型的含有阻尼的力学系统。

c 为阻尼系数。该系统的振动微分方程为

$$m\ddot{x} + c\dot{x} + kx = 0 \qquad (9-11)$$

令

$$\frac{c}{m} = 2n, \frac{k}{m} = \omega_n^2 \qquad (9-12)$$

则式(9-11)可写成有阻尼自由振动的标准形式:

$$\ddot{x} + 2n\dot{x} + \omega_n^2 x = 0 \qquad (9-13)$$

式(9-13)为二阶齐次线性微分方程,设其解为 $x = Ae^{st}$,将它代入式(9-13)后得到运动的特征方程为

$$s^2 + 2ns + \omega_n^2 = 0 \qquad (9-14)$$

求式(9-14),得到它的特征根为

$$s = -n \pm \sqrt{n^2 - \omega_n^2} \qquad (9-15)$$

由于 n 的不同,不同的 s 会对应方程(9-14)不同的解。

(1) $n > \omega_n$ (过阻尼)

在 $n > \omega_n$ 时,s 为两个负实根。式(9-13)的解为

$$x = Ae^{(-n+\sqrt{n^2-\omega_n^2})t} + Be^{(-n-\sqrt{n^2-\omega_n^2})t} \qquad (9-16)$$

式中:A,B 为初始条件决定的待定常数。

由式(9-16)可知,该系统的运动曲线是一个负指数的衰减曲线。在过阻尼状态下,系统运动是稳定的,且不会发生多次往复振动。

(2) $n = \omega_n$（临界阻尼）

在临界阻尼状态下,s 为两个相等的实根,即 $s = -n$,式(9-13)的解为

$$x = (A + Bt)e^{-nt} \tag{9-17}$$

式中:A,B 是由初始条件待定的常数。

假设临界阻尼的阻尼系数为 c_c,由 $n = \omega_n$ 可求出临界阻尼系数为

$$c_c = 2\sqrt{m/k} = 2m\omega_n \tag{9-18}$$

将运动系统的阻尼系数 c 与临界阻尼系数 c_c 之比称为阻尼比 ζ。

$$\zeta = c/c_c = n/\omega_n \tag{9-19}$$

由式(9-19)可以得出。在临界阻尼情况下,$\zeta = 1$,在过阻尼情况下 $\zeta > 1$。

(3) $n < \omega_n$（欠阻尼）

在欠阻尼的状态下,s 的两个根为复数,即

$$s_{1,2} = -n \pm j\sqrt{\omega_n^2 - n^2} = -n \pm j\omega_d \tag{9-20}$$

式中

$$\omega_d = \sqrt{\omega_n^2 - n^2} = \omega_n\sqrt{1 - \zeta^2} \tag{9-21}$$

式中:ω_d 称为有阻尼固有频率。

式(9-13)的解为

$$x = e^{nt}(C_1 e^{j\omega_d t} + C_2 e^{-j\omega_d t}) \tag{9-22}$$

根据欧拉公式,可将式(9-22)写成

$$x = Ae^{-nt}\sin(\omega_d t + \varphi) \tag{9-23}$$

假设系统运动方程的初始条件为 $t = 0, x = x_0, \dot{x} = \dot{x}_0$,将其代入式(9-23),求出

$$A = \sqrt{x_0^2 + \left(\frac{\dot{x}_0 + \zeta\omega_n x_0}{\omega_d}\right)^2}$$

$$\varphi = \arctan\frac{\omega_d x_0}{\dot{x}_0 + \zeta\omega_n x_0} \tag{9-24}$$

由式(9-24)可知,在欠阻尼状态下的自由振动,系统不是严格的周期振动,在运动中,运动的频率为固定值,运动的幅值随着时间的变化而减少,欠阻尼运动系统的运动周期为

$$T_d = \frac{2\pi}{\omega_d} = \frac{2\pi}{\sqrt{\omega_n^2 - n^2}} = \frac{2\pi}{\omega_n\sqrt{1 - \zeta^2}} \tag{9-25}$$

欠阻尼自由运动系统的时间历程运动曲线见图9-4。

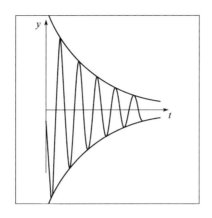

图 9-4　欠阻尼自由运动系统时间历程曲线图

由上述分析可见,在有阻尼系统运动中,阻尼对于系统的幅值影响较大,使其按照指数曲线规律衰减。阻尼的存在会减低系统的固有频率,在工程应用中,阻尼比 ζ 一般很小,例如钢为 0.01~0.03,所以阻尼对固有频率的影响很小,一般可认为 $\omega_d \approx \omega_n$。

2. 受迫状态下单自由度系统的运动方程

由于干扰力的不同,受迫振动可分为简谐振动、脉冲振动、阶跃振动等。简谐振动是最基本的受迫振动,本节以简谐振动为例,来说明受迫状态下单自由度系统的运动。简谐振动下系统的运动方程为

$$m\ddot{x} + c\dot{x} + kx = F_0 \sin(\omega t) \tag{9-26}$$

式中:F_0 为激振力幅值;ω 为激振力角频率。

假设

$$n = \frac{c}{2m}, \omega_n^2 = k/m, h = F_0/m \tag{9-27}$$

则式(9-26)写成:

$$\ddot{x} + 2n\dot{x} + \omega_n^2 x = h\sin(\omega t) \tag{9-28}$$

式(9-28)为非齐次方程,根据微分方程理论,该非齐次方程的解由两部分组成,一部分为通解,一部分为特解,即

$$x = x_1 + x_2 \tag{9-29}$$

x_1 为齐次方程 $\ddot{x} + 2n\dot{x} + \omega_n^2 x = 0$ 的通解。在欠阻尼($n < \omega_n$)情况下,有

$$x_1 = e^{-nt}(c_2 \sin(\omega_a t) + c_1 \cos(\omega_a t)) \tag{9-30}$$

式中:$\omega_d = \sqrt{\omega_n^2 - n^2} = \omega_n \sqrt{1 - \zeta^2}$

x_2 是式(9-28)的特解,设

$$x_2 = A\sin(\omega t - \alpha) \tag{9-31}$$

将式(9-31)代入式(9-28)后,解得

$$\begin{cases} A = \dfrac{h}{\sqrt{(\omega_n^2 - \omega^2)^2 + 4n^2\omega^2}} = \dfrac{x_{st}}{\sqrt{(1 - \overline{\omega}^2)^2 + (2\zeta\overline{\omega})^2}} \\ \tan\alpha = \dfrac{2n\omega}{\omega_n^2 - \omega^2} = \dfrac{2\zeta\overline{\omega}}{1 - \overline{\omega}^2} \\ \overline{\omega} = \omega/\omega_n \\ x_{st} = \dfrac{h}{\omega_n^2} = \dfrac{F_0}{k} \end{cases} \tag{9-32}$$

式中:$\overline{\omega}$ 为频率比;x_{st} 为静变形。

式(9-28)的解可以写成

$$x = e^{-nt}(c_1\sin(\omega_d t) + C_2\cos(\omega_d t)) + \frac{h}{\sqrt{(\omega_n^2 - \omega^2)^2 + 4n^2\omega^2}}\sin(\omega t - \alpha)$$

假设初始条件 $t = 0, x = x_0, \dot{x} = \dot{x}_0$,则式(9-28)的全解为

$$x = e^{-nt}\left(\frac{\dot{x}_0 + nx_0}{\omega_d}\sin(\omega_d t) + x_0\cos(\omega_d t)\right) +$$

$$Ae^{-nt}\left(\frac{n\sin\alpha - \omega\cos\alpha}{\omega_d}\sin(\omega_d t) + \sin\alpha\cos(\omega_d t) + A\sin(\omega t - \alpha)\right)$$

$$\tag{9-33}$$

式(9-33)表示单自由度系统对简谐激振力 $F_0\sin(\omega t)$ 的位移响应,由三大项组成,前两项之和代表自由振动部分,这部分只在最初一段时间起作用,称为过渡过程。$A\sin(\omega t - \alpha)$ 是激振力频率为 ω 的简谐振动,振动幅值不衰减,称为稳态响应。

式(9-32)表示了稳态响应中的振幅、相位与激振频率的关系,把式(9-32)写成无量纲的形式,即

$$\beta = \frac{A}{x_{st}} = \frac{1}{\sqrt{(1 - \overline{\omega}^2)^2 + (2\zeta\overline{\omega})^2}} \tag{9-34a}$$

$$\alpha = \arctan\frac{2\zeta\overline{\omega}}{1 - \overline{\omega}^2} \tag{9-34b}$$

式中:β 为动力放大系数,表示振幅相对于静变形的放大倍数。

振幅、相位与频率关系图如图 9-5 所示。

图 9-5(a)称为振幅-频率曲线,它表示在不同阻尼比情况下放大系数 β 与

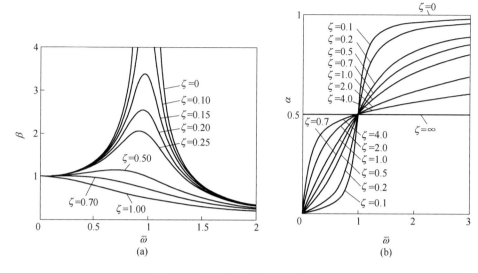

图 9-5 振幅、相位与频率关系曲线

频率比 $\bar{\omega}$ 的关系。从曲线可以看出,当 $\bar{\omega}$ 接近于1时,即 $\omega \approx \bar{\omega}$ 时,振幅迅速增大,这种现象称为共振,在共振区域内,阻尼对振幅影响很大,振动最大值所对应的频率 $\omega_{共}$ 称为共振频率。

由式(9-34a)可解的位移共振频率为

$$\omega_{共} = \omega_n \sqrt{1-2\zeta^2} \tag{9-35}$$

由式(9-35)可见,在黏性阻尼下,位移共振频率略小于固有频率,一般情况下,将 $\omega_{共} \approx \omega_n$。

图 9-5(b)表示相频曲线,表示在不同阻尼比的情况下,激振力和位移响应之间的相位关系。由于阻尼的存在,位移响应总是滞后于激振力,阻尼不同,滞后相位角也不同,但当 $\omega = \omega_n$,相位角恒等于 $\dfrac{\pi}{2}$。

3. 多自由度系统的运动方程

需要两个或多个自由度来描述的系统,称为多自由度系统。下面以两自由度系统来描述多自由度系统的运动方程。

典型的两自由度系统弹簧阻尼质量系统见图9-6,分别在 m_1,m_2 建立坐标系 $o_1 x_1$,$o_2 x_2$ 以描述 m_1,m_2 的振动。坐标原点 o_1,o_2 分别取 m_1,m_2 的静平衡位置。两个坐标系的正向均向右。

根据牛顿第二定律可以得到系统的振动微分方程:

$$\begin{aligned} m_1 \ddot{x}_1 + (c_1 + c_2)\dot{x}_1 - c_2 \dot{x}_2 + (k_1 + k_2)x_1 - k_2 x_2 &= F_1(t) \\ m_2 \ddot{x}_2 - c_2 \dot{x}_1 + (c_2 + c_3)\dot{x}_2 - k_2 x_1 + (k_2 + k_3)x_2 &= F_2(t) \end{aligned} \tag{9-36}$$

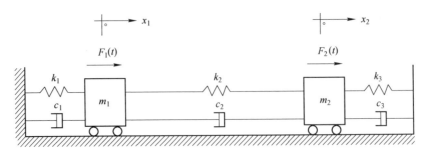

图 9-6 典型的两自由度系统图

将式(9-36)写成矩阵形式

$$\begin{bmatrix} m_1 & 0 \\ 0 & m_1 \end{bmatrix} \cdot \begin{Bmatrix} \ddot{x}_1 \\ \ddot{x}_2 \end{Bmatrix} + \begin{bmatrix} c_1+c_2 & -c_2 \\ -c_2 & c_2+c_3 \end{bmatrix} \cdot \begin{Bmatrix} \dot{x}_1 \\ \dot{x}_2 \end{Bmatrix} + \begin{bmatrix} k_1+k_2 & -k_2 \\ -k_2 & k_2+k_3 \end{bmatrix} \cdot \begin{Bmatrix} x_1 \\ x_2 \end{Bmatrix} = \begin{Bmatrix} F_1(t) \\ F_2(t) \end{Bmatrix}$$

(9-37)

式中:$M = \begin{bmatrix} m_1 & 0 \\ 0 & m_2 \end{bmatrix}$ 为系统的质量矩阵;$C = \begin{bmatrix} c_1+c_2 & -c_2 \\ -c_2 & c_2+c_3 \end{bmatrix}$ 为阻尼矩阵;

$K = \begin{bmatrix} k_1+k_2 & -k_2 \\ -k_2 & k_2+k_3 \end{bmatrix}$ 为刚度矩阵;$A = \begin{Bmatrix} \ddot{x}_1 \\ \ddot{x}_2 \end{Bmatrix}$ 为系统的加速度向量;$V = $

$\begin{Bmatrix} \dot{x}_1 \\ \dot{x}_2 \end{Bmatrix}$ 为系统的速度向量;$X = \begin{Bmatrix} x_1 \\ x_2 \end{Bmatrix}$ 为系统的位移向量;$F = \begin{Bmatrix} F_1(t) \\ F_2(t) \end{Bmatrix}$ 为系统的激励向量。

系统的质量、阻尼、刚度矩阵均是对称矩阵。式(9-37)简写成:

$$M\ddot{X} + C\dot{X} + KX = F \qquad (9\text{-}38)$$

式(9-38)所表示的系统运动方程,假设系统没有任何激励力,系统的阻尼为零,此种状态下该系统称为两自由度系统的自由运动状态。以自由运动状态来描述系统的固有频率及振型。

自由状态下,式(9-38)写成:

$$M\ddot{X} + KX = 0$$

即

$$\begin{bmatrix} m_1 & 0 \\ 0 & m_1 \end{bmatrix} \cdot \begin{Bmatrix} \ddot{x}_1 \\ \ddot{x}_2 \end{Bmatrix} + \begin{bmatrix} k_1+k_2 & -k_2 \\ -k_2 & k_2+k_3 \end{bmatrix} \cdot \begin{Bmatrix} x_1 \\ x_2 \end{Bmatrix} = 0 \qquad (9\text{-}39)$$

令 $X = \begin{bmatrix} u_1 \\ u_2 \end{bmatrix}$ 或者

$$x(t) = u\cos(\omega t - \varphi) \tag{9-40}$$

将式(9-40)代入式(9-39)得到：

$(K - \omega^2 M)u = 0$

$$\begin{bmatrix} k_1 + k_2 - \omega^2 m_1 & -k_2 \\ -k_2 & k_2 + k_3 - \omega^2 m_2 \end{bmatrix} \cdot \begin{Bmatrix} u_1 \\ u_2 \end{Bmatrix} = \begin{Bmatrix} 0 \\ 0 \end{Bmatrix} \tag{9-41}$$

式(9-41)存在非零解，系数行列式为零，即

$|K - \omega^2 M| = 0$

$$\begin{vmatrix} k_1 + k_2 - \omega^2 m_1 & -k_2 \\ -k_2 & k_2 + k_3 - \omega^2 m_2 \end{vmatrix} = 0 \tag{9-42}$$

式(9-42)称为系统的特征方程。

式中：ω^2 为特征值；u 特征向量。

对于一个两自由度系统，存在两个特征值(固有频率)ω_1^2、ω_2^2 分别对应的特征向量(模态向量)$u^{(1)}$、$u^{(2)}$。其中 $u^{(i)}$ 对应于特征值 ω_i^2 的特征向量，称为第 i 阶主阵型(又称固有振型)。

系统的特征值和各阶模态振型之间的比值，只是决定于系统本身的物理性质，固有频率、振型、阻尼是表征结构动力学特性的重要参数。在工程实际中，为了研究结构的动力学特性，需要提前获取这些参数。

9.2.3 结构系统的传递函数与模态参数

由上述章节的分析可以得出，频率、阻尼、振型为结构的固有特性，不随外界条件的改变而改变。获取结构的固有特性，是工程实际中很重要的一个方面。结构系统的传递函数，是获取结构质量、阻尼、刚度等特性，进而获取结构的固有频率、阻尼、振型等参数的重要工具。

工程实际中，主要关心的是传递函数的频域形式。传递函数在频域内又称为频率响应函数。频率响应函数是反映系统动特性的很重要的物理量。所表征的物理意义是：输入单位力时，在结构上引起的位移响应。又称为动柔度，或者机械导纳。

下面以单自由度系统为例，来说明传递函数的定义。对于一个单自由度系统的力平衡方程主要是表示惯性力、阻尼力、弹性力与外力之间的平衡：

$$M\ddot{x}(t) + C\dot{x}(t) + Kx(t) = F(t) \tag{9-43}$$

对式(9-43)两边做傅里叶变换后得到频域方程

$$(-M\omega^2 + j\omega C + K)X(\omega) = F(\omega) \tag{9-44}$$

将响应输出的傅里叶变换 $X(\omega)$ 与力(输入)的傅里叶变换 $F(\omega)$ 之比定义为系统的频率响应函数(频响函数),即

$$H(\omega) = \frac{X(\omega)}{F(\omega)} = \frac{1}{K - M\omega^2 + j\omega C} = -\frac{1/M}{\omega^2 - \left(\frac{jC}{M}\right)\omega - K/M} \quad (9-45)$$

式(9-45)中的分母叫做系统在频域的特征方程,它的根,即系统的极点。

系统极点是求模态参数的重要公式。

在模态试验时,只研究欠阻尼的情况。在欠阻尼的情况下,该特征方程有两个共轭复根。

$$\lambda_1 = \sigma_1 + j\omega_d, \lambda_1^* = \sigma_1 - j\omega_d \quad (9-46)$$

式中:σ_1 为阻尼因子(或衰减系数);ω_d 为阻尼固有频率。

有关系统极点的几个重要概念或公式:

临界阻尼分数或者阻尼比:$\zeta = c/c_c = -\dfrac{\sigma_1}{\sqrt{\omega_d^2 + \sigma_1^2}}$

品质因数:$Q = 1/(2\zeta)$

$$\sigma_1 = -\zeta\Omega_n$$

无阻尼固有频率:$\omega_n = \sqrt{\omega_d^2 + \sigma_1^2}$

对于一个单自由度的传递函数,在频域如下所示

$$H(\omega) = \frac{A_1}{(j\omega - \lambda_1)} + \frac{A_2}{(j\omega - \lambda_1^*)} \quad (9-47)$$

对于一个多自由度系统,由式(9-37)可知。动力学方程中的质量、阻尼、刚度、位移、输入力全部变成了矩阵的形式。

多自由度系统的特征方程的根以矩阵的形式表示,对于一个 N 自由度系统,特征方程的根呈 $2N$ 个复共轭对出现。

$$\begin{bmatrix} \ \backslash & & \\ & \Lambda & \\ & & \backslash \end{bmatrix} = \begin{bmatrix} \lambda_1 & & & & & \\ & \ddots & & & 0 & \\ & & \lambda_N & & & \\ & & & \lambda_1^* & & \\ & 0 & & & \ddots & \\ & & & & & \lambda_N^* \end{bmatrix} =$$

$$\begin{bmatrix} \sigma_1 + j\omega_1 & & & & & & \\ & \ddots & & & & 0 & \\ & & \sigma_N + j\omega_N & & & & \\ & & & \sigma_1 - j\omega_1 & & & \\ & 0 & & & \ddots & & \\ & & & & & \sigma_N - j\omega_N \end{bmatrix}$$

(9-48)

每个特征值对应着一组特征向量。对于多自由度系统,这些特征向量可以引出模态振型向量(或模态向量)$\boldsymbol{\Psi}$的概念。这些向量也呈复数共轭对出现。每个特征向量对应一个具体的特征值。

$$\boldsymbol{\Psi} = \begin{bmatrix} \lambda_1 \boldsymbol{\Psi}_1 & \cdots & \lambda_N \boldsymbol{\Psi}_N & \lambda_1^* \boldsymbol{\Psi}_1^* & \cdots & \lambda_N^* \boldsymbol{\Psi}_N^* \\ \boldsymbol{\Psi}_1 & \cdots & \boldsymbol{\Psi}_N & \boldsymbol{\Psi}_1^* & \cdots & \boldsymbol{\Psi}_N^* \end{bmatrix}$$

频响函数主要有以下几种表示方法:以实部、虚部来表征的实频、虚频图,以幅值和相位来表征的幅频、相频图(Bode 图),以频率作为参变量的实部对虚部的曲线图(奈奎斯特图)。

获取了结构的频响函数后,便可以进一步获取结构的频率、阻尼及振型等各个模态参数。

9.2.4 结构系统参数识别方法简介

由上述分析,我们知道,对于一个结构的动力学系统,其运动特性由其本身固有的特性决定,对于一个动力学系统,其结构参数主要有频率、阻尼比和模态振型。

在实验模态分析中,最后一步是利用试验中测得的频响函数或时间历程来估计模态参数。

实验模态分析时,参数识别方法的研究经过几十年的研究,识别方法大致经过了从单自由度估计到多自由度估计,从局部估计到整体估计(或从单输出估计到多输出估计),从单输入估计到多输入估计。目前常用的参数识别方法见表 9-1。

表 9-1 实验模态分析常用的参数识别方法总结

序号	方法	单/多自由度	局部/整体估计	单/多输入	时/频域
1	峰值检测	单	局部	单输入	频域
2	圆拟合	单	局部	单输入	时或频
3	非线性 LSFD	多	整体	多输入	频域
4	FDPI	多	整体	多输入	频域

续表

序号	方法	单/多自由度	局部/整体估计	单/多输入	时/频域
5	CMIF	多	整体	多输入	频域
6	PolyMAX	多	整体	多输入	频域
7	多参考点 LSCE	多	整体	多输入	时域
8	TDPI	多	整体	多输入	时域

注:LSCE:最小二乘复指数;TDPI:时域直接参数识别;LSFD:最小二乘频域;FDPI:频域直接参数识别;CMIF:复模态指示函数;PolyMAX:加权最小二乘复频域法。

不同参数识别方法的详细介绍见 9.4.2 节和 9.4.3 节。

9.3 结构模态试验技术

9.3.1 试验件及试验件支承

1. 试验件

试验一般选用等比例的结构件,其动态特性应尽量与真实结构近似。为缩减试验成本与周期,试验件上的非承力部件可以采用质量特性相似的模拟件代替,替代前需要对模拟件进行评估,确认不会对结构总体动态特性产生较大改变,同时如果被代替产品与试验件主结构的界面连接刚度影响主结构受力分布时,模拟件还需要考虑进行刚度特性模拟。

2. 试验件支承

试验件的支承取决于试验目的,当试验目的为试验件在工作条件下的动态特性时,试验件的支承方式应尽量与实际应用相一致。如关注航天器发射段的动态特性,应约束支承在刚性基础上,如果分析航天器在轨动态特性,应使航天器处于近似自由状态,下面对两种状态分别进行讨论:

1) 约束支承方式

约束支承方式可分为两种情况:试验件处于实际的安装状态;通过夹具约束在绝对刚性的基础上。处于实际安装状态的试验件,测试结果最为合理,但实际中往往由于各种因素制约无法实现。

对于夹具实现的约束支承,要求基础绝对刚性,即激励力对夹具的位移频响函数值为零。实际中无法实现这一状态,一般认为,在整个关注频带内,基础的频响函数远低于试验件结构的频响函数即可。为此通常要求基础的质量至少为试验件质量的 10 倍以上。

2) 自由支承方式

对于一个真正的自由-自由系统而言,意味着这个系统与大地没有任何约束,它完全自由地悬浮在空中。但在现实世界中,还是需要通过某种支承来实现,常用的方法为足够长和足够柔的橡皮绳悬挂;海绵垫支承;气囊支承;橡胶垫支承;空气弹簧支承等。自由支承方式对约束支承方式来讲,前六阶模态为试验件的刚体模态:三个平移模态和三个转动模态,前者有结构的质量所决定,后者由三个转动惯量所确定。这六阶模态越低说明支承方式越接近于自由-自由状态,从第七阶模态开始为结构的弹性模态。

自由支承方式,支承系统应满足以下要求:

(1) 支承系统的固有频率为试验件结构弹性模态基本固有频率的 1/10~1/5;

(2) 支承点应尽量选择在试验件结构刚度较大的节点附近;

(3) 支承系统引起的附加阻尼尽量小。

一般来讲,除非我们关心的实际工况的支承条件得以实现,这时可在实际支承条件下进行试验,否则,如有可能,尽量选择自由支承方式。理论上,自由状态下的实验结果可以转化为地面支承状态下的试验结果,反之则不可能。这是因为自由状态下有更多的自由度,对某些自由度进行限制可以转化为较少自由度的情况。

9.3.2 试验前预分析

进行模态试验前,需要解决:试验频带如何确定;响应点如何布置;激励点如何选择等问题。此时工程师需要考虑有关试验件的一切可用知识,这些可从经验、以往类似试验件模态试验以及试验件的有限元模型中得到。

1. 频率范围

在有限元模型中,给出试验件所关注模态的频率分布,工程上并保留一定的安全余量,完成频率范围的确定。也可以参考以往类似试验件的试验数据。

2. 响应点布置

响应点的数量取决于频率范围、期望的模态数、试验件所关注的区域等。高频模态的振型驻波波长较短,需要的响应点较多。响应点的布局应满足以下两点:能够在变形后明确显示所有关注模态的变形特征以及各模态之间的变形区别;所关心的结构点(如与其他部件的连接点)在测量点中。

传感器数量充足的情况下,保持试验件某种程度的响应点均布,这样可以有效减少漏掉模态的机会,几何模型可以完整描述出试验件的结构线框。

3. 激励点位置选择

选择激励点的位置,最直接的方法是对驱动点留数(DPR)的研究为依据,就所有待选激励点和所关心的模态仔细研究驱动点留数,可以得到选择激励自由度的许多信息。通常,某(些)自由度对于尽可能多的模态,其 DPR 值都大,这样的自由度就是比较好的激励点。

如图 9-7 所示,在图中有三个位置的频率函数曲线。绿色 FRF 中第二个共振峰不明显,红色 FRF 中第三个共振峰不明显,只有蓝色 FRF 三个共振峰都特别明显。因此,如果从这三个位置选择一个测点作为激励点,则应选蓝色 FRF 所在测点位置。同时激励点位置应便于能量的传递,一般该位置的刚度应尽量大。

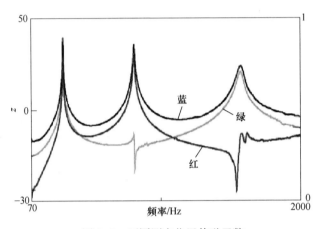

图 9-7　不同测点位置传递函数

基于以上模态试验关注点的分析,如果条件允许,建议模态试验前,根据试验件的实际试验状态,对结构进行动态分析,预示结构的主要模态特性。建议给出各阶模态的频率、振型、有效质量、各阶模态的动能分布,作为模态试验决策的支撑。

9.3.3　结构激励

1. 概述

激励的施加是模态试验的重要环节,目的是为了使结构在选定的振动频率范围内振动起来,准确地获取激励力和激励力下结构的响应,进而得到结构的频响函数,用于获取结构的频率、阻尼、振型等相关模态参数。

2. 激励信号类型

激励信号有多种分类方法,从实用目的考虑可分为单频信号和宽带信号。单频信号包括扫描正弦和步进正弦。宽带信号包括暂态信号、测量窗内的周期及非周期信号三种。猝发随机、猝发快扫、冲击激励等信号属于暂态信号。伪随机、周期随机和周期快扫属于周期信号,纯随机信号属于经典的非周期激励信号。

每种信号都有自己的优缺点,激励信号需要根据设备可用性和复杂性、信号可控性、结构的线性与非线性、所需要的测量精度等多维度综合考虑。下面对几种典型信号进行详细介绍。

1) 纯随机信号

纯随机信号具有高斯分布特性,只能用随机方法描述,进行频谱估计时,需要进行平均操作。由于纯随机峰值有效值比相对较低,不相干噪声很容易平均掉,并且每个被平均的时间记录中非线性失真都不同,平均次数足够多的情况下,非线性失真倾向抵消同时纯随机能给出非线性系统最好的线性近似。

纯随机信号的主要缺点是泄露问题。该信号在观察窗内的非周期性导致了其泄露误差不可避免。通过对信号进行加窗处理,可以降低(但不能消除)泄露的影响。通常情况下,随机信号采用汉宁窗。由于加窗影响,随机信号激励下的阻尼属于过估计。

2) 伪随机信号

伪随机信号是一种各态历经的稳态信号,一般由感兴趣频带内的频率谱线通过傅里叶逆变换得到,在采样时窗内属于周期信号,不存在泄露问题。与随机信号相似,多帧平均可以平均掉不相干噪声,但由于每次平均伪随机会以同样的方式激发出非线性,这将不能平均掉系统中存在的任何轻微非线性。对于线性系统,伪随机激励效果明显。

3) 猝发随机

猝发随机激励信号与随机激励不同在于随机信号的发生(ΔT)只占整个采集时窗长度 T 的一部分。每次激励都在结构初始条件为零,等响应衰减为零后再进行下一次激励。猝发随机信号满足快速傅里叶变换的周期性要求,窗长度选择合适,信号不存在泄漏和不需要加窗函数。同时在每个时间段内,激励信号又具备随机性,每个样本都具有不同的统计特性,平均处理可消除非线性的影响。

该激励方式的缺点在于,对于小阻尼结构,为使响应充分衰减,时间窗过长,并且对于大型结构,激励能量仍可能会偏小。

4) 周期随机

周期随机激励信号也是感兴趣频带内的一组频率谱线通过傅里叶逆变换到时域,产生激励信号的一种激励技术。它与伪随机的区别在于,伪随机信号的频率成分和幅值是确定的,只有相位是随机,而周期随机只有频率成分是确定的,幅值和相位都是随机的。因此,周期随机是一种统计特性变化的伪随机信号。在每一个周期内,都是一种伪随机信号,但是各个周期内的伪随机信号统计特性不同,即各周期内的伪随机信号互不相关。周期随机信号综合了随机信号和伪随机信号的优点,既有周期性,又具有随机性,从而也避免了两种信号的缺点。利用周期性,可以消除泄漏误差;利用随机性,可以采用多次平均减少噪声和平均结构中存在的非线性。

周期随机激励最大的缺点是要比随机激励和伪随机激励都慢一些,这是因为周期随机激励信号在采集用于计算 FRF 的数据块之前,还存在多帧延迟数据块,用于消除信号中的瞬态信号,这将导致这种激励技术用时加长。

5) 冲击激励

冲击激励属于瞬态激励,一般采用锤击法产生。锤击所产生的时域冲击脉冲越窄,信号频带越宽,其极限情况为脉冲宽度为零的 δ 函数,傅里叶变换为无限宽的白谱。为了将冲击能量集中在有限的频带内,可以选用不同材质和质量的锤头。

6) 正弦、猝发正弦

最典型的确定性信号是正弦信号,频率成分单一,如果采样周期刚好是信号周期的整数倍,那么不存在泄漏,无须加窗函数。由于正弦激励不是宽带激励信号,通常只用于某些特殊情况下:①用于移除非线性,当对具有强非线性的结构进行模态测试时,可用一个激振器使用低频正弦激励信号移除这个非线性,而其他的激振器使用其他激励信号,如猝发随机激励,这样得到的测量更具有线性特点。②仅激励某一阶模态。

7) 正弦快速扫频

正弦快速扫频激励信号是在一个采样周期内,信号从低频快速扫到高频的一种快速扫频激励方式。信号重复出现,这意味着信号不存在泄漏,无须加窗。当然,信号必须连续,以便结构获得稳态响应。这种激励技术的优缺点非常类似于伪随机激励技术。正弦快速扫频激励得到的测量结果非常类似猝发随机激励。一个额外的优点就是输入力的大小可以控制,通过改变作用在系统上的输入力的量级,使用这种激励技术可以很容易地对结构进行线性检查。由于正弦快速扫频的幅值是确定的,所以不能平均掉结构中可能存在的任何轻微非线性。

8) 正弦扫频

正弦扫频信号是按一定的扫频速度从低频扫至高频的激励方式,扫频速度可自由设定,短时间内能量更集中,激励能量大,可获得更高的信噪比,从而获得更高质量的 FRF 数据。由于激励能量大,适合于大型结构模态测试。

正弦扫频信号的扫频速度对测量结果可能存在影响,特别是针对小阻尼结构,会存在共振峰延迟现象。这是因为小阻尼结构响应衰减时间较长,如果扫频速度过快,将导致共振峰出现偏离实际值的现象出现。对于正弦扫频激励,需要不断尝试,以确定合适的扫频速率,使结构响应达到稳态。

9) 步进正弦扫频

步进正弦激励技术是另一种非常有用的窄带激励技术。任一时刻其激励信号均为单频信号,其频率成分与频谱的谱线重合。相较于其他宽带激励技术,步进正弦激励能量大,信噪比高。由于激励信号的频率和幅值易于控制,可用于验证结构的非线性。

步进正弦激励的缺点在于,它是所有激励方式中最慢的,因为每条谱线都需要单独估计。由于步进正弦激励用时较慢,可通过改变步长来提高测量效率,通常在共振区,步长小,在非共振区,步长大。

3. 激励方式

常见的结构激励方式可以分为激振器稳态激励、力锤冲击激励和环境激励三种。环境激励一般应用于大型土木结构的工作模态识别,不进行详细展开,下面就激振器和力锤激励重点介绍。

1) 力锤激励

利用锤击产生一种脉冲激励信号是模态试验的常用激励方法,适用于中小型和低阻尼结构的激励。锤击时冲击力近似为半正弦波形,其频谱在截止频率f_c以内近似平坦,称f_c以下的频段为有效激励频段。f_c的大小可以通过选择不同的顶帽进行调整。图 9-8 给出了某型号力锤的频谱图。

力锤激励作为非接触式激励方式,设备简单,移动方便,不影响被测结构的动态特性,因而适用于快速地进行结构模态识别。

力锤激励的缺点是:①对于力锤操作者要求较高,因为力锤激励力的大小、方向和锤击点位置理论上要求每次都相同,但实际很难做到;②同时力锤激励能量有限,信噪比不高,在进行驱动点测量时,传感器易过载,而远处的传感器又极易欠载;③另外由于力信号幅值不变化,因而力锤激励只适用于线性结构;④对于某些测量位置,如悬臂端,易产生二次连击。

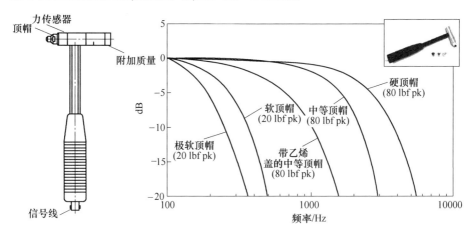

图 9-8 某力锤不同顶帽的有效激励频率

2) 激振器激励

一套完整的激振器激励系统,包括信号源、功率放大器、激振器、推力杆(也称为顶杆)和力传感器以及激振器安装工装。

激振器的简化力学模型参见图 9-9,激振器可动系统质量 m_e 及刚度 k_e;激振器外壳质量 m_b 以某种方式接地,接地刚度 k_b。激振器可动部件经过顶杆与试验件相连,顶杆刚度 k_a,一般不计入其质量或者归入 m_e。试验件以某阶模态的等效单自由度系统表达,参数分别为 m_s、k_s 和 c_s。

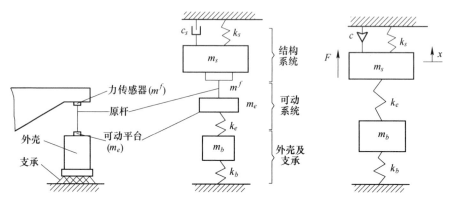

图 9-9 激振器的简化力学模型

可以得出激振点的位移为

$$X = \frac{(k_e + k_b - \omega^2 m_b)F}{(k_b - \omega^2 m_b)(k_e + k_s - \omega^2 m_s)} = \frac{(k_e + k_b - \omega^2 m_b)F}{m_b m_s (1 - \omega^2/\Omega_b^2)(1 - \omega^2/\Omega_s^2)} \tag{9-49}$$

式中:$\Omega_b^2 = k_b/m_b$;$\Omega_s^2 = (k_e + k_s)/m_s$。

式(9-49)可以得出以下结论:

当激振器外壳刚性固接于地面时,由于 k_b 很大,将有 $\Omega_b \gg \Omega_s$,适用于激振固有频率较低的结构。

(1) 当激振器外壳通过弹簧绳悬吊或者软弹簧接地时,将有 $\Omega_b \ll \Omega_s$,适用于激励固有频率较高的结构,为了尽量降低 Ω_b,可将重物附加在激振器上;

(2) 结构的频响函数测量不会因为激振器的支承方式而受到影响,上述两种方式均能测得正确的频响函数。

相较于力锤激励,激振器的激励信号为已知信号,并且有多种激励信号可供选择,可根据需要选择合适的激励信号。对结构而言,总存在一种最合适的激励信号,选择合适的激励信号能改善线性结构的测量结果。特别是结构存在轻微非线性时,选择合适的激励信号可以将结构中存在的非线性平均掉。相对于力锤激励,激振器激励能量更大、分布更均匀、数据的质量更高,因而,更适用于大型复杂结构。

9.3.4 结构响应测量

1. 测量系统组成

一个完整的测量链从物理设备角度应包括试验件、传感器、导线、信号调理（这个设备也有可能集成在数据采集仪中）、数据采集仪和控制分析软件。数据采集仪的主要功能是实现抗混叠滤波器和模数转换，最后通过控制软件输出我们想要的时域数据文件。

测量链组成如图9-10所示，被测结构上因受到激励产生的物理量被传感器感知到，从而以模拟量的形式输出给信号调理仪，然后进行抗混叠滤波，滤掉不感兴趣的高频成分，再进行模数转化，最后输出时域数据文件。在模数转化前，数据为模拟信号，经过模数转化后，模拟信号转换成了计算机能处理的数字信号。

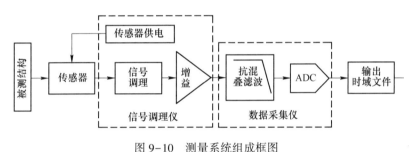

图9-10 测量系统组成框图

2. 测量前准备

试验测量前，需要根据测点布置要求，完成传感器粘贴、测试电缆连接及数据采集通道的参数设置及几何模型建立等工作。

（1）传感器粘贴：传感器粘贴过程中，需详细记录试验件测点编号、传感器编号、传感器方向与试验件坐标系的对应关系等信息，传感器粘贴位置的坐标信息，如果无法从模型中得到，需要现场测量传感器粘贴位置的坐标信息。条件允许的情况下，建议传感器粘贴情况拍照，存档备查。

（2）测试电缆连接及导通：连接测试电缆，对接头处进行保护，防止接头在测量过程中出现松动。梳理并固定电缆，避免电缆在试验过程中晃动或击打试验件，产生不必要的激励源。可以轻敲被测结构，对已布置好的测点在试验前进行导通检查。

（3）数采参数设置：采样参数主要包括通道设置、采样频率、采样时间、量程设置和测量数据组数等。

（4）几何模型：对于复杂结构，下面的建议有助于后期的模态振型辨识：

①采用不同颜色标识,线、面综合利用,分组建立几何模型;②不同坐标系(笛卡儿、柱坐标、球坐标)综合应用,传感器安装位置无法与坐标系重合时,采用旋转坐标方式进行修正;③对于响应点稀疏的组件,可以进行响应点插值(设置 slave 点),勾勒出整体结构轮廓线。

(5) 试验表格:制定试验过程表格,对测试进行详尽的纪录,包括试验件、日期、人员、工况和测量参数、测点位置、参考点等信息。纪录测试过程中出现低质量数据的原因、测点位置及时段等信息。

3. 结构响应测量实施

1) 锤击法结构响应测量

传统模态分析时,如果激励设备采用力锤,则称为锤击法测试。锤击法由于安装方便、移动性强、通道要求少等特点,是应用最为广泛的模态测试方法。

(1) SRIT 与 MRIT 区别。单向响应传感器固定不动作为模态参考点,力锤移动遍历所有的测点,或者力锤固定在一个测点锤击,移动响应传感器遍历所有测点,称为单参考点锤击测试技术(single reference impact testing,SRIT)。这种测试方式能得到频响函数矩阵完整的一行或一列。如使用多个传感器,作为参考点,移动力锤遍历所有测点,称为多参考点锤击测试技术(multiple reference impact testing,MRIT),这种方式测量得到的是频响函数矩阵的多行,该方法可最大限度提取到所有感兴趣的模态。

(2) 移动力锤与移动传感器法区别。

移动力锤法:传感器固定不动,没有移动质量载荷的影响,系统属于时不变系统,满足时不变性假设。同时移动力锤不需要安装操作,不影响结构动态特性。同时固定多个响应传感器,可以获得频响函数矩阵的多行,属于 MRIT 方式。但为挥动力锤敲击的空间远大于响应传感器安装所需要的空间,有些测点因空间限制可能无法进行锤击。

移动传感器法:固定测点锤击,移动响应传感器,由于是力锤在一个固定测点处进行锤击,这种方式属于 SRIT。力锤锤击测点为参考点,可以获得频响函数矩阵的一列。敲击的位置可能不是最合适的,这将导致参考点选择不合适,从而存在丢失模态的风险。同时传感器在待测结构上移动,将存在移动质量载荷的影响,如果待测结构是轻质结构,这些影响将尤为严重。

(3) 锤击法流程。完成测量前准备工作后,锤击法流程如下:

触发设定:锤击法测试时,力锤所在通道作为触发通道。如果触发级太大,可能导致需要用很大的力度进行锤击;如果触发量级太小,又容易造成误触发(力锤导线接触不良时也容易产生误触发),需要综合考虑锤头和待测结构以确定一个合适的触发量级。为保证力脉冲的完整性,同时需要设置预触发时间。

带宽设定：根据试验前确定的频率范围，通过调换顶帽不断试敲确定合适的顶帽。一般频带范围的决定因素，除了顶帽硬度决定外，还包括锤击点刚度。如果顶帽很硬，但锤击点的刚度小，那么得到的带宽可能比较窄；反之顶帽很软，但锤击点刚度很大，得到的带宽也可能比较宽。

窗函数设定：力脉冲作用时间很短，锤击结束之后，理论上应再无信号输出，但实际上通道还存在本底噪声，导致还有噪声信号输出，因此，为了减少这部分的输出，需要为力脉冲加力窗或者力-指数窗。

锤击法产生的响应为衰减的时域信号，如果在采样末期，响应未能衰减至零，则存在泄漏，需要为响应信号加指数窗。加指数窗一定程度上加快了响应衰减，因此，估计出来的阻尼会偏大。为了避免加窗，实现无泄漏的测量，可以通过增加谱线数来提高采样时间，使得响应有充分的时间衰减，在采样末端衰减到零，从而无须加窗。

锤击与平均：锤击过程中，应尽量避免二次连击导致不一致、不平坦的力谱。当锤击结构为自由端位置或者是小阻尼结构时，由于结构的响应非常迅速，导致力锤来不及从锤击点移开，可采用互易性测量，即响应与锤击位置互换。锤击同一测点时应保证为同一方向，如果存在角度，锤击力实际上是一个分量，会导致力度减少，从而影响带宽。一般来讲，相同的力锤，力度越大，带宽越宽。

锤击法测试需要对每个测点进行多次锤击，然后将当前锤击的频响函数与之前平均的频响函数进行平均，得到平均后的频响函数。如一个测点需要锤击5次，那么第2次锤击的频响函数与第1次作平均得到前两次平均的频响函数，第3次锤击的结果为第3次锤击的频响函数与之前两次平均的频响函数再做平均作为当前的结果，直至平均第5次锤击的频响函数得到最后的结果。因此平均次数实质上是每个测点的锤击次数。

2）激振器法结构响应测量

（1）激振器的安装。上文中对激振器的安装方式进行了介绍，根据需要激励的频段范围确定传感器的安装方式。安装过程中需要保证激振器方向与激振杆尽量对其减少顶杆轴向外的弯曲贡献量，如图9-11所示。

（2）力传感器的安装。激振器顶杆与待测结构之间都要安装力传感器或阻抗头。阻抗头是将力传感器和加速度传感器做在一起的传感器，使用这种类型的传感器适用于测量驱动点频响函数。如果仅使用力传感器，想测量驱动点频响函数，还需要额外安装一个加速度传感器。

力传感器安装在顶杆端部靠近待测结构端。很多情况下，由于激励点位置为曲面或斜面，或者需要使激励力在多个方向有分量，通常会采用倾角激励。在进行参数设置时，必须定义一个激励力的激励方向，由于使用倾角激励，激励

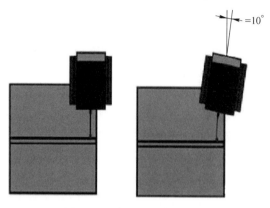

图 9-11 激振器安装示意图

力的方向与总体坐标有一定的夹角,因此,定义激励力的方向时,通常选一个力分量最大的方向作为通道设置中的激励力方向。

(3) 激振杆的选用。由于激振器的安装误差的存在,顶杆会产生弯曲效应,这将影响频响函数的测量。顶杆应选择柔性杆。

3) 结构响应测量数据有效性判断

测试获得的主要数据为时域数据、频响函数和相干。试验完成后,对数据时域及频域进行检查,包括信噪比检查、相干检查、线性检查、互易性检查、数据一致性和非线性评估等。有了这些数据可以进一步进行模态分析。

对于单点激励情况,激励信号和响应信号的相干函数在(0,1)区间取值,它是试验响应测量数据质量的重要指标之一,是对结构的非线性影响、激励力状况、噪声污染和频率分辨率等的一个综合判断参数,相干函数值一般应大于0.8。当相干函数较低时,应查明原因,采取适当措施来提高。

9.3.5 模态参数识别及结果评定

1. 模态数据选择

模态分析时只需要完整的一行或一列即可提取到所有的模态参数。因此,在进行模态数据选择时,应选择完整的一列(或行)或多列(或行),这样模态分析才不会出错。

2. 确定分析频带

测量得到的频响函数包含多个共振峰,这些共振峰可能相隔较近,也可能相隔甚远。相隔较近的各阶模态必然相互影响较严重,而相隔较远的模态相互之间的影响较轻。

为了减少带外对分析频带内的影响,确定的分析频带的边界应位于反共振峰位置处,如果选择的频响函数不存在反共振峰,如跨点频响函数或 SUM 函数,那么,选择的分析频带边界应位于幅值最小的频率处。

如果数据带宽较宽,且模态密集,可分多个频带进行分析,一般的建议是一次选择的分析频带内的模态阶数少于等于10个。

3. 系统极点确定及模态参数提取

可选择一条、几条或全部频响函数数据来确定系统极点。由于最终的结果是所选择的频响函数的最小二乘结果,因此,最终得到的极点信息与单条频响函数相比较,会存在明显的差异。下面介绍几种辅助确定极点数的方法。

1) 频响函数之和

在系统模态频率处,SUM 函数将达到极值。SUM 函数的基本思想是:如果考虑所有的频响函数,那么所有模态在绝大多数频响函数中都是可见的。随着包含的频响函数越来越多,那么所有模态在 SUM 曲线中都可见的机会就更大。这明显优于某一条频响函数,因为在一条频响函数曲线中可能不是所有的模态都可见。

2) 模态指示函数

模态指示函数 MIF 函数的数学表达式是频响函数的实部除以频响函数的幅值。因为实部在共振峰处迅速通过零位置,所以 MIF 函数值在通过模态频率处发生急剧突变。频响函数的实部在共振峰处值为零,因此在模态频率处,MIF 函数的值将达到极小值,从而指示出一阶模态的存在。

3) 奇异值

CMIF 函数是对频响函数矩阵进行奇异值分解(SVD)确定频响函数中观测到的所有模态。对频响函数进行奇异值分解时,在固有频率处,奇异值曲线在该处的奇异值有极大值,因此,频响函数的奇异值图能帮助识别系统极点。

4) 稳态图与极点估计

系统的频响函数可表示为

$$[H(j\omega)] = 下残余项 + \sum_{k=i}^{N}\left(\frac{[A_k]}{(j\omega - p_k)} + \frac{[A_k^*]}{(j\omega - p_k^*)}\right) + 上残余项$$

(9-50)

对频响函数进行多项式拟合,确定模态的极点与留数。随着参与拟合的模态阶数(modal size)的增加,极点将总是"稳定"的出现在频率轴的固定位置,几乎与假定的模态数无关,也就是说这些极点不随极点假定数的增加而改变。因此,稳态图(图 9-12)可以给出所存在的模态数的强烈指示,是确定物理极点最佳估计的有力工具。

参与拟合的多项式的多少由参数模态阶数决定。每增加一阶多项式参与拟合,软件会自动计算一个结果,这个结果包含频率、阻尼和振型三个参数,如果这三个参数与上一次拟合得到的结果相比较,结果都在误差容限之内,则用 s

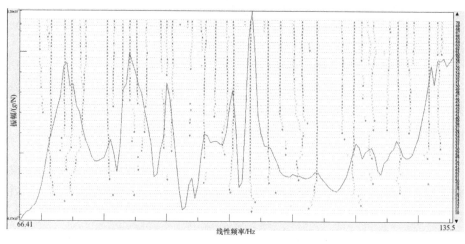

图 9-12 稳态图

表示。如果出现别的情况,则按表 9-2 所示的情况给出相应的字母表示其稳定情况。

表 9-2 稳态图中各个字母所表示的含义

字母	描述
o	极点不稳定
f	频率稳定
d	频率和阻尼同时稳定
v	振型向量稳定
s	频率、阻尼和振型向量同时稳定

确定系统极点通常是通过稳态图来获得,如图 9-12 所示,因而,在确定系统极点时,有两个关键的因素需要确定:第一个是模态阶数多大合适;第二个是选择极点时,选择哪个位置的 s 更合适。

5) 模态振型计算

留数等于输入-输出位置的振型值与比例因子的乘积

$$[A]_k = q_k \{u_k\} \{u_k\}^{\mathrm{T}} \tag{9-51}$$

一般只获取一列(行)信息即可,上式可以写成

$$\begin{Bmatrix} a_{11k} \\ a_{21k} \\ a_{31k} \\ \vdots \end{Bmatrix} = q u_{1k} \begin{Bmatrix} u_{1k} \\ u_{2k} \\ u_{3k} \\ \vdots \end{Bmatrix} \tag{9-52}$$

从式(9-52)可以看出,对于第 k 阶模态而言,由于 qk 和 u_{1k} 都是数值确定的公因子,因此,模态振型正比例于留数,如果能确定前面这两个公因子的值,那么这阶模态振型就确定了。对于这阶模态任一位置的留数而言,有

$$a_{ijk} = q_k u_{ik} u_{jk} \tag{9-53}$$

式(9-53)中的留数大小通过曲线拟合得到,但方程右边的三项就无法完全确定了。在这个方程中有三个未知量,即右边三个,因此,是无法直接求解的。但是如果有驱动点的数据,那么,这将使得上面的方程为

$$a_{ijk} = q_k u_{ik} u_{ik} \tag{9-54}$$

此时,方程中只有两个未知数,如果假设比例因子 $qk=1$(实际上是模态 a 矩阵归一法),那么振型 u_{1k} 的值也就随之确定了

$$u_{1k} = \sqrt{a_{11k}} \tag{9-55}$$

其他测点的振型值等于

$$u_{ik} = \frac{a_{i1k}}{\sqrt{a_{11k}}} \tag{9-56}$$

至此,当假设比例因子 $qk=1$ 时,这阶模态的振型值就完全确定了。而系统的模态参数:模态质量、模态阻尼和模态刚度分别由式(9-57),式(9-58),式(9-59)求得

模态质量

$$\overline{m}_k = \frac{1}{2q_k \overline{\omega}_k} \tag{9-57}$$

模态阻尼

$$\overline{c}_k = 2\sigma_k \overline{m}_k \tag{9-58}$$

模态刚度

$$\overline{k}_k = (\sigma_k^2 + \overline{\omega}_k^2) \overline{m}_k \tag{9-59}$$

当然也有其他的比例换算方法,如模态质量归一化法,则是 $mk=1$,然后根据上面的关系求出模态振型。

4. 结果验证

1) 振型动画验证

首先,检查各阶模态的阻尼比。通常结构阻尼比少于8%,如果发现某阶弹性模态阻尼比大于该值,则需要进一步验证其结果。其次对模态振型进行验证,判断各阶模态振型之间的相似程度、各测点之间的运动方向是规律、连续等,同时振型也能反映出测点数据是否有问题。

2) 频响函数综合

试验模态分析对测量获得的频响函数进行曲线拟合,得到了模态参数,根

据拟合出来的模态参数又可以得到综合频响函数,对比实测频响函数与综合的频响函数,得出两者的相关性与误差,如图9-13所示。

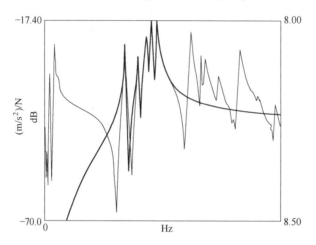

图9-13 选带内实测频响函数与综合频响函数对比

3) 模态置信准则评价

模态置信准则(MAC)是振型向量之间的点积,用于评价两个模态振型向量几何上的相关性,计算得到的标量值位于0和1之间,或者用百分数来表示。如果MAC值接近0,那么我们可以说这两个振型向量之间相关性很小或者是正交的;如果MAC值接近1,那么说明这两个振型向量彼此平行或非常相似。

当MAC矩阵中非对角元素值很大时,需要对模态结果进一步检查。通常有以下三个原因导致非对角元素MAC值偏高:①存在虚假模态,导致相邻两阶模态的MAC值偏大;②测点过少造成空间上混叠,导致相隔较远的两阶模态MAC值偏大;③测点位置布置不合理,在两阶模态有明显差异的区域测点过少,因此,从振型上区别不开,导致MAC值偏高。

各阶模态MAC见图9-14。

9.3.6 模态试验设计与试验要点

1. 模态试验设计

根据试验大纲(任务书)、试验件预分析情况、试验环境及试验设备及相关工程经验,完成模态试验设计。一般试验设计需要包括以下内容:

(1) 明确试验目的、试验件参试状态;
(2) 试验边界条件的设计与实现;
(3) 试验频率范围的确定;
(4) 响应点位置、数量的确定;

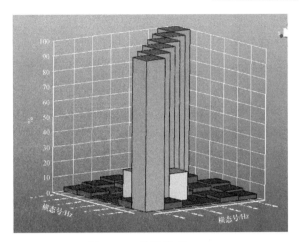

图 9-14 各阶模态 MAC

(5) 激励点位置及数量、激励信号的选择确认；

(6) 试验设备的配置，包括传感器、激励设备、测试设备及分析处理设备等；

(7) 数据采集及处理方法确定；

(8) 模态参数识别方法选择；

(9) 试验结果有效性验证。

2. 试验要点

为保证模态试验的有效展开，从试验件、试验实施、试验数据有效性检验等方面需要关注以下内容：

1）试验件

模态密度：模态的密集程度，直接影响了激励方法与辨识方法的选取。对于模态密集的试验件，需要采用多点激励，并选用模态分辨能力较强的辨识算法。

非线性：由于试验件的非线性，导致不同激励下模态识别参数的差异需要考虑。为分析结构的非线性影响，一般选取至少三个不同的试验振级，观察结构模态特性的变化。但必须注意限制最大的振级，以确保试验件的安全。

2）试验实施

激励：保证激励的可控性，包括激励力的位置、方向及谱型设计，应有效激励其试验频带内的所有工程有意义的模态。

测量：响应测点的布置和分布应防止模态混淆和丢失。

3）试验数据判断

在整个测试期间，要求选择几个测点反复对它们的响应进行检测，以校核数据采集系统的性能和所试验结构动态特性的稳定性。

对测试获取的激励和响应数据,通过相干性校核与评估频响函数是否达到进行模态参数后处理的要求。

根据所获的模态信息,并结合预分析结果,随时调整激励点和响应测点的位置,以获得确切的主模态信息。

结构模态试验,至少采用两种试验方法。通过试验结果的比较和分析,验证模态数据的有效性,提高试验结果的置信程度。

9.4 结构模态分析理论方法

9.4.1 结构频响函数估计

结构模态分析首先需要根据采集的结构激励输入信号和结构响应输出信号得到结构系统的频响函数。模态试验中,通常基于最小二乘解法估计结构频响函数,计算读出的频响函数可借助于输入信号与输出信号的相关性函数评价频响函数的质量。频响函数估计有以下三种方法:

1. H_1 估计方法

H_1 估计方法只考虑在输出响应信号 $Y(f)$ 中有噪声 $N(f)$,并假设在输入激励信号 $X(f)$ 中无噪声。若在输入激励中存在噪声,则频响函数结果将被低估。该方法可应用于多输入激励。

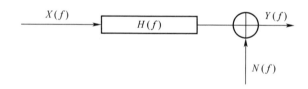

$$\|\{N\}\| = \text{Minimum}$$
$$H = G_{xy}/G_{xx} \tag{9-60}$$

2. H_2 估计方法

H_2 估计方法只考虑在输入激励信号 $X(f)$ 中有噪声 $M(f)$,并假设在输出响应信号 $Y(f)$ 中无噪声。若在输出响应中有噪声,则频响函数结果将被高估。该方法只应用于单输入激励。

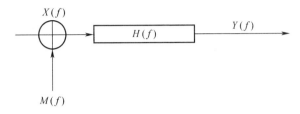

$$\|\{M\}\| = \text{Minimum}$$
$$H = G_{yy}/G_{yx} \tag{9-61}$$

3. H_v 估计方法

H_v 估计方法考虑在输入输出信号中都有噪声的情况,通常的情况下能得到最好的估计结果。该方法可应用于多输入激励,需要进行特征矢量分解。

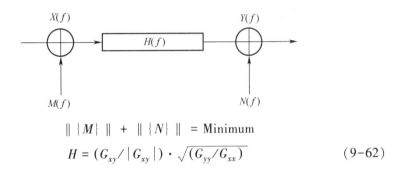

$$\|\{M\}\| + \|\{N\}\| = \text{Minimum}$$
$$H = (G_{xy}/|G_{xy}|) \cdot \sqrt{(G_{yy}/G_{xx})} \tag{9-62}$$

9.4.2 模态参数频域识别法

利用频响函数的测试数据求取模态参数的方法发展较早,称为频域法。频域法发展较早,也比较成熟。因频域法的物理概念清楚直观,不易遗漏模态或产生虚假模态,精度较高,抗噪能力也较强,故至今仍是模态参数识别的主要方法并广泛应用。目前频域法主要分为单模态识别法和多模态识别法。

早期的模态识别以单模态识别方法为主。单模态识别方法主要用于小阻尼且模态不密集的系统,可达到满意的精度,同时对于耦合较大的系统可以用单模态识别的结果作为多模态法的迭代初值,大大加快迭代过程的收敛速度。

1) 峰值检测法

峰值检测以频域中的模态模型为根据对系统极点进行局部估计(固有频率和阻尼)。在固有频率附近,频响函数通过自己的极值,此时实部为零(同相部分最小),而虚部和幅值最大(相移达 90°,幅值达峰值),出现极值的那个频率就是阻尼固有频率 ω_r 的良好估计。相应的阻尼比 ζ 的估计用半功率点法得到,见图 9-15。

设 ω_1 和 ω_2 分别处在阻尼固有频率 ω_r 的两侧($\omega_1 < \omega_r < \omega_2$)得出:

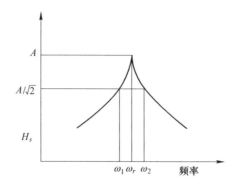

图 9-15 峰值检测法求模态参数

$$\zeta = \frac{\omega_2 - \omega_1}{2\omega_r} \tag{9-63}$$

2) 圆拟合法

单自由度系统的速度频响函数(速度对力)在奈奎斯特图(即实部对虚部图)上呈现为一个圆。如果把其他模态的影响近似为一个复常数,那么在共振频率 ω_r 附近,频响函数的基本公式为

$$H_{ij}(j\omega) = \frac{U + jV}{-\sigma + j(\omega - \omega_r)} + R + jI \tag{9-64}$$

选择共振频率附近的一组频率响应点,通过这些点拟合成一个圆。

固有频率 ω_r 可以看成是复平面上数据点之间角度变化率最大(角间隔最大)的那个点的频率,也可以看成是相位角与圆心的相位角最为接近的那个数据点的频率。对于分得相当开的模态而言,两者的差别是很小的。

阻尼比 ζ 估计如下:

$$\zeta = \frac{\omega_2 - \omega_1}{\omega_r \left(\tan\left(\frac{\theta_1}{2}\right) + \tan\left(\frac{\theta_2}{2}\right) \right)} \tag{9-65}$$

式中: ω_1、ω_2 为分据在 ω_r 两侧的两个频率点; θ_1、θ_2 分别为频率点 ω_1 和 ω_2 的半径之间的夹角。

圆拟合法速度很快,在模态节点附近,需要人为参与。

多模态识别方法包括最小二乘频域法(LSFD)、频域直接参数识别法(FDPI)、复模态指示函数(CMIF)法、最小二乘复频域法(PolyMax)等。

1) 最小二乘频域法

非线性最小二乘频域法是一种对系统极点、模态振型和模态参与因子进行整体估计(假定应用于多输入)的多自由度方法。它估计参数时采用频域模态

模型。在我们关心的频率范围内,响应点 i 和输入点 j 之间的频响函数近似为

$$H_{ij}(j\omega) = \sum_{r=1}^{N}\left(\frac{\psi_{ir}L_{rj}}{(j\omega - \lambda_r)} + \frac{\psi_{ir}^* L_{rj}^*}{(j\omega - \lambda_r^*)}\right) + UR_{ij} - \frac{LR_{ij}}{\omega^2} \quad (9-66)$$

式中:UR_{ij} 为上剩余项;LR_{ij} 为下剩余项。

这两个剩余项是频带范围上下那些模态之影响的近似。式(9-66)左边是实测来的频响函数,右边是作为 ω 的函数的模态模型,带有 N_u 个未知参数 λ_r、ψ_{ir}、L_{rj}、UR_{ij} 和 LR_{ij},以下式表示

$$G_{ij}(j\omega) = G_{ij}(j\omega, \lambda_r, \psi_{ir}, L_{rj}, UR_{ij}, LR_{ij})\big|_{r=1,\cdots,N_m}$$

实测频响函数与估计频响函数之间的差为

$$e_{ij}(j\omega) = H_{ij}(j\omega) - G_{ij}(j\omega)$$

所关心的频带($\omega_0,\cdots,\omega_{Nf}$)内的总方差为

$$E_{ij} = \sum_{f=0}^{N_f} e_{ij}(j\omega_f) e_{ij}^*(j\omega_f)$$

全面考虑 N_i 个输入点和 N_o 个输出点之间的全部频响函数,则总方差为

$$E = \sum_{i=0}^{N_o} \sum_{j=0}^{N_i} E_{ij}$$

用下面的方程组可以估计出 λ_r、ψ_{ir}、L_{rj}、UR_{ij} 和 LR_{ij} 等 N_u 个未知参数(以 r_k 表示),它将使误差最小:

$$\begin{cases} \dfrac{\partial E}{\partial r_1} = 0 \\ \quad\vdots \\ \dfrac{\partial E}{\partial r_u} = 0 \end{cases}$$

因为这种方法是通过同时分析每个响应自由度和全部参考自由度之间的数据来估计振型系数的,所以它给出的是各模态振型的整体估计(与参考自由度无关)。

2) 频域直接参数识别法

频域直接参数识别法(FDPI)使用多输入-多输出频响函数测量数据识别低阶完整直接模型,对系统的极点、振型和模态参与因子进行整体估计。

对于时域中的力学方程:

$$M\{\ddot{x}\} + C\{\dot{x}\} + [K]\{x\} = \{f\}$$

在频域中为

$$(-\omega^2 M + j\omega C + K)\{X(j\omega)\} = \{F(j\omega)\}$$

令 $A = \begin{bmatrix} 0 & M \\ M & C \end{bmatrix}$ 和 $B = \begin{bmatrix} -M & 0 \\ 0 & K \end{bmatrix}$

将时域力学方程写成系统的状态-空间描述方程

$$\begin{cases} \{\dot{x}(t)\} = A\{x(t)\} + B\{u(t)\} \\ \{y(t)\} = C\{x(t)\} + D\{u(t)\} \end{cases} \quad (9\text{-}67)$$

式中：$\{x(t)\}$ 为状态向量；$\{u(t)\}$ 为输入向量；$\{y(t)\}$ 为输出向量；A 为状态转移矩阵；B 为输入矩阵；C 为输出矩阵；D 为直接输入-输出传输矩阵。

四个矩阵的组合 A、B、C、D 叫做系统的实现，因为它描述的是系统在任意时刻对已知输入信号的响应。这四个矩阵取决于如何选择系统的状态变量、输入变量及输出变量。

由式(9-54)状态空间公式的频域形式可以得出传递函数矩阵的一般表达式：

于是，位移对力的传递函数遵从下式：

$$\left[p^2 \begin{bmatrix} \ddots & & \\ & I & \\ & & \ddots \end{bmatrix} + p\,M^{-1}C + M^{-1}K \right] [H(p)] = M^{-1} \quad (9\text{-}68)$$

加速度对力的传递函数矩阵服从：

$$\left[p^2 \begin{bmatrix} \ddots & & \\ & I & \\ & & \ddots \end{bmatrix} + p\,M^{-1}C + M^{-1}K \right] H_a(p) = p^2 M^{-1} \quad (9\text{-}69)$$

上述两个方程对于所有的 p 值成立因而对所有的 $j\omega$ 值均成立。如果可用的测量数据足够多，那么这两个方程中的任何一个都可以构成关于未知矩阵 $M^{-1}C$、$M^{-1}K$ 和 M^{-1} 的一个超定方程组的基，进而求取结构的模态参数。

3）复模态指示函数

复模态指示函数(CMIF)方法是以频域模态模型为根据的一种多自由度方法。在某种整体意思上，它先是在频率分辨率的精度之内估计阻尼固有频率，并估计对应的未经换算的模态振型。最后再求得复数极点并进行模态比例换算。

4）最小二乘复频域法(PolyMAX)

PolyMax 法是最小二乘复频域法(LSCF)的多输入形式，可以实现对极点和模态参与因子的整体预估。

PolyMax 求解方法是在得到真实的模态频率、阻尼及参与因子的基础上，再将频响函数参数矩阵的非线性目标函数线性化，得到线性矩阵分式模型，最后求解基于压缩正则方程的最小二乘问题得到相关模态参数。

其频率响应函数数学模型为

$$H(\omega) = B(\omega) A(\omega)^{-1} \quad (9\text{-}70)$$

其中，$H(\omega)$ 和 $B(\omega)$ 的阶数都是 $l\times m$，而 $A(\omega)$ 的阶数为 $m\times m$，式中 m 为输入

通道,l 为输出通道。

令:

$$B(\omega) = \sum_{r=0}^{p} Z^r \boldsymbol{\beta}_r$$

$$A(\omega) = \sum_{r=0}^{p} Z^r \boldsymbol{\alpha}_r \qquad (9-71)$$

$$Z = e^{-j\omega\Delta t}$$

其中:$[\beta_r]$ 为分子矩阵多项式系数;$[\alpha_r]$ 为分母矩阵多项式系数;p 为数学模型阶次;Z 为多项式基函数。

对式(9-70)进行分解,求极点和模态参与因子:

$$\begin{bmatrix} 0 & I & L & 0 & 0 \\ 0 & 0 & L & 0 & 0 \\ L & L & L & L & L \\ 0 & 0 & L & 0 & I \\ \alpha_0 & \alpha_1 & L & \alpha_{P-2} & \alpha_{P-1} \end{bmatrix} V = V\Lambda \qquad (9-72)$$

根据频响函数表达式,求模态振型:

$$H_{ij}(j\omega) = \sum_{r=1}^{N_m} \left(\frac{\psi_{ir} L_{rj}}{(j\omega - \lambda_r)} + \frac{\psi_{ir}^* L_{rj}^*}{(j\omega - \lambda_r^*)} \right) + UR_{ij} - \frac{LR_{ij}}{\omega^2} \qquad (9-73)$$

PolyMax 方法集合了时域和频域两种最小二乘方法的优点,可以在稳定图上非常方便和清晰地选择和识别系统极点和参与因子,针对某些高难度模态参数辨识情况,仍能够对每一阶模态参数具有很好的识别精度:①高度密集模态;②高阻尼结构;③频响函数受噪声污染等问题。

9.4.3 模态参数时域识别法

时域模态参数识别是利用振动响应(自由响应、脉冲响应函数、白噪声激励响应)的时间历程数据进行参数识别的方法。时域法在动态监控和故障诊断方面应用十分方便,特别是对激励载荷很难测量的情况,时域法更显出其独特的优越性。此外,时域法可用于任意阻尼,也不受模态耦合程度的限制,并可直接估计物理参数。

时域识别方法可分为两大类,一类是在结构动力学基础上发展的 Ibrahim 时域法(简称 ITD 法),该方法是通过解特征方程来获取模态参数,利用最小二乘法提高精度。另一类是从自动控制工程和信息工程中引入的方法,如 ARMA 时序法、卡尔曼滤波法等。此外,常见的还有最小二乘复指数法(LSCE),以及由此扩展的多参考点复指数法(PRCE),特征系统实现法(ERA)以及时域直接参数识别法。工程实际中应用比较广泛的时域算法主要是最小二乘复指数法和时域直接参数识别。

1) 最小二乘复指数法(LSCE)

对于一个 n 自由度的黏性阻尼系统,结构在第 f 点激励、第 e 点测量的脉冲响应函数为

$$h_{ef}(t) = \sum_{i=1}^{2n} R_{efi} e^{s_i t} \tag{9-74}$$

式中:R_{efi} 为留数;s_i 为极点;R_{efi},$s_i(i=1,2,\cdots,2n)$ 后 n 个值为前 n 个值对应的共轭,且

$$s_i = -\sigma_{mi} + j\omega_{mdi} \tag{9-75}$$

式中:σ_{mi} 为衰减系数;ω_{mdi} 为固有频率。

设测点号为 $e=1,2,\cdots,M,M=n$,它们的脉冲响应时间序列为 $\widetilde{h}_{ef}(t_k)=\widetilde{h}_{efk}$;$k$ 为采样点号 $k=0,1,2,\cdots,2n$;$t_k=k\Delta t$;Δt 为采样时间间隔。

由(9-75),对应采样点处的脉冲响应函数的理论值为 $h_{ef}(t_k)=h_{efk}$,在识别复频率时,只需一个测点的脉冲响应值,故将上式中的角标 ef 省略,写成

$$h_k = \sum_{i=1}^{2n} R_i z_i^k \tag{9-76}$$

这里

$$z_i = e^{s_i \Delta t} \tag{9-77}$$

因此,式(9-76)为 Z 变换因子表示的脉冲响应函数。其中,R_i 和 z_i 为待识别参数,均为复数。首先构造一个 $2n$ 次实系数多项式,使其零点为 z_i。该多项式称为 Prony 多项式,记为

$$P(z) = \sum_{p=0}^{2n} a_p z^p = \prod_{i=1}^{n} (z-z_i)(z-z_i^*) \tag{9-78}$$

式中:$a_{2n}=1$,Prony 多项式中独立的系数 a_p 共有 $2n$ 个;z_i 是式(9-79)的 $2n$ 个共轭复根:

$$P(z) = \sum_{p=0}^{2n} a_p z^p = 0 \tag{9-79}$$

这样,求解 z_i 的问题就转化为求解 $2n$ 个 a_p 的问题。这样可以写出以 a_p 为自回归系数的自回归模型。

$$H_l^T A = -h_{l+2n} \tag{9-80}$$

式中

$$H_l = \begin{bmatrix} h_l & h_{l+1} & \cdots & h_{l+2n-1} \end{bmatrix}^T \tag{9-81}$$

$$A = \begin{bmatrix} a_0 & a_1 & \cdots & a_{2n-1} \end{bmatrix}^T \tag{9-82}$$

H_l 为以 l 为起始采样点的含 $2n$ 个采样值的时序样本,A 为自回归系数列

阵,均为 $2n$ 维实向量。

由自回归模型,令起始采样点号为 $L=0,1,2,\cdots,m$,得到 $(m+1)$ 个样本的自回归方程,组成关于 A 的线性方程组

$$TA = -H_{2n} \tag{9-83}$$

$$T = \begin{bmatrix} H_0^T \\ H_1^T \\ \vdots \\ H_m^T \end{bmatrix} = \begin{bmatrix} h_0 & h_1 & \cdots & h_{2n-1} \\ h_1 & h_2 & \cdots & h_{2n} \\ \vdots & \vdots & & \vdots \\ h_m & h_{m+1} & \cdots & h_{m+2n-1} \end{bmatrix} \tag{9-84}$$

$$H_{2n} = \begin{bmatrix} h_{2n} & h_{2n+1} & \cdots & h_{2n+m} \end{bmatrix}^T \tag{9-85}$$

设 T 及 H_{2n} 的实测值为 $\widetilde{T}$ 和 $\widetilde{H}_{2n}$,所以可以定义误差向量为

$$\varepsilon = \widetilde{H}_{2n} + \widetilde{T}A \tag{9-86}$$

构造目标函数 $e = \varepsilon^T \varepsilon$,并令 $\dfrac{\partial e}{\partial A} = 0$,即可得到 A 的最小二乘解

$$A = -(\widetilde{T}^T \widetilde{T})^{-1} \widetilde{T}^T \widetilde{H}_{2n} \tag{9-87}$$

将 A 带入方程(9-79)求出 $2n$ 个共轭复根 z_i。只取前 n 个 z_i,则复模态固有频率和复模态阻尼比为

$$\omega_{mi} = \sqrt{\omega_{mdi}^2 + \sigma_{mi}^2}, \zeta_{mi} = \frac{\sigma_{mi}}{\omega_{mi}} \tag{9-88}$$

由于 $2n$ 个 z_i 已经求出,令采样点号 $k=0,1,\cdots,2n-1$,得关于 R_i 的线性方程组

$$H_0 = VR' \tag{9-89}$$

式中

$$H_0 = \begin{bmatrix} h_0 & h_1 & \cdots & h_{2n-1} \end{bmatrix}^T \tag{9-90}$$

$$V = \begin{bmatrix} 1 & 1 & \cdots & 1 \\ z_1 & z_2 & \cdots & z_n \\ \vdots & \vdots & & \vdots \\ z_1^{2n-1} & z_2^{2n-1} & \cdots & z_n^{2n-1} \end{bmatrix} \tag{9-91}$$

$$R' = \begin{bmatrix} R_1 & R_2 & \cdots & R_{2n} \end{bmatrix}^T \tag{9-92}$$

因此

$$R' = \widetilde{V}^{-1} \widetilde{H}_0 \tag{9-93}$$

R' 的前 n 个元素构成的列阵即由各阶模态在第 e 个测点的脉冲响应复幅值组成的列阵。对每个测点的脉冲响应作上述识别,可估算出 n 组模态参数。

后来，从 LSCE 法又发展了多参考点复指数法（PRCE），它是同时利用多输入多输出的脉冲响应数据，构成脉冲矩阵。该方法同时利用所有激励点与响应点的数据进行模态分析，从而大大增加了参数辨识的信息量；并且它是从整体上识别模态参数，使识别精度大大提高。该方法提出后，即发展成为应用软件，应用于航天飞机及伽利略航天器的模态分析中，并推广应用于飞机、汽车等工业部门。

2）时域直接参数识别法

时域直接参数识别法（TDPI）是一种对系统极点、模态振型和模态参与因子进行整体估计的多自由度识别法。这种技术适合于处理多输入数据。它直接估计系统的基本差分方程的系数。因此，该方法的目标是估计结构的低阶完整直接时域模型。我们研究的系统可以用一个自回归滑动平均（ARMA）模型来描述。

$$\{x(k\Delta t)\} + [W_0]_1\{x((k-1)\Delta t)\} + [W_0]_2\{x((k-2)\Delta t)\} + \cdots + [W_0]_p\{x((k-p)\Delta t)\} = [W_i]_0\{f(k\Delta t)\} + [W_i]_1\{f((k-1)\Delta t)\} + \cdots + [W_i]_{p-1}\{x((k-p+1)\Delta t)\}$$

(9-94)

式中：$\{f(k\Delta t)\}$ 为 N_i 维输入（力）信号序列；$x(k\Delta t)$ 为 N_0 维输出（位移）信号序列；$[W_0]_k$ 为 $N_0 \times N_i$ 实矩阵；$[W_i]_l$ 为 $N_0 \times N_i$ 实矩阵。

测量出时间序列 $x(k\Delta t)$ 和 $\{f(k\Delta t)\}$ 之后，我们就用上式计算矩阵 $[W_0]_k$ 和 $[W_i]_l$ 的最小二乘估计。进而求出固有频率和阻尼以及振型等。

时域法中的其他方法，如 ITD 法，对模态频率的识别有较满意的精度。但当存在噪声干扰时，该方法对特征值，特别是特征向量的识别精度较差。此外，该方法还存在其他一些缺点，如较难分辨和剔除虚假模态；求解矩阵特征值及特征向量时，计算量也比较大；当测点数较多时，高阶矩阵常易出现病态等，因此它的使用受到一些限制。采用全部测试数据同时辨识模态参数是这一方法的独特思想。当然，后来也有关于提高 ITD 法有效性的一些方法，例如虚拟测点技术法，对采样信号进行傅里叶变换或采用自适应不均匀采样方法等。

特征系统实现算法 ERA 移植了现代控制论中的最小实现理论，使计算量大大减少。它以由 MIMO 得到的脉冲响应函数为基本模型，通过构造广义 Hankel 矩阵，利用奇异值分解技术，得到系统的最小实现，从而得到最小阶数的系统矩阵，以此为基础进一步可识别系统的模态参数。比较这种方法与 ITD 法易知，当单点激励且测点数恰为系统阶次时，ERA 法即退化为 ITD 法。但是为了给噪声模态留有出口，ITD 法需增加测点数和采样点数，从而增大了矩阵阶数，因此 ITD 的系统矩阵不是最小实现，增大了计算量和误差。由于 ERA 方法理论推导严密、技术先进、计算量小，是当时乃至目前最完善、最先进的方法之一。当然,该方法也不是一种没有缺点的模态识别方法。由于它需要对阶数甚高的 Hankel 矩阵进行奇异值分解,当测点较多时,解题规模是比较大的。

ARMA 模型法也是一种时序法。时序法使用的数学模型主要是 AR 模型和 ARMA 模型。前面介绍的最小二乘复指数法使用了 AR 模型,它只使用响应信号,而 ARMA 模型需要激励和响应两种信号,两者均使用平稳随机信号。ARMA 属于 SISO 参数识别,直接用随机激励和响应信号,利用差分方程和 Z 变换,分别建立强迫振动方程与 ARMA 模型。根据传递函数与 ARMA 模型的等价关系,可由 ARMA 模型求模态参数。与 LSCE 相同,只使用一个测点的 ARMA 模型就可以识别出各阶极点,因此它也属于局部识别法。近年来,学者们从这种方法出发做了一些改进研究,并取得了一些进展。

时域法面临的主要问题是抗噪声干扰、分辨和剔除由噪声而引起的虚假模态以及模型的定阶问题。围绕解决这些问题,多年来发展了一系列时域模态参数识别算法。

9.4.4 多点稳态正弦激励模态参数辨识法

1. 基本原理

前面两节介绍的频域和时域模态参数识别法是借助于一定算法分离频响函数中蕴含的模态成分,归属于模态分离法。这类方法比较简单,技术上先进,但对于某些结构而言,频率分辨率和辨识精度上仍存在不足。这使得在航空结构模态试验中最早采用的多点稳态正弦激励法依然具有独特的优点。

多点稳态正弦调谐法利用相位共振原理,采用多个激振器同时用单一频率的正弦信号对结构进行激励,通过调节各个激振器正弦激振力的大小、相位、方向和激励点位置,相互补偿,抑制其他各阶模态的影响,使得结构近似处于单阶纯模态振动状态,进而获取该阶模态的模态参数。对于结构是否达到纯模态,用模态纯度指标 Z 和模态指示函数 MIF 进行判别。对于大型结构、密集模态和重模态采用此方法比较适合。这种辨识方法的物理概念明确、直观,特别适用于与有限元模型的模态参数比较。

多点稳态正弦激励法辨识结构模态参数包含下列内容:

(1) 初始模态检测。首先用多输入多输出宽带随机试验或步进正弦试验,获取频响函数矩阵,进而得到试验频带内结构的主模态,并确定相应模态多点稳态正弦激励的激励点位置和数目,估计激励力矢量的初始值。

(2) 激励力调节,使得结构处于单阶纯模态振动状态。通过激励信号控制系统,控制各个激振器的输出激励力,对结构进行定频激振。根据采集的各测点响应数据,计算并检验所激励模态的纯度。若模态纯度不满足试验要求,需对激励频率和激励力进行调节,再作模态纯度检验,直至模态纯度满足试验要求,使结构近似处于单阶纯模态振动状态。

(3) 在单阶纯模态振动状态下按照单自由度模型辨识该阶模态的模态参数。实际激励得到的单阶模态其纯度不一定高,加上测量噪声的干扰,为此,可以借助于各种单自由度辨识方法(如正交分量法、圆拟合法、复功率法等),提高该阶模态参数估计的精确度。

2. 模态纯度指标

模态纯度指标 Z 按下面公式:

$$Z = \frac{\sum_{i=1}^{n} |\psi_i^{(r)} \cos\theta_i|}{\sum_{i=1}^{n} |\psi_i^{(r)} \sin\theta_i|} \tag{9-95}$$

式中:Z 为模态纯度指标;N 为响应测量点数目;$\psi_i^{(r)}$ 为第 r 阶模态第 i 个测点的加速度响应振幅,单位为重力加速度(g);θ_i 为第 i 个测点响应与激励信号的相位差(rad)。一般要求 Z 小于 0.2。

3. 相位角要求

按式(9-96)检查模态纯度时,一般只考虑主要测点的响应数据,而其余测点响应相对于参考激励力的相位角应满足下面公式的条件:

$$|\theta_i - 90°| \leq \varepsilon(\overline{\psi_i}) \tag{9-96}$$

式中:θ_i 为第 i 个测点响应与激励信号的相位差(rad);$\varepsilon(\overline{\psi_i})$ 为允许的相位角偏差;$\overline{\psi_i}$ 为归一化后的加速度响应振幅。

$\varepsilon(\overline{\psi_i})$ 的取值与归一化振幅 $\overline{\psi_i}$ 的大小有关,应按表 9-3 取值。

表 9-3 允许的相位角偏差与归一化振幅的关系

$\overline{\psi_i}$	0.9~1	0.8~0.89	0.7~0.79	0.6~0.69	0.5~0.59	0.4~0.49	0.3~0.39	0.2~0.29	0.1~0.19	0~0.09
$\varepsilon(\overline{\psi_i})$	5°	6°	7°	8°	9°	10°	15°	20°	30°	90°

4. 模态指示函数

模态指示函数按如下公式:

$$\mathrm{MIF} = 1 - \frac{\sum R_e X_i(\omega) M_i |X_i(\omega)|}{\sum M_i |X_i(\omega)|^2} \tag{9-97}$$

式中:MIF 为模态指示函数;$X_i(\omega)$ 为第 i 个测量自由度加速度频响函数;$R_e X_i(\omega)$ 为第 i 个测量自由度加速度频响函数的实部;M_i 为第 i 个测量自由度的模态质量。

MIF=0~1 理论上当 MIF=1 时为纯模态。实际试验中,判断结构是否达到纯模态振动一般要求大于 0.8。

9.4.5 基础激励模态参数辨识法

由于大型结构的广泛应用,针对环境激励和基础激励方式的模态参数辨识方法越来越多。特别是在航天领域,基础激励方法起着越来越重要的作用。

基础激励法主要是从支撑和激励的方式上进行定义的,简单地说就是将结构连接在刚性平台上,用振动台对平台基础进行激振,然后测量基础运动量和结构响应输出数据,并据此进行参数辨识。一般在航天领域中,提到的大型结构的工作模态参数识别方法都是基于基础激励下进行的。

基础激励的主要特点是惯性力激振,与一般的地面约束支撑方式和自由方式相比,它可以使试验状态更加接近真实使用状态。这是由于传统模态试验方法多是在结构的若干点上施加集中力进行激振,这同卫星结构与运载器耦合时所受力的状态不一样;目前卫星结构无论是整星级还是部组件进行验收级和鉴定级振动试验都采用在星箭接口界面上输入激励,采用基础激励方法,可以使力分布作用于结构,与卫星发射段的低频受力环境相似,因此基础激励是我们常常采用的振动试验激励方式。

基础激励方法在国外发展较早。早在 1978 年,Link 等就已经开始了对基础激励方法的研究,提出应用矩阵方法或结构的物理参数来对基础激励方法建模。由于待估参数过多,没有优越性可言。直到 80 年代中期,加拿大的 S. Draisey 和 J. G. Beliveau 等系统研究了基于基础激励下的适用于航天器结构的模态参数识别方法。他们利用三个基础激励试验(其中两个随机激励试验,一个正弦试验)和一个单点固定基础试验进行比较,说明单点固定试验更适合于非对称结构模型,而基础激励试验适合于对称结构模型;但是两者都能激励出所有模态。相对于随机试验,正弦试验的结果曲线更好一些。他们在 1986 年发表的一篇文章中指出,将各输出加速度与输入加速度的比得到的向量进行了几何矩阵的修正,可以作为传递函数进行参数辨识。其基本步骤是:首先进行基础激励(用正弦扫描或者随机激励),对所有的测量加速度比上基础加速度,再转化为频响函数;其次,对得到的频响函数进行代数修正,再做逆傅里叶变换,得到时域的复指数形式表示;最后,用最小二乘法进行参数识别。经过修正后识别出来的模态参数得到了较好的结果。这也是当时比较先进的方法。

后来 F. R. Vigneron 与 Y. soucy 等对基础激励的模态参数识别方法的实验结果做了进一步研究。在对模态频率、阻尼比、振型进行计算后,对模态正则常量和线性模态动量系数进行了计算,并研究了怎样用模态动量系数与模态辨识结果相结合,估算试验模型的完备性和有效性。2002 年,比利时的 Bart Peeters, Herman Van der Auweraer 和 Partrick Guillaume 对振动鉴定试验的工作模态分析方法作了较为全面的论述。在考虑了外力不可测,且单轴激振的试验情况下,推导了两种传递函数的表示方法:一种是传递特性函数,也就是用测量的加速度响应计算求得的函数,可以用作传递函数;另一种是以加速度为基础的互谱法,也可以用作传递函数。研究发现,对于在振动试验后所作的工作模态分析,不适合用互谱来做,因为它看起来比传递特性函数法"嘈杂",即噪声太大;另外,用互谱法不能分辨模型是自由模式的还是固定模式的,其稳态图不好解释。最后,分别在随机控制和正弦控制试验中用传递特性法作了参数辨识,二者对应模态的模态置信准则 MAC 值比较高,证明了传递特性函数法的有效性。实际上,用基础激励的方法并不能将所有的模态激励出来,特别是扭转和局部模态;但是,由于结构在振动台上的情况十分接近其发射和运输中的振动环境,因此可以认为所有重要的模态都已经被激励出来。那些在试验中没有被激励出来的模态也不会在结构的工作环境中出现。

航天器在振动台上进行振动试验属于典型的基础激励情况,试验中产生的大量测点响应数据可用来计算航天器结构的传递特性函数,通过基础激励辨识模态参数法,从而获取航天器结构模态参数。在基础激励的情况下,可以把外力看作是作用于接触面的一个点上,即单输入的情况,安装于力作用点上的传感器可以作为参考加速度计,由此,可以得出该参考加速度与其他测量加速度之间的传递特性向量。对于固定方式的结构边界条件,结构传递特性函数与结构频响函数存在着确定的物理方程关系,并且驱动点频响函数的反共振点就是传递特性函数的共振点。因此,只要求出传递特性函数就可以求得结构的模态参数,也就是说它可以代替传统意义上的传递函数,并且直接利用传统的参数辨识方法进行模态参数识别。

9.4.6 结构模型修正

为了分析复杂航天器的结构动力学问题,必须建立准确的结构动力学分析模型。精确的结构动力学模型对结构系统的设计、优化以及动力学行为的仿真和预示有着重要意义。工程上的理论建模主要采用基于离散化假设的有限元方法,在处理连续的结构系统时,必须对结构特性、约束条件、边界条件和连接条件等进行简化,这就使有限元模型往往不能准确地反映实际结构的情况,因此有限元模型的计算结果和实际结果之间存在偏差。

结构模态试验的主要目的之一就是用模态试验结果去修正结构动力学模型。基于模态试验数据的结构模型修正就是将有限元方法和模态试验方法进行有机融合,利用模态试验实测的数据,对结构初始的有限元模型进行修正,以消除因建模参数不准确造成的动力学模型的偏差,并提高有限元模型与实际结构相关度的技术,从而达到提高模型的动力学预示精度的目的。

早期的模型修正技术基本上属于基于模态数据的修正方法,而此种方法按照其修正对象的不同又可以分为两类:一类以系统的总体矩阵或子结构的总体矩阵为修正对象,称为直接修正方法或矩阵型修正方法;另一类以总体矩阵中的部分元素或者系统的设计参数如密度、弹性模量、截面积、惯性矩和约束等作为修正对象,称为间接修正方法或参数型修正方法。

矩阵法以有限元模型的质量矩阵与刚度矩阵元素作为修正对象,直接修正质量和刚度矩阵,以使实测模态和分析模态相关,使模型的计算结果和实际测试结果一致。其优点是无需迭代,极大降低了修正的计算量,提高了计算效率,并且能够精确复现实测模态数据。矩阵法主要缺点是修正后模型的质量矩阵和刚度矩阵没有明确的物理意义,这造成误差定位的困难。同时,原结构中节点的连结关系没有保证,可能造成结构连通性的破坏。另外,修正后模型的质量矩阵、刚度矩阵成为一个稠密矩阵,破坏了原模型中这些矩阵所具有的稀疏性、带状性和正定性等优良特性。矩阵法曾经在模型修正研究的初期得到了长足的发展,在20世纪90年代以后开始被具有明显物理意义的参数法取代,但是由于其计算效率高,无需迭代,研究者一直希望能够结合这一优点,加入新的约束条件以保证修正矩阵的优良特性,以改进这类方法。

基于模态数据的参数法基本思想与结构优化类似,首先通过构造理论模型与实际模型在同一激励下的某些动力特性的误差(目标函数),然后选择一定的修正量使该误差最小,来提高理论模型与实际模型的相关度,从而达到修正理论模型的目的。一般情况下,目标函数是由分析预测和对应的实测频率、振型等动力特性之差的加权平方和构成。参数法中修正参数的选择比较灵活,可以是结构的材料、几何参数,边界条件甚至是子结构的修正系数,因此对模型的修正可以解释为在消除初始模型中材料特性、几何尺寸以及边界条件等建模的误差,故参数法模型修正物理意义明确。

参数法所构造的目标函数一般是修正参数的非线性函数,因此问题的求解需要一个迭代优化的过程,每一次迭代中需要进行结构的重新分析,计算量较大,还牵涉迭代收敛的问题,而且往往难以准确复现试验实测数据。但是与矩阵法相比,参数法能够隐含的将初始模型的公式,包括初始模型的节点的连接特性,原刚度矩阵、质量矩阵的带状性和稀疏性等保存下来。参数法的关键在于目标函数的构造,修正参数的选择以及求解问题的优化方法的选择。修正参数的选择需要深刻地理解结构本身的物理特性和初始有限元模型,结合试验实测数据,分析造成有限元建模不准确的误差源,并选择合适的参数表示之,以期通过模型修正消除这些误差源,因此修正参数的选择关乎模型修正的成败和修正的物理意义。问题的求解传统上都采用梯度法,在迭代的每一步都需要灵敏度信息。

基于模态数据进行修正的方法首先要解决的就是测量自由度远小于有限元模型离散自由度的问题,通常的解决方法是模型缩聚与模态扩展。模型缩聚的对象是原分析模型,典型的缩聚方法有 Guyan 缩聚法、改进缩聚系统法(IRS)和 SEREP 方法等。模态扩展的对象是各阶实测模态,通过插值技术实现,主要的方法有迭代插值法和应用模态数据的扩展方法。然而,通过扩阶或是缩聚之后得到的参数返回到原来的模型后,修正的结果并不理想。基于模态数据的方法得到的方程是个欠定的,有无穷多组解,需要额外的约束使得原模型与修正模型之间的偏差达到最小。

9.4.7 结构模态综合

自 20 世纪 60 年代初, Hurty 和 Gladwell 奠定模态综合技术以来,子结构方法已广泛应用于航天航空和各种大型工程领域,是一种复杂结构建模与分析的有效方法。子结构试验模态综合技术就是根据航天器结构的自然状态将系统结构分为若干子结构,对每个子结构进行模态试验,用每个子结构模态试验实测的模态数据代替用理论计算模型给出的理论模态数据,用子结构模态综合法对整个系统进行综合分析,给出整体模态特性。由于它回避了理论计算模型与实测结构之间的不一致误差,因而对复杂工程问题有很好的优点并受到重视。目前,动态子结构方法已取得了很多新进展。在经典的位移展开定理和模态叠加定理的基础上,推导出两个新的结构位移展开定理。一种采用固定界面模态的位移展开新定理,其自由边界状态结构位移的完备集是固定边界模态集加上静约束模态;另一种是采用混合模态的位移展开新定理,其自由边界高阶模态数是静不定约束模态与低阶固定边界模态数之和。相应这三个位移展开定理,采用解析推导的方法构造出 3 类动态精确子结构方法,并形成了系统的动态子结构分析技术。这一模态分析与动态子结构方法新进展与经典模态分析技术一起成为结构动力学分析技术的系统理论,是目前模态分析技术领域中取得的新成就。这里以约束界面模态的精确动态子结构方法为例,对模态综合法进行介绍。

为叙述方便,仅考虑 A 与 B 两个子结构的简单情况。子结构的运动方程可写为如下形式:

$$(K_d - \omega^2 M_d)q_d = F_d \tag{9-98}$$

式中:K_d 为子结构的刚度矩阵;M_d 为子结构的质量矩阵;F_d 为交界面约束力矩阵;q_d 为模态坐标。将子结构 A 和 B 的运动方程简单地合列在一起,得到未耦合系统的运动方程

$$\left\{ \begin{bmatrix} K_d^A & 0 \\ 0 & K_d^B \end{bmatrix} - \omega^2 \begin{bmatrix} M_d^A & 0 \\ 0 & M_d^B \end{bmatrix} \right\} \begin{Bmatrix} q_d^A \\ q_d^B \end{Bmatrix} = \begin{Bmatrix} F_d^A \\ F_d^B \end{Bmatrix} \tag{9-99}$$

这时两个子结构之间的界面位移 X_m^A、X_m^B 满足式(9-100)的关系,而力的协调条件如式(9-101)所示:

$$X_m^A = X_m^B \tag{9-100}$$

$$F_{0m}^A + F_{0m}^B = 0 \tag{9-101}$$

式中:F_{0m}^A 和 F_{0m}^B 分别为子结构 A 和子结构 B 的交界面约束力的幅值。

利用界面位移连续条件式(9-101)有

$$X_m^A = X_m^B = X_m \tag{9-102}$$

利用此约束条件来组装系统,建立单协调的缩聚变换

$$\boldsymbol{q}_{AB} = \begin{bmatrix} q_d^A \\ q_d^B \end{bmatrix} = N\boldsymbol{q} \tag{9-103}$$

其中

$$\boldsymbol{N} = \begin{bmatrix} 0 & 0 & 0 & 0 & I \\ I & 0 & 0 & 0 & 0 \\ 0 & I & 0 & 0 & 0 \\ 0 & 0 & 0 & 0 & I \\ 0 & 0 & I & 0 & 0 \\ 0 & 0 & 0 & I & 0 \end{bmatrix}, \boldsymbol{q} = \begin{Bmatrix} q_{bL}^A \\ q_{bH}^A \\ q_{bL}^B \\ q_{bH}^B \\ X_m \end{Bmatrix}$$

按照里茨法,将变换式(9-103)代入式(9-98)并前乘 N^T 得到总体系统的综合方程

$$(\overline{K} - \omega^2 \overline{M})q = \overline{F} \tag{9-104}$$

其中

$$\overline{\boldsymbol{K}} = \boldsymbol{N}^T \begin{bmatrix} K_d^A & 0 \\ 0 & K_d^B \end{bmatrix} \boldsymbol{N} = \begin{bmatrix} \Lambda_{bL}^A & & & & \\ & \Lambda_{bH}^A & & & \\ & & \Lambda_{bL}^B & & \\ & & & \Lambda_{bH}^B & \\ & & & & K_{c0}^A + K_{c0}^B \end{bmatrix} \tag{9-105}$$

$$\overline{\boldsymbol{M}} = \boldsymbol{N}^T \begin{bmatrix} M_d^A & 0 \\ 0 & M_d^B \end{bmatrix} \boldsymbol{N} = \begin{bmatrix} I_{bL}^A & & & & M_{Lc}^A \\ & I_{bH}^A & & & M_{Hc}^A \\ & & I_{bL}^B & & M_{Lc}^B \\ & & & I_{bH}^B & M_{Hc}^B \\ M_{cL}^A & M_{cH}^A & M_{cL}^B & M_{cH}^B & M_{c0}^A + M_{c0}^B \end{bmatrix} \tag{9-106}$$

$$\overline{F} = N^{\mathrm{T}} \begin{Bmatrix} F_0^A \\ F_0^B \end{Bmatrix} = \begin{bmatrix} 0 \\ 0 \\ 0 \\ 0 \\ F_{0m}^A + F_{0m}^B \end{bmatrix} = 0 \qquad (9-107)$$

综合结果可以给出系统的全部模态,这就是采用约束界面模态的精确动态子结构方法(exact substructure method)求解方程。这里把没有减缩自由度的方法称为精确子结构方法,而减缩自由度的子结构方法则称为子结构模态综合法。

9.5 结构模态试验实例

9.5.1 某卫星结构模态试验

该卫星是我国为适应民用与军用长寿命、高可靠、大容量通信卫星发展需要而研制的新一代大型地球静止轨道卫星公用平台。基于该平台的卫星结构,质量和尺寸大,并且重心高,结构非常复杂,由多个分系统、几百个组件组成。因此,卫星结构具有许多新的复杂的动态特性,例如:低频、密模态等,这就产生不同于原来平台卫星的新的动力学问题。

基于该平台开展的卫星结构模态试验,主要目的是为获取准确的整星模态参数,包括模态频率、模态振型和模态阻尼比,用于验证和修正整星结构有限元模型,为卫星结构动力学特性优化及星箭力学环境匹配优化技术研究提供试验数据。

1. 试验预分析

对于复杂的卫星结构,模态试验前建立卫星结构有限元计算模型进行预分析是必不可少的步骤,通过对整星前几阶的固有频率和模态振型进行预分析,一方面可以更好地确定模态试验频带、激励点的位置以及响应测点的布置等,为模态试验设计提供依据;另一方面可根据预分析结果优化试验参数设置、提高试验质量、降低试验难度和缩短试验时间,同时也为试验结果提供参考数据。

模态试验预分析采用的边界条件为星/箭对接面固支,预分析得到充液状态下卫星主要模态频率及振型,见表9-4。

表9-4 加注状态的主要模态频率及振型描述

频率/Hz	振型描述
13.7	整星一阶横向模态(Y)

续表

频率/Hz	振型描述
14.0	整星一阶横向模态(X)
22.3	整星一阶扭转模态
50.0	整星纵向一阶模态

2. 试验激励方法

卫星结构模态试验一般选用两种或两种以上方法,通过试验结果的比较和分析,验证卫星结构模态试验参数辨识的准确性。针对该平台卫星结构的特点及各种模态试验方法的优缺点,本试验采用单点随机激励方法对卫星结构分别进行水平和垂直两个方向激励的模态试验,以获取卫星结构完整的横向弯曲、轴向扭转及纵向振动各阶模态参数,使用两点随机及单点步进正弦激励方法验证试验结果。

(1)水平向激励试验:采用单点随机、两点随机和单点步进正弦激励三种试验方法。首先采用单点及多点随机激励方法获得卫星结构各阶模态参数,再采用正弦激励方法进行结果的校验和比较,以分析获取模态参数结果的有效性。

(2)垂直向激励试验:采用单点随机激励方法进行试验。在水平向激励得出的试验结果的基础上,进行激振力的确定和模态参数的辨识。

3. 试验边界条件模拟

模态试验在模态试验区域进行。为模拟卫星固支边界条件,使用该平台成熟的振动试验夹具,卫星通过压环用 48 个 M12 螺栓与夹具连接,夹具再用 M42 的地脚螺栓通过压块与模态试验区域的地轨相连接,夹具与地轨外部连接方式见图 9-16。

图 9-16 夹具与地轨外部连接方式

4. 测点布置和几何模型建立

为使响应测点的数量和布置能够表征卫星结构各阶主模态振型的基本轮廓，本次试验在星体外板角点位置的测点共 20 个，在承力筒外表面上的测点共 24 个，其余响应测点布置在卫星关键设备次结构上，共 102 个结构响应测点。每个测点均采用三向加速度传感器，因此数采系统共设置 306 个加速度测量通道。

模态试验前，根据测点位置建立几何框架模型，供模态分析使用。为了使承力筒几何模型更加直观，在承力筒外表面 24 个测点的基础上建立了 32 个虚点：其中承力筒底部由于是固支状态，因此建立了 8 个位移为零的虚点，其余 24 个虚点均匀分布在承力筒外表面上，并按照顺时针方向令每个虚点的位移与其相邻的实际测点的位移分别相等。结构卫星整星模态试验几何模型及测点分布示意图如图 9-17 所示。

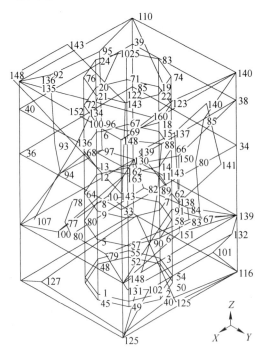

图 9-17　结构星整星模态试验几何模型及测点分布示意图

5. 激励点选取及激振器安装

试验时根据计算预分析结果及结构特性，水平 X 方向激励时激励点选在位于对地板和两个侧壁板的交点位置；水平 Y 方向激励时激励点选在位于模拟太阳翼中间开孔处；垂直 Z 向激励时将激励点选择在卫星承力筒上端框边沿。

采用500N激振器,激振器采用悬挂方式安装在模态试验区域的桁架上。在激振器的力杆上螺接力传感器,力传感器的另一侧采用螺接的方式固定在胶木块上,再将胶木块通过铝箔粘贴在指定好的卫星激励点处。水平方向(X、Y)激励时激振器的激振方向需尽量保持水平,垂直方向激励时,激振器悬吊在卫星承力筒上方,沿Z方向垂直激励。

激励信号由数采系统数字合成产生激励信号,试验时视卫星结构实际响应情况增大或减小激振力。激励点及激振器安装方式如图9-18所示。

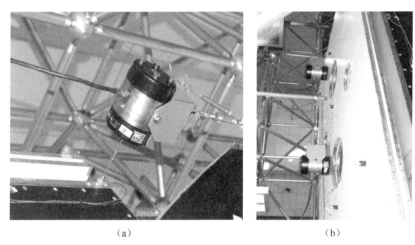

(a) (b)

图9-18 激励点及激振器安装方式
(a)X方向激振器的安装图;(b)Y方向两点激励激振器安装图。

6. 试验结果及数据分析

卫星整星模态试验在每个方向正式试验前均进行试验预调试,调整激振量级和测量系统工作状态。随机激励试验预调试结果显示,将激振器的输出力峰值控制在100~150N范围内,输出力值稳定,卫星结构响应理想;单点步进正弦激励试验时,激振器的输出力幅值控制在50N左右较为理想。

在随机激励试验过程中,采集处理系统直接对激励力及结构响应数据进行实时采集处理。频率分辨率为$\Delta f=0.08$Hz,频响函数满足精度要求。每次正式试验都进行50次以上的平均,直至传递函数曲线达到最佳效果。单点步进正弦激励试验过程中,采集处理系统直接对激励力及结构响应数据进行实时采集处理,采用频率分辨率$\Delta f=0.1$Hz,试验结束后计算结构频率响应函数。

为确保获取的卫星结构频响函数满足要求,用激励和响应信号的相干性对频响函数的品质进行评定,根据国军标模态试验方法要求,相干性评定准则采用0.8。

数采系统采集处理得出卫星结构的频响函数后,导入模态参数分析软件对卫星结构模态参数进行辨识。由各种方法得出的承力筒结构模态参数需进行有效性识别。根据数据的重复性、模态振型动画显示及模态确信指标 MAC 等评定准则进行分析判读，识别出卫星结构真实的各阶模态参数。

该结构星整星模态试验采用了多种激励方法进行了模态试验。采用了单点随机激励方法对卫星结构分别进行水平和垂直两个方向激励的模态试验，以获取卫星结构完整的横向弯曲、轴向扭转及纵向振动各阶模态参数，使用了两点随机激励法及单点步进正弦激励方法对单点随机试验数据结果的正确性与一致性进行了验证。试验数据结果验证比较表明：各种方法辨识的结构固有频率吻合性较好，相对误差均小于 5%，满足工程要求。模态阻尼比由于激励方法不同，得出的结果有所发散，一方面是由于不同的激励方法采用不同频响函数估计方法引起的偏置误差；另一方面是由于结构的非线性因素使得各种方法的激励量级差别引起阻尼结果存在一定误差。

卫星结构固有频率和阻尼比见表 9-5，典型模态振型如图 9-19 所示。

表 9-5　卫星结构固有频率和阻尼比

阶次	频率/Hz	阻尼比/%	振型说明
1	13.51	0.51	Y 向一阶弯曲
2	14.13	0.51	X 向一阶弯曲
3	21.84	0.30	承力筒一阶扭转
4	24.86	0.31	外板一阶扭转
5	33.31	1.44	Y 向二阶弯曲
6	34.32	2.64	X 向二阶弯曲
7	35.90	1.06	承力筒二阶扭转
8	39.67	1.45	外板二阶扭转
9	45.57	0.67	Z 向(纵向)一阶

7. 试验小结

通过对该平台卫星开展的整星结构模态试验数据分析，得出以下几点结论：

（1）试验前预分析所确定的卫星结构所有主振型在试验过程中都得到了确认，说明试验获取的主模态参数没有遗漏问题。

（2）试验过程中，采用了随机激励方法及步进正弦激励方法对卫星结构分别进行水平和垂直两个方向激励的模态试验，不同激励方法得到的试验结果符合得较好，验证了试验结果的正确性。

（3）试验首次获取了该平台卫星整星完整准确的一、二阶横向弯曲、轴向扭转及纵向振动的模态参数，包括卫星整星固有频率、模态阻尼比及模态振型

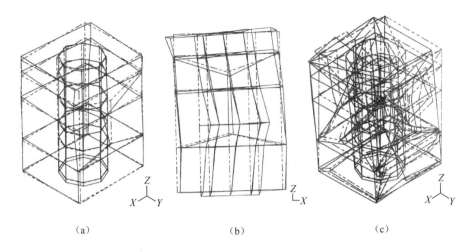

图 9-19 典型模态振型
(a)整星 X 向一阶弯曲；(b)卫星主结构一阶扭转；(c)卫星主结构 X 向二阶弯曲。

等，为该平台卫星进行结构优化及动态特性精确分析提供了依据。

（4）利用所获取的试验模态参数，在该平台后续研制卫星中可以进一步开展模型相关性分析、模型修正以及修正模型的评价工作，使得经修正验证后的精确模型更真实地代表实际卫星结构，为卫星结构部件进行准确的响应及载荷分析奠定技术基础。

9.5.2 某大型航天器结构模态试验

某大型航天器在加注工质的状态下总重为 8500kg，总高接近 10m，主要由资源舱和实验舱组成，包括对接机构和太阳翼等多个分系统及部组件。为了有效地将航天器的前三阶频率激励出来，需要采取多点激励的方式；同时为了有效地识别多个分系统与整器之间的耦合频率，对于模态参数的识别方法有很高的要求。准确选择多个激励点的位置，能够使激励能量均匀分布到整器上，从而对航天器结构进行有效地激励。多点激励对于系统的多个输入力有较高的要求，保证各个激励力不相关是获取结构频响函数的关键所在。本节内容从实际出发，对多点激励在大型航天器结构初样模态试验的应用进行了总结。

1. 试验模型的建立

结构的模态振型主要通过试验模型表现。测点的布置要求能够完整、准确地表达出被测结构的各阶振动形态，满足模态可观测性，同时要避开节点位置。该航天器整器共布置测点 148，其中：资源舱 18 个，试验舱 56 个，其他部位 22 个；另外为了让整器的试验模型更直观，通过线形插值的方式为该模型建立了 52 个附点。某大型航天器结构模态试验模型如图 9-20 所示。

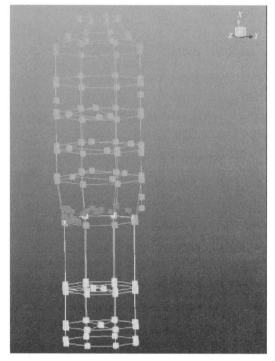

图 9-20　某大型航天器结构模态试验模型

2. 试验边界条件

航天器主结构近似梁结构。模态试验时,航天器安装边界采取固定支承方式。底端通过试验夹具由连接螺钉固定在地轨上。为了考核模态试验边界的连接刚度,在航天器的试验夹具上粘贴一个传感器,通过其响应判断模态试验的边界是否牢固。

3. 试验激励方式

采取电磁激振器激励方式,激振器自由悬挂,激励信号为随机激励和步进正弦激励。随机激励信号包括纯随机和猝发随机。利用正弦激励对结构的非线性进行考核。选取激励点时,结合航天器的有限元分析模型,在 X、Y、Z 三个方向各选取一点(Y、X 向激励点均选在结构位移响应最大点处,Z 向激励点因安装位置的局限选在航天器的中部),避免激励点接近节点或节线,并尽量让激励点的能量均布,以保证既能充分激起结构响应又不引起局部过载。

4. 试验边界连接刚度检查

边界连接刚度的不同会引起共振频率与振型相当明显的改变,模态试验正式开始之前,首先检查航天器底部与连接面的连接刚度,用激振器激励目标飞行器,获取结构连接面的频响函数(图 9-21),由连接面上测点的频响函数可以看出,连接面处没有任何响应,表明该航天器系统边界具备理想的刚度,可以进行正式的模态试验。

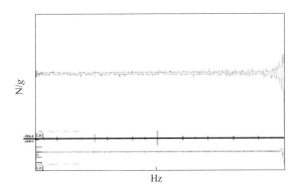

图 9-21 模态试验边界连接面传递函数

5. 单点激励试验

1) Y 向激励试验

用 Y 向激振器激励航天器,获取结构全部测点的频响函数。综合各测点频响函数得到了结构的频响函数之和(图 9-22),用频域法对结构进行模态分析,得到了航天器 Y 向一阶、二阶、三阶弯曲及 Z 向一阶弯曲和整器的扭转模态参数。

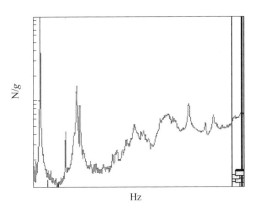

图 9-22 Y 向单点随机激励下结构频响函数之和

2) Z 向激励试验

用 Z 向激振器激励航天器,获取结构全部测点的频响函数。综合各测点频响函数得到了结构的频响函数之和(图 9-23),对结构进行模态分析,得到了 Z 向单点激励下结构的模态参数,相对于 Y 向激励,Z 向激励仅能辨识出 Z 向二阶、三阶弯曲模态参数,得到的 Z 向一阶模态噪声干扰大。因 Z 向激励时,激励点选在航天器中部,导致输入能量不能充分传递到航天器上部,导致 X 向、Z 向模态参数没有被充分激励出来。

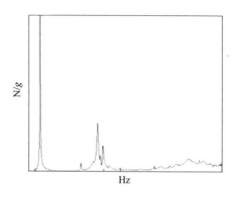

图 9-23　Z 向单点随机激励下结构频响函数之和

3) X 向激励试验

用 X 向激振器激励目标飞行器,获取结构全部测点的频响函数。综合各测点频响函数得到了结构的频响函数之和(图 9-24),对结构进行模态分析,得到了 X 向单点激励下结构的模态参数。X 向激励时,能得到结构的 X 向一阶弯曲模态参数,对于 Y 向和 Z 向模态参数及整器的模态参数无法有效得出。

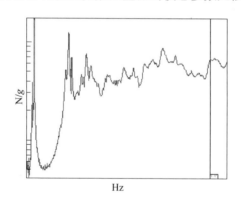

图 9-24　X 向单点随机激励下结构频响函数之和

6. X、Y、Z 三向正交多点激励试验

在 X、Y、Z 向各选取一个激励点进行三向正交纯随机激励,三个激励点位置如图 9-25 所示。通过三点同时激励航天器,获取结构全部测点的频响函数。综合各测点频响函数得到了结构的频响函数之和,对航天器进行模态分析,三点激励得出了该大型航天器的 X、Y、Z 三个方向一阶、二阶、三阶弯曲模态和整器的扭转模态。X、Y、Z 激励各响应点频响函数之和如图 9-26 所示。

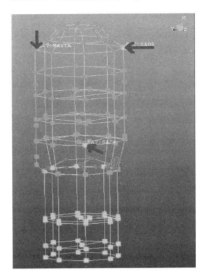

图 9-25 X、Y、Z 激励点位置示意图

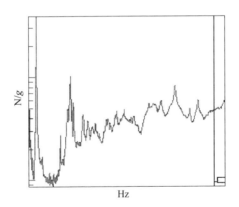

图 9-26 X、Y、Z 激励各响应点频响函数之和

通过采取单点、多点激励点获取的结构频响函数之和可以看出,单点激励和多点激励主要有以下几点区别:

（1）单点激励很难将大型航天板器所有完整的结构模态特性激励出来,而多点激励能够弥补此项不足,可以对结构的各阶模态进行有效激励。

（2）多点激励将激励能量完整地分配到结构,尤其适合于大型结构的模态试验。由于该航天器质量大,导致单点激励时输入能量不均匀,靠近激励点位置的响应大,远离激励点位置的响应小,因而结构模态参数识别精度差。该试验中多点激励（X、Y、Z 向）可以克服单点激励输入能量不均的影响。

(3) 多点激励适用于模态频率耦合紧密的结构。

7. 模态参数辨识结果

从几何形状可以看出,该航天器相当于一个对称结构。横向(Y、Z向)整体一阶、二阶结构频率耦合紧密,需要截取很窄的频带对结构进行模态参数识别。相对于模态参数时域法来说,频域法(POLYMAX)可以很好地满足对窄频带模态参数的提取,因而在进行该航天器模态参数提取时,以频域法为主。模态试验提取的频率及振型描述见表9-6。各阶频率的模态置信准则见图9-27。由图9-27中的模态置信准则值可以看出,除个别频率处有轻度耦合外,其他模态均为独立模态。

表 9-6 某大型航天器模态参数及振型描述

模态阶数	固有频率/Hz	振型描述
1	6.451	整体Z向一阶(+Y、-Z向)
2	6.592	整体Y向一阶(+Y、+Z向)
3	18.450	整体扭转
4	21.961	整体Z向二阶
5	23.406	整体Y向二阶
6	31.893	整体X向一阶
7	45.405	整体Z向三阶
8	49.959	整体Y向三阶

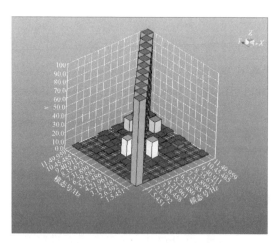

图 9-27 随机激励频域法模态参数识别模态置信准则值

8. 结构模态非线性验证

激振力的大小对于非线性结构模态试验结果有重要的影响,在模态试验施加激振力时,用几种不同量级的激振力激励结构,测量该结构的传递函数可以表明结构的线性特性。在该大型航天器模态试验时,采取正弦激励的方式来验证结构的非线性,试验时主要通过结构的第一阶模态频率的漂移情况进行结构非线性验证。正弦激励信号输入力量级分别为30N、50N和75N,三种量级激励力下获取的结构频响函数如图9-28所示。

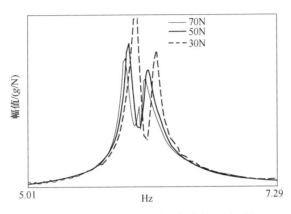

图9-28　三种激励量级获取的结构频响函数

由图9-28可以看出,在不同量级(30N、50N、70N)的正弦激励下,结构的一阶频率随着激振力的增大而有前漂(频率减小)的现象,表明结构存在着微小的非线性特性(最大非线性:1.2%,由Y向频率得出)。考虑到激励能量的不均匀性及数采系统的测量误差,该航天器结构的非线性特性在选取的试验激励力量级范围内可以忽略不计。

9. 试验小结

通过对该大型航天器初样结构开展的模态试验及试验数据分析,得出以下几点结论:

(1) 试验获取的模态振型和有限元预分析得到的模态振型一致,说明试验获取的主模态完整;

(2) 通过试验得到的各个模态参数(频率、阻尼、振型等)可用于对该航天器的理论分析模型进行修正,使得修正验证后的模型更加精确;

(3) 多点激励对于大型航天器结构模态试验有着重要的意义,合理选择激励点的位置以及输入力的大小是确保多点激励模态试验成功的基础。

参 考 文 献

[1] 俞云书. 结构模态试验分析[M]. 北京:中国宇航出版社,2000.
[2] 柯受全,等. 卫星环境工程和模拟试验(下)[M]. 北京:中国宇航出版社,1996.
[3] 沃德·海伦,等. 模态分析理论与试验[M]. 北京:北京理工大学出版社,2001.

[4] 向树红. 航天器力学环境试验技术[M]. 北京:中国科学技术出版社,2008.

[5] 马兴瑞,韩增尧,等. 卫星与运载火箭力学环境分析方法及试验技术[M]. 北京:科学出版社,2014.

[6] 冯咬齐,李宁,等. 现代振动与噪声技术第6卷:卫星整星模态试验及试验数据分析[M]. 北京:航空工业出版社,2008.

[7] 李宁,冯咬齐,等. 现代振动与噪声技术,第6卷:大型航天器结构模态试验方法探讨[M]. 北京:航空工业出版社,2008.

[8] 焦安超,冯咬齐,等. "天宫一号"目标飞行器结构模态试验方法[J]. 航天器环境工程,2011,28(6):593-596.

[9] 李晔,向树红. 基于正弦振动试验的航天器结构模态参数识别[J]. 航天器环境工程,2006,23(5):269-272.

[10] 冯咬齐,朱凼凼. A study on using modal parameters and vibration test data to update dynamic model[J]. 航天器环境工程,2007,24(4):231-234.

[11] 谢小平,韩旭,等. 基于PolyMAX方法的某轿车白车身实验模态分析[J]. 汽车工程,2009(5):440-443,447.

[12] 邓俊,林晶. 飞行器结构热模态试验技术综述[J]. 测控技术,2015,34(Z):254-257.

第10章 微振动试验技术

10.1 概述

航天器在轨运行期间,由于某些设备的运动(如动量轮的高速转动、太阳翼驱动机构的运动等)和结构的变形扰动(如太阳翼进出阴影时冷热交变诱发的热变形扰动等),会引起航天器结构产生幅值微小的振动。这种微振动通常不会给结构带来破坏,对大部分航天器任务使命不会产生明显影响,通常都予以忽略。但对于具有高稳定度和高精度指向要求的航天器,微振动经过航天器结构传入有效载荷后,会激起有效载荷的振动响应,造成指向精度和位置稳定度下降,严重时甚至导致敏感载荷工作失效。图10-1为微振动引起的某遥感卫星相机光轴的抖动。图10-2(a)为存在明显微振动影响下的遥感图像,图(b)为采取了一定微振动抑制措施后的图像,图(c)为没有微振动影响的图像。

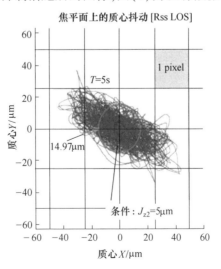

图10-1 微振动引起的光轴抖动

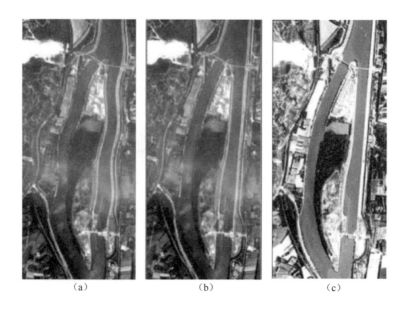

图 10-2 微振动对成像的影响

航天器在轨微振动的主要特点有:

(1) 微小性:微振动的能量很小,与发射段相比,微振动加速度量级至少低 1 个量级,通常不会造成结构破坏,这也是很多航天器设计忽略其影响的原因。

(2) 固有性:微振动是由微振动源正常工作引起的,不是故障或其他原因造成的,是微振动源的固有特性。

(3) 难测性:微振动幅值低,频率分布较大,且涉及物理量较多,可以是线加速度、角加速度、扰振力、像移等,获得难度大,基本无法通过一种手段获得,往往需要多种手段结合,必要时还要进行后期处理。

(4) 敏感性:微振动主要影响光学相机等对微振动敏感的设备,对高分辨率遥感卫星尤为重要。

在轨航天器虽然受到的微振动扰动幅值小,但是扰源多,频率分布宽。各种扰源产生的宽频域微振动与航天器本体、太阳帆板等结构模态相互耦合,使得航天器在轨微振动抑制与地面试验验证成为极具挑战性的技术难题。

国外由于高分辨率观测卫星发展较早,因此对航天器微振动干扰问题的研究起步也早。20 世纪 90 年代初开始,以美国为代表的航天强国在发展高分辨率对地观测卫星的同时,将卫星微振动抑制与地面试验验证技术作为提高卫星性能的关键技术,投入大量的人力和物力对卫星微振动进行了大量的测试分析研究工作,发展了多种在轨微振动抑制技术,并在多型号航天器上成功实施了减隔振设计及地面试验验证,有效地提高了高分辨率对地观测航天器的性能。

随着我国卫星事业的发展,特别是高分辨率对地观测卫星技术的快速发展,各种高精度有效载荷对平台高稳定度的需求越来越迫切。因此,近年来航天器在轨微振动问题也受到了高度的重视,国内在微振动测量、抑制以及地面试验验证技术方面取得了长足的发展。在卫星微振动地面试验方面,在一些型号上实施了地面及在轨微振动测试,对星上活动部件开展了扰源特性测试与分析工作,对卫星在轨边界模拟方法、整星微振动试验验证方法等方面开展了研究工作,建立了相应的试验设施,开展了大量的微振动试验,为高精度航天器设计改进与定型、验证发挥了重要作用。

虽然与振动试验、噪声试验等相比,微振动试验由于起步较晚,尚未建立起完善的标准体系,但国内外也已建立了一些相应标准。国际方面,ESA 在其标准 ISO-19683《Space systems-Design qualification and acceptance tests of small spacecraft and units》中,对系统级或组件级微振动试验的必要性做出了规定,而在其技术手册《ECSS-E-HB-32-26A Space engineering-Spacecraft mechanical loads analysis handbook》中,介绍了微振动分析、微振动控制、微振动试验的相关内容。国际标准组织 ISO 在 ISO-19683《Space systems-Design qualification and acceptance tests of small spacecraft and units》中给出了微振动扰源单机扰振特性测试的基本要求。此外,NASA 在技术手册《NASA-HDBK-7005 Dynamic Environment Criteria》、JAXA 在标准《JERG-2-152A Disturbance control standard》中,对微振动环境及微振动试验在微振动抑制设计中的作用也有涉及。国内,行业标准 QJ 20893—2018《航天器微振动试验方法》对整星微振动试验进行了规定。国际标准立项正在推进。

10.2 基本知识

10.2.1 术语

1. 微振动环境

微振动环境是航天器在轨正常运行期间历经的一种动力学环境,其特征是振动幅值一般低于 $10^{-2}g$ 量级,而频率范围较广,频带下限可低至准稳态,上限可达到 10^3Hz 量级。

2. 敏感载荷

敏感载荷是指在工作性能和功能受到微振动环境影响的星上设备或仪器。

3. 背景噪声

测量系统呈现的独立于信号之外的所有干扰源信号(如机械背景噪声、周围环境产生的噪声、电噪声、数据采集系统噪声)。

4. 信噪比

真实信号与背景噪声之比,以分贝(dB)为单位。

5. 边界模拟装置

边界模拟装置是具有低刚度的悬吊或支撑试验件的装置,它为试验件提供近似动力学自由边界条件,以模拟航天器在轨自由状态。

10.2.2 微振动扰源

航天器在轨微振动的来源主要分为两大类:一是航天器外部环境造成的,称为外部扰源;二是航天器内部的系统、分系统产生的,称为内部扰源。扰动源分类如图10-3所示。

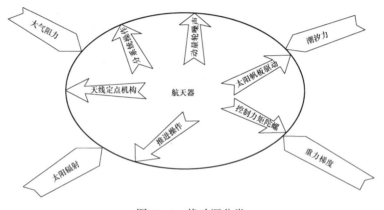

图10-3 扰动源分类

外部扰源包括重力梯度,大气阻力,太阳辐射力,地球磁力偶以及粒子冲击,进出阴影区产生的热致振动等。外部扰源所产生的扰动远低于航天器的第一阶振动频率,可被航天器刚体姿态控制系统当作甚低频信号处理。而这些外部扰振力的力矩则会引起航天器的角动量改变从而影响航天器姿态,因此需要控制器来控制或抵消。

内部扰源是指航天器部件和分系统在轨运行时产生的振动。这些扰动频率比外部环境扰动频率高,最有可能与航天器部件的弹性振动模态相互作用,一般不能被刚体姿态控制系统抵消或控制。对于典型的航天器,内部扰源涉及多个分系统:姿态控制系统,供电系统,推进系统,数据与通信系统,导热系统和光学系统,下面分别介绍各内部扰源的机理及扰动特性。

1. 姿态控制系统

姿态控制系统的功能是调整航天器的姿态误差,它包括传感器和控制执行机构,其中的控制执行机构包括反作用飞轮和控制力矩陀螺,是航天器最大的微振动扰源。

反作用飞轮的典型结构包括旋转飞轮,钢珠轴承支撑,无刷直流电机和外壳。反作用飞轮扰振力和力矩产生的原因主要包括飞轮的误差导致的偏心或轴不对中以及轴承缺陷。反作用轮的扰动特性可以用以下经验公式来描述:

$$m(t) = \sum_{i=1}^{n} C_i \Omega^2 \sin(2\pi h_i \Omega t + \alpha_i) \qquad (10-1)$$

式中:$m(t)$ 为某方向的扰振力或力矩;n 为谐波总数;C_i 为表示第 i 阶谐波的幅度系数;Ω 为当前每秒转数;h_i 为第 i 阶谐波的谐波数;α_i 为相位角。

由于设计和加工的原因,对于不同的反作用轮这些特性系数各不相同,需要通过试验来分别获得。例如 HST 上使用的反作用飞轮,测量得到的前 4 阶谐波数分别为 1,2,2.8 和 5.2,其测量得到的幅度系数如表 10-1 所示。

表 10-1 HST 反作用飞轮幅度系数

谐波数	横向力系数 $C_r/(10^{-8}\mathrm{N})$	轴向力系数 $C_a/(10^{-8}\mathrm{N})$	力矩系数 $C_r/(10^{-12}\mathrm{N\cdot m})$
1	4.17	1.70	5.34
2	2.19	2.51	4.18
2.8	4.71	8.59	21.06
5.2	2.38	10.77	40.52

控制力矩陀螺扰动机理与反作用轮类似,只是控制力矩陀螺转速通常高于反作用飞轮的两倍,扰振力/力矩更大,同时控制力矩陀螺一般在恒定转数运行,与反作用飞轮的扫频特性相比,控制力矩陀螺扰动频率比较稳定。此外,控制力矩陀螺可能会产生由万向节的摩擦导致的扰动,比如转速计刷的摩擦以及无刷直流电机的黏性滞后导致的扰动。

2. 供电系统

供电系统的功能是为航天器提供持续的电力供应,包括电力的产生、存储、调整和分配。太阳帆板是最常用的电力产生装置。太阳帆板是长而薄柔性悬臂附着在航天器的主体上,而且需要驱动调整角度使其正面迎着太阳光,因此太阳帆板转向的驱动机构也是潜在的扰源。该驱动机构通常是 0.1~30N·m 的无刷直流扭转电机或 1N·m 步进电机,由于电机绕线组的不平衡,或电机内的磁场变化,会产生较低量级的扭矩,一般为 1N·m 的量级。

3. 推进系统

推进系统用于航天器姿态控制、高度控制、南北或东西位置保持等。推进系统所包含的推进器或姿态控制器的运行情况,可按推进频率分为脉冲式起停冲击模式(以每秒大量脉冲的形式)、步进式开关模式(数秒至数小时)或连续运行(低助推频率)。推进器的运行过程或者将推进剂从存放处输送至推进喷嘴的过程均可能会产生各种扰动。推进器运行过程产生的扰动主要来自脉冲式或步进式推动过程的冲击力或力偶。通常对于化学推进器而言,近似为 1~50N;对于电气推进器而言,为数毫牛至 10N。

此外,推进剂在喷嘴处产生的反作用力、湍流的扩张、羽状冲击、喷嘴未校准的各种情形以及各种缺陷、泄漏等会导致出现额外的扰动。这些扰动的特征可以概括为低数量级、宽带且无关联的随机振动,其数量级为所需控制助推功率的一个分数值(百分之几)。

4. 热防护系统

热防护系统通常含有大量的低温流体,它们分布在关键组件的周围或与其紧密耦合,相连的水管设施用以维持压力并输送冷却剂。类似于推进系统,流体存储(晃动)和流体输送(湍流)都可能会给航天器带来扰动。根据对各类水管设施、流速和流量校正装置进行实验得出的大量实验数据,这些扰振力的频率范围为 12.5~500Hz。

由内部或外部扰源引起的扰振加速度,按信号类型可分为以下三类。在地面微振动试验中,目前主要是针对第二类。

1. 准稳态加速度

由潮汐引力、太阳光压、气体阻力等外部扰动引起的频率极低的微小扰动,通常以重力加速度的形式描述。低轨飞行的航天器由气体阻力引起的微重力加速度幅值大致在 $10^{-6}g$ 量级,变化频率大致在 10^{-4}Hz 量级,高轨飞行的航天器一般可忽略;潮汐力来源于重力梯度和惯性离心力,其引起的微重力加速度量级与质点偏离航天器质心的距离有关,幅值大致在 $10^{-7}g$ 量级;太阳辐射压的影响相对较小,大致在 $10^{-9}g$ 的量级。总体而言,此类扰动频率不超过 0.01Hz,幅值极小,对有效载荷的影响可以忽略。

2. 振动加速度

航天器在轨运行期间,由扰源单机设备正常工作,以及大型柔性结构受激励和进出地影冷热交变诱发热扰动造成的航天器整体和局部幅度较小的往复运动。此类振动频率响应范围很宽,可达 0.01Hz 至几千赫兹,是一种长期存在的扰动,对载荷性能影响显著。

3. 瞬态加速度

由航天器在轨遭受瞬态冲击导致的扰动,如调姿、调轨时姿控、轨控发动机工作带来的瞬态冲击。此类振动导致的幅值较大,且频率范围可覆盖整个频谱,但非长期存在。

10.2.3 微振动试验类型

微振动试验类型如图 10-4 所示。按试验层级划分,微振动试验可分为单机试验和整星级试验。在单机试验中,按试验对象又可分为扰源测试及敏感载荷测试。扰源测试的对象是内部扰源,测试物理量一般为扰振力/力矩。敏感载荷测试的对象为敏感载荷,需要模拟在轨微振动环境,在单机层面对敏感载荷的抗微振动性能进行测试,测试物理量一般为微振动响应。整星试验的对象包含了扰源、敏感载荷和卫星平台等,包含了模态测试、传递特性测试和微振动响应测试。

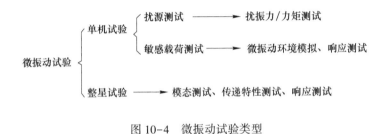

图 10-4 微振动试验类型

10.3 扰源测试技术

在航天器抗微振动环境设计中,全面深入地了解扰源在不同工作状态下产生的扰振力/力矩的频谱及量级是必不可少的。为获取扰源准确的扰振特性,仅仅依靠理论分析是不够的,只有通过高精度测试才能实现。通过扰源测试,全面深入地掌握扰源在不同工作转速下产生的扰振力和扰振力矩的频谱及量级大小,可以达到以下目的:

(1) 验证扰源设备在规定的工作模式下是否满足微振动指标要求;
(2) 为微振动分析模型修正提供输入依据;
(3) 结合微振动分析模型,分析扰源对航天器分系统或系统级性能的影响。

10.3.1 扰振力和力矩六分力测试原理

扰源设备的扰动特性可由设备安装界面的六自由度界面力和力矩(六分力)描述,一般采用静平衡方程原理来获取扰源设备产生的总界面力和力矩。

微振动扰源特性测试原理如图10-5所示。测试过程中,扰源设备通过刚性结构装配在一个可视作刚性体的测试台上,在测试台的四个角上安装三轴向力传感器,分别测量四点三个方向上的力。

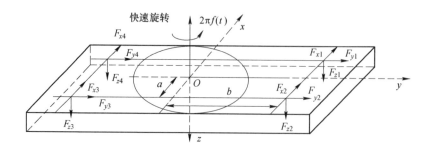

图10-5 微振动扰源特性测试原理图

通过测试台几何尺寸及测试仪器参数设置,可以计算得出扰源设备在安装面或质心处产生的六分力(三个扰振力和三个扰振力矩)。当计算安装面处扰振力时,图10-5坐标系原点应为安装面中心;当计算质心处扰振力时,图10-5坐标系原点应为质心。计算方程如下:

$$F_x = F_{1x} + F_{2x} + F_{3x} + F_{4x}$$

$$F_y = F_{1y} + F_{2y} + F_{3y} + F_{4y}$$

$$F_z = F_{1z} + F_{2z} + F_{3z} + F_{4z}$$

$$M_x = b \times (F_{1z} + F_{2z} - F_{3z} - F_{4z})$$

$$M_y = a \times (F_{2z} + F_{3z} - F_{1z} - F_{4z})$$

$$M_z = b \times (F_{4x} + F_{3x} - F_{2x} - F_{1x}) + a \times (F_{4y} + F_{1y} - F_{2y} - F_{3y})$$

(10-2)

式中:F_x、F_y、F_z、M_x、M_y、M_z为六分力,含三个扰振力和三个扰振力矩;F_{1x}、F_{2x}、F_{3x}、F_{4x}为1~4号力传感器测得的x向力;F_{1y}、F_{2y}、F_{3y}、F_{4y}为1~4号力传感器测得的y向力;F_{1z}、F_{2z}、F_{3z}、F_{4z}为1~4号力传感器测得的z向力;a为距y轴的力臂长度;b为距x轴的力臂长度。

10.3.2 扰源扰振测试内容

以控制力矩陀螺为例,在轨时有升速、稳定、机动等几种工作工况,每个工况都会产生不同大小的扰动,对有效载荷的影响也都不相同。因此要针对具体试验的目的来确定试验件状态,试验件的状态要涵盖所有的在轨工作工况。一般测试内容应包含以下几个方面:

(1) 安装面处扰源扰振力:安装处的三个方向上的扰振力及合力矩;
(2) 质心处扰源扰振力:质心处三个方向上的合力及合力矩;
(3) 关键部位的加速度响应。

10.3.3 扰源测试方法

单机扰源测试系统通常由隔振系统、产品安装平台以及测量系统组成,隔振系统用于隔离外部环境干扰,产品安装平台用于安装试验产品,测量系统包含力传感器、信号调节器、数据采集处理系统等,用于获取扰振信息。由于加速度响应的测量与一般振动试验一致,因此,本节重点对扰振力测试展开分析。

对于在常压下工作的扰源单机,或者在常压下能近似在真空中工作状态的扰源单机,可在常压环境下进行扰振力的测试,测试系统示意图如图10-6所示。测试时,将试验产品安装至安装平台,连接工作电缆以及驱动设备。开启隔振系统,隔离外部干扰。设置产品的外部驱动设备使产品进入正常工作状态。产品工作时产生的扰振力通过安装平台传递给传感器,获取到力信号后,再经信号适调器对信号进行解调、放大、滤波处理,最后通过数据采集处理系统进行信号采集、处理和分析。

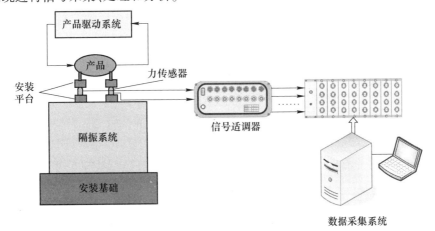

图10-6 常压环境试验测试系统示意图

为了能更接近在轨的工作状态,可在真空状态下进行扰振力测试,此时的测试系统示意图如图10-7所示。与常压环境下的测试相比,安装平台上增加了真空容器。真空容器在密封后进行抽真空处理,创造真空环境。

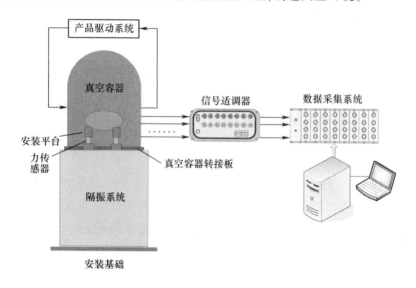

图 10-7　真空状态测试系统示意图

10.3.4　产品安装平台设计

安装平台用于为产品提供与与在轨工作时近似的安装边界,通常产品固定安装在安装平台上。由于产品的结构形式差异很大,产品安装平台的结构形式不是统一的。例如对于一般的控制力矩陀螺单机,其安装方式为平面连接,因此设计平板式的安装平台即可,而对于一些大型航天器所用的控制力矩陀螺单机,其安装方式为支架连接,需要设计与接口匹配的安装平台。另外,由于某些航天器平台的扰源单机产品并非直接与星体相连而是先通过一定方式组合,再以组合体的形式与整星连接的,最常见的为用于卫星姿态控制的 CMG 群,对于控制力矩陀螺的组合体结构又有很多种不同的安装方式。

虽然各种扰源的安装方式不同,但在设计安装平台时,都应考虑以下几方面内容:

(1) 安装平台的预留接口要与产品接口相匹配,包括接口尺寸,平面度等指标;

(2) 安装平台的结构形式不能影响产品的正常工作,例如不得影响旋转部分的旋转等;

(3) 安装平台的承载能力要满足被测产品的承载需求;

(4) 安装平台需先与力传感器连接,安装平台与力传感器组合体的刚度需满足要求,建议未安装产品时,组合体的一阶频率要偏离分析频率的 5~10 倍;

(5) 安装平台需紧固于隔振平台上或紧固于地基上,在连接时,要尽量提高连接刚度。

在设计过程中,通常采用计算机仿真建模分析的方式来保证设计的可靠性。一方面,由于并不是所有航天器产品都方便适配,利用仿真模型,可验证安装平台与产品的适配程度;另一方面,利用结构有限元计算方法,可计算安装平台在安装产品后的固有频率,结构强度等物理参数。

在设计中,由于并不是所有航天器产品都方便适配,因此通常采用仿真建模分析的方式来验证平台设计的可行性及有效性。

10.3.5 测量系统设计

为满足高精度的测试需求,信号测量系统的设计至关重要,下面对几个主要组成部分的设计方法进行简要介绍。

1. 力传感器的选用

力传感器用来获取扰源单机输出的力信号,在选取力传感器时,需要综合考虑力传感器刚度、承载能力以及测量能力来选型,一般需满足以下几方面要求:

(1) 测量范围满足试验要求,要大于试验的分析范围;

(2) 测量分辨率满足试验要求,一般优于 0.01N;

(3) 承载能力满足产品需求,需留有安全余量;

(4) 力传感器的刚度需足够大,要满足测试平台组合体的刚度需求。

2. 加速度传感器的选用

加速度传感器用来获取扰源单机关键位置的加速度响应,根据具体的试验量级进行选择,一般应选择低噪声、高灵敏度、轻质量的加速度传感器,加速度传感器的性能应满足下列要求:

(1) 传感器的量程及灵敏度的选择应根据被测信号的范围确定;

(2) 传感器的灵敏度一般大于 500mV/g,幅值分辨率一般优于 0.001g_{rms},且测试精度满足技术要求;

(3) 传感器的附加质量不影响被测结构响应;

(4) 传感器的频率响应范围满足测试要求;

(5) 传感器的幅值范围满足测试技术要求;

(6) 传感器的横向灵敏度不大于主轴方向灵敏度的 5%;

(7) 传感器的灵敏度幅值线性度在测试范围内小于 1%。

3. 信号调节器的选用

信号调节器的功能是对微振动信号进行调制,降低背景噪声的影响。在选

型时,一般遵循以下几条原则:

(1) 信号适调器的本底噪声满足测试精度的要求,一般不大于测试最低量级的 1/10 倍;

(2) 具有低通滤波、多档增益等功能;

(3) 信号适调器的频率响应范围满足测试要求;

(4) 输出幅值的线性度不大于 2%,满足试验要求的频响特性;

(5) 可选用具有加法器功能的信号调节器,直接输出测得的合力、合力矩。

4. 数据采集处理系统的选用

数据采集系统是信号采集以及处理的重要部分,一般应满足以下几条要求:

(1) 数据采集处理系统的本底噪声满足测试精度要求,一般不大于测试最低量级的 1/10 倍;

(2) A/D 转换精度不低于 16 位,优选 24 位;

(3) 单通道采样率一般不低于 51.2kHz;

(4) 具备实时数据采集、记录、处理功能;

(5) 具备时域数据后处理功能,包括时域数据曲线的显示、分析、处理等;

(6) 具备模态测试分析功能。

10.3.6 扰源测试步骤

一般而言,开展扰源测试试验的基本步骤如图 10-8 所示。

1. 试验环境建立及检测

扰源的扰振力测试一般信号量级很低,轻微的扰动都会对测量结果产生影响,因此,建立试验环境是十分必要的。应综合考虑地面噪声、电噪声、声学噪声。可以采取一些措施来降低背景噪声,比如在夜间试验以降低交通影响、关闭空调系统、控制人员走动、使用隔振装置、设备合理接地、关闭电源等。

2. 扰振测试

当试验准备就绪后,进入扰振测试环节。

单机扰振测试一般包含升速工况和稳定工况,一般按照先测试升速工况再测试稳定工况的测试流程进行。其中,升速工况一般为非稳态工况,应注意测量量程的设置。

组合体测试的工况设计更加复杂,除了单机产品的机动特性测试外,还要考虑在轨工作时各单机间的相互工作关系。在进行组合体测试的工况设计时,要尽量包含在轨工作时的所有工况,但也可归纳为升速工况及稳定工况。

3. 扰源升速工况扰振测试程序

(1) 数据采集系统参数设置;

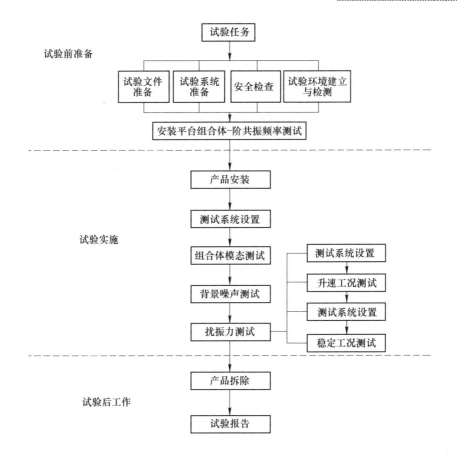

图 10-8 扰源测试的基本步骤

(2) 测试环境满足技术文件要求状态;

(3) 信号适调器处于工作状态;

(4) 数据采集系统启动,持续记录时域数据;

(5) 根据试验大纲或任务书要求,扰源处于工作状态;

(6) 数据采集处理满足要求,停止数据采集,存储数据,进行数据有效性、完整性检查;

(7) 采集数据进行后处理,计算质心处的合力、合力矩;

(8) 对试验数据进行确认、分析,准备下一工况试验。

4. 扰源稳定工况扰振测试程序

(1) 数据采集系统参数设置;

(2) 测试环境满足技术文件要求状态;

(3) 根据试验大纲或任务书要求,扰源处于工作状态;

(4) 信号适调器处于工作状态;

（5）数据采集系统启动,持续记录时域数据;

（6）数据采集处理满足要求,停止数据采集,存储数据,进行数据有效性、完整性检查;

（7）采集数据进行后处理,计算质心处的合力、合力矩;

（8）对试验数据进行确认、分析,准备下一工况试验。

5. 扰振测试报告

扰振测试结束后,整理全部测量数据,完成试验报告的编写,主要包括:试验原理,试验使用仪器设备;试验基本过程,试验过程中发生异常、故障及分析处理情况;试验设备在试验过程中工作状态;完整的试验数据及分析结果,并说明试验结果的有效性。

其中数据分析这一部分可根据微振动数据分析方法进行分析,此节不再详述。

10.3.7 扰源测试案例

1. 单机扰源测试案例

图 10-9 为北京卫星环境工程研究所针对某卫星平台动量轮单机产品而设计的测试平台。目前, kistler、PCB 等公司都生产了自己的扰源测试系统,也有高校对应变式测力系统、柔性测力系统等进行了研究,虽然测试系统的形式不同,但基本原理以及所遵循的设计原则与该测试平台相近。

图 10-9 某卫星动量轮的扰振力测试

由于产品与卫星的连接方式为平面连接,因此安装平台采用平板式,产品通过转接板安装于测试平台上,扰振信号通过安装平台下方的力传感器采集,经信号调节器自动合成合力、合力矩信号,通过数据采集仪进行采集及后处理。

为了提供良好的测试环境,该测试平台设计了空气悬浮隔振系统,由大质量大理石台面及空气隔振弹簧组成,设计完成后,测试系统可达到的测试指标如下:

(1) 承载重量:≥40kg;
(2) 平台面积:320mm×320mm;
(3) 力测量范围:F_x、F_y:20mN~200N;F_z:40mN~200N;
(4) 力矩测量范围:M_x、M_y,2mNm~20Nm;M_z,6mNm~25Nm;
(5) 系统基频:≥1200Hz;
(6) 空气悬浮基频:≤1Hz;
(7) 分辨率:≤20mN;
(8) 线性度:≤1.5%。

在测试过程中,对该系列产品分别进行了升速工况测试、稳定工况测试、模态测试、以及加速度响应测试等多工况的测试,通过测试,掌握了动量轮单机产品的扰振力输出特性,以及单机产品间的差异性问题。

图 10-10 为某动量轮的测试结果,分别为升速工况某方向的力瀑布图以及稳定工况某方向的力信号频谱图。从结果可以很直观地分析出该产品随着转速增加的该方向力的变化规律,以及稳定工作时的输出力频率信息。

2. 组合体扰源测试案例

图 10-11 为对某卫星控制力矩陀螺组合体的扰振力测试。该产品控制力矩陀螺先安装到支架上,再与卫星连接。扰源所产生的扰力传递给支架,再经减隔振装置后传递给航天器。为了能直接获取航天器所接收的扰振力信息,针对结构形式,设计了独立式的安装平台,在每个安装点上,设计了力传感器采集扰力输出信号,再经信号调节器自动合成合力、合力矩信号,通过数据采集仪进行采集及后处理。

相比于单机扰源测试,组合体测试的工况安排更加复杂,不仅要测得每个扰源单机独立工作时的扰振力输出,测试工况还要包含扰源组合体在轨稳定工作时,各单机扰源共同工作时的扰振力输出。

除此之外,此次测试还利用锤击法及激励器激振方法开展了传递率测试、模态测试等动力学测试,图 10-12 为某次试验中激励点到安装点的力传递率曲线。

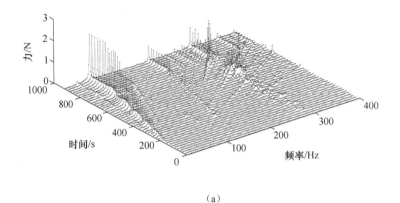

(a)

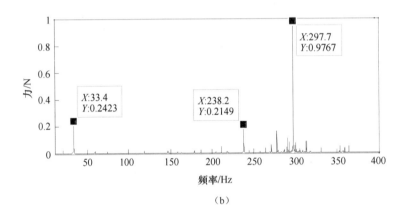

(b)

图 10-10 某动量轮扰振力测试结果

(a) 扰振力瀑布图；(b) 扰振力频谱图。

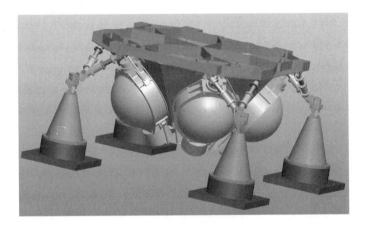

图 10-11 某卫星控制力矩陀螺组合体的扰振力测试

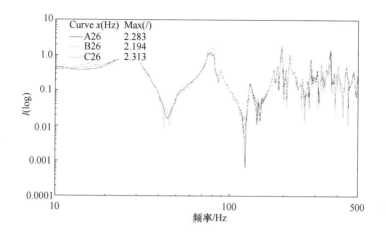

图 10-12 某次试验中激励点到安装点的力传递率曲线

10.4 敏感载荷测试技术

在敏感单机产品早期研制阶段开展微振动环境试验验证工作是十分必要的,它可以提前对产品抗微振动环境能力进行有效的评估和可靠性验证,从而及早发现问题并采取相应的措施。

对于航天器高精度光学成像设备、高精度指向装置、微振动减隔振装置等微振动敏感设备,为了在地面开展微振动试验验证从而对其在轨的工作功能与性能进行评估,必须能够模拟各种在轨工作状态下的微振动环境。微振动环境模拟主要有两类:一种是直接安装扰源设备,让扰源设备进行正常工作产生真实的微振动环境;另一种是采用模拟激励装置,施加微振动激励信号模拟真实环境。如前文所述,影响高精度航天器指向精度和成像质量的扰源有反作用轮、控制力矩陀螺、各种设备的驱动机构等,安装实际扰源设备并让其工作产生真实的微振动环境在产品研制早期阶段困难较大,且通用性也较差。而采用模拟激励装置可以克服上述缺点,即通过航天器微振动建模分析或响应测试,获取敏感部位或关键部件的微振动环境,再通励过激励系统产生相应信号以实现微振动环境的复现。

通过模拟激励装置进行微振动环境复现,一般需要同时模拟多个自由度的微振动信号。一种模拟激励系统的形式如图 10-13 所示,它基于 Stewart 构型平台,能够实现空间六自由度的相对运动。该激励系统由 6 个作动器、上下平台和平台支撑系统组成。下平台与地面固连,试验件通过夹具安装于上平台,各个作动器通过铰链与上下平台连接。通过控制六个作动器的运动,可激励上平台产生六个自由度方向的运动(包括3个线振动、3个角振动方向)。

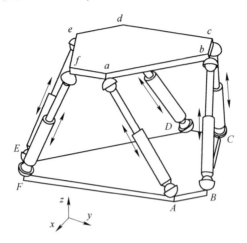

图 10-13　Stewart 构型平台

多自由度微振动环境模拟方法包括以下步骤:首先,通过微振动环境预示得到所需模拟的微振动响应;其次,通过系统辨识得到微振动激励系统的传递函数;最后,采用多自由度微振动信号控制方法,使被测系统产生的运动与环境预示得到的微振动响应相一致,即实现了微振动环境模拟。

总之,采用微振动模拟试验方法,可以模拟航天器在轨各种工况下的多自由度微振动环境,能够实现航天器高精度有效载荷(光学成像设备、高精度指向装置等)、平台装置、减隔振装置等在各种微振动环境下的功能与性能评估与试验验证。

10.4.1　微振动环境条件预示

微振动环境预示的主要目的是获取有效载荷安装界面位置或其他关键部位的微振动环境。预示微振动环境的方法通常有两种,分别是建模仿真预示和试验预示,试验预示又包括在轨测量获取微振动环境和地面测试获取微振动环境两种方式。

试验预示微振动环境的流程见图 10-14。

试验预示得到的微振动响应信息更真实、有说服力,因此,它是主要的微振动环境预示方法。它包括如下几个步骤:

(1) 在有效载荷的安装部位或者其他关键部位布置传感器,用于采集力、位移、加速度等信号。

(2) 根据设计的不同工况条件,确定试验件安装的边界条件是否与实际状态一致。

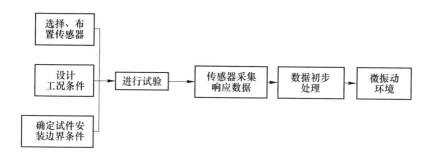

图 10-14　试验预示微振动环境流程图

(3) 实际扰源开始工作,如反作用轮、控制力矩陀螺等。

(4) 通过安装的传感器,采集相应位置处的响应信息。由于微振动响应信号包括多个自由度方向信息,因此,在采集数据时,应保证传感器采集过程中各向的同步采集。

(5) 对传感器采集到的信号进行初步的数据处理,并为后续其他工作奠定基础,如:

① 数据编辑,删除具有严重畸变的数据;

② 数据转化:将原始数据从模拟量转换为数字量;

③ 剔除序列中异常数据,并用插值代替。

经过以上步骤,可以获取卫星有效载荷安装界面处或其他关键部位的有效微振动环境。

建模仿真预示微振动环境的流程见图 10-15。

图 10-15　建模仿真预示微振动环境流程图

利用工程软件建立仿真模型,计算卫星有效载荷安装位置或其他关键部位的微振动响应信息也是微振动环境预示的方法之一。它包括如下步骤:

(1) 建立卫星模型。首先建立整星的几何模型;在几何模型基础上建立整星有限元模型,按板壳单元或体单元对网格划分,并定义各零部件材料及材料属性,如密度、弹性模量、泊松比等,设定结构阻尼系数。

(2) 模态验证。通过卫星模态试验,并将试验结果与模型模态分析得到的仿真结果相对比,验证模型的准确度;对不足之处进行修改,为后续微振动响应分析提供支撑。

(3) 建立扰源(激励)模型。微振动扰源模型包括反作用轮、控制力矩陀螺产生的扰振力和力矩、温度变化引起的热应力等,其准确性直接影响微振动响应计算的准确度。内部扰源模型的建立可采取理论计算、试验实测和有限元分析的方法。外部扰源模型的建立采用在轨实测或有限元方法建立其扰动模型。

(4) 模型的微振动响应分析。选择合适的激励点,如反作用轮、控制力矩陀螺的安装根部;选择恰当的激励输入形式,如加速度、功率谱及力等;施加激励;选择合适的输出响应点进行计算,如有效载荷安装部位处,响应信息包括微振动加速度的时域曲线及功率谱密度曲线等。

经过以上步骤,可以获取卫星有效载荷安装界面处或其他关键部位的有效微振动环境。

由试验测试或建模仿真得到的微振动环境数据随产品的型号、类别、工况和所处部位的不同而异,要完全按照实际的振动环境数据来规定试验条件是不现实的。因此,需要将微振动环境数据进行适当的简化和归纳,使所确定的微振动环境条件既保留了原始的微振动环境数据,又便于在现有的微振动试验设备上实现。在确定多自由度正弦、随机微振动环境条件以及时域波形复现试验的微振动环境条件时,需考虑以下几方面内容:

(1) 数据预处理。删除具有严重畸变的数据,剔除序列中的异常数据,并用插值代替。

(2) 将采集的力、位移(包括角位移)、速度信息、加速度(和角加速度)信息进行分析与评估。

(3) 根据同一部位、多个测点所获得的多自由度微振动数据,选择其中最恶劣或有典型代表的工况环境作为最终评估环境,并要考虑各自由度方向上数据的同步性问题。

(4) 设计冗余。考虑其他条件如微振动环境数据的分散性、材料性能的分散性,实验室模拟条件与实际试验件受力状态的差异,在归纳和简化的试验数据上增加一定的设计冗余,从而提高试验的有效性。

10.4.2 微振动环境模拟方法

基于时域波形复现的多自由度微振动环境模拟方法的流程见图 10-16,该方法主要通过三个步骤实现。

1. 预示多自由度微振动环境

见 10.4.1 节。

2. 辨识多输入多输出系统传递函数矩阵

微振动激励平台为一个多输入多输出的系统,需对其各个输入和输出之间

图 10-16 时域波形复现步骤

的传递函数矩阵进行辨识,具体步骤为:控制系统先发送多路低量级的白噪声随机信号,该白噪声随机信号驱动微振动激励平台的作动器运动;微振动激励平台上多个测量点的加速度传感器测量平台的时域响应信号并经过坐标转换矩阵转化为多自由度输出信号并输送回控制系统,对输入信号和输出信号进行傅里叶变换得到输入、输出信号的频谱;控制系统根据输入和输出信号的频谱计算整个系统的传递函数,计算公式如下:

$$H(f) = G_{xx}^{-1} G_{yx} \tag{10-3}$$

式中:f 为频率;G_{xx} 为 6 路驱动输入信号 X 的自谱矩阵;G_{yx} 为系统 6 路输出信号 Y 与 6 路驱动输入信号 X 的互谱矩阵。

3. 多自由度微振动信号时域波形复现

基于时域波形复现对多自由度微振动信号进行控制,具体步骤为:定义参考信号,将预示得到的微振动加速度时域信号设置为多自由度参考信号;随后多输入多输出控制系统根据设置的多自由度参考信号、系统的传递函数计算初始的多路驱动信号,对参考信号进行傅里叶变换得到参考信号频谱,对系统的传递函数进行求逆运算,计算传递函数的逆矩阵与参考信号频谱的乘积得到驱动信号频谱:

$$R(f) = \text{FFT}(r(t)) \tag{10-4}$$

$$X(f) = H(f)^{-1} R(f) \tag{10-5}$$

式中:t 为时间;$r(t)$ 为时域参考信号;FFT 为傅里叶变换;$R(f)$ 为参考信号频谱;$H(f)$ 为系统的传递函数;$X(f)$ 为多路驱动信号。

该多路驱动信号驱动微振动激励平台的作动器运动,同时加速度传感器采集微振动激励平台上多个测量点的响应信号。这些测点的响应信号一般不能直接作为平台的六自由度输出,需要通过一个坐标转换矩阵转化,即

$$y(t) = \boldsymbol{B} y_m(t) \tag{10-6}$$

式中:$y_m(t)$ 为平台测点的时域响应信号;$y(t)$ 为平台的时域控制输出信号;$\boldsymbol{B}$ 为坐标转换矩阵。

控制系统根据控制输出信号与时域参考信号进行对比,主要对比参数为时域加速度幅值和相位。若控制输出信号与参考信号相一致,则不再通过误差对驱动信号进行迭代修正;否则,对控制输出信号进行傅里叶变换得到控制输出信号频谱,并计算误差信号频谱,即

$$Y(f) = \text{FFT}(y(t)) \tag{10-7}$$

$$E(f) = R(f) - Y(f) \tag{10-8}$$

式中：$y(t)$ 为时域控制输出信号；$Y(f)$ 为控制输出信号频谱；$E(f)$ 为误差信号频谱。

由误差信号频谱，设定调整系数，计算驱动信号的调整量，修正多路驱动信号频谱，对驱动信号频谱进行傅里叶逆变换得到时域驱动信号，使平台在驱动信号作用下产生的微振动激励与参考信号相一致，从而实现了多自由度微振动信号的时域波形复现，即完成了多自由度微振动环境的模拟。即

$$\Delta = \beta H(f)^{-1} E(f) \tag{10-9}$$

$$X_{\text{new}}(f) = X(f) + \Delta \tag{10-10}$$

$$x_{\text{new}}(t) = \text{IFFT}(X_{\text{new}}(f)) \tag{10-11}$$

式中：β 为修正系数，其取值区间为 $[0\ 1]$；Δ 为调整量；$X_{\text{new}}(f)$ 为修正后的驱动信号频谱；IFFT 为傅里叶逆变换；$x_{\text{new}}(t)$ 为修正后的时域驱动信号。

图 10-17 为微振动激励平台示意图，其由 6 个作动器、上下平台、平台支撑系统和传感器组成。图中标号 1-6 表示上平台布置的 6 个高精度加速度传感器。下平台与地面固连，试验件通过夹具安装于上平台，各个作动器通过铰链与上下平台连接，6 个高精度加速度传感器安装在上平台上。利用该激励系统模拟微振动环境时，通过作动器的运动激励上平台及其上安装的试验件产生 6 个自由度的微振动（包括 x、y、z 三个方向的线振动和 R_x、R_y、R_z 三个方向的角振动），上平台布置的加速度传感器实时测量台面的加速度响应以反馈台面的振动情况。

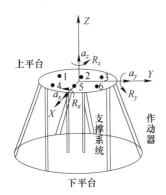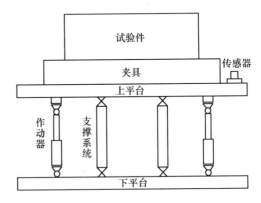

图 10-17 微振动激励平台示意图

微振动激励平台上台面的加速度传感器的几何布局如图 10-18 所示。由这 6 个传感器的位置和测量方向设计，可反映平台 6 个自由度的运动。根据几何关系，6 个加速度传感器的实测信号与平台 6 个自由度线振动及角振动运动

信号的转换关系为

$$[a_x, a_y, a_z, r_x, r_y, r_z]^T = \boldsymbol{B}[a_{1x}, a_{2x}, a_{3z}, a_{4z}, a_{5y}, a_{6z}]^T \qquad (10-12)$$

式中：a_x、a_y、a_z 为平台三个方向的线加速度；r_x、r_y、r_z 为平台三个方向的角加速度；a_{1x}、a_{2x} 为 1、2 号传感器测得的 x 向加速度；a_{3z}、a_{4z}、a_{6z} 为 3、4、6 号传感器测得的 z 向加速度；a_{5y} 为 5 号传感器测得的 y 向加速度；$\boldsymbol{B}$ 为坐标转换矩阵。

$\boldsymbol{B}$ 由台面传感器实际布局决定。若按图 10-18 中标示的距离信息，有

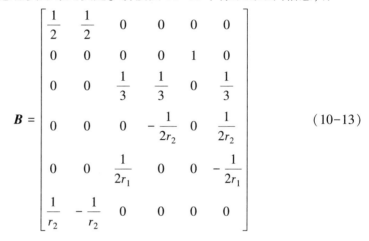

$$\boldsymbol{B} = \begin{bmatrix} \dfrac{1}{2} & \dfrac{1}{2} & 0 & 0 & 0 & 0 \\ 0 & 0 & 0 & 0 & 1 & 0 \\ 0 & 0 & \dfrac{1}{3} & \dfrac{1}{3} & 0 & \dfrac{1}{3} \\ 0 & 0 & 0 & -\dfrac{1}{2r_2} & 0 & \dfrac{1}{2r_2} \\ 0 & 0 & \dfrac{1}{2r_1} & 0 & 0 & -\dfrac{1}{2r_1} \\ \dfrac{1}{r_2} & -\dfrac{1}{r_2} & 0 & 0 & 0 & 0 \end{bmatrix} \qquad (10-13)$$

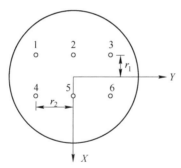

图 10-18　上台面传感器布置示意图

图 10-19 为北京卫星环境工程研究所研制的微振动激励模拟系统，它主要由模拟平台作动系统、模拟平台机械装置、模拟平台气撑系统和各类传感器组成。其中作动器采用的是高精度的电磁作动器，作动器的运动激励系统使上平台产生微振动响应；上台面主要用于固定试件；气撑系统用于支撑及上台面的初始调平。传感器将采集到的加速度、位移、温度信号转化为电流或电压信号。该模拟系统具有刚度高，承载能力大，各运动关节误差不积累，精度高的特点，主要参数见表 10-2。

图 10-19 微振动激励平台

表 10-2 微振动激励平台的主要参数

台面尺寸	ϕ1100mm		
最大试件重量	大于 500kg		
最大加速度(平动)	X:0.5g	Y:0.5g	Z:1g
最大加速度(转动)	X:5rad/s^2	Y:5rad/s^2	Z:20rad/s^2
频率范围	0.5~250Hz		
自由度数	6 自由度		

10.4.3 微振动环境模拟试验

以某陀螺产品微振动环境模拟试验为例,选取某星地面试验实测的有效载荷安装界面位置处的微振动环境数据作为试验的参考信号,对某陀螺产品进行了两个工况下的微振动时域波形复现试验,以检验对实测的多自由度微振动环境的复现效果。

工况一:要求模拟给定的 x 向线振动、y 向线振动及 z 向线振动的参考信号,各角振动方向的参考信号为零。

工况二:要求模拟给定的 x 向线振动、y 向线振动和绕 x 向角振动的参考信号,其他方向的参考信号设置为零。

1. 试验参数设置

根据参考信号频域特性,微振动响应信号分析及控制的频率范围设置为 25~200Hz;

采样频率设置为 1000Hz;

试验采用的加速度传感器的灵敏度为 5000mV/g,信号调理器的增益系数为 2,因此输入通道的灵敏度设置为 10000mV/g。

2. 试验系统传递函数矩阵辨识

给六个作动器白噪声输入作为激励,通过布置的加速度传感器测量平台的加速度响应,对激励信号和响应信号进行处理和运算,得到系统的传递函数。试验得到的系统传递函数部分如图 10-20、图 10-21 所示。

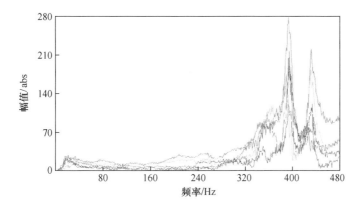

图 10-20　x 向线振动方向相关的传递函数(见书末彩图)

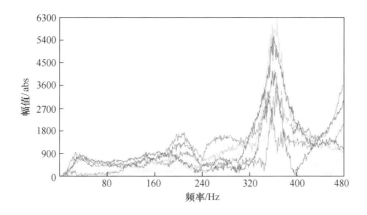

图 10-21　绕 x 轴角振动相关的传递函数(见书末彩图)

由于陀螺试件自身体积不大,质量相对平台本身也较小,因此其对平台固有特性的影响较小。由图 10-21 所示,试验根据参考信号频域特性设置的进行信号分析控制的最大频率低于系统的一阶固有频率,此时,系统在作动器的激励下,进行六自由度的刚体运动,可以有效模拟六自由度微振动环境。系统绕 x 角振动方向上的传递函数的幅值较线振动方向高一个数量级,并且在 160~240Hz 的频率范围内,有小幅的突起及下凹。因此,试验系统在该频段角振动方向的控制将会出现一定困难。

3. 模拟试验结果

工况一平台实际输出信号与参考信号对比见图 10-22～图 10-24,为便于观察,只截取了部分时段的数据,其中实线为参考信号,虚线为输出信号。

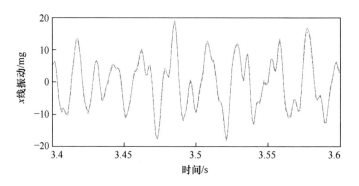

图 10-22 工况一 x 向模拟效果

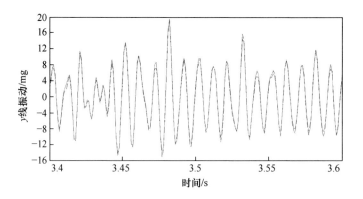

图 10-23 工况一 y 向模拟效果

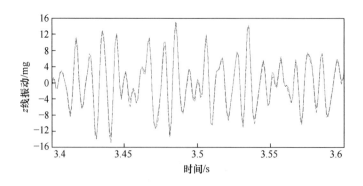

图 10-24 工况一 z 向模拟效果

工况二平台实际输出信号与参考信号对比见图 10-25~图 10-27。可见在两工况中,模拟平台复现效果很好。

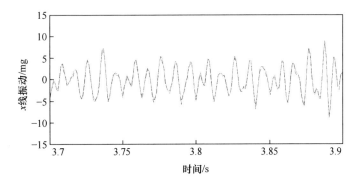

图 10-25　工况二 x 向模拟效果

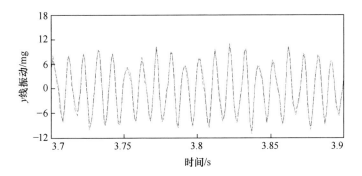

图 10-26　工况二 y 向模拟效果

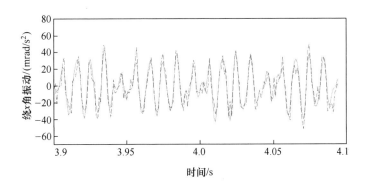

图 10-27　工况二 z 向模拟效果

10.5 整星微振动地面试验技术

整星微振动地面试验是评价航天器微振动特性的主要手段,也是检验航天器微振动抑制产品有效性的重要措施。整星微振动试验中需要模拟卫星在轨边界条件,并采取有效隔振措施,对电磁场、噪声和地面振动环境进行隔离,消除或降低周围环境对航天器微振动试验的影响。微振动试验的主要目的包括:

(1) 通过微振动响应测试来获取敏感载荷处的微振动响应;

(2) 通过传递函数测试,获取扰源至敏感载荷的传递特性。

另外,由于在地面试验中无法完全复现在轨的自由边界条件以及真空状态(无声传播),以及航天器构型(比如太阳翼、各类天线的展开状态)及扰源状态可能与在轨状态不完全一致,因此目前通常采用分析预示和微振动试验相结合方式,来验证航天器在微振动环境的性能。为此,通常还会进行模态测试对分析模型进行验证和修正。

综上所述,整星微振动试验通常包含以下三项试验内容:

(1) 微振动响应测试。

(2) 传递函数测试。

(3) 模态测试。

结合微振动的特点,整星微振动试验的实施要点包括:

(1) 微振动测量:在地面试验中通常采取多种手段对微振动进行测量。由于微振动量级低的特点:一方面有必要采取高精度的测量及数据处理手段;另一方面应尽量减小背景噪声,从而提高测量信噪比。

(2) 自由边界模拟:结构的动力学特性与所处的边界条件密切相关。航天器在轨处于自由边界状态,因此地面试验中的支撑或悬吊装置应满足一定要求,以避免对航天器自由边界动力学特性产生影响。

(3) 试验件状态确定。

10.5.1 微振动试验方法

(1) 传递特性测试。传递函数测试时,在每个扰源安装处进行激励,通过分析有效载荷的响应,确定扰源与敏感有效载荷之间的传递函数。传递函数可以用于试验件的设计、优化、微振动控制验证。

传递特性测试试验系统如图 10-28 所示。在微振动试验中,往往采用不同量级的激励力对试验件进行激励,以验证传递函数的线性度。

(2) 模态测试。在模态测试中,对整个试验件进行激励,从激励和响应数据中提取传递函数,根据传递函数与模态参数的数学关系,识别模态参数。模

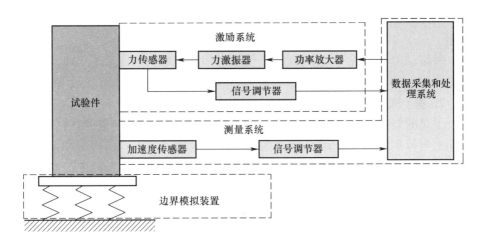

图 10-28 传递函数测试试验系统组成

态参数可用于修正微振动分析模型。

模态测试试验系统组成同,方法见第 9 章。

(3) 微振动响应测试。在微振动响应测试中,当不同扰源单独工作或同时工作时,测量关键位置处的微振动响应。典型关键位置为扰源安装处、敏感有效载荷安装处和传递路径。

按信号类型,微振动响应测试工况可以分为稳态工况和非稳态工况。在稳态工况测试中,一般先启动扰源,待扰源工作状态稳定后再启动测量系统。在非稳态工况测试中,一般先启动测量系统,再启动扰源,以获取完整的时域信号。

10.5.2 微振动测量技术

1. 常规测量技术

微振动的测量物理量可以是加速度、速度、位移、角位移、力等。在整星微振动试验中,通常测量加速度与角位移。

加速度测量主要有加速度传感器测量和激光测振两种方法。加速度传感器测量的优点是可以实现多点同时测试,而且可以置于航天器内部,便于空间应用;但其缺点是传感器本身对轻质量的被测结构有一定的影响,因此对传感器的选择要求较高。激光测振是一种成熟的非接触式测量技术,其原理是利用多普勒频移和干涉技术进行测量,其优点是对被测结构无影响;但这种测量方法在空间应用困难,另外对组装起来的航天器内部结构难以测量,且测点不宜很多。因而加速度测量以加速度传感器为主,采用激光测振作为结果校验的辅助手段。

角位移测量通常采用激光陀螺,其缺点是体积较大、质量较重,无法大量使用。

微振动测量系统一般由传感器、信号适调器和数据采集系统组成,各部分要求同10.3.5节。

2. 基于光路的像移测量技术

卫星的姿态晃动、微振动等因素均会导致相机光学系统的成像点在探测器平面上与标称位置发生偏离,称为像移。在微振动试验中,目前多采用激光陀螺来测量光轴抖动,从而推测像移。但该方法只能对相机主光轴进行测量,且传感器的测量精度已经无法满足后续更高分辨率卫星的微振动试验要求。因此,基于光路的像移测量技术逐步在地面微振动试验中得到了应用。

像移测量的基本原理是利用相机的光机结构,构造与成像光路具有相同光学灵敏度矩阵的模拟光路,通过模拟光路抖动像移的测量评估成像系统受微振动影响的程度。模拟光路的出发点为模拟相机成像的光学过程,通过在光学元件上布置反射面和参考激光,使激光经过与成像过程相同的光程后,在敏感器上形成激光光斑。通过测量在扰动环境下,激光光斑的位置轨迹,获取微振动引起的像移,作为评价成像质量退化的基础数据。

一种实际的像移测量系统由参考光源、模拟光路和光斑位置敏感器组成。2台参考光源均通过夹具安装在相机主镜上,成像光路各镜面上均安装一组反射镜,相机焦面安装光斑位置敏感器。主镜上参考光源A发出的激光依次经过次镜-三镜-调焦镜等光学元件,最终在焦面的形成光斑,进入光斑位置敏感器,示意图如图10-29所示。主镜上参考光源B发出的激光射出相机镜筒,在镜筒外通过高稳定支架支撑一台光斑位置敏感器,对光束B形成的光斑进行测量。光束A反映了相机弹性变形引起各镜面位置、姿态变化导致的像移,光束B反映了相机刚体位移引起的像移,将二者进行融合处理,即可得到全光路像移。

10.5.3 自由边界模拟技术

当在地面对卫星进行试验时,需要模拟卫星在轨飞行时的自由边界条件。然而,在地面试验中由于重力环境的影响,无法实现这种理想的自由边界条件,需要采用近似的方法来对卫星在轨飞行时自由边界条件进行模拟。

在轨自由边界条件模拟方式主要有两种,分别是整星底部支撑式和整星顶部悬吊式。模拟方法中可用于实现对卫星进行弹性约束的弹性元件有多种,包括金属弹簧、空气弹簧、主动式气动弹簧以及橡皮绳等。

1. 自由边界模拟仿真分析

卫星在轨飞行时处于失重状态,卫星结构无任何外部约束,根据结构动力学基本理论此时卫星具有6个频率为零的刚体模态(3个平动自由度和3个转

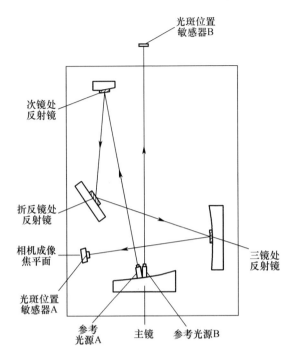

图 10-29 像移测量原理示意图

动自由度）。而在地面试验中，自由边界条件模拟装置引入了附加约束刚度和质量，系统将出现 6 阶频率较低的支撑频率。因此，在研制自由边界模拟装置前，首先要通过仿真分析，计算自由边界模拟支撑频率对卫星动力学特性的影响，以评价自由边界模拟是否满足试验要求。

可以用弹簧单元和质量单元来模拟自由边界模拟装置附加的约束刚度和质量，进行模态分析，并与卫星有限元模型自由边界条件下的结果对比。

2. 金属弹簧式自由边界模拟装置

金属弹簧结构简单，特性稳定，可靠性高，且易于机械加工，本节以金属弹簧为例给出整星支撑式在轨自由边界的地面模拟装置的应用设计方法，采用其他弹性元件具有类似的方法。

自由边界模拟装置的主要设计要求如表 10-3 所示。

表 10-3 自由边界模拟装置主要设计要求

要求项目	要求内容描述
安全性要求	对航天器进行可靠的防护。试验状态下，航天器与工装组合体稳定；非试验状态下，提供刚性的保护
强度要求	工装应满足静载要求

续表

要求项目	要求内容描述
支撑频率要求	在试验状态下,组合体前六阶频率一般应小于航天器自由状态下的第一阶弹性模态频率的四分之一
垂直度要求	试验状态下,航天器就位后,垂直轴与重力方向夹角不应过大
附加质量要求	试验状态下,随航天器同步运动的附加质量应远小于航天器自身质量
机械接口要求	工装需满足航天器的连接接口,避让航天器接口附近的突出部分

卫星在轨自由边界条件模拟装置的应用设计主要包括装置总体构型设计、弹簧力学性能设计、装置机械结构、平衡调节结构及可靠性防护结构设计等,其中弹簧力学性能设计主要根据卫星特性及指标要求进行,平衡调节和可靠性防护结构设计则主要依据选定的弹簧型号和弹簧的变形。总体的应用设计流程归纳如图 10-30 所示。

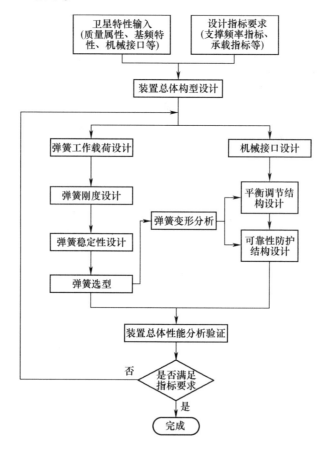

图 10-30 设计流程

一种金属弹簧式自由边界模拟装置构成如图 10-31 所示,其主要由六部分组成:①上端面;②下端面;③弹簧;④弹簧高度调节装置;⑤限位保护及锁紧装置;⑥转接块。上端面与卫星对接段的下端对接,下端面与试验厂房地轨对接,上端面与下端面之间通过 8 个螺旋弹簧连接,连接方式为两端固接。弹簧高度调节装置针对试验件偏心调节系统平衡。限位保护及锁紧装置通过螺纹杆与上、下端面锁紧或分离。试验工装各组成部分主要功能如下:

(1) 上端面:提供与试验件对接接口;
(2) 下端面:提供与地轨固定接口;
(3) 弹簧:支撑试验件重量,实现系统低模态频率要求;
(4) 弹簧高度调节装置:调整系统平衡状态;
(5) 限位保护及锁紧装置:试验状态对卫星进行限位保护,非试验状态将上端面锁紧,使工装成为刚性较大的支撑结构;
(6) 转接块:根据试验件实际接口和干涉避让要求,实现上端面与卫星的连接。

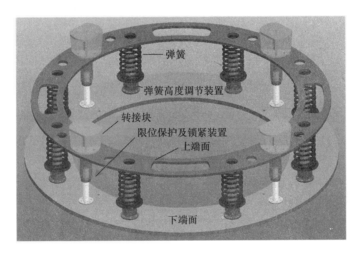

图 10-31　金属弹簧式自由边界模拟装置

3. 准零刚度自由边界模拟装置

上述金属弹簧式自由边界模拟装置一般可实现 2.5Hz 以下的支撑频率,满足基频 10Hz 以上的航天器微振动试验自由边界模拟需求。然而,当航天器基频更低时,很难通过该方法达到合适的支撑频率。本小节介绍一种基于准零刚度弹簧的自由边界模拟装置,可实现 1Hz 以下支撑频率。

1) 准零刚度弹簧

准零刚度有不同的实现途径,较为常见的一种为采用正负刚度并联原理,由正刚度弹簧支撑负载,同时并联负刚度弹簧,抵消正刚度弹簧的刚度,实现低频承载,其基本构成见图 10-32。准零刚度弹簧一般由 1 个正向正刚度弹簧和多个侧向负刚度弹簧组合支撑,当没有静载时,其位置如图 10-32 所示;当安装上负载后,在额定载荷作用下,设备和支撑装置的连接部位下降至零位,如图 10-33 所示。

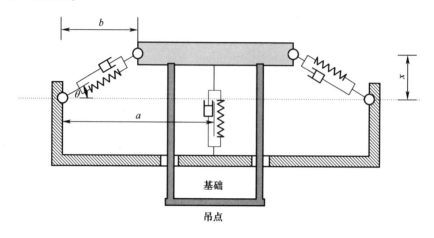

图 10-32　准零刚度弹簧原理

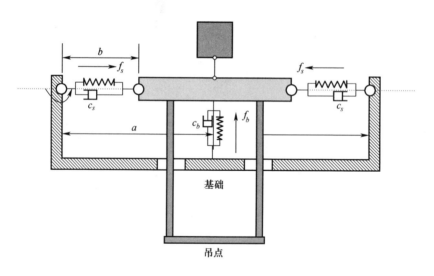

图 10-33　准零刚度弹簧零位

设正弹簧刚度为 k_1,阻尼为 c_1,侧弹簧刚度为 k_2,阻尼为 c_2。在 $x=0$ 处,侧弹簧的压力为 f_s,正弹簧的压力为 f_b。侧向 n 个弹簧。则在任意位置处,恢复力为

$$F_k = -k_1 x + f_b + n(f_s - k_2(\sqrt{x^2 + b^2} - b)) \cdot \frac{x}{\sqrt{x^2 + b^2}} \quad (10\text{-}14)$$

等效刚度为

$$k_{eq} = \frac{dF_k}{dx} = -k_1 - nk_2\left(1 - \frac{b^3}{(x^2+b^2)^{\frac{3}{2}}}\right) + nf_s \frac{b^2}{(x^2+b^2)^{\frac{3}{2}}} \quad (10\text{-}15)$$

在上式中令 $x = 0$，可得零位的等效刚度为

$$\frac{dF_k}{dx}\bigg|_{x=0} = -k_1 + \frac{nf_s}{b} \quad (10\text{-}16)$$

可见，当 f_s 接近 $k_1 b/n$ 时，零位刚度较小，可达到零刚度。零位附近刚度曲线如图 10-34 所示。

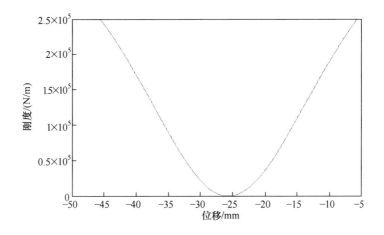

图 10-34 刚度曲线

为适应不同的负载，在三个弹簧处应设置调节装置。当负载发生变化后，通过正刚度弹簧调节机构调节正刚度弹簧的初始位置，从而补偿由于静载荷变化引起的正刚度弹簧变形量的差异，使零刚度弹簧保持在零位状态。同时通过负刚度弹簧调节机构调节调节负刚度弹簧的初始位置，从而改变侧向力，使装置在零位时仍保持近零刚度。

北京卫星环境工程研究所研制的一种单方向准零刚度弹簧如图 10-35 所示，采用圆柱形螺旋压簧作为正刚度弹簧，开槽弹簧作为负刚度弹簧。

2) 多自由度准零刚度边界模拟装置构成

通过三级不同方向准零刚度弹簧串联，可构成一个全向低频支撑单元，如图 10-36 所示。第一级提供纵向低刚度，第二级提供侧向低刚度，第三级提供弯曲低刚度，并匹配第一级和第二级的扭转刚度，将系统的扭转刚度调整至指

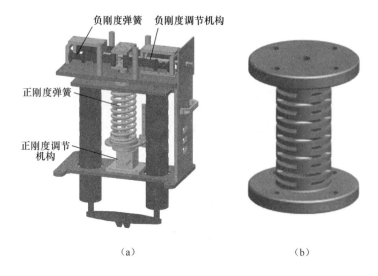

图 10-35　单向准零刚度弹簧示意图
(a)整体构型；(b)开槽弹簧。

标要求范围内。

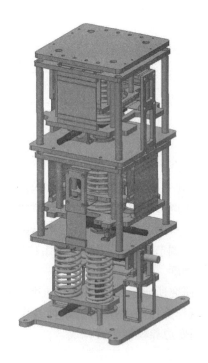

图 10-36　低频支撑单元示意图

以低频支撑单元为基础,一种应用于整星微振动试验的多自由度准零刚度边界模拟装置的构成如图 10-37 所示。上、下端面的作用同前。低频支撑单元并联布置在上台面和下台面之间,上端直接与上台面固定连接,下端具备平衡调节装置,平衡调节装置下端与下平台固定连接。锁紧装置并联设置在上平台与下平台之间,在非试验状态时,将平台锁紧固定。

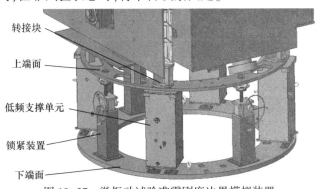

图 10-37　微振动试验准零刚度边界模拟装置

10.5.4　背景噪声及控制

在微振动试验中,需要测量的信号量级很低,很容易受到外界的背景噪声干扰,比如交通、空调噪声等。常见的背景噪声分类、影响频率范围以及应对措施见表 10-4。一般要求背景噪声低于最小测试信号的 1/3,以保证测试结果的有效性。

表 10-4　常见背景噪声、影响频率范围以及应对措施

噪声源	频带特性	应对措施
电磁噪声		
供电系统电噪声(50Hz 及其倍频)	窄带,独立谱线	合理接地
由于旋转机械及照明系统产生的谐振噪声		关闭光源 适当屏蔽
设备噪声(压电加速度计、力传感器)	宽频噪声	选用高灵敏度传感器,降低放大器电压
信号调适、放大与采集		选择低噪声设备
声噪声		
试验件与空气耦合	窄带噪声	关闭空调、净化器 在密闭空间开展试验(在保证空气洁净的情形下)

续表

噪声源	频带特性	应对措施
声噪声		
传递到卫星结构上的声学扰动	宽频噪声,在试验关心频带内有成分	可在消声室内进行测量,最好使用真空罐
其他		
地面振动	交通噪声(卡车、火车等)在中频250~300Hz频带内	使用隔振装置,限制试验现场人员走动
信号处理噪声	宽带噪声	恰当的信号处理以提高信噪比
地面设备	宽带噪声	使用隔振装置

10.5.5 整星微振动试验实例

本节以某遥感卫星为例,介绍整星微振动试验实施。本次试验的主要目的如下:

(1) 测量模拟自由-自由边界条件下,微振动源工作造成的平台结构不同位置的加速度响应,获取微振动经过平台结构传递的动态特性,为修正平台结构微振动传递模型提供依据;

(2) 测试加入减振措施后,平台结构和载荷安装界面微振动响应的变化,为减振效果评价提供依据;

(3) 对星上活动部件扰动下,光学元件的抖动量进行摸底,为图像质量评估提供参考;

(4) 测试 CMG 在星上安装结构局部模态及柔性边界下的扰动特征,为扰动源建模提供参考。

1. 工况设计与测点布置

根据试验目的,试验工况可以分为三大类:

(1) 模态测试。结果用于修正平台结构微振动模型。

(2) 频响函数测试。获得扰源和敏感载荷之间的振动传递特性。(在进行模态试验时,同样需要测量频响函数。模态测试中,理论上对激励和响应测点位置没有限制,只要质量好的传递函数均可用于模态识别。而频响函数测试关注指定的激励点和响应点,且一般进行多个激励量级的测试,以验证传递特性的线性性。)

(3) 微振动测试。获取平台结构、载荷安装界面及载荷上、隔振器安装界面等关键部位的微振动响应。星上主要扰源为 5 台 CMG(控制力矩陀螺)。微振动响应测试工况包括各扰源单独开启或组合开启状态。

试验中采用了以下传感器：

(1) 微振动加速度传感器。用于测量星体结构对微振动的传递特性以及关键点的加速度响应。主要指标为：灵敏度优于 1000mV/g；测量频率范围 1~1000Hz。

(2) 角位移传感器。用于测量星上扰动引起的相机视轴的晃动。主要指标为：角分辨率优于 0.006″；测量频率范围 1~1000Hz。

(3) 环境监测加速度传感器。环境监测加速度计即高灵敏度微振动加速度计，用于监测环境噪声和相机安装面微振动响应(由于相机与平台之间采取了隔振措施，相机上微振动响应量级较小，因此需要更高灵敏度的传感器)。主要指标为：灵敏度优于 10000mV/g；测量分辨率优于 10^{-6} g；测量频率范围 1~1000Hz。

(4) 电容式加速度传感器。支撑频率可能低于 1Hz 以下，通常的加速度传感器无法测到如此低的频率，因此需要使用电容式加速度传感器。指标要求为：测量频率范围 DC~1000Hz；灵敏度优于 1000mV/g。

试验中测点的选取考虑了以下方面：

(1) 遥感卫星关键载荷为相机，相机安装面的微振动响应直接影响成像质量，因此在相机安装面布置加速度传感器；

(2) 为判断微振动对相机的影响，需重点关注微振动源工作时，相机光轴的抖动情况，因此在相机关键部位布置三向角位移传感器；

(3) 为直接分析隔振装置的微振动抑制效果，需重点关注隔振装置两端(微振动源端和平台结构端)的微振动量级，因此在每个隔振装置的两端布置加速度传感器；

(4) 为监测试验过程的背景环境噪声，在地基与自由边界模拟工装的连接界面及星体附近布置加速度传感器。

2. 边界模拟装置

根据卫星的质量及惯量特性，进行了金属弹簧式自由边界模拟装置的设计。并结合卫星有限元模型，对边界模拟装置对卫星自由边界模态频率的影响进行了分析，结果见表 10-5。可见加入边界模拟装置后，卫星 100Hz 内模态频率变化不超过 1%，影响可以忽略。

表 10-5　自由边界模拟支撑频率及影响

模态阶次	卫星自由边界/Hz	卫星模拟自由边界/Hz	模态频率偏差/%	振　型
1	0.00	0.37	支撑频率	Y 向一阶弯曲
2	0.00	0.38		X 向一阶弯曲
3	0.00	0.85		绕 Z 轴扭转
4	0.00	1.66		Z 向平动(垂直向)
5	0.00	1.93		Y 向二阶弯曲
6	0.00	2.01		X 向二阶弯曲
7	16.86	16.83	0.18	整星 X 向一阶弯曲
8	24.25	24.19	0.27	整星 Y 向一阶弯曲
9	37.64	38.03	1.03	整星一阶扭转
10	40.58	40.30	0.69	整星一阶垂直
11	41.52	41.44	0.21	整星 X 向二阶弯曲
12	43.67	43.41	0.60	整星 Y 向二阶弯曲
13	46.87	46.80	0.16	整星二阶扭转
…	…	…	…	…
52	99.18	99.16	0.02	—

边界条件模拟装置实物如图 10-38 所示。

图 10-38　卫星在轨自由边界条件模拟装置

在试验中对卫星试验状态下模拟装置的支撑频率进行测试,测试结果见表 10-6,与表 10-5 中的仿真结果一致,可以认为试验中卫星处于自由边界状态。

表 10-6 支撑频率测试结果

阶次	频率	振 型
1	0.35	Y 向一阶弯曲
2	0.37	X 向一阶弯曲
3	0.91	一阶扭转
4	1.99	Y 向二阶弯曲
5	1.98	一阶垂直
6	1.99	X 向二阶弯曲

3. 背景噪声控制

试验中,采取关闭试验现场空调、风机,限制人员走动等措置,进行背景噪声控制。在每个微振动工况开始前,均进行了背景噪声测试,确认满足要求后再进行正式测试。

实测 5～500Hz 频段内,星上加速度测点背景噪声均方根值如图 10-39 所示。

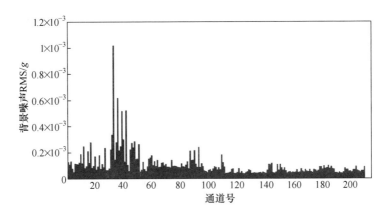

图 10-39 加速度测点背景噪声均方根值

4. 试验过程与结果

按以下顺序进行了试验:
(1) 卫星与工装对接;
(2) 支撑频率测试;
(3) 模态测试;
(4) 频响函数测试;
(5) 背景噪声测试;
(6) 微振动响应测试。

结合背景噪声测试结果,某工况加速度测点信噪比如图 10-40 所示。可见除个别异常传感器外(在后续分析中应剔除),信噪比均在 3 以上。

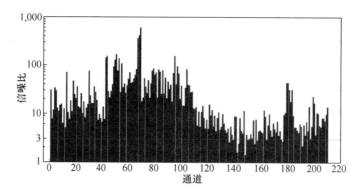

图 10-40　某工况加速度测点信噪比

图 10-41 为该卫星在地面试验和在轨状态下测得的微振动响应对比,二者量级基本一致,证明了地面整星微振动试验对在轨微振动环境预示是十分有效的。

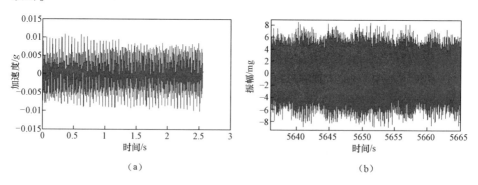

图 10-41　地面试验与在轨测试微振动加速度对比

(a)地面试验数据;(b)在轨测试数据。

参 考 文 献

[1] ECSS-E-HB-32-26A, Space engineering: Spacecraft Mechanical Loads Analysis Handbook. European Space Agency, European Cooperation for Space Standardization, 2012.

[2] 赵伟. 航天器微振动环境分析与测量技术发展[J]. 航天器环境工程, 2006, 23(4): 43-45.

[3] 王栋, 韩晓健, 刘明辉, 等. 系统级微振动试验标准现状及发展[C]. 第二届中国航天大会论文集, 北京, 2019.

[4] EYERMAN C E, SHEA J F. A systems engineering approach to disturbance minimization for spacecraft utilizing controlled structures technology[C]. MIT SERC Report#2-90, 1990

[5] Space Telescope/Solar Array Interaction Study, ST/SE-24, section G, Part 10. Lockheed MSC, LMSC/F061010.

[6] BIALKE B. A compilation of Reaction Wheel Induced Spacecraft Disturbances[C]. Processing of 20th Annual American Astronautical Society Guidance and Control Conference Breckenridge.

[7] MASTERSON R A, MILLER D W, Grogan R L. Development and Validation Of Reaction Wheel Disturbance Models: Empirical Model[J]. Journal of Sound and vibration,2002,249(3):575-598.

[8] WETCH J R,et al. The application and use of Nuclear Power for Future Spacecraft[C]. Proceedings of the 20th Intersociety Energy Conversion Engineering Conference,SAE P-164,Miami Beach,FL,1985.

[9] McGregor J M,Wilson Mt. Disturbance Measurements[C]. Jet Propulsion Laboratory Interoffice Memorandum,3543-89-273,1989.

[10] 吴永亮,韩晓健,等. 航天器微振动试验方法研究:HTBZS2013BZ04[S]. 总装备部技术基础管理中心.

[11] 韩晓健,向树红,等. 航天器微振动力学环境地面测试方法:Q/QJA95—2012[S].

[12] 韩晓健,王栋,等. 航天器微振动试验方法:QJ 20893—2018[S].

[13] 李宁,韩晓健. 航天器微振动信号的地面测试方法研究[J]. 航天器环境工程,2011,28(1):67-71.

[14] 韩晓健,等. 航天器微振动信号测量方法及其应用研究[R]. 2011年高分辨率遥感卫星结构振动及控制技术研讨会,北京,2011.

[15] LIU MINGHUI,WANG JIAN,HAN XIAOJIAN,et al. Simulation of free-free boundary condition for high precision spacecraft on orbit[R]. The 22nd International Congress on Sound and Vibraiton

[16] 刘明辉,王剑,韩晓健. 一种卫星在轨自由边界条件模拟方法[J]. 航天器环境工程,2014,31(1):19-24.

[17] 高海洋,王栋,刘明辉,等. 航天器微振动工装动力学特性仿真分析与试验验证[J]. 航天器环境工程,2019,36(3):23-25.

[18] ALABUZHEV P,GRITCHIN A,Kim L,et al. Vibration protecting and measuring systems with quasi-zero stiffness[M]. New York:Hemisphere Publishing Corporation,1989.

[19] 王光远,李劲东,杨东. 高分辨率光学遥感卫星微振动测量与抑制技术[M]. 北京:国防工业出版社,2021.

第11章 力限试验技术

11.1 概述

振动试验作为航天器动力学环境试验的重要项目，主要考核航天器在运输、发射、动力飞行到再入过程中所承受的一系列复杂而严酷的动力学环境的能力。因此，需要使得在试验中产品的动力学效应与实际环境引起的效应相近。若试验量级偏低，则不能有效地覆盖真实情况下航天器所要经历的各种力学环境，航天器得不到充分的考核；相反地，若试验量级偏高，航天器将在试验中承受过分严格的考核，这有可能造成产品上某些有效载荷甚至是主结构的损坏，降低航天器的可靠性和寿命。

在描述航天器结构动力学特性的各种参量中，以加速度信号的测量最为方便且测量精度也较高，因此振动试验普遍采用加速度控制方式进行。传统航天器振动试验一般采用控制航天器与夹具接触面的加速度的方式，加速度试验条件由分析方法或对类似型号飞行器数据经统计包络得到。然而，由于航天器安装在振动台上的边界条件与实际发射飞行情况并不相同，仅依靠加速度控制来模拟星箭连接面的运动不足以反映航天器所经受的真实力学环境，试验中在共振频率附近航天器经受的振动量级有可能远高于实际环境，产生"过试验"现象，使航天器在共振频率处经受过于严苛的考核而造成破坏。

力限振动试验技术的出现很好地解决了这一问题。在进行力限试验时，使用力测量工装实时监测航天器与夹具之间的界面力，并通过引入界面力（或力矩）的响应限幅控制技术，使得航天器在振动试验过程中同时满足界面加速度和界面力均不超过各自的试验条件。相比于传统的加速度控制方式，力限振动试验技术可以更加真实地复现航天器在实际情况下经历的力学环境，极大地缓解了振动试验中在产品共振频段的"过试验"问题。

11.2 基本知识

11.2.1 术语

(1) 过试验现象:振动试验中某些频段下振动量级远高于实际振动量级的现象。

(2) 机械阻抗:力与速度或其他运动参数比值的复频率函数。

(3) 动力吸振效应:单自由度系统在处于共振频率时其底部支反力使得底面的运动被抑制的效应。

(4) 视在质量:力与加速度比值的复频率函数,可以认为是机械阻抗的一种特例。

(5) 模态有效质量:代表振动系统某一阶模态的单自由度模型的等效质量。

(6) 剩余质量:共振频率高于指定频率的模态有效质量之和。

(7) 源:试验件安装结构。

(8) 负载:试验件。

(9) 自由加速度:假定移除负载后在界面处产生的加速度。

(10) 紧固力:作用于界面能使界面加速度响应为零的力。

11.2.2 力限振动试验技术的发展

早在20世纪五六十年代,航天器力学环境试验方面的专家就已经认识到振动台机械阻抗远高于星箭对接面机械阻抗这一事实以及由其所导致的航天器振动试验中的"过试验"问题。正如在电路中不能抛开阻抗和电流而只考虑电压一样,在振动试验中亦不能只考虑运动(加速度)而不考虑产生运动的力,否则将无法全面反映振动台对航天器输入的激励能量。在发射段,航天器受到来自火箭的激励力而引起自身结构各部分的振动,加速度响应是输入力作用的结果。从振动试验输入能量的角度考虑,只有航天器连接处的加速度和激励力都得到控制,才能更真实地模拟实际飞行时的动力学环境。基于这一认知,J. P. Salter于1964年最早提出了在传统加速度控制振动试验的基础上,通过在航天器与振动台间安装力传感器来实现加速度和力的双重控制的试验方式,形成了力限振动试验技术。

在力限概念提出的早期,由于受到测量技术发展的限制,在振动试验中很难实现界面力的精确测量,力限技术也因此没有受到足够的重视。直到20世纪80年代后期,新型压电石英力传感器的出现实现了界面力的精确测量,从而极大促进了力限振动试验技术的发展。20世纪90年代，NASA最早将力限技术成功应用于航天器振动试验，先后完成了包括卡西尼号土星探测器在内的一系列航天器组件级及系统级的力限振动试验，图11-1为卡西尼号进行力限振动试验的照片。

图11-1　卡西尼号力限振动试验(1996年11月)

为规范和推广力限振动试验技术的应用，NASA于1996年和1997年相继发布了力限振动试验技术手册NASA-HDBK-7004和力限振动试验专论NASA RP1403，并对前者进行了多次修订，截至本书成书为止，最新版本为2012年11月30日发布的NASA-HDBK-7004C。

近年来，力限振动试验技术受到了越来越多国家航天机构的广泛重视，如德国航空航天中心(DLR)、加拿大空间局(CSA)、欧空局(ESA)、日本空间局(JAXA)、意大利、法国以及韩国航天研究局等都开展了相关研究工作。

11.2.3　力限振动试验原理

为了在地面对航天器进行充分的考核，振动试验加速度条件一般采用对多次发射测试数据做统计包络并适当增加余量的方法来制定，这一包络方式使振动试验条件在某些频段偏于苛刻。图11-2为某航天器噪声试验中，星上某电子设备与航天器舱板连接处的6条响应曲线。在此设备共振频率处(约140Hz)，设备连接面的加速度响应很小(图中黑色曲线)。图中上部梯形曲线是电子设备单机随机试验条件，可见在140Hz左右的产品共振频率处，试验条件较实际响应高出 10dB 以上。在 100~500Hz 的频段内试验条件能较好地包络图中 6 条响应曲线,但在低于 100Hz 和高于 500Hz 的两段频率区间中,试验条件均高出实际响应曲线较多。

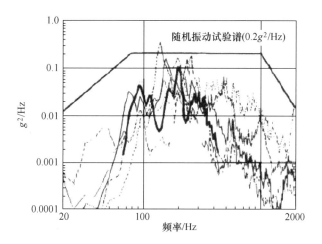

图 11-2　某航天器电子设备单击随机试验条件及其在系统级试验中的加速度响应曲线

另一方面,在振动试验中为了使连接面各处输入的加速度大小相同,都最大限度地提高试验夹具的刚度,使得夹具的机械阻抗远高于星箭对接面的机械阻抗,带来了航天器在振动试验中与实际发射时受力情况的差异,这一差异导致了在两种情况下航天器的固有频率也不相同。若在振动试验中按照实际发射时的加速度频谱进行激励,则将造成某些频段下的过试验现象。

为了说明振动过试验问题的产生机制,考虑一个如图 11-3 所示的二自由度振动模型。在讨论力限振动试验技术时,一般习惯将试验件称为负载,如航天器或星上部组件等;发射和飞行状态中支撑该试验件的安装结构称为源,如火箭或航天器平台等。简化模型中,负载和源都分别简化为一个单自由度的质量弹簧阻尼系统,源接受外部激励,负载直接与源相连。

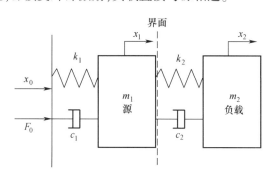

图 11-3　源和负载构成的二自由度振动模型

以上述二自由度模型的一种典型情况为例，假设 $m_1 = m_2 = 5\text{kg}$，$k_1 = k_2 = 200000\text{N/m}$，$c_1 = c_2 = 40$，品质因数 $Q = 25$，基础正弦激励为 1。耦合系统界面（图 11-3 中虚线处）的加速度和界面力的频谱分别由图 11-4 和图 11-5 中的实线表示。耦合系统具有两个共振频率（19.66Hz 和 51.48Hz）和一个反共振频率（31.89Hz）。其中，反共振频率即为负载单自由度系统在底面固支条件下的共振频率。由于动力吸振效应，在该频率处系统界面加速度出现极小值，其值为品质因数的倒数 0.04。而在系统的两个共振频率处，界面加速度和界面力均达到极大值，其中又以较低共振频率处的数值更大。

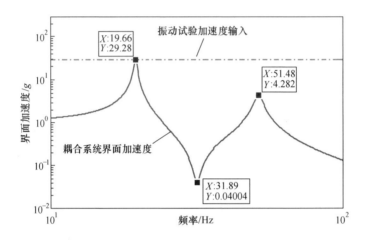

图 11-4　耦合系统界面加速度（实线）与负载单机振动试验加速度条件（虚线）

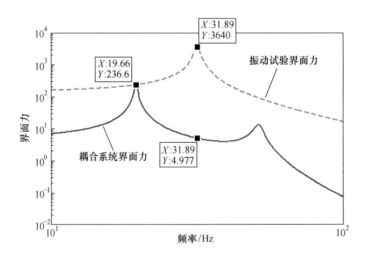

图 11-5　耦合系统界面力（实线）与振动试验界面力（虚线）

如上文所述,振动试验的加速度条件通常是根据多次实际测量的数据或者动力学分析数据,采用统计包络的方法制定的。本算例中简化上述原则,以耦合系统源-载界面的最大加速度(本算例中为 29.28m/s²)作为负载单机的振动试验加速度输入条件。图 11-4 和图 11-5 的红色虚线分别给出了振动试验的加速度条件和据此条件进行试验时系统的界面力。

在振动试验中界面力的频谱曲线具有唯一峰值,出现在耦合系统的反共振频率处。对比图 11-5 中的两条曲线可知,在该频率处,负载在振动试验中承受的界面力(3640N)是耦合系统中源对其输入的界面力(4.977N)的 731.4 倍。即使与源对其输出的最大界面力(19.66Hz 频率处,值为 236.6N)相比,也是后者的 15.3 倍,负载单机在依照图 11-4 中曲线给出的加速度条件进行振动试验时在其共振频率附近出现了严重的过试验现象。

为解决由加速度控制振动试验引起的过试验问题,Scharton 首先提出了力限振动试验的双控方程:

$$\frac{A}{A_0} + \frac{F}{F_0} = 1 \tag{11-1}$$

式中:A_0 为源的自由加速度;F_0 为源的紧固力;A 为界面加速度;F 为界面力。

在工程实践中,A_0 和 F_0 分别用加速度条件和力限条件代替,并且对于正弦试验和随机试验,式(11-1)可分别改写为

$$\frac{|A|}{|A_s|} \leqslant 1, \frac{|F|}{|F_s|} \leqslant 1 \tag{11-2}$$

$$\frac{S_{AA}}{S_{A_s A_s}} \leqslant 1, \frac{S_{FF}}{S_{F_s F_s}} \leqslant 1 \tag{11-3}$$

式中:S_{AA} 为随机振动试验中试验件与试验夹具界面处的加速度谱密度;S_{FF} 为随机振动试验中试验件与试验夹具界面处的力谱密度;A_s 为正弦振动的加速度条件;$S_{A_s A_s}$ 为随机振动的加速度条件;F_s 为正弦振动的力限条件;$S_{F_s F_s}$ 为随机振动的力限条件。

式(11-2)和式(11-3)是力限振动试验的理论基础。力限振动试验就是在传统加速度控制振动试验的基础上引入测力装置,实时监测并限制试验夹具与试验件之间的界面力,使得界面加速度和界面力均不大于各自的试验条件,以达到更好地模拟真实界面动力学环境的目的。在实施过程中,力限振动试验与传统加速度控制振动试验类似,将接触面的加速度条件作为控制输入,而界面力(或力矩)信号可以作为类似产品上响应信号来通过响应限幅处理。在某些频段,若按照加速度条件控制将使得界面力超出力限条件时,控制仪将降低驱动从而使得加速度控制曲线出现下凹。

力限振动试验技术可以在很大程度上缓解振动试验中的过试验问题,而且

在试验件共振频率处力限控制精度优于加速度控制精度,可大幅提高共振区的试验控制精度。

11.3 航天器力限试验条件设计

与加速度条件类似,力限条件应是飞行状态中界面力的统计包络。但由于缺少飞行状态中的界面力测量数据,力限条件无法按照制定加速度条件的方式通过对界面力统计包络的方式获得。目前较为常用的力限条件制定方法主要分为以下几类:基于源载耦合系统模型的分析方法(这种方法又可根据分析模型的复杂程度分为简单二自由度法和复杂二自由度法)、半经验方法、准静态载荷法以及有限元法等。

基于耦合系统的分析方法和半经验法常用于随机力限振动试验,其力限条件是基于加速度条件得到的,因而与加速度条件成正比,加速度条件制定中的错误也会被引入到力限条件中来。准静态载荷方法仅限于静态和低频的正弦扫描试验或者瞬态振动试验,其力限条件的导出与加速度试验条件无关。

以下分别对简单二自由度方法、复杂二自由度方法、半经验方法和有限元分析方法进行介绍。

11.3.1 简单二自由度方法

简单二自由度方法由 Scharton 于 1990 年提出,其核心思想是首先将试验频段分为多个窄频段,在每个窄频段内将振动系统简化成如图 11-6 所示的简单二自由度系统,模型中源和负载都是具有单一质量的弹簧阻尼振子。两者自身的共振频率分别为 $\omega_1 = \sqrt{k_1/m_1}$,$\omega_2 = \sqrt{k_2/m_2}$(下标 1 表示源,2 表示负载,下同)。通过简单计算可以得到此系统的两个固有频率为

$$\omega_\pm^2 = \frac{1}{2}\{\omega_1^2 + \omega_2^2(1+\mu) \pm \sqrt{[\omega_1^2 + \omega_2^2(1+\mu)]^2 - 4\omega_1^2\omega_2^2}\} \quad (11-4)$$

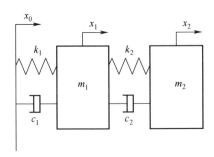

图 11-6 简单二自由度系统模型

式中：$\omega_\pm$ 为耦合系统的两个固有频率；μ 为负载与源静质量之比，$\mu = m_2/m_1$。

基础输入加速度的频率为 ω，则负载的视在质量为

$$M_{\text{load}}^{\text{app}}(\omega) = m_2 \frac{Q_2 + i\beta_2}{(1-\beta_2^2)Q_2 + i\beta_2} \tag{11-5}$$

式中：Q 为负载的品质因数，$Q_2 = \sqrt{k_2 m_2}/c_2$；β_2 为基础输入加速度的频率 ω 与负载的共振频率 ω_2 之比，$\beta_2 = \omega/\omega_2$。

根据下式可以得到载荷的视在质量的模的平方为

$$|M_{\text{load}}^{\text{app}}(\omega)|^2 = m_2^2 \frac{Q_2^2 + \beta_2^2}{(1-\beta_2^2)^2 Q_2^2 + \beta_2^2} \tag{11-6}$$

定义载荷的视在质量与静质量平方之比为 γ，则

$$\gamma = \frac{|M_{\text{load}}^{\text{app}}(\omega)|^2}{m_2^2} = \frac{Q_2^2 + \beta_2^2}{(1-\beta_2^2)^2 Q_2^2 + \beta_2^2} \tag{11-7}$$

在简谐激励和随机激励作用下，耦合系统负载视在质量、界面力和界面加速度之间的关系分别为

$$F(\omega) = M_{\text{load}}^{\text{app}}(\omega) a(\omega) \tag{11-8}$$

$$S_{FF}(\omega) = |M_{\text{load}}^{\text{app}}(\omega)|^2 S_{AA}(\omega) \tag{11-9}$$

力限振动试验的力限条件应为耦合系统界面力最大值，即

$$|F(\omega)|_{\text{peak}} = |M_{\text{load}}^{\text{app}}(\omega_\pm)| \times |a(\omega)|_{\text{peak}} \tag{11-10}$$

$$|S_{FF}(\omega)|_{\text{peak}} = |M_{\text{load}}^{\text{app}}(\omega_\pm)|^2 \times |S_{AA}(\omega)|_{\text{peak}} \tag{11-11}$$

可以证明，当安装结构与负载的共振频率相同，即 $\omega_1 = \omega_2 = \omega_0$ 时，负载的响应最大，接触面的力也最大。此时有

$$\beta_2^2 = 1 + \frac{1}{2}\mu - \sqrt{\frac{1}{4}\mu^2 + \mu} \tag{11-12}$$

对于源-负载耦合结构系统，首先根据式(11-7)及式(11-12)计算得到 γ，然后再由下式得到随机激励下的力限条件。

$$S_{FF} = \gamma \cdot S_{AA} |m_2|^2 \tag{11-13}$$

由式(11-13)可以看出，γ 即为以加速度谱密度和负载质量平方标准化的力谱密度。

图 11-7 为 $Q_2 = 5$、10、20 和 50 四种情况下的标准化的力谱密度曲线图。由图中可以看出，γ 随 μ 的增加而减小，随 Q_2 的增加而增加；负载与源质量的比值非常小时，$\gamma \approx Q_2^2 + 1$；负载与源质量相等时，$\gamma \approx 2.6$；负载质量大于源质量时，γ 趋近与 1。

在振动试验或者飞行状态下，源和负载的视在质量随频率而变化，在计算力限条件的过程中通常按 1/3 倍频程将整个计算频段分成若干频带，在每个频

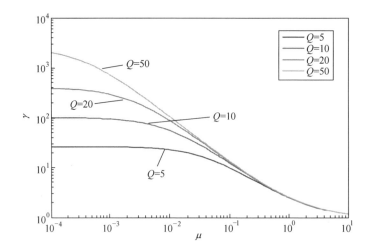

图 11-7 由简单二自由度方法计算得到的标准化的力谱密度

带上分别确定对应简单二自由度模型中的源和负载的质量 m_1 和 m_2,再根据上述方法计算得到力限条件。通常 m_1 和 m_2 应该看作是结构系统的模态有效质量。然而在某些频段内若系统没有模态,则由上述方式计算得到的力限也等于零。为了保守起见,在实际的计算中由结构系统的残余质量来给出二自由度模型中的质量。

简单二自由度方法只考虑了放大系数 Q_2 以及源和负载残余质量之比,计算简单。但是由于将源和负载分别简化为一个弹簧阻尼质量系统,不能全面地反映结构动力学特性,并且将振子质量定义为残余质量而不是模态质量将会高估负载和源质量,得到的力限条件在试验件共振频率处也将是偏保守的。

虽然试验证明,简单二自由度方法在负载的共振频率处可以有效降低输入量级,减轻过试验,然而图 11-6 中的模型却是不完善的,其中振源和载荷都只包含一个质量,不能同时表现出在共振和非共振结构模态中力的贡献。为了更精细地对试验系统进行模拟,人们开始考虑更复杂的 TDFS 模型。

11.3.2 复杂二自由度方法

Scharton 在多个 JPL 航天器部件力限振动试验的基础上,提出了一个由耦合系统共振频率处试验件的视在质量计算力限的方法,即复杂 TDFS 方法。

复杂二自由度模型如图 11-8 所示,其中振源和载荷都包含有两个质量表现连续系统的剩余质量 M 和模态有效质量 m,c_1 和 c_2 为源和负载等效模态阻尼,k_1 和 k_2 为源和负载等效模态刚度。振源模态质量与剩余质量之比为 $\alpha_1 = m_1/M_1$,相应的负载值为 $\alpha_2 = m_2/M_2$;载源剩余质量比为 $\mu = M_2/M_1$。

复杂二自由度与简单二自由度方法的一个重要区别就是不再假定源与负

载的共振频率相同,因此就要求针对不同载、源自身共振频率比 $\Omega = \omega_2/\omega_1$ 进行调谐分析以便对于不同的刚度、质量、阻尼的组合获得界面力的最大值。

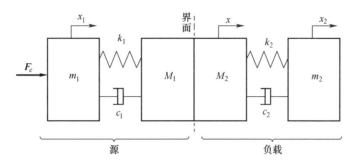

图 11-8 复杂二自由度模型

界面处负载的视在质量为

$$M_2^{\mathrm{app}}(\omega) = M_2 \left[\frac{(1 + \alpha_2 - \beta_2^2) Q_2 + i\beta_2(1 + \alpha_2)}{(1 - \beta_2^2) Q_2 + i\beta_2} \right] \quad (11-14)$$

同理,界面处源的视在质量 $M_1^{\mathrm{app}}(\omega)$ 和界面处负载视在质量 $M_2^{\mathrm{app}}(\omega)$ 的形式相似,不同的是下标由 2 变为下标 1。

对于简单二自由度模型,界面加速度峰值和界面力峰值通常在同一个系统共振频率上出现;而对于复杂二自由度模型,界面加速度峰值和界面力的峰值通常不在同一共振频率上出现,界面力峰值可能会在系统较高的共振频率处出现,而界面加速度峰值可能会在系统较低的共振频率处出现,反之亦然。因此有必要把界面力峰值和界面加速度峰值出现的频率区分开。

为了区分界面力峰值和界面加速度峰值出现的频率,首先计算耦合系统在两个频率处加速度谱密度峰值的比值。这个比值由系统的激励方式决定,复杂二自由度系统的可能激励方式有三种:①源残余质量的自由加速度为常数;②源残余质量的紧固力为常数;③施加在源模态质量的外力激励为常数。第三种激励方式在实际中是最典型的,并且当源质量和负载相当,即 $\mu \approx 1$ 时,这种激励方式可以得出最高的力限条件,所以假定激励源为第三种情况。为了确保对图 11-8 所示复杂二自由度系统所有的质量、刚度和阻尼的组合都能找到界面力最大值,需要进行调谐分析,即改变调谐参数 Ω 的值,得到不同调谐参数 Ω 时界面力谱峰值和界面加速度谱峰值的比值 $|F_{\max}/A_{\max}|$,最后找出 $|F_{\max}/A_{\max}|$ 的最大值,这个最大值与负载残余质量的比值即为力限条件正则化系数。在调谐分析过程中,调谐参数 Ω 的平方从 1/2 增加到 2,步长为 1/16。

对于随机振动,标准化的力谱密度 γ 为

$$\gamma = \left|\frac{F_{\max}}{A_{\max}M_2}\right|^2 \tag{11-15}$$

由以上的分析可知,给定一组 α_1、α_2、μ 和 Q,就可得到相应的标准化的力谱密度 γ,定义它们之间的关系为

$$\gamma = G(\alpha_1, \alpha_2, \mu, Q) \tag{11-16}$$

$$S_{FF} = \gamma \cdot S_{AA} |M_2|^2 \tag{11-17}$$

11.3.3 半经验方法

1964 年 Salter 提出一种计算力限条件非常简单的方法,即将力限定为质量与加速度峰值即加速度试验条件乘积的 1.5 倍。这种近似方法结合卡西尼号宇宙飞船在系统级噪声试验中获得的力的数据,为半经验方法的提出奠定了基础。

半经验方法是基于工程经验预测力限条件的设计方法。Salter 提出正弦振动试验中半经验公式为

$$F_l = CM_0A_s \tag{11-18}$$

式中:F_l 为力限条件;C 为半经验常数,由构型所决定;M_0 为负载的总质量;A_s 为加速度条件。

1997 年,Terry D. Scharton 提出随机振动试验中半经验公式为

$$\begin{cases} S_{FF} = C^2 M_0^2 S_{AA} & (f < f_0) \\ S_{FF} = \dfrac{C^2 M_0^2 S_{AA}}{\left(\dfrac{f}{f_0}\right)^n} & (f > f_0) \end{cases} \tag{11-19}$$

式中:S_{FF} 为力限条件;S_{AA} 为加速度条件;f_0 为系统的一阶主频。

类似地,横向力限振动试验的力矩限条件为

$$\begin{cases} S_{MM} = C^2(M_0 l)^2 S_{AA} & (f < f_0) \\ S_{MM} = \dfrac{C^2(M_0 l)^2 S_{AA}}{(f/f_0)^n} & (f > f_0) \end{cases} \tag{11-20}$$

式中:S_{MM} 为力矩限条件;l 为试验件质心到力传感器安装平面的距离。

式(11-19)和式(11-20)中,在一阶主频两侧方程的形式均有所不同。这是因为在低于一阶共振频率时载荷视在质量大小近似等于总质量,而在一阶共振频率之后则随着频率的 n 次方下降。C^2 值以及 (f/f_0) 的指数 n 的选择必须参考相似构型的飞行遥测数据、地面振动试验数据以及工程人员的经验判断。由于动力吸振效应,在实际结构系统中 C 很少超过 1.4。在实际的工程实践中,可以参考简单二自由度方法计算 C^2 值。

2002年8月,由加拿大空间局和肯考迪娅大学联合针对力限条件设计的半经验法开展了一项研究。在这项研究中,进行了一系列力限控制试验,并分析了半经验方法中的常数选择,提出了一个可供选择使用的参考,指出 C^2 的取值主要由取决于以下三个方面:

(1) 在试验件基频处,试验件与安装结构的有效质量比;
(2) 试验件与安装结构间的界面连接点的数目和位置;
(3) 激励的方向。

这个研究还显示,对于大部分构型,C^2 的取值基本与阻尼值无关,半经验常数一般的取值范围为 $1 \leqslant C^2 \leqslant 5$。

半经验方法公式简单,仅需要以前相似的结构构型飞行遥测数据或地面振动试验数据即可,不需要具体的有限元数值计算,因此具有很大的应用优势,所以在目前力限振动试验领域中半经验方法的应用非常广泛。此方法的缺点是要求试验人员有比较丰富的工程实践经验,并且需要足够多的相似结构构型飞行遥测数据和地面力限振动试验数据的积累。

11.3.4 有限元方法

随着数值仿真手段的快速发展,利用航天器及运载火箭耦合系统的有限元模型计算航天器系统级力限试验条件已经成为力限条件设计的新途径。航天器上典型位置的加速度响应可以通过耦合系统精细的有限元模型获得,通过对这一加速度谱取包络并乘以一个安全系数即可得到接触面的加速度试验条件。类似地也可以得到界面力的力限条件。本节将给出基于完整有限元模型的力限条件设计方法,由于正弦条件和随机条件的设计流程类似,这里仅以随机试验条件为例说明。

理论上,在力限随机振动试验中,加速度条件和力限条件应满足下式:

$$S_{FF} = S_{AA} \cdot \frac{S_{FF\_IF}}{S_{AA\_IF}} \tag{11-21}$$

式中:S_{FF_IF} 为源和负载耦合结构中界面力谱的最大值;S_{AA_IF} 为源和负载耦合结构中界面加速度谱的最大值。

通过有限元分析方法导出界面力谱,具体实施步骤如下:

(1) 对负载和源耦合结构有限元模型进行频响分析;
(2) 获取界面处各连接点的加速度 $A_{k,N}$ 和力 $F_{k,N}$,均以复数形式给出;
(3) 界面合力可由下式给出

$$F_{I/F} = \sum_{\text{all}} (F_{\text{real}})_{k,N} + i \sum_{\text{all}} (F_{\text{imag}})_{k,N} \tag{11-22}$$

式中:$F_{I/F}$ 为界面合力;$(F_{\text{real}})_{k,N}$ 为各界面连接点力的实部;$(F_{\text{imag}})_{k,N}$ 为各界面连接点力的虚部;k 为频响分析时的频率号;N 为频响分析的方向号(X,Y,Z

三个方向)。

(4) 界面合力矩可由下式给出

$$M_{I/F} = \left[\sum_{\text{all}} (F_{\text{real}})_{k,N} + i \sum_{\text{all}} (F_{\text{imag}})_{k,N} \right] \cdot l_k \quad (11-23)$$

式中：l_k 为连接点 k 对应的力臂；$(F_{\text{real}})_{k,N}$ 为各界面连接点力的实部；$(F_{\text{imag}})_{k,N}$ 为各界面连接点力的虚部。

(5) 界面处各点的加速度响应并不一致，通常界面加速度由等效界面加速度表示。界面等效加速度可由界面各点加速度 $A_{k,N}$ 的平均值表示，即

$$A_{I/F} = \left[\sum A_{k,N} \right] / n \quad (11-24)$$

式中：$A_{I/F}$ 为界面等效加速度；n 为界面连接点的个数。

(6) 界面处等效视在质量为

$$M_{\text{force}}^{\text{app}} = \frac{F_{I/F}}{A_{I/F}} \quad (11-25)$$

$$M_{\text{moment}}^{\text{app}} = \frac{M_{I/F}}{A_{I/F}} \quad (11-26)$$

(7) 界面合力的谱密度为

$$\text{FSD}_{i,N} = |M_{\text{force}}^{\text{app}}|^2 \cdot \text{ASD}_{k,N} \quad (11-27)$$

界面合力矩的谱密度为

$$\text{MSD}_{i,N} = |M_{\text{moment}}^{\text{app}}|^2 \cdot \text{ASD}_{k,N} \quad (11-28)$$

式中：$\text{ASD}_{k,N}$ 为负载与源界面处的加速度谱。

由式(11-27)给出的界面力谱密度是源和负载耦合结构中界面处的界面力，可以作为力限来使用；同理，由式(11-28)给出的界面力矩谱密度可以作为力矩限来使用。然而，由于结构的有限元模型和真实结构的动力学特性存在差异，特别是没有经过试验验证和模型修正的有限元模型会存在一定的误差，所以这种方法计算得到的界面力谱不能直接确定为界面力谱。为了保证确定的界面力限谱不小于真实界面力谱，应首先用简单二自由度方法、复杂二自由度、半经验方法和有限元分析等方法计算界面力谱密度，然后对得到的界面力谱密度取包络确定界面力限。

11.3.5 力矩限条件设计方法

目前在航天器的系统级和部组件级的力学振动试验中采用的是依次进行三个方向(一个纵向、两个横向)的振动试验来模拟航天器的实际动力学环境的试验方法。与此对应，通常需要三个方向的力限条件来限制振动台与试验件界面力谱密度，能更好地避免试验件因过试验而受到损伤。

横向振动试验中，试验件要受到振动台三个方向的力和三个方向的力矩的作用，界面力分布情况比纵向振动试验复杂。在横向振动试验中，由于振动台

横向激振力平面距试验件质心位置较远,试验件受到的纵向力、横向力和界面力矩都较大,此时界面力矩可以作为力限振动试验的一个重要的监测和控制参量。所以有必要研究横向振动试验时力矩限条件设计方法,实现横向振动力矩限控制,完善力限振动试验的控制方式。

结构系统第 k 阶模态的模态有效质量 M_k^{eff} 为 6×6 阶矩阵

$$\begin{bmatrix} F_1 \\ F_2 \\ F_3 \\ M_1 \\ M_2 \\ M_3 \end{bmatrix} = \begin{bmatrix} m_{11} & m_{12} & m_{13} & m_{14} & m_{15} & m_{16} \\ m_{21} & m_{22} & m_{23} & m_{24} & m_{25} & m_{26} \\ m_{31} & m_{32} & m_{33} & m_{34} & m_{35} & m_{36} \\ m_{41} & m_{42} & m_{43} & m_{44} & m_{45} & m_{46} \\ m_{51} & m_{52} & m_{53} & m_{54} & m_{55} & m_{56} \\ m_{61} & m_{62} & m_{63} & m_{64} & m_{65} & m_{66} \end{bmatrix} \begin{bmatrix} \ddot{x}_1 \\ \ddot{x}_2 \\ \ddot{x}_3 \\ \ddot{\theta}_1 \\ \ddot{\theta}_2 \\ \ddot{\theta}_3 \end{bmatrix} \quad (11-29)$$

在计算力限条件时,简化模型通常由模态有效质量矩阵中的对角线元素 $m_{ii}(i=1,2,3)$ 构建而成。如图 11-9 所示,在计算 X 方向力限条件时,首先基于模态有效质量矩阵的对角线元素 m_{11} 构建简单二自由度系统模型和复杂二自由度系统模型,随后根据 11.3.1 节或 11.3.2 节的方式计算得到力限条件。

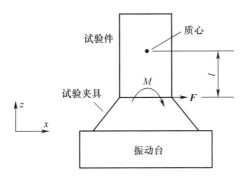

图 11-9 横向振动试验界面环境示意图

计算横向振动试验力矩限条件的具体实施策略如下:

(1) 对源和负载进行正则模态分析,得到模态参与因子 L_k;

(2) 利用式(11-29)计算得到源和负载结构第 k 阶模态有效质量 M_k^{eff};

(3) 从模态有效质量矩阵中提取元素 m_{ij}(j 为激励方向,i 为模态有效质量矩阵中代表所求界面力矩的分量号);

(4) 构建计算简化模型,依据前述介绍的简单 TDFS 方法和复杂 TDFS 方法计算界面力矩限;

(5) 包络界面力矩限,得到可用于力限振动试验的力矩限条件。

11.4 力测量与处理技术

在试验中要准确获得试验件和振动台之间的作用力并非易事,早期通过测量应变来间接得到试验件受到的作用力,但这种方法所获得的力不够准确,因为应变测量的只是试验件的局部变形,且容易受到外界干扰。下面介绍近年来关于力测量方法的两种主要思路。

11.4.1 力信号测量技术

1. 电流和电压方式

振动试验时,航天器受到的激励力等于功率放大器提供的力减去用于使振动台动圈、夹具等部分产生运动需要的力。振动台传力路径的电路模拟如图 11-10 所示。在电路模拟中,电流正比于力,电压正比于速度,由功率放大器提供的电流分成驱动振动台动圈等的电流(I_s)及驱动航天器的电流(I_1)。提供给振动台动圈的电流正比于通过振动台动圈的电压,而动圈电压正比于振动台与航天器连接面的速度。因此,为了有效地测量施加给航天器的作用力,要求测量功率放大器输出的电压和电流。

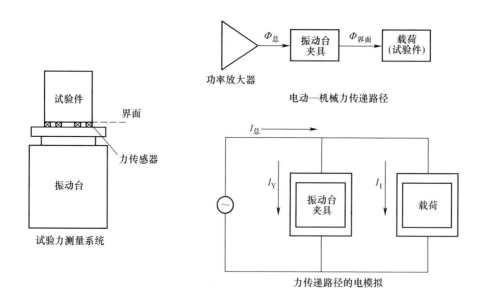

图 11-10 机械力传递路线的电路模拟

因为估算力需要电压和电流之间的相位关系数据,所以要求测量瞬时(均

值和有效值)电压和电流,有如下方程:
$$f_L = K(\omega)(I - Y_S E) \tag{11-30}$$
式中:f_L 为航天器所受到的作用力;$K(\omega)$ 为比拟系数,可以通过试验获得;I 为输出总电流;E 为输出电压;Y_s 为导纳,即未安装试验件时的测量值。

式(11-30)给出了电压 E 和电流 I 与施加给试验件的力 f_L 之间的关系。总电流 I 与用来产生振动台动圈和夹具运动电流 $Y_s E$ 的差正比于连接面的作用力 f_L。

利用此方法推算航天器受到的作用力需要进行两次试验。首先不安装航天器进行空台振动试验,以确定 Y_s,见式(11-31);接着在振动台上安装已知质量的刚性载荷进行试验,根据测量的载荷加速度 a、功率放大器输出电流和电压用式(11-32)计算出 $K(\omega)$。

$$\frac{I_{空台}}{E_{空台}} = Y_{空台} \tag{11-31}$$

$$K(\omega) = \frac{M_{载荷} a_{载荷}}{I_{总电流} - Y_{空台} E} \tag{11-32}$$

得到 $K(\omega)$ 和 Y_s 后,正式试验时就可用式(11-30)计算出施加给航天器的作用力。即通过控制功率放大器输出的电流和电压来限制力。对于电动振动台这种方法可使试验频率达到 500Hz 而不失真。

2. 力传感器方式

通过力传感器可以直接测量航天器所受到的作用力,但是,由于要将力传感器安装在试验件与振动台之间,需要设计工装使力传感器能够与航天器和振动台连接。航天器所受到的力为力传感器测量值减去其上工装运动所需要的力,公式为

$$F = f - ma \tag{11-33}$$

式中:F 为航天器所受到的力;f 为力测量值;m 为力传感器上部工装质量;a 为加速度。

式(11-33)中是将力传感器以上部分工装在试验时的运动看成刚体的平动,因此要求其刚度要足够大,但是随着试验频率的增加,当工装发生共振时,力的测量精度将受到影响。图 11-11 为国外力限振动试验力测量工装 FMD(force measurement device),采用上、下安装环和力传感器的组合形式。在力测量工装中,因为力传感器内的压电晶体只有受压时才有信号输出,所以安装时需要施加一定的预紧力,以确保试验中航天器连接面与振动台始终处于压紧状态,预紧力施加的大小要使振动中力测量值始终处于传感器量程范围内。要求力传感器上部工装的质量尽量轻,刚度尽量大,以避免发生共振带来的力测量误差。

图 11-11　国外某力测量装置(FMD)

11.4.2　力信号处理技术

多个力传感器测量的力信号要经过信号调节器处理,得到最终所需要的合力或合力矩信号,输入给控制系统用于试验控制。对于图 11-12 所示由 4 个三向力传感器按矩形分布组成的工装,三个相互垂直方向的合力分别由 4 个力传感器相应方向的分力相加得到,而三个合力矩是由不同传感器分力与力臂乘积相加获得,其中绕 Z 轴的合力矩最为复杂。可以看出当试验为水平 Y 方向振动时,绕 X 轴的力矩最大,由各传感器 Z 向分力计算得到,适合作为力限试验条

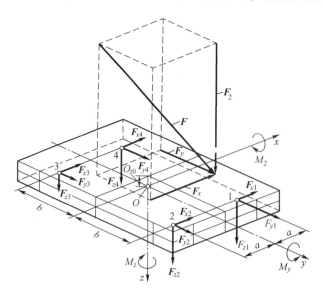

图 11-12　合力与合力矩计算示意图

件;振动方向(Y方向)的合力是合力中最大的,由 Y 向分力计算得到,也适合作为力限试验条件。根据工装中力传感器的分布,三个相互垂直方向的合力与合力矩计算公式见下式。

$$\begin{cases} F_x = F_{x1} + F_{x2} + F_{x3} + F_{x4} \\ F_y = F_{y1} + F_{y2} + F_{y3} + F_{y4} \\ F_z = F_{z1} + F_{z2} + F_{z3} + F_{z4} \\ M_x = b(F_{z1} + F_{z2} - F_{z3} - F_{z4}) \\ M_y = a(-F_{z1} + F_{z2} + F_{z3} - F_{z4}) \\ M_z = b(-F_{x1} - F_{x2} + F_{x3} + F_{x4}) + a(F_{y1} - F_{y2} - F_{y3} + F_{y4}) \end{cases}$$

(11-34)

11.5 力限振动试验系统

11.5.1 力限振动试验系统组成及控制原理

力限振动试验系统是在传统振动试验系统基础上,增加一个力测量和控制的环节,通过航天器和振动台之间的力传感器获取航天器受到的激励力作为响应限制条件,辅助加速度完成试验控制。力限振动试验系统主要由控制、激励和信号采集处理三部分组成。控制仪要有足够的通道,除具备传统振动试验控制的各种功能外,还要有响应限幅控制功能;试验激励加载部分包括功率放大器和振动台,功率放大器将控制仪发出的驱动信号进行放大,输出能量给振动台使其按照规定的条件进行振动,完成对试验件的加载;信号采集处理部分包括力测量工装、加速度传感器及信号处理器,其作用是将试验件受到的激励力、产生的加速度进行采集并处理成控制仪所需要的信号传输给控制系统。组成力限振动试验系统典型的仪器设备见图 11-13。

试验时,控制系统输出驱动信号,经功率放大器放大后输送到振动台使台面与试验件产生振动。试验量级由安装在连接面处的加速度传感器获取,经信号调节器处理后反馈给控制系统。控制系统对输出的驱动信号进行修正,使振动台输入到试验件的振动满足试验条件。同时,试验件受到的激励力由安装在振动台与试验件之间的力传感器测量,经信号调节器处理后反馈给控制系统,当所测量的力大于所规定的限制条件时,控制系统减小输出驱动信号,使振动台振动加速度量级降低,从而避免过试验的发生。力限振动试验控制原理见图 11-14。与传统振动试验最显著的不同是试验件所受到的作用力参与了试验控制,为此,在试验件与振动台之间需要安装力传感器,改变了传统试验中试验件

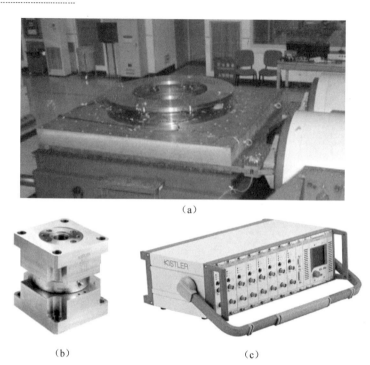

图 11-13 力限试验系统主要仪器设备
(a)振动台及力测量工装;(b)力传感器;(c)力信号调节器。

与振动台的连接方式。

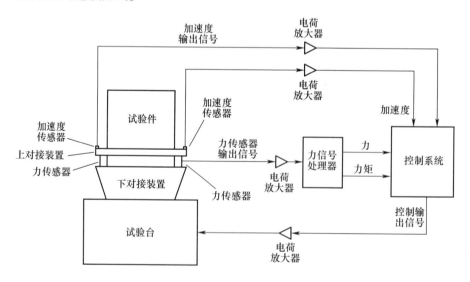

图 11-14 力限振动试验控制原理图

11.5.2 力测量工装

虽然力限试验技术提出较早,但是直到压电式石英力传感器出现后,才在工程实际中得到推广和应用。力限试验要求将力传感器安装在振动台和试验件之间来测量力,改变了试验件的安装方式,试验夹具与力传感器组成系统的力学特性将对试验结果产生一定影响。

1. 通用力测量工装

早期力限试验中所使用的通用力测量工装是参考国外文献设计的,如图 11-15 所示。其采用上、下安装环及力传感器的形式。上、下安装环均为不锈钢材料,分别有与振动台和试验件的连接接口,安装环之间装有八个三向力传感器(图 11-13(b)),呈均匀分布,每个传感器水平方向量程为 7.5t,垂直方向量程为 15t。因此,整个力测量工装水平方向量程为 60t,垂直方向量程为 120t,总质量为 1800kg,水平方向基频约为 600Hz,垂直方向基频约为 700Hz。

图 11-15 三向通用力测量工装

为保护航天器安装面发动机等突出物,航天器需要通过具有一定高度的试验夹具来与振动台连接。在力限振动试验中,需要将通用力测量工装安装在夹具与振动台台面之间,为考察这一变化对试验结果可能产生的影响,利用结构航天器进行了对比试验。图 11-16 为进行航天器垂直方向振动试验时通过传统夹具连接与通过力测量工装连接方式的对比,图 11-16(b)中在夹具与振动台面之间安装有力传感器。图 11-17 为航天器水平方向振动试验时通过传统夹具连接与通过力测量工装连接方式的对比。

航天器质量为 1830kg,试验夹具质量为 500kg。试验采用 0.15g,5~100Hz 正弦扫描激励。垂直方向振动试验中,不同连接方式下航天器主结构上测点响应对比见图 11-18,两条曲线几乎完全重合,航天器垂直方向基频在 56Hz 附近,连接方式的改变对航天器垂直方向试验结果没有影响。水平方向振动试验

(a)   (b)

图 11-16 垂直方向振动试验安装方式

(a)通过传统试验夹具安装;(b)通过力测量工装安装。

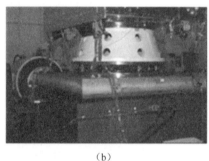

(a)   (b)

图 11-17 水平方向振动试验安装方式

(a)通过传统试验夹具安装;(b)通过力测量装置安装。

中,响应对比见图 11-19,采用传统试验连接方式,航天器结构响应峰值在 22.12Hz 处,为 2.87g;采用力测量工装与传统振动试验夹具组合连接方式,峰值在 21.02Hz 处,为 2.7g,基频前移约 1Hz,响应幅值相当。

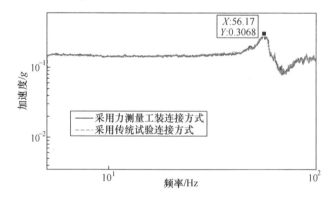

图 11-18 垂直方向振动航天器结构响应

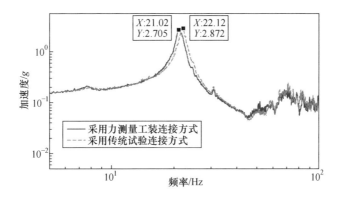

图 11-19　水平方向振动航天器结构响应

采用通用力测量工装试验,由于试验夹具要安装在力传感器之上,使航天器质心位置相对力测量面升高,并增加了力传感器之上工装部分质量(超过试验件质量的10%)。尤其在水平方向振动试验中,较高的质心将引起较大的弯曲力矩,使局部力传感器承受更大载荷,降低了力测量工装的刚度。由此看出,通用力测量工装更适用于简捷安装的小型试验件振动试验中。

2. 航天器试验专用力测量工装

在前期研究成果基础上,根据航天器试验特点,设计出航天器专用力测量工装,如图 11-20 所示。工装力传感器以下部分采用花盆形式,可与振动台连接,上环设计有与航天器连接的接口。在相似接口航天器力限试验中,只需更换上环即可。为了在上环和花盆之间安装力传感器,增加了花盆厚度,工装总高度与传统工装相当。上环和花盆均采用铝合金材料,整个力测量工装总质量

图 11-20　专用力测量工装

为830kg,其中力传感器上部的质量为163kg。连接力传感器的螺栓施加预紧力,确保试验中航天器与振动台始终保持压紧状态,工装水平方向和垂直方向基频均高于450Hz。

由于力传感器水平方向刚度较小,所以在传感器位置设计时重点考虑对工装水平方向特性的影响,工装中力传感器分布见图11-21。工装设计成适用于垂直方向振动和X方向的水平方向振动,上部与航天器的接口对称。航天器不同水平方向试验时工装无需转动,只需将航天器沿Z轴旋转90°安装即可。考虑到X方向振动时,垂直方向力的分布沿X方向增加,中间Y轴位置最小。因此力传感器的位置对称分布在X轴线两侧,这样在X轴正、负方向一端各由两个力传感器来承担载荷,如正方向一端为6号和7号力传感器,使工装中载荷分布更合理。在兼顾航天器接口的情况下,增大1号和8号力传感器之间距离,减小2号和3号力传感器之间距离,来调整传感器所承载的垂直方向力。

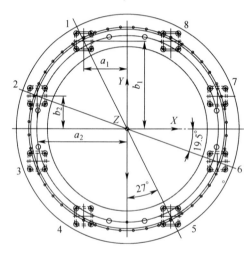

图11-21 力传感器分布示意图(俯视图)

采用航天器模拟结构对专用力测量工装进行水平方向振动对比试验,见图11-22。航天器模拟结构是模拟航天器结构动力学特性设计的试验件,由承力筒和上、下贮箱配重等组成,质量为2480kg,质心位置及动态响应特性与航天器基本一致(后面还将多次用于试验)。图11-22(a)为试验件通过专用力测量工装与振动台连接,力传感器位于振动夹具与试验件之间;图(b)为试验件通过传统振动夹具直接与振动台连接,无力传感器;图(c)为试验件通过传统振动夹具、通用力测量工装与振动台连接,振动夹具位于力传感器之上。试验结果表明,专用力测量工装力学特性与传统夹具特性一致,两种连接方式(图(a)与图(b))航天器模拟结构上的响应曲线几乎完全重合,见图11-23。专用力测量工装水平方向刚度得到提高,适用于航天器不同方向的振动试验。

(a) (b) (c)

图 11-22 航天器模拟结构水平方向振动试验

(a)采用专用 FMD 连接;(b)传统工装连接;(c)采用通用 FMD 连接。

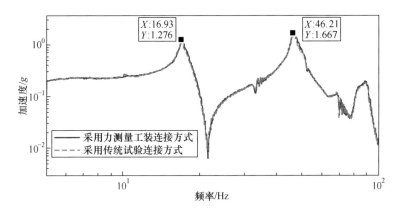

图 11-23 水平方向振动航天器模拟结构响应比较

需要注意的是,除了要定期对力测量工装进行标定外,由于力测量工装是应用在动态振动环境下,还要定期对工装进行动态标定检查。动态检查可采用标准砝码作为试验件进行试验的方式进行。由于砝码固有频率高,在试验频率范围内可以看作刚体运动,采用定频或频响扫描测试均可。整星振动试验中,可以通过低频的定频振动试验对整个力测量系统进行检验。在低频段航天器也可以看作刚体,观察主振方向的合力测量曲线是否符合规律,从而对力测量的准确性做出判断。

11.5.3 信号调节器的选用

力信号调节器的作用是将工装中每个力传感器测量信号进行调制,完成力和力矩信号的合成。图 11-20 中专用工装每个力传感器有三个输出通道,与之相配套的信号调节器需要 24 个输入通道,至少 30 个输出通道,其中包括 24 个分力、3个合力和3个合力矩通道。由于力传感器输出电荷量大,因此信号调节器在将电荷转换成电压信号的同时,还要对信号进行不同程度的衰减。目前市面上很难找到适用的产品,需要进行专门的设计生产。

专用力测量工装中,设1号传感器输出X、Y、Z三个垂直方向分力分别为F_{X1}、F_{Y1}和F_{Z1},则输出力绕X轴和Y轴的力矩分别为$M_{X1}(F_{Z1}\times b_1)$和$M_{Y1}(F_{Z1}\times a_1)$,2号传感器输出为F_{X2}、F_{Y2}和F_{Z2},绕X轴和Y轴的力矩分别为$M_{X2}(F_{Z2}\times b_2)$和$M_{Y2}(F_{Z2}\times a_2)$,以此类推,力信号调节器的合力及合力矩按以下公式设置:

$$\begin{cases} F_x = F_{x1} + F_{x2} + F_{x3} + F_{x4} + F_{x5} + F_{x6} + F_{x7} + F_{x8} \\ F_y = F_{y1} + F_{y2} + F_{y3} + F_{y4} + F_{y5} + F_{y6} + F_{y7} + F_{y8} \\ F_z = F_{z1} + F_{z2} + F_{z3} + F_{z4} + F_{z5} + F_{z6} + F_{z7} + F_{z8} \\ M_x = b_1(F_{z1} + F_{z8} - F_{z4} - F_{z5}) + b_2(F_{z2} + F_{z7} - F_{z3} - F_{z6}) \\ M_y = a_1(F_{z1} + F_{z4} - F_{z5} - F_{z8}) + a_2(F_{z2} + F_{z3} - F_{z6} - F_{z7}) \\ M_z = b_1(-F_{x1} + F_{x4} + F_{x5} - F_{x8}) + b_2(-F_{x2} + F_{x3} + F_{x6} - F_{x7}) \\ \quad + a_1(-F_{y1} - F_{y4} + F_{y5} + F_{y8}) + a_2(-F_{y2} - F_{y3} + F_{y6} + F_{y7}) \end{cases} \quad (11-35)$$

对于质心偏置不大的航天器,一个方向的振动试验只有主振方向的合力及合力矩最大。X方向水平振动试验时,控制力矩为绕Y轴力矩M_y,参见图11-12,其他方向数据供参考。

11.6 力限振动试验技术工程应用

目前在航天器动力学环境试验中,采用正弦扫描试验考核航天器的低频特性,采用随机或者噪声试验考核航天器的高频特性。一般来说,具有较大体积的航天器通常进行正弦振动和噪声试验,而体积较小的航天器进行正弦振动和随机振动试验。本节结合两个典型的航天器力学环境试验,介绍力限技术在正弦振动与随机振动试验中的应用。在振动试验中,航天器要分别承受三个相互垂直方向激励的考核,即一个垂直方向和两个水平方向。垂直方向为航天器与火箭安装轴线飞行方向,航天器一阶固有频率较高,承受来自飞行方向的作用力;水平方向与飞行方向垂直,航天器一阶固有频率较低,承受垂直于飞行方向的作用力;由于这两个方向试验中航天器所受到的作用力模式有所不同,本节分别以水平方向正弦振动和垂直方向随机振动试验为例,分别论述力限技术在其中的应用情况。

11.6.1 水平方向正弦力限振动试验

在水平方向振动试验中,航天器安装在水平滑台上,随滑台做水平方向运动。与垂直方向振动试验不同,由于振动方向合力距离质心较远,航天器根部受到的作用力除在振动方向较大外,由质心运动引起的弯矩也很大,特别是弯矩引起的局部垂直方向力可能更大,需要特别关注。此时,合力、力矩及局部力都可以作为力限试验的限制条件。水平方向振动试验时,航天器垂直方向分力随位置不同而变化,在计算力矩时应注意各力传感器测量力的方向。

1. 航天器模拟结构验证试验

为检验采用力限技术的控制效果,首先利用前面所提到的航天器模拟结构进行了水平方向振动试验。试验件质心高度1200mm,力学特性与正样航天器基本一致。设计的试验方案是,先按传统方式采用加速度控制进行低量级振动试验,获取试验件安装面的加速度响应与作用力;随后进行高量级力限振动试验,限制条件为低量级试验时测量的作用力,考察力限起作用的频率区间和控制加速度下凹达到的程度,检验控制效果。低量级采用5~100Hz的0.1g正弦扫描,测量结构加速度响应和作用力。航天器两阶共振频率响应非常明显,见图11-24,一阶共振频率16.8Hz处力矩为74kN·m,二阶共振频率48Hz处合力为21kN。高量级试验为5Hz扫描到100Hz的0.4g正弦扫描,一阶频率和二阶频率分别采用力矩、合力进行限幅控制,即在30Hz以下采用力矩74kN·m进行限幅控制,30Hz以上采用合力21kN进行限幅控制。航天器模拟结构试验照片见图11-25。

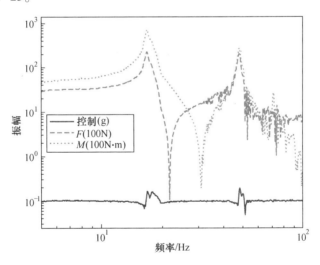

图11-24 低量级试验控制曲线与力、力矩测量曲线

图11-26为采用力矩限的控制结果,图中下部两条曲线分别为0.1g和0.4g试验的控制曲线,上部两条曲线分别为相应的力矩测量曲线。从图11-26中可以看到,力矩限幅起作用的频率范围为15~18Hz,力矩曲线在航天器模拟

图 11-25　航天器模拟结构振动试验

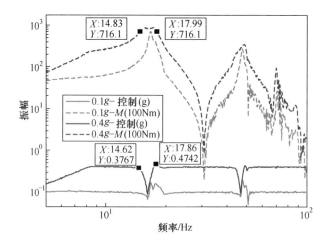

图 11-26　控制曲线与力矩曲线

结构一阶共振频率处变得平坦,并很好地包络了低量级力矩曲线,控制加度谱下凹到 0.089g,与低量级控制曲线量级接近,此时低量级控制曲线也正处于由航天器模拟结构与振动台耦合作用引起振动的波谷处。图 11-27 为航天器模拟结构二阶共振频率处采用力限的控制结果,同样图中下部两条曲线分别为控制曲线,上部两条曲线分别为合力曲线。力限幅起作用的频率范围是 45~49.6Hz,最大力为 22.5kN,控制加速度谱下凹到 0.092g。从两幅控制曲线图可以看出,在水平方向振动试验中,力矩与力均起到了理想的控制效果,使输入加速度控制逐渐下降到低量级控制曲线附近,曲线波动小,与传统的加速度下凹控制曲线存在明显不同。

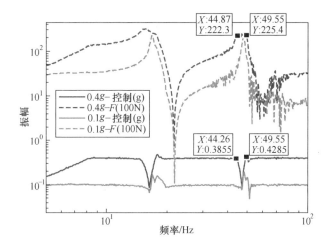

图 11-27 控制曲线与合力曲线

2. 航天器力限振动试验

试验航天器质量为 5500kg，垂直方向质心 1481mm，航天器水平方向振动试验照片见图 11-28 和图 11-29。根据试验条件计算，力测量工装满足要求。试验前首先检查力测量工装中螺栓是否达到规定的预紧力，确保试验中力传感器始终处于受压状态，以准确测量每一时刻试验件受到的作用力。

图 11-28 航天器水平方向振动试验

421

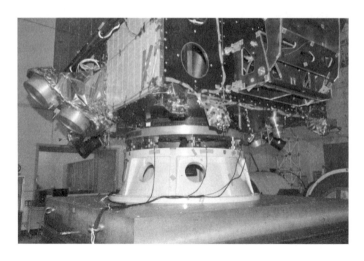

图 11-29 航天器水平方向振动试验(局部图)

航天器试验高量级为 0.9g,从 5Hz 扫描到 100Hz。试验中航天器根部局部可能受到很大的作用力,因此除采用合力、合力矩限制条件外,必要时还要考虑进行局部力限保护。在航天器根部四个象限处,分别粘贴了 4 个垂直方向应变片,用于检测航天器根部结构变形情况。

加速度试验条件的下凹是根据试验中主结构的受力不大于静载条件下的受力原则确定的。根据航天器设计准静态过载条件的分析计算,发射状态星箭连接面处垂直向准静态设计载荷等效合力为 908kN,水平方向准静态设计载荷等效合力矩为 272kN·m,由此可线性推算出各种状态下的力限制条件。通过 5Hz 定频振动的应变测量数据来确定结构根部最大支反力的放大系数,应变和力测量数据见表 11-1。

表 11-1 定频试验对接段根部应变

应变测点位置	试验量级		
	0.2g	0.4g	0.6g
远端根部对接框 $S_1(\mu\varepsilon)$	22.1	42.4	83.4
近端根部对接框 $S_2(\mu\varepsilon)$	20.2	42.7	72.1
振动方向(X 向)合力 F_x/N	9658	19810	32300
绕 Y 轴力矩 M_y/(N·m)	14750	30620	52300

参考以上试验数据,取准静态设计等效力矩的 90%,确定在 0.9g 试验中采用力矩 240kN·m 进行限幅控制。同时考虑到力传感器分布在 ϕ1216mm 的圆周上及在振动方向(X 向)传感器之间的距离(1 号和 8 号距离为 552mm,2 号

和7号距离为1146mm），由准静态设计等效力矩推算出局部位置(2号和7号力传感器）垂直方向力为98kN，采用98kN进行局部保护性限制。低量级试验结果表明，航天器上某主要载荷一阶频率75Hz处加速度响应峰值很高，但此频率不是主结构的共振频率，航天器根部力和力矩响应不明显，因此，无法采用力限控制对该载荷进行保护，为此将试验条件在75Hz附近进行事先下凹处理，下凹谷底量级为0.6g。

力限试验控制结果见图11-30，加速度控制曲线在航天器主结构基频13.7Hz处下凹至0.33g，与75Hz附近事先主动下凹的倒梯形控制曲线不同，由力限导致的控制曲线下凹呈倒三角形状，曲线过渡平稳、波动小，控制效果理想。图11-31为三个方向的力矩曲线，M_y峰值为250kN·m略高于限制条件。图11-32为两个最大分力的测量曲线，位于对称位置传感器的力测量曲线重合得非常好，最大作用力为99.6kN。从试验结果看，力限技术使加速度控制曲线在航天器共振频率处下凹效果明显，但在星上有效载荷共振频率处，由于力测量曲线峰值不明显，一般只能采用主动下凹或加速度响应控制方法。

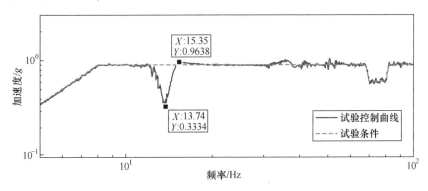

图11-30 试验控制曲线

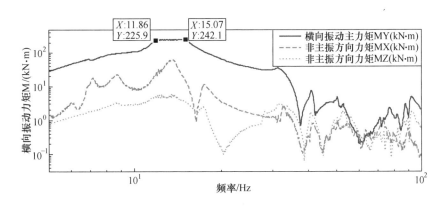

图11-31 力矩测量曲线

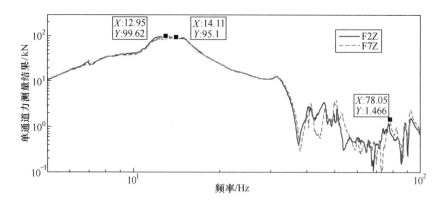

图 11-32 局部最大力测量曲线(2号和7号)

3. 有效载荷响应

上文提及的星上有效载荷质量为1050kg,其先后经历过单机和整星两次振动试验,结构测点位置完全一致。单机试验条件由传统方式确定,可以对比分析两次试验中同一位置的响应情况。在整星级试验中,载荷根部与航天器承力筒相连,根部的响应(图11-33)作为结构响应的输入条件;而在单机试验中,载荷根部则直接与振动台相连。图中上部两条曲线分别为有效载荷单机试验条件和控制曲线,下部两条曲线是整星试验中有效载荷根部的响应。单机试验条件在航天器共振频率13Hz和有效载荷共振频率附近很好地包络了整星试验中有效载荷根部的响应。图11-34为有效载荷质心附近结构响应曲线,可以看出若不是航天器试验中在主结构基频进行力限控制及75Hz的下凹处理,有效载荷响应将超过单机试验的响应。同时也可以看到由于两试验边界条件不同,载荷结构响应峰值的频率亦不相同,单机共振频率在55Hz附近(图11-33试验条件下凹处)。

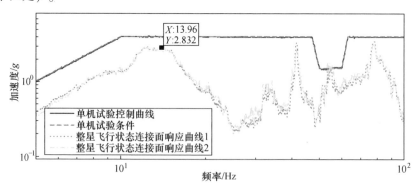

图 11-33 航天器振动试验时某有效载荷根部响应曲线与单机试验控制曲线

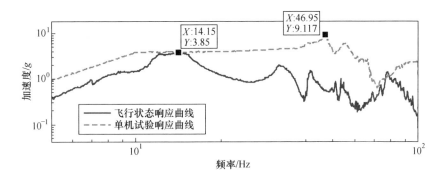

图 11-34　航天器振动试验时某有效载荷响应曲线与单机试验响应曲线

11.6.2　垂直方向随机振动试验

试验航天器质量 573kg,质心与星箭对接面距离 644mm。试验条件:20~150Hz 以 3dB/Oct 上升,600~2000Hz 以 -6dB/Oct 下降,150~600Hz 加速度谱密度为 $0.02g^2/Hz$,航天器垂直方向振动试验照片见图 11-35。

图 11-35　航天器垂直方向振动试验

低量级正弦扫描试验结果显示,航天器垂直方向基频为 68Hz,二阶频率为 96Hz,均处于试验条件的上升段,对应的加速度谱密度分别为 $0.0091g^2/Hz$ 和 $0.0128g^2/Hz$。这里存在一个问题,前文提到 NASA 所完成的 CASSINI 航天器随机振动试验条件的拐点为 20Hz,20~200Hz 加速度谱密度为 $0.01g^2/Hz$,航天器共振频率处于平直谱试验条件的频率范围内。但目前国内小航天器随机振动试验条件上升段拐点大多数在 150Hz(少数在 100Hz),而航天器结构基频均在 100Hz 以内。在航天器基频之上,随着频率的升高试验条件还在提高,这时力谱的变化要通过低量级随机试验来检查,为力限条件的制定提供依据。此次的小航天器试验基频之上,力谱随频率增加而下降,但由于试验条件仍处于上升段,力谱下降的程度受到一定影响。

根据垂直方向低量级试验结果取 $C=2.5$ 计算,在 80Hz 以前以 7.5×10^5 N^2/Hz 作为航天器基频的限制条件;80Hz 之上以 5.0×10^5 N^2/Hz 作为限制条件。试验控制结果见图 11-36(a),图中分别为加速度控制和力限控制曲线,可以看到力限条件发挥作用后使加速度谱密度在 68.67Hz 处由 $0.0091g^2/Hz$ 下降到 $0.00317g^2/Hz$,在 96.64Hz 处由 $0.0129g^2/Hz$ 下降到 $0.002448g^2/Hz$。合力谱测量结果见图 11-36(b)。

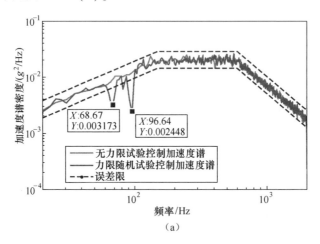

(a)

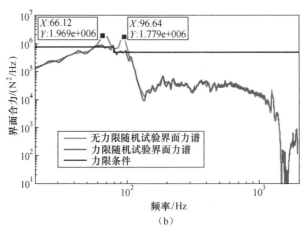

(b)

图 11-36　垂直方向试验结果
(a)控制曲线;(b)力测量曲线。

11.6.3　力限试验注意事项

在产品不同研制阶段,力限试验条件的制定策略应有所不同。在设计阶段力限条件的制定主要参考结构设计载荷,条件相对保守;对于正样航天器,要根据实际飞行力学环境制定力限条件。上面介绍的航天器都是通过适配器与火箭相连的,因此力测量工装上部接口设计成圆环形式。若航天器与火箭的连接形式改变,航天器能够通过力传感器直接与振动台连接,则可以减少中间环节,提高试验控制和测量精度,此连接方式下的航天器力限振动试验见图 11-37。

图 11-37　航天器力限控制振动试验

目前国内正样航天器进行动力学环境试验时都处于非加注燃料状态,其质量与质心位置与实际情况有所差别,在制定力限试验条件时应引起关注。垂直方向试验时每个力传感器在振动方向测量的分力大小接近,合力适合用于限幅控制。水平方向试验时各力传感器所测量的局部力大小不同,除振动方向上的合力较大外,力矩和局部力也适用于作为响应限幅控制。对于大多质心较低的部、组件产品,采用振动方向的合力作为力限条件更为恰当。

11.7　力限振动试验技术发展趋势

相比传统的加速度控制,在结构共振频率处辅以力响应限幅控制对缓解航天器及其部组件的振动量级具有显著的效果,而且可以明显提高共振频率处的控制精度。

近几年来,力限技术已经在以北斗导航 MEO(中轨道)卫星为代表的一系列航天器振动试验中得到推广使用,包括火星探测器、东五平台系列卫星等大型复杂结构航天器,通过力限技术的应用均取得了很好的振动控制效果。未来我国还将发射载人登月等重量更大结构更加复杂的航天器,其对振动试验的控制要求也将更加严苛,力限技术将会得到更加广阔的应用。问天一号(火星探测器)采用力限控制振动试验如图 11-38 所示。

图 11-38　天问一号(火星探测器)采用力限控制振动试验

但是也应该看到,由于我国在航天器研制过程中采用力限振动试验技术的时间并不是很长,今后可在如下几个方面加强研究和应用工作:

(1) 进一步规范力限条件的设计:目前获得力限条件的方法比较多,使用起来也存在较大的随意性,如果仅对几种方法实施简单包络,可能会使得力限条件过于保守。因此,今后应完善制定力限条件的方法步骤,特别关注通过有限元方法获取力限条件的技术手段。

(2) 开展在轨飞行力的测量:随着测力传感器的小型化和轻质化,目前已经具备将力传感器安装在航天器上对飞行状态实施测量的能力,而且国外已经有过成功飞行的先例。今后可着手开展此类力传感器的研制,为早日获取在轨数据奠定基础。

参 考 文 献

[1] SALTER J P. Taming the General-Purpose Vibration Test[J]. Shock and Vibration Bulletin,1964,33:211-217.

[2] SCHARTON T D. Force-limited vibration testing monograph[R]. NASA RP-1403,1997.

[3] SCHARTON T D. Force Limits for Vibration Tests[R]. CNES Conference on Spacecraft Structures and Mechanical Testing,Paris,FR,1994.

[4] SCHARTON T D. Analysis of Dual Control Vibration Testing[R]. Proceedings of the Institute of Environmental Sciences 36th Annual Technical Meeting,1990.

[5] SCHARTON T D,Chang K. Force Limited Vibration Testing of the Cassini Spacecraft and Instruments[C].

IES 17th Aerospace Testing Seminar,Los Angeles,Ca.,1997.
[6] 李新明,张俊刚,岳志勇,等. 力限三向 FMD 的设计及应用[J]. 航天器环境工程,2009,26(4):354-357.
[7] 岳志勇,张俊刚,冯咬齐,等. 力限试验夹具及 FMD 技术研究[J]. 航天器环境工程,2007,24(4):244-247.
[8] 张俊刚. 航天器振动试验力限控制技术研究[D]. 北京:中国空间技术研究院,2009.

第12章 多轴振动试验技术

12.1 概述

航天器作为运载火箭的有效载荷在运输、发射、飞行和再入过程将要经受振动环境的作用,通常情况下振动环境载荷是多维或多轴向同时施加的。这些振动环境,通过航天器的结构动态传递,逐级作用于航天器的系统级、分系统级及组件级的结构或星上仪器设备,并可能导致结构破坏,仪器设备的性能下降,故障或失效。这些故障的发生可能影响飞行任务的完成,甚至导致整个飞行任务的失败。因此,动力学环境对航天器工作可靠性的影响不容忽视。

基于振动环境对航天器结构及其星上仪器设备的影响,为了验证航天器在其整个生命周期内的可靠性,必须在地面上再现航天器在地面运输和发射飞行过程中所经受的振动环境,以考核航天器及其星上仪器设备经受该环境的能力,暴露航天器及其组件设计、工艺、制造和装配中存在的缺陷和隐患,排除早期失效,减少或杜绝飞行故障。这种在地面上再现航天器所经受的振动环境的试验即振动环境模拟试验,一般说来,振动环境模拟试验按振动环境性质可分为正弦振动试验、随机振动试验、瞬态振动试验和振动波形复现试验等。

传统的航天器振动环境试验采用单轴振动试验方法,即振动环境试验是以一次一个轴的方式依次进行。试验设备采用单轴电动式或电液式振动台(用于垂直方向振动)或单轴振动台加水平滑台(用于水平方向振动)的方式,规定的振动环境试验条件通过目前流行的单驱动输出通道振动控制仪实现。对于单轴振动试验,当试验件尺寸增大,单一的响应控制点无法描述一维运动的不均匀性时,可以引入多点平均控制方式来实现单点控制要求,并通过提高试验量级来补偿试验条件的准确性要求。对于实际使用环境中存在的多轴振动问题,在传统的试验条件下,一般假定试验过程中各方向的振动作用效果彼此独立,按三个正交方向分别给出试验条件进行试验。这种用单轴振动依次模拟实际的多轴向振动环境存在着以下几方面的问题：

（1）单轴振动不能有效模拟真实的振动环境。单轴和多轴振动试验方法在环境效应上有明显差别，如 JPL 试验中心针对某同步轨道卫星上的 Ku 频段下行变换器进行了单多轴振动试验，比较了三个一分钟的单轴试验和一分钟的三轴同时试验造成的累计疲劳损伤的差别；通过比较单/多轴载荷作用下的疲劳裂纹应力强度因子，证明多轴振动载荷同时加载对疲劳失效有更高的激发效能。此外一些已经按照标准通过了单轴振动试验的设备（如车载电源、通信设备、导弹引信和指导系统等）在飞行环境中不能承受多维振动环境，而简易的多轴振动环境试验却能揭示单轴试验未能发现的潜在故障，因此特别是对多轴振动敏感的设备，如惯性组件、制导系统和火工品在有条件的情况下尽量采用多轴振动试验方法进行考核验证。

（2）单轴振动试验无法暴露某些对振动方向敏感，但又不是主振方向的故障模式，导致了某些按标准通过了振动试验的设备在实际使用中出现了故障。实际上单轴振动试验模拟多维环境存在着效应上的欠试验与试验时间上的过试验。由于单轴振动试验存在其他方向的分量，对于某些设备，多次的单轴振动试验会导致产品在时间历程上过试验，产品可能出现不应有的故障模式。此外，单轴振动试验实际上存在着效应上的欠试验与试验时间上的过试验，这给试验件的环境适应性及可靠性评估带来很大的困难。

（3）对于大型试验件，由于振动试验与实际环境在振源和振动传递上的不一致，使得同一试验件中的不同设备可能同时存在欠试验和过试验情况。

这些分析说明，尽管单轴振动试验技术经历了长期的发展已经成熟并具有完善的标准规范，也仍在振动环境模拟试验技术的应用中占据着主流地位并被大多数试验技术人员作为振动环境试验的主要手段和工具，但随着工业技术的发展，人们对振动环境试验的要求越来越高，在某种程度上，仅仅依靠单轴振动试验已不能够满足对航天产品考核的更高要求。

多轴振动试验是由多个振动台同时激励并使试件在多个轴向上同时产生运动的振动试验。与传统的单轴振动环境试验相比，多轴振动试验在产品故障模式复现和模拟精度方面具有较明显的优越性，多轴振动环境试验可以更逼真地模拟使用环境。采用多轴振动环境试验技术可以使复杂结构试验件在试验过程中的过试验和欠试验程度趋于合理。完整的多轴振动试验系统具有六自由度运动能力，可以在控制系统的作用下产生任意规定的六自由度空间运动。

采用多轴模拟技术可以使试验室中模拟出来的振动环境更加接近产品真实经历的环境，因而，该试验技术也一直是国内外航天设计与工程研制部门所追求的目标。近十几年来，多轴振动试验技术在国内外各个工业领域受到越来越多的重视，应用也越来越广泛。

在国外航天军工领域,从 20 世纪 80 年代中期开始,欧美发达国家对多轴振动系统应用于航天产品振动试验进行了许多研究与探讨。目前欧美、日本等地区和国家的几个主要宇航试验中心以及军工行业试验中心均装备了多自由度振动试验系统,如美国 NASA 的 Goddard 空间中心购置有 TUBE 型六自由度振动台系统用于航天器的地面环境试验;美国的 HAFB 的六自由度振动台系统应用于大型导弹的导航设备的鉴定、修改和可靠性试验,该系统由八个电磁振动台组成,水平方向是推拉式布局,推力达到 40000 磅;垂直方向为 4 台并联,推力达到 80000 磅;美国陆军的红石技术试验中心(RTTC)引入了 CUBE 型六自由度振动台系统,用于测试各种机载和车载武器的可靠性试验;欧洲 ESA 的 ESTEC 装备了六自由度的液压振动台,该系统主要性能:频率范围:0.1~100Hz;振动加速度范围:$10^{-2}g$~$3g$;台面尺寸:5.5m×5.5m;推力:垂直方向:257t;水平方向:128t;抗倾覆力矩:133t·m;日本 NASDA 的大型航天器试验中心和 LDS 公司合作,在其 Tsukub 空间中心安装了一台由 10 个电磁振动台组成的六自由度振动系统,每个电磁振动台的推力达 80kN,台面工作面积达到 $9m^2$。

国外在多轴振动试验技术标准制定方面,主要有:①美军标 MIL-STD-810H 方法 527.2《多振动台激励试验》;②IEST-RP-DTE022.1《多振动台试验与控制》;③DEF STAN 00-35。MIL-STD-810H 方法 527.2《多激振器试验》于 2019 年 1 月 31 日发布,是对 2008 年发布的美军标 MIL-STD-810G 方法 527 进行的补充和完善。该标准适用范围比较广,是开展多轴振动试验的指导性文件。美国工业标准 IEST-RP-DTE022.1《多振动台试验与控制》规定了范围和限制、基本要求、试验设备考虑、使用外场数据、推荐的试验顺序和试验过程、试验数据及处理、不建议采取的实践方式等内容,该标准偏重于多点激励控制。DEF STAN 00-35 中增加了多点激励振动试验方法的标准内容。

在国外航天领域实际应用方面,欧美多家航天机构利用已装备的多轴试验系统,开展了有关航天产品的多轴振动试验,也取得了较好的应用效果,典型的实际应用如下:

(1)美国 NASA 的 Goddard 空间中心利用 TEAM 的六自由度振动台进行了 Pegasus 火箭的振动;在 WELY 实验室设计的三轴三自由度振动台上完成了土星 S Ⅱ级的飞行振动试验,并进行了单轴与多轴振动试验效应方面的研究。美国 Team 公司为 NASA 的火星探测飞船 Orion 研制的一套超大型多自由度振动试验系统,可以用于直径 5m 的船罩组合多轴振动试验。该系统由 24 个大型液压振动台组成,其中垂向有 16 个液压振动台,水平方向各有 4 个液压振动台,可以完成三个方向的振动试验。

(2)欧空局 ESTEC 试验中心在 2000 年对 ENVISAT 卫星进行了振动试验,量级从 $2.5×10^{-3}g$ 到 $1g$,分为 17 个工况进行试验。此外,该中心还在 2009 年承担了一项空客大飞机的振动试验任务,利用多自由度振动试验系统 HYDRA 完成了长时间复杂瞬态激励的多自由度振动试验。欧洲最大的空间设备-自动化运输车(ATV),也在 HYDRA 振动台上完成了试验。

(3) 德国 IABG 空间试验中心振动实验室也在其多轴振动台上进行了阿里安-5 火箭上面级多轴振动试验。

(4) 日本的 NSADA 建立了一套多维振动试验系统,由 10 个振动台组成,用于卫星的振动试验。

在国内航天军工领域实际应用方面,多轴振动试验技术的应用尚处于发展与起步应用阶段。近几年来,多个航天军工单位(航天一院 702 所、航天三院三部、航天五院 511 所、航天科工二院 201 所、中国工程物理研究院总体工程研究所等)陆续建设了多轴振动试验系统,用于火箭、导弹、卫星等航天军工装备上的部件产品振动试验。针对某些多轴振动敏感部件,开展了多轴正弦振动、随机振动、冲击、时域波形复现的探索性试验,并取得了初步的应用效果,也累积了多轴振动试验技术应用经验。其中北京卫星环境工程研究所于 2022 年自主研制的大型三轴六自由度振动试验系统(图 12-1),工作台面尺寸 2m×2m,主要用于航天器系统级力学环境试验。该系统是目前世界上最大的三轴六自由度电动振动台试验系统。它的建成将实现卫星产品一次安装,三轴向同时加载激励,一方面将更加真实再现卫星发射的实际环境,同时减少传统单轴试验反复吊装时间,卫星力学环境试验效率将实现重大提升。

图 12-1 北京卫星环境工程研究所大型三轴六自由度振动试验系统

国内在多轴振动试验相关技术标准制定方面,主要有:①Q/QJA 108—2013《多维振动试验方法》;②QJ 20193—2012《战术导弹全弹双振动台振动试验方法》;③GJB 8547—2015《军用装备多激振器振动试验方法》。航天科技集团标准 Q/QJA 108—2013《多维振动试验方法》主要包括试验目的、裁剪、信息要求、试验要求、试验方法、试验过程、结果分析等内容,全文主要针对平台式和分布式两种类型的多点激励进行论述。QJ 20193—2012《战术导弹全弹双振动台振动试验方法》是专门针对战术导弹两点激励试验编写的航天行业标准,两点激励与多轴激励试验在控制方面有相似之处,可以借鉴和参考其中的内容。GJB 8547—2015《军用装备多激振器振动试验方法》主要规定了军用装备多激振器振动试验的试验目的、试验方式、试验条件、试验要求、试验过程、试验中断处理和试验合格评定等内容,主要适用于军用装备多激振器振动试验。

综上所述,多轴振动环境试验可以更逼真地模拟产品的实际使用环境,其技术发展也越来越趋于成熟,但由于多轴振动试验实施的复杂性,在航天军工领域还远未实现替代单轴振动试验。目前多轴振动试验技术应用主要集中在对多轴振动环境更敏感、效应更显著的产品试验验证方面,尤其是针对某些特殊组件级产品,以期提升产品的可靠性,主要包括以下情况:①对多轴激励敏感的疲劳、裂纹和断裂;②突出部件的结构变形;③密封件和连接件的松动;④表面磨损;⑤电子组件的接触、断路或退化;⑥组件的光学失焦。所涉及的航天组件产品,如:①惯性组件类产品;②星敏感器、天线等安装在航天器体外的产品;③阀门等密封件;④帆板驱动机构等易表面磨损的产品;⑤星载计算机、线路板等电子组件;⑥光学镜头等组件。

12.2 基本知识

12.2.1 术语

1. 多轴振动试验

多轴振动试验是由多个振动台同时激励并使试件在多个正交轴上同时产生运动的振动试验。

2. 机械解耦装置

为消除或减轻多台振动的耦合运动对试验件和振动台的不利影响而采用的振动传递机械装置。

3. 相干函数

多轴振动试验系统中响应输出信号与驱动输入信号的相关性。相干函数大小用于检验系统的线性相关程度。

4. 传递函数矩阵

多轴振动试验系统中多路响应信号与多路驱动信号之间的关系矩阵,一般通过驱动信号自谱矩阵和响应与驱动的互谱矩阵计算得到。

5. 多轴振动控制

在多轴振动试验系统中,通过台面、夹具或试件上的多路响应信号反馈控制各个振动台激励信号的方式,使多个控制点的响应满足参考试验条件要求。

12.2.2 多轴振动试验分类

多轴振动试验是指用多个振动台同时激励一个试件,并按多个试验条件控制试件响应或控制试件与激励系统界面的运动响应,使试件做空间多自由度运动,以考核试件结构的强度和仪器设备的可靠性。有关多轴振动的称谓国内外尚未统一,例如:多激振器振动(multi-exciter vibration)、多振动台振动(multi-shaker vibration)、多轴振动或多维(multi-axis vibration)、多自由度振动(MDOF vibration)、多输入多输出振动(MIMO Vibration)等。多轴振动环境模拟的主要目的是在试验室内再现试件更加真实的外场使用环境,多轴振动试验按照试件振动控制响应类型大致可分为以下三类。

第一类是单轴多振台并激振动试验,即几个振动台激励方向是平行的,这种振动形式主要针对单个振动台单轴振动试验不能实施的试件,如:容易弯曲破坏的高长细比试件,要求大支架的笨重试件,单个振动台推力不够;结构界面局部薄弱易损试件无法加载等,都需要多个振动台激励。当各个振动台同相位激励则形成多台同步振动,多振台同步振动仅控制单个试验条件,实际上是属于单轴振动试验的范畴。当各个激励振动台分别进行控制,则试验件进行多自由度空间运动,则属于多自由度振动试验,如图 12-2 所示的经典细长杆类试件双振动台激励试验。

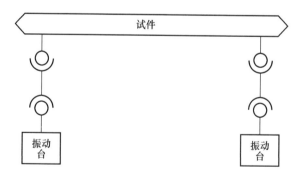

图 12-2　单轴向双振台振动试验示意图

第二类是多轴(多维)振动试验,即多个振动台激励方向是互相垂直正交的,这类振动试验通常依靠集成式多轴向振动试验系统来完成,试件振动控制响应为二至六个自由度的正交空间运动。图 12-3 所示是典型的三轴向振动试验系统,图 12-4 所示是典型的三轴向六自由度振动试验系统。三轴向振动试验,即三个振动台激励方向互相垂直正交,形成三轴向振动,这种激励形式主要控制三个轴向线振动,角振动不进行控制。而三轴向六自由度振动试验,则能完整地描述一个结构经受的空间六自由度振动环境,即三个正交轴向的平动(线振动)和绕三个正交轴向的转动(角振动),真实地模拟刚性平面假设的界面六自由度运动。

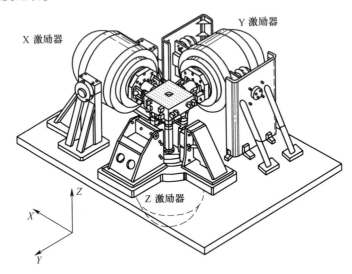

图 12-3　三轴向三自由度振动试验系统示意图

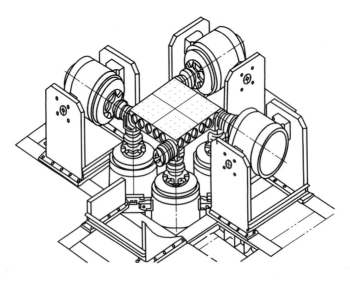

图 12-4　三轴向六自由度振动试验系统示意图

第三类为广义多轴振动试验,即多输入多输出振动试验。试验时根据试验结构考核的需要来确定激励点及振动响应控制点的位置、方向及个数,激励与响应控制的自由度方向及个数可以不完全相同,此时将形成最小二乘最优振动控制问题。这类试验通常是针对大型复杂结构的振动试验,模拟产品在多个位置多个方向的振源环境,一般是多个振动源的位置和方向分散性比较大的情况。图 12-5 为广义多轴(四输入六输出)广义多轴示意图。

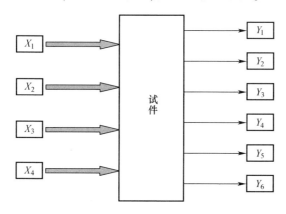

图 12-5　广义多轴振动试验(四输入六输出) 示意图

12.2.3　多轴振动试验原理

多轴振动试验的基本原理主要是将要求的多个振动条件控制在误差范围内,实现包括正弦、随机、冲击和时域波形复现等形式的振动控制。在多轴振动试验系统中,由振动台、试件、夹具、传感器及功放构成的被控系统一般看成是多输入多输出的线性时不变系统。假设振动试验系统中有 n 个驱动信号激励系统产生 m 个响应信号,每一个驱动信号 $d(t)$ 将对所有的控制信号 $c(t)$ 产生作用,驱动信号与控制信号之间的关系在频域内可描述为

$$\begin{Bmatrix} c_1(f) \\ c_2(f) \\ \cdots \\ c_m(f) \end{Bmatrix} = \begin{bmatrix} h_{11}(f) & h_{12}(f) & \cdots & h_{1n}(f) \\ h_{21}(f) & h_{22}(f) & \cdots & h_{2n}(f) \\ \cdots & \cdots & \ddots & \cdots \\ h_{m1}(f) & h_{m1}(f) & \cdots & h_{mm}(f) \end{bmatrix} \begin{Bmatrix} d_1(f) \\ d_2(f) \\ \cdots \\ d_n(f) \end{Bmatrix} \quad (12-1)$$

写成矩阵的形式为

$$\boldsymbol{C}(f) = \boldsymbol{H}(f)\,\boldsymbol{D}(f) \quad (12-2)$$

式中:$\boldsymbol{C}(f)$ 为控制信号 $c(t)$ 的谱向量;$\boldsymbol{D}(f)$ 为驱动信号 $d(t)$ 的谱向量;$\boldsymbol{H}(f)$ 为控制信号与驱动信号之间的频率响应函数 $h(t)$ 的频谱矩阵。

振动试验控制的目的是再现用户规定的目标信号。为了使系统输出的响

应信号与目标信号在一定误差允许的范围内保持一致,则需要对被控系统进行解耦,并以此来确定所需的驱动信号,根据下式得

$$D(f) = H(f)^{-1}C(f) \quad (12-3)$$

要得到振动试验系统的驱动信号,需要对被控系统的频响函数进行求逆,$H(f)$ 是一个 $m \times n$ 的矩阵,当 $m = n$ 时,振动试验的控制点数与激励点数相同,此时 $H(f)$ 是方矩阵,只要它非奇异其逆就存在,如果 $H(f)$ 是奇异矩阵那么就无法求逆,这时就要对其求广义逆;当 $m \neq n$ 时,振动试验的控制点数不等于激励点数,此时 $H(f)$ 为长方矩阵,对其求逆只能得到伪逆,而伪逆有多个,该伪逆一般选取具有最小范数最小二乘解且唯一的 Moore-Penrose 逆。

若被控系统是线性时不变的且无外界干扰,利用式(12-3)驱动产生的响应就能达到目标信号的要求。但事实上,系统各个环节如被测试件、夹具、振动台和测量系统都存在一定程度的非线性因素,由于这些非线性因素的存在,使得用根据线性系统假设计算的驱动信号去激励系统时,得到的响应与目标信号存在很大误差。为了消除非线性的影响,需要采用在多轴控制系统中加入反馈,修正驱动信号,使得系统的响应逼近目标信号。

12.2.4 多轴振动试验特点

多轴振动试验可以根据要求模拟产品实际使用中的多轴振动环境,因此,相对于单轴振动试验来说,多轴振动试验控制与试验实施较为复杂,其特点主要体现在以下几方面:

(1) 在多轴振动试验中,对于一个给定的多振动台试验系统,它的多轴振动响应可能会受到限制,这种限制并不只是由于振动台的能力,而且还包括由试验系统的动力学特性带来的限制。如果控制要求超出了这个限制,则振动试验系统将出现不可控的情况。

(2) 多轴振动控制要求预先知道系统的特性参数(特别是相位特性)。为了使振动控制方法能有效地对共振和相互作用进行补偿,试验系统在试验执行过程中的特性和预试验所识别的特性不能相差太远,否则前面所阐述的各种修正方法将不能保证控制的收敛性。由于系统特性识别在多轴振动试验中至关重要,试验过程中需对所识别的系统特性进行有效性判读,控制响应的多相关函数是较好的辅助工具。

(3) 在振动试验中,非线性响应所产生的幅值与相位变化会造成试验执行期间的系统特性和预试验所测的特性有较大的差别。对于带有非线性特性的轻微阻尼模态的试件振动系统,试验时会产生较复杂的相位变化,这种变化有时足以使多轴振动控制出现困难。

(4) 在单轴振动试验中,对于经常遇到而无法解决的非主振轴向的多余运

动,多轴振动控制则可以利用幅值补偿和相位控制来消除这些不需要的运动,这个技术特点可明显增加振动试验的控制精度,提高振动试验系统的性能。

（5）多轴振动环境试验能更真实地模拟航天器的振动环境,从而提高了地面试验的有效性与合理性。多轴振动环境试验技术代表了振动环境试验的一个发展方向,但目前在航天器多轴振动环境的预示和试验条件的制定,航天器结构多轴振动环境效应等领域还有待开展更深入的研究工作。

12.3 多轴振动试验系统及控制技术

12.3.1 多轴振动试验系统

多轴振动试验系统一般由多个单轴振动台及配套系统、工作台面及机械解耦装置、多轴振动控制仪等组成。这三个组成部分对多轴振动试验系统都至关重要,任何一个薄弱环节都将直接影响到多轴振动试验系统的性能及可靠性。机械解耦装置则是多轴振动试验系统的关键组成部分,而多输入多输出振动控制系统则是多轴振动试验系统的技术核心。多振动试验系统是通过机械解耦装置把工作平台与多个振动台之间连接在一起,以调节试验台进行多轴向运动。由于组成多轴振动台的各单轴振动台之间存在强的运动交叉耦合,即各振动台的运动相互影响,所以为了保证台面运动控制的实现,试验台面和振动台之间的机械解耦装置,既要保证在传力方向具有足够的刚度,使振动台驱动部件与试验件保持无相对运动,又要在非传力方向上不对运动自由度产生限位约束,以免对振动控制和响应品质造成不利影响。

目前在工程中使用较多的机械解耦装置主要有两类:自润滑滑动机构和静压油膜支承滑动机构。自润滑滑动机构中常见的形式为十字滑轨式,通常由两个重叠的、运动方向相互垂直的直线滑轨组成,滑轨的轨道用机械结构连接,滑轨间采用润滑油润滑或自润滑,垂直于滑轨的运动方向为传力方向。由于在传力方向上存在滑轨间隙,因此高频传递特性往往不好。静压油膜支承滑动机构是利用油腔内的高压油膜使运动的轴承始终处于动态平衡的中心位置。油膜的不可压缩性实现了在传力方向上的动态刚度,油膜的流动性则在非传力方向上产生了润滑效果,实现了运动的解耦。

多轴振动试验系统根据驱动方式可以分为电动式多轴振动试验系统和液压式多轴振动试验系统两大类。电动式多轴振动试验系统具有系统结构设计紧凑、系统线性好、工作频率范围宽、容易控制、波形失真小等优点,但存在台面负载小、位移小、系统庞大及造价高等缺点,图 12-6、图 12-7 为电动式多轴振动试验系统。液压式多轴振动试验系统能较容易地实现低频、大位移、大推力的振动激励,但存在频率范围有限、波形失真大、系统呈非线性、液压油环境污染、对基础要求严等缺点,图 12-8 为液压式多轴振动试验系统。电动式多轴振动试验系统主要用于军工、航空航天等领域的各类电子产品和中小型系统振动试验;而液压式多轴振动试验系统主要用于航空航天、地震模拟、汽车工业领域的大型结构试件的振动环境模拟试验。

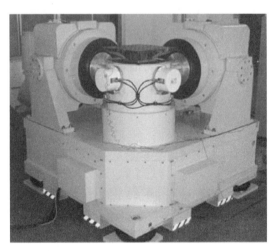

图 12-6　国内研发的电动式三轴向三自由度振动试验系统

图 12-7　美国空军实验室电动式三轴向六自由度振动试验系统

12.3.2　多轴振动传递特性辨识

多轴振动试验系统本身是一个复杂的结构系统,具有非线性、多自由度振

图 12-8　ESA 的液压式 HYDRA 六自由度振动试验系统进行卫星试验

动耦合等动力学特性,如何准确辨识与评估其振动传递特性是多轴振动试验的难点之一。在多轴振动试验中,每个振动台和控制响应传感器之间都存在相互作用,各个控制点的响应包含着每个振动台的作用结果。为了使控制达到要求的运动响应,控制系统必须能够消除由各个振动台相互作用而产生的多余运动,此外,也需要对响应的相位和相关性进行控制。

为了对多轴振动响应进行有效控制,由试验系统及试件组成的整体系统特性参数在试验时必须提供给振动控制系统。系统特性参数可以在正式试验前的预试验中测定(预试验系统特性识别)或在试验执行期间进行测定(自适应系统特性识别)。试验过程中使用自适应系统特性识别有助于处理试件及试验系统的非线性问题。

多轴振动试验系统可以描述成如图 12-9 所示的多输入多输出系统。

图 12-9　多输入多输出系统示意图

假定由"多轴振动台-试件安装平台-试件结构"组成的耦合系统的输入输出符合线性关系,可以得出多维振动试验系统在频域内的数学表达式:

$$Y(f) = H(f)X(f) \qquad (12\text{-}4)$$

式中:$Y(f)$ 为 n 维系统响应向量;$H(f)$ 为 $n\times n$ 维系统传递函数矩阵;$X(f)$ 为

n 维控制驱动信号向量。

为了对多轴振动试验系统进行控制,必须先识别系统的传递函数矩阵 $H(f)$。为此,给系统同时输入 n 路低量级的独立随机驱动信号并测量系统在 n 个控制点上的响应信号。然后系统的传递函数矩阵可根据下列公式求得:

$$H(f) = G_{xx}^{-1} G_{yx} \qquad (12\text{-}5)$$

式中:G_{xx} 为 n 路驱动输入信号 $\{X\}$ 的自谱矩阵,由于驱动输入信号的独立性,G_{xx} 是可逆矩阵;G_{yx} 为系统 n 个控制点响应信号 $\{Y\}$ 与 n 路驱动输入信号 $\{X\}$ 的互谱矩阵。

为准确测量系统的传递特性,多轴控制系统要求输入输出信号保持同步,即 AD 采集板卡的时钟和 DA 驱动发送板卡的时钟之间保持精确同步。以美国 NI 公司提供的 PCI 总线数据采集卡为例,该采集卡嵌入了 RTSI 总线,可以满足板卡之间精确同步的要求。利用 RTSI 总线,通过主从方式配置将其中一个板卡设备配置为主设备,其他均为从设备,可以解决多个采集板卡之间以同一时钟进行采样。主设备连接其触发线到 RTSI 总线,其他从设备接受该 RTSI 总线信号做为数据采集的触发信号。PCI 采集 AD 板卡和 DA 板卡时钟同步实现流程如图 12-10 所示。

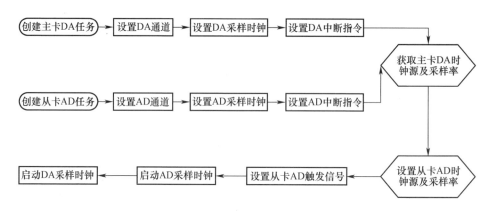

图 12-10 PCI 板卡时钟同步实现流程图

12.3.3 多轴振动控制技术

1. 多轴正弦振动控制

根据试验要求给出试验参考谱,正弦扫描试验的参考谱是在频域内定义出各个参考点的幅值谱和相位谱,即 $\{R(f)\} = [r_1(f), r_2(f), \cdots, r_n(f)]^T$。多轴正弦扫频振动试验需要寻找驱动信号向量 $X(f)$ 使得系统相应的响应向量 $Y(f)$ 尽可能地接近所要求的响应向量 $R(f)$。

驱动信号向量可由下式决定:

$$X(f) = H(f)^{-1}R(f) \tag{12-6}$$

上式得出的驱动信号向量 $X(f)$ 是建立在所测量的传递函数矩阵 $H(f)$ 基础之上。由于系统的非线性和其他误差，不能期望所计算出的驱动信号会准确产生要求的响应。因此，试验过程中需要对驱动信号进行修正。在多轴正弦扫描振动试验中，驱动信号可采用如下方式进行更新（实现框图如图 12-11 所示）：

$$E(f) = R(f) - Y(f) \tag{12-7}$$

$$X_{\text{new}}(f) = X_{\text{old}}(f) + \beta H(f)^{-1}E(f), 0 \leq \beta \leq 1 \tag{12-8}$$

式中：$X_{\text{new}}(f)$ 为新修正的驱动信号向量；$X_{\text{old}}(f)$ 为上一次驱动信号向量；$H(f)$ 为 $n \times n$ 维系统传递函数矩阵；$E(f)$ 为误差向量；β 为修正压缩系数。

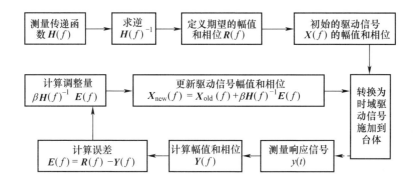

图 12-11 多轴正弦扫描振动试验控制框图

为了得到满意的控制效果，对于任何的幅值、频率和相位的变化，正弦驱动信号生成必须确保准确、快速、平滑的进行过渡。正弦波产生主要有两种：通过控制系统和软件算法生成或者基于可编程函数发生器通过计算机及硬件产生。

软件生成可以通过如下方式来实现。假设计算机内存中存储了 $0 \sim 2\pi$ 完整周期正弦波的 N 个点数据。存储在分配内存位置中的 N 个点正弦波的数据可通过如下数学方式进行生成：

$$\text{TABLE}_i = \sin\left(\frac{2\pi}{N}Q_i\right) \tag{12-9}$$

式中：$Q_i = 1,2,3,\cdots N$；其中 N 为单个完整正弦波的点数。如果 N 个点依次通过 D/A 转换器以 F_s 时钟频率发送，则根据如下公式可生成一路频率为 f_i 的正弦波：

$$f_i = \frac{F_s}{N} \tag{12-10}$$

依据上述公式，为增加生成信号的频率，需要将分配位置存放的正弦列表以更快的速率输出;如果D/A转换器时钟频率保持恒定,随着信号频率增加意味着单周期输出的点数就越少,也就是说软件算法需要在正弦列表中以更快的速率选点。对于产生两路相位差为 $\Delta\varphi$ 的正弦波信号,一路正弦波需超越另一路正弦波的点数 Δp 可通过下式进行确定:

$$\Delta p = \frac{\Delta\varphi}{2\pi}N \qquad (12-11)$$

通常,平滑超越所需时间一般为当前激励频率信号周期的四分之一以内,以确保信号平滑、稳定地进行过渡。D/A数模转换器将软件挑选出的点依次输出后通过低通滤波器进行滤波,保证即使很少量的点组成的正弦波也不会发生波形扭曲和畸变。

2. 多轴随机振动控制

多自由度随机振动控制驱动信号生成方法可以按图12-12方式进行。

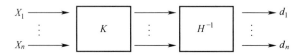

图12-12 驱动信号生成图

(1) 图12-12中 $x_1,\cdots,x_n$ 为独立的白噪声信号,其功率谱密度矩阵为单位矩阵。即设 $\boldsymbol{X}(f) = [x_1(f) \cdots x_n(f)]^T$,白噪声功率谱密度矩阵为 $\boldsymbol{X}_{wn}(f)$,则有

$$\boldsymbol{X}_{wn}(f) = \boldsymbol{X}(f)\boldsymbol{X}^H(f) = \boldsymbol{I}_n \qquad (12-12)$$

(2) 矩阵 $\boldsymbol{K}$ 为一个下三角矩阵,它通过对正定参考谱矩阵进行Cholesky分解而得到。

$$\boldsymbol{G}_{RR}(f) = \boldsymbol{K}(f)\boldsymbol{K}^H(f) \qquad (12-13)$$

其中 $\boldsymbol{K}^H(f)$ 矩阵为分解矩阵 $\boldsymbol{K}(f)$ 的共轭转置。

(3) $\boldsymbol{H}^{-1}$ 为多自由度试验系统的传递函数矩阵的逆矩阵。根据驱动信号生成图12-12,可以得出驱动信号的频域序列:

$$\boldsymbol{D}(f) = \boldsymbol{H}^{-1}(f) \cdot \boldsymbol{K}(f) \cdot \boldsymbol{X}(f) \qquad (12-14)$$

在多自由度随机振动试验过程中,由于试验系统噪声、非线性等因素的影响,使得控制系统无法非常准确地估计系统的频响函数矩阵,从而使获取的系统响应频谱矩阵与参考谱矩阵之间存在偏差。因此,在试验过程中需要对驱动信号进行实时的修正,以确保响应谱矩阵在容许误差范围内。

试验过程中驱动信号的修正主要通过更新 $\boldsymbol{K}(f)$ 矩阵来实现。多轴随机振动控制 $\boldsymbol{K}$ 矩阵修正流程图见图12-13。

在 $\boldsymbol{K}$ 矩阵修正之前,

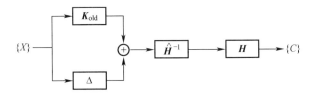

图 12-13　多自由度随机控制 K 矩阵修正图

$$c = H\hat{H}^{-1}Kx \tag{12-15}$$

响应谱密度矩阵为

$$G_{YY}(f) = (H\hat{H}^{-1}K)^* (H\hat{H}^{-1}K)^T \tag{12-16}$$

经过修正之后，响应互谱密度矩阵应该等于理想的参考谱密度矩阵 $G_{RR}(f)$，即

$$(H\hat{H}^{-1}(K+\Delta))^* (H\hat{H}^{-1}(K+\Delta))^T = G_{RR}(f) \tag{12-17}$$

以上两公式相减并展开得

$$(H\hat{H}^{-1}\Delta)^* (H\hat{H}^{-1}K)^T + (H\hat{H}^{-1}K)^* (H\hat{H}^{-1}\Delta)^T + (H\hat{H}^{-1}\Delta)^* (H\hat{H}^{-1}\Delta)^T$$
$$= G_{RR}(f) - G_{YY}(f) \tag{12-18}$$

由于系统噪声及非线性等影响，系统的频响函数估计与系统真实的频响函数有偏差，即

$$H\hat{H}^{-1} = I + E \tag{12-19}$$

上式中 I 为单位矩阵，E 为小误差矩阵；因而有：

$$\begin{cases} H\hat{H}^{-1}\Delta = (I+E)\Delta \\ H\hat{H}^{-1}K = (I+E)K \end{cases} \tag{12-20}$$

忽略 $E\Delta$，EK 两矩阵小量，则上式可分别简化为

$$\begin{cases} H\hat{H}^{-1}\Delta \approx \Delta \\ H\hat{H}^{-1}K \approx K \end{cases} \tag{12-21}$$

将上两式代入，并忽略 $(H\hat{H}^{-1}\Delta)^* (H\hat{H}^{-1}\Delta)^T$ 二阶小量，则可简化为

$$\Delta^* K^T + K^* \Delta^T = G_{RR}(f) - G_{YY}(f) \tag{12-22}$$

为确保多自由度随机控制收敛，每一次闭环只能将误差的一部分用来修正，即需引入一收敛因子 ε。因此控制修正算法的最终表达式为

$$\Delta^* K^T + K^* \Delta^T = \varepsilon(G_{RR}(f) - G_{YY}(f)) \tag{12-23}$$

根据式(12-23)求解误差矩阵 Δ 后，系统的 $K(f)$ 矩阵通过下式来进行修正和更新：

$$K_{\text{new}}(f) = K_{\text{old}}(f) + \Delta \tag{12-24}$$

多轴随机振动控制算法流程图如图 12-14 所示。

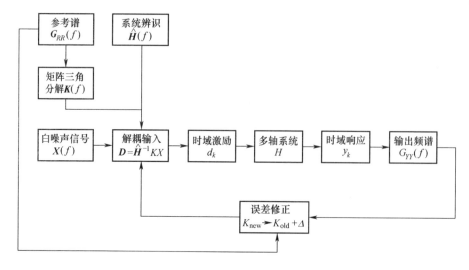

图 12-14　多轴随机振动控制算法流程图

3. 多轴冲击试验控制

多轴冲击试验波形主要有半正弦波、后峰锯齿波和矩形波等。为了确保这些标准波形能够在多轴振动台上复现,波形必须满足振动台性能的限制条件,即振动台的初始位移、速度、加速度以及最终的位移、速度、加速度都必须为零,否则会损坏设备。显然标准冲击脉冲不能直接用于多轴振动台加载,必须对参考信号进行一系列的修正补偿处理,以确保在冲击结束时台面的加速度、速度和位移恢复到静止状态。

多轴冲击试验控制时需要测量系统的初始传递函数。如果系统是完全线性的,则测得的初始传递函数可以直接用来计算满量级时输入到多轴振动台的驱动信号。然而这种系统大多具有非线性,因此需要在初始传递函数测量完成后,逐次提高冲击参考信号量级来测出新的传递函数,一直达到参考满量级。

多轴冲击试验其参考信号可定义为 $S(t) = [s_1(t), s_2(t), \cdots, s_n(t)]^\text{T}$。寻找驱动信号向量 $X(t)$ 使得系统相应的冲击响应向量 $Y(t)$ 尽可能地接近要求的冲击波形向量 $S(t)$。

为了实现响应信号与目标信号相一致,常采用频域控制方式,首先将参考信号 $S(t)$ 变换成频域信号 $S(f)$

$$S(f) = \text{FFT}(S(t)) \tag{12-25}$$

因此,多轴冲击驱动信号向量可由下式决定:

$$X(f) = H(f)^{-1} S(f) \tag{12-26}$$

随后对 $X(f)$ 进行傅里叶逆变换,可以得到多轴时域驱动信号 $X(t)$。图 12-15 所示为实现多轴冲击试验控制算法流程图。

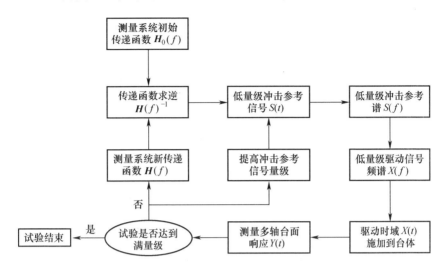

图 12-15 多轴冲击试验控制算法流程图

4. 多轴波形复现试验控制

多轴时域波形复现是在时域内给出试验目标信号,在每一个时刻每一个参考点输出的响应信号要与目标信号一致,其参考信号可定义为 $R(t) = [r_1(t), r_2(t), \cdots, r_n(t)]^T$。寻找驱动信号向量 $X(t)$ 使得系统相应的瞬态响应向量 $Y(t)$ 尽可能地接近要求的瞬态波形向量 $R(t)$。

为了实现响应信号与目标信号相一致,常采用频域控制方式,首先将参考信号 $R(t)$ 变换成频域信号 $R(f)$

$$R(f) = \text{FFT}(R(t)) \tag{12-27}$$

因此,多轴波形复现初始驱动信号向量可由下式决定:

$$X(f) = H(f)^{-1} R(f) \tag{12-28}$$

随后对 $X(f)$ 进行傅里叶逆变换,可以得到时域驱动信号 $X(t)$,同样由于系统的非线性和其他误差,计算出的驱动信号产生的响应信号与参考信号不相一致,因此在试验过程中需要对驱动信号进行修正。驱动信号的修正方法如下:

$$e(t) = R(t) - Y(t) \tag{12-29}$$

$$E(f) = \text{FFT}(e(t)) \tag{12-30}$$

$$X(f)^{(k+1)} = X(f)^{(k)} + \beta H(f)^{-1} E(f) \tag{12-31}$$

$$X(t)^{(k+1)} = \text{IFFT}(X(f)^{(k+1)}) \tag{12-32}$$

通过不断迭代修正驱动信号,使得响应信号与参考信号相一致,图 12-16

所示为实现多轴时域波形复现控制流程框图。

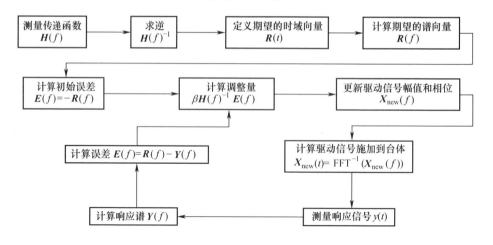

图 12-16 多轴时域波形再现控制算法流程图

12.4 多轴振动试验技术

12.4.1 多轴振动试验条件制定

多轴试验条件的制定是开展多轴试验的重点和难点。多轴试验条件一般通过外场或飞行试验测试包络获得,通常用矩阵来描述。对于多轴随机试验条件,其对角线项为实数,为该轴的自谱密度,描述该轴向的振动环境在各个频带内的能量分布情况;非对角线项为互谱密度,描述轴与轴间的相互关系。

单轴振动的试验条件制定比较简单,一般对实测信号进行谱包络来获取控制点的自谱密度。多轴振动由于多个自由度振动之间存在相互运动耦合影响,单纯的自谱密度已不能满足试验的需要,还要明确不同控制点之间的相干、相位信息,这些控制参数对多轴振动试验控制的影响很大。对于三轴系统而言,随机响应谱矩阵可表示如下:

$$S = E\left[\begin{bmatrix} X \\ Y \\ Z \end{bmatrix}\begin{bmatrix} X^* & Y^* & Z^* \end{bmatrix}\right] = \begin{bmatrix} g_{xx} & g_{xy} & g_{xz} \\ g_{yx} & g_{yy} & g_{yz} \\ g_{zx} & g_{zy} & g_{zz} \end{bmatrix} = \begin{bmatrix} g_{xx} & g_{xy} & g_{zx}^* \\ g_{xy}^* & g_{yy} & g_{yz} \\ g_{zx} & g_{yz}^* & g_{zz} \end{bmatrix}$$

(12-33)

由于响应互谱矩阵是正定矩阵,其行列式值必须大于 0。将行列式展开,并进行化简,可以得到:

$$1 - \gamma_{xy}^2 - \gamma_{yz}^2 - \gamma_{zx}^2 + 2\cos(\phi_{xy} + \phi_{yz} + \phi_{zx})\sqrt{\gamma_{xy}^2 \gamma_{yz}^2 \gamma_{zx}^2} \geq 0 \quad (12\text{-}34)$$

主要分如下三种情况：

(1) 假设轴与轴之间的相干系数均为零,即 $\gamma_{xy}^2 = \gamma_{yz}^2 = \gamma_{zx}^2 = 0$,则式(12-34)恒成立,轴与轴之间的相位关系没有约束,可以为任意值,此时的参考谱密度矩阵即为实对角矩阵。

(2) 假设轴与轴之间的相干系数均为1,即 $\gamma_{xy}^2 = \gamma_{yz}^2 = \gamma_{zx}^2 = 1$,则由式(12-34)可以得出三轴之间的相位差之和必须为零,即

$$\phi_{xy} + \phi_{yz} + \phi_{zx} = 0 \quad (12\text{-}35)$$

(3) 假设轴与轴之间的相位差之和为零,即 $\phi_{xy} + \phi_{yz} + \phi_{zx} = 0$,则由式(12-34)可以得出：

$$(\sqrt{\gamma_{xy}^2 \gamma_{yz}^2} - \sqrt{(1-\gamma_{xy}^2)(1-\gamma_{yz}^2)})^2 \leq \gamma_{zx}^2$$
$$\leq (\sqrt{\gamma_{xy}^2 \gamma_{yz}^2} + \sqrt{(1-\gamma_{xy}^2)(1-\gamma_{yz}^2)})^2 \quad (12\text{-}36)$$

x 轴与 z 轴相关系数上限图如图 12-17 所示,x 轴与 z 轴相关系数下限图如图 12-18 所示。

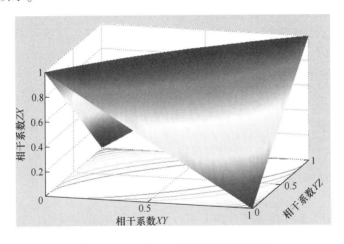

图 12-17 X 轴与 Z 轴相关系数上限图

谱密度矩阵可以用来量化产品在空间的运动。矩阵对角线上的元素包含着控制点各自的能量信息,而非对角线上的元素则包含着各个控制点相互关联的信息(如相关系数和相位差)。由几何约束关系知：当控制点之间的相干系数越接近1,则控制点之间的相对运动就越确定；相反,当控制点之间的相干系数越接近0,则控制点之间的相对运动就越随机。

了解和掌握谱密度矩阵是开展多轴试验条件制定的前提。多轴试验条件制定目前一般主要有以下四种方法：

(1) 基于单轴条件的简化方法。目前产品的单轴试验条件一般根据相关

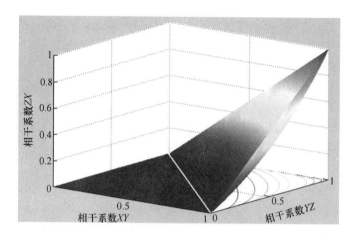

图 12-18　X 轴与 Z 轴相关系数下限图

的试验标准和规范进行制定。基于单轴条件的简化方法就是将目前制定出的三个单轴试验条件进行直接叠加,而轴与轴之间的关系进行简化。对于多轴正弦试验条件,轴与轴之间的相互差定义为 0;对于多轴随机试验条件,轴与轴之间的相干系数和相位差均定义为 0,即互谱为 0。基于单轴条件简化方法制定的多轴试验条件偏保守,但是可行的。基于单轴条件的简化方法制定流程如图 12-19 所示。

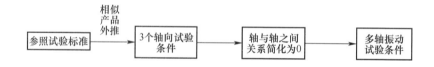

图 12-19　基于单轴条件简化方法制定流程

（2）遥测数据分析方法。利用飞行遥测数据,对遥测数据进行处理。假定各方向振动彼此独立,按选定的 3 个正交方向分别进行试验条件分析。考虑到环境的差异,按照相应标准进行包络后得到试验要求的三个轴向试验条件,试验时间一般基于该振动量级下期望的使用寿命来确定。

互谱中不同方向间的相位和相干系数可以通过遥测时域数据分析得到。可以对遥测信号在时域内进行包络之后再进行谱分析,在谱分析完成后可在分析带宽内的不同离散频率处可同时确定自谱、互谱、相位及相干系数参数。利用这些参数来制定产品的多轴随机振动试验条件。至于时域内数据包络方式,可按照时间采样点对时域信号进行离散化,每一个时间采样点上不同方向的信号可以采用多个不同测点相应方向的数据来包络。遥测数据分析方法制定流程如图 12-20 所示。

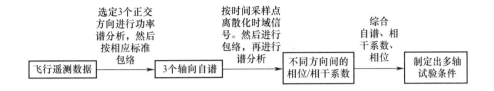

图 12-20　遥测数据分析方法制定流程

（3）仿真分析方法。借助计算机仿真技术可以对制定航天器产品多轴试验条件提供帮助。首先需要建立正确的研究系统的有限元数学模型,然后定义边界条件、相关载荷,进行动力学响应分析。

对于卫星产品而言,在建立仿真模型的基础上,通过星箭耦合分析,可以得到星箭界面处的响应。先给出整星的振动试验条件,结合虚拟试验技术做整星振动试验,得到的卫星部组件产品安装点及关键点响应,按照选定的三个方向对响应值进行包络,结合工程经验和以往卫星振动数据对试验条件进行修正,这样可以得到卫星部组件产品多轴振动试验条件。仿真分析方法制定流程如图 12-21 所示。

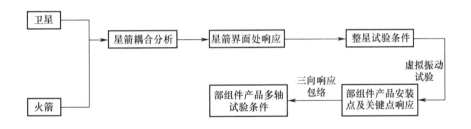

图 12-21　仿真分析方法制定流程

（4）整星试验数据分析方法。基于试验数据分析方法利用单机产品在整星试验时的多轴环境,通过相干系数、相位等分析方法提取三轴试验条件。以多轴随机试验条件为例,对于卫星部组件而言,单轴振动试验条件制定的方法是假定各方向振动彼此独立,按选定的 3 个正交方向分别进行功率谱密度分析,并考虑到环境的包络后,再进行的直线化处理得到试验要求的功率谱密度。单轴随机振动试验积累了大量数据,基于这些数据,可以比照单轴随机振动试验的方法,按照上述简化方法的形式先给出自谱。由于卫星部组件在整星噪声试验或单轴随机振动试验中,其所处的振动环境近似是多轴的。可以借助整星的数据,得到相位与相干信息,将卫星部组件单轴随机振动试验数据,借助得到的相位及相干信息,利用下式得到互谱,从而制定出卫星部组件的多轴随机振动试验条件。

$$S_{xy} = \sqrt{\gamma^2 S_{xx} S_{yy}} \, e^{j\theta_{xy}} \qquad (12-37)$$

式中：γ^2 为 x、y 方向间相干系数；s_{xx}、s_{yy} 分别为 x、y 方向的自谱密度；θ_{xy} 为 x、y 间的相位角。

y、z 方向的互谱和 z、x 方向的互谱可以用相同的方法定义。整星试验数据分析方法制定流程如图 12-22 所示。

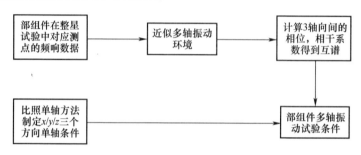

图 12-22　整星试验数据分析方法制定流程

12.4.2　多轴振动试验方法

1. 多轴振动试验系统调试

开展产品的多轴振动试验，首先需对多轴振动试验系统进行调试，调试要求如下：

（1）将夹具安装在多轴振动台工作台面上，夹具与工作台面之间的接合面应保证均匀接触；

（2）如果需要，安装结构件进行调试，如果没有结构件，可以用配重代替；

（3）按试验大纲规定的控制点的位置安装控制传感器；

（4）对试验大纲规定的多轴试验条件进行校核，判断该条件是否满足物理可实现性要求；

（5）按校核后的正式试验最高条件对振动台进行调试，同时监视各系统的工作情况。

2. 测量传感器安装

按照试验大纲规定的要求安装测量传感器及电缆，并完成测量回路的检查。

3. 产品安装

航天器部组件产品的安装程序满足如下要求：

（1）将产品就位于试验夹具上，产品与夹具之间的接合面应保证均匀接触；

（2）产品安装时其坐标系各方向应与多轴激励方向保持一致，具体按相关技术文件规定执行；

（3）应使用力矩扳手对产品与夹具的连接螺栓施加规定的预紧力，保证在试验频率范围内均匀地传递推力；

（4）产品安装过程中，应防止其与夹具发生磕碰；

（5）对于带电性能测试的产品，安装人员应佩戴防静电手镯，产品应接地。

4. 控制传感器布置

优先选择三向控制传感器，传感器尽量布置在靠近试件安装面的中间部位，且确保控制传感器各轴向与激励方向平行，控制传感器与粘贴面保持绝缘。

进行控制传感器与多轴振动控制仪之间的连线和测量传感器与测量系统之间的连线，并对传感器的状态进行检查。

5. 试验实施

多轴振动试验的实施主要包括以下步骤：

（1）开启设备。按照操作规程依次开启冷却系统、油泵、功率放大器、控制系统、测量系统等设备。

（2）控制系统参数设置。根据试验类型、试验量级设置控制系统的相关参数。校核各轴之间的相关参数是否满足物理可实现性要求。设置信号调节器的传感器灵敏度、高低通滤波范围，并根据试验量级设置增益值。

（3）测量系统参数设置。设置信号调节器的传感器灵敏度，根据可能出现的响应量级设置增益值、高低通滤波范围，滤波范围应尽可能与控制系统协调一致。设置测量系统的参数，根据试验量级和试验类型合理设置测量系统的相关参数。

（4）预试验。启动控制系统进行预试验，保存预试验结果。预试验结束后对测量的传递函数矩阵、相干函数等进行检查，对系统的可控性进行评估。

（5）正式试验。调用预试验传递函数进行正式试验，测量系统记录产品上各点的响应数据。带电性能的航天器部组件产品需按电测大纲的要求对产品进行电性能监测。

（6）如果有多个量级试验，则重复（2）~（5）的程序，两个相邻的全量级试验之间可以进行一次特征级试验。

（7）试验结束。试验结束后，产品下振动台。关闭控制系统、测量系统、功率放大器、油泵、冷却系统等设备。

6. 试验数据处理

振动试验响应数据处理应满足如下要求，并给出各方向试验的处理结果：

（1）试验条件属于时域参考标准的多轴试验以幅值-时间曲线的形式给出控制和响应测量结果；

（2）试验条件属于频域参考标准的多轴试验以幅值-频率曲线的形式给出控制和响应测量结果；

（3）提供试验大纲所要求的其他数据；

（4）当控制及响应有明显的异常信号时，应对试验异常现象出现阶段的试验数据进行分析，判断异常现象产生的可能原因，为故障分析提供趋势或证据；

（5）根据需要，将响应数据按标准格式进行数据传输或录入光盘（硬盘）。

7. 试验报告编写及结果分析评估

试验后应编写产品的多轴振动试验报告，并归档保存。试验结果分析及评估按下述要求进行：

（1）综合分析试验结果，确定试验是否达到预期试验目的；

（2）试验控制应满足试验文件中规定的试验条件规定的试验允差要求；

（3）主要测量点的响应数据获取率应满足试验文件的规定；

（4）在试验期间进行电性能测试的部组件产品，需评估产品在试验期间的工作性能能否满足相关技术文件要求。

12.5 多轴振动试验工程实例

12.5.1 单多轴振动试验结构响应对比

本实例主要介绍卫星典型单机产品单多轴振动时结构上响应对比情况。试验件选取某卫星上的陀螺结构件，在陀螺结构件顶部上粘贴了1个三向加速度T1测点，如图12-23所示。该陀螺结构件在三轴振动试验平台上的就位如图12-24所示。试验采用自研的6kN三轴振动试验系统进行产品三个方向依次激励和同时激励，并测量陀螺上测点的响应加速度曲线。

图12-23 某陀螺结构件示意图

图 12-24 陀螺结构件三轴振动试验

试验前为了解陀螺结构件的力学特性,对陀螺结构件进行了仿真分析。首先利用 Patran 和 Nastran 力学分析软件对该陀螺结构件进行了建模并开展了模态分析,模态频率及振型如图 12-25 所示。

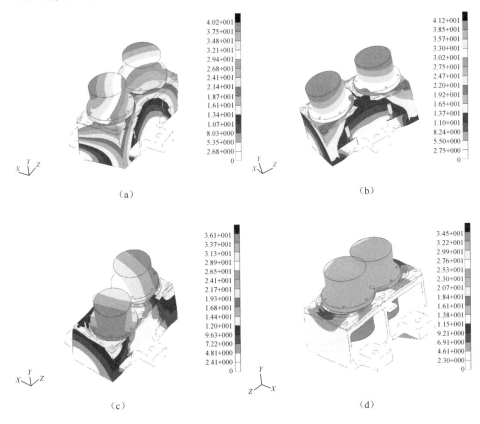

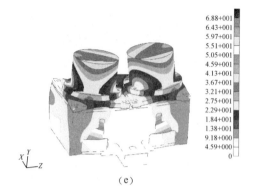

(e)

图 12-25 各阶模态阵型(见书末彩图)

(a)一阶模态阵型;(b)二阶模态阵型;(c)三阶模态阵型;(d)四阶模态阵型;(e)五阶模态阵型。

随后采用该有限元模型开展了单轴依次激励和三轴同时激励环境下的仿真分析,T1 观测点的结果对比如图 12-26 所示。图中虚线表示三轴同时加载

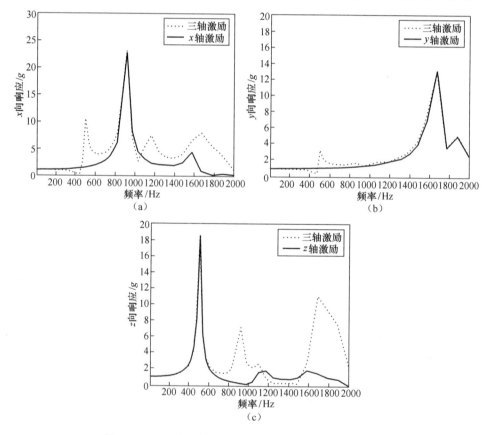

图 12-26 T1 点三轴同时激励和依次激励下的响应曲线

(a)X 向响应;(b)Y 向响应;(c)Z 向响应。

激励时结构上 T1 观测点三个正交方向的加速度响应曲线,实线表示单轴依次加载激励时结构上 T1 观测点三个主振方向的加速度响应曲线。

从仿真结果可以看出,对于单轴依次加载和三轴同时加载,虽然陀螺上 T1 观测点在单轴激励下主方向上的频率和响应峰值大小与三轴同时加载时基本一致,但在其他频率段却存在明显的区别。

为进一步验证仿真分析结果,采用三轴振动台试验系统开展了该陀螺结构件三轴振动试验。由于三轴振动台在高频控制效果不理想,因此正弦扫描试验只进行到 1000Hz。陀螺结构件上 T1 观测点单多轴正弦振动试验的测量数据如图 12-27 所示。从试验曲线的对比可看出单多轴振动试验时结构的响应趋势与分析结果基本一致。此实例主要说明三轴同时加载能激励单轴激励无法激起的结构响应,具有更高的激发效率。

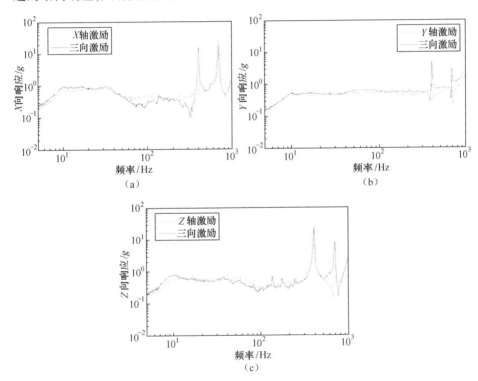

图 12-27　T1 点三轴同时激励和依次激励下的响应曲线
(a)X 向响应;(b)Y 向响应;(c)Z 向响应。

12.5.2　单多轴振动试验结构损伤对比

本实例主要介绍航天器部组件产品单多轴振动加载时结构累积疲劳损伤对比情况。试验件选取某星载计算机。在星载计算及顶部布置了 1 个三向加速度测点,如图12-28所示。结构损伤对比试验采用国内研制的60kN三轴振动台试验系统,通过该试验系统可完成产品三个正交方向的单轴振动试验以及三轴同时振动试验。

图12-28 星载计算机试验照片

结构相对疲劳损伤主要是确定产品在按三轴顺序激励和同时激励的情况下,产品所经历的相对疲劳损伤关系。理论证明结构在动力加载情况下的应力响应与速度响应成比例关系。其中速度有效均方值有如下三个确定原则:

(1) 如果关键部位测点某方向的速度谱相对另外两个方向的速度谱来说占主要成分,则用该方向速度谱用来确定应力均值;

(2) 如果关键部位测点2个或3个方向的速度谱都占比较大的成分,而且这些谱在大部分频段的相关性较高,彼此的相位差为0°或180°,因此合成的速度均方根值为各方向的向量和,公式如下:

$$\sigma_{ve} = \left[\sum_{i=1}^{3} (\sigma_{vi}^2) \right]^{1/2} \qquad (12-38)$$

(3) 如果关键部位测点2个或3个方向的速度谱都占比较大的成分,但这些谱在大部分频段的不相关,或者相关,但相位差不为0°或180°,此时的应力均方根值取决于最大的速度谱和速度均方根值。

累积疲劳损伤具体计算步骤如下:

(1) 三轴激励应力/速度均值比计算。假设产品在进行三轴同时随机激励,持续时间$1\min(T_{f3D}=60s)$结束后,产品关键部位刚好产生疲劳损伤,此时需要确定造成疲劳损伤的应力均值σ_{s3D}。同时认为此时三轴疲劳损伤系数为$D_{3D}=1$。

三轴同时激励时,$X/Y/Z$三个方向的平均频率为

$$\bar{f}_i = \sigma_{ai}/2\pi\sigma_{vi} \quad (i=1,2,3) \tag{12-39}$$

式中：σ_{ai} 为 i 方向测点响应的加速度均方根值；σ_{vi} 为 i 方向测点响应的速度均方根值。

根据上述三个单方向的平均频率和速度的均值，可由下述公式计算三轴同时激励的有效频率 $\bar{f}_{3D}$，计算公式如下：

$$\bar{f}_{3D} = \sum_{i=1}^{3}(\bar{f}_i\sigma_{vi}^2) \Big/ \sum_{i=1}^{3}\sigma_{vi}^2 \tag{12-40}$$

此时三轴同时激励的应力循环次数为

$$N(\sigma_{s3D}) = \bar{f}_{3D}T_{f3D} \tag{12-41}$$

根据应力循环次数 $N(\sigma_{s3D})$ 和随机 S-N 曲线，可以得出三轴激励应力有效均值 σ_{s3D}，而且可以确定应力/速度均值比：

$$C_{3D} = \sigma_{s3D}/\sigma_{v3D} \tag{12-42}$$

其中三轴速度有效均值 σ_{v3D} 由速度有效均方值确定原则确定。

(2) 单轴激励应力均值和疲劳损伤计算。X/Y/Z 三方向按顺序激励时，单个方向的应力均值计算如下：

$$\sigma_{sj} = C_{3D}\sigma_{vj} \quad (j=X,Y,Z) \tag{12-43}$$

以三轴同时激励 1min 产生疲劳损伤为基准，产品关键部位在该应力下发生疲劳损伤的应力循环次数为

$$N(\sigma_{sj}) = N(\sigma_{s3D})[\sigma_{s3D}/\sigma_{sj}]^b \tag{12-44}$$

式(12-44)中 $N(\sigma_{s3D})$、σ_{s3D} 和 σ_{sj} 可分别从式(12-43)、式(12-45)计算得到；b 为材料 S-N 曲线的疲劳指数，通常在 $4 \leqslant b \leqslant 8$ 之间变化。单轴激励产品关键部位实际经受的应力循环次数为

$$n(\sigma_{sj}) = \bar{f}_j T_{ej} \tag{12-45}$$

此时，产品关键部位各个单轴激励的疲劳损伤计算如下：

$$D_j = n(\sigma_{sj})/N(\sigma_{sj}) \tag{12-46}$$

三轴按顺序激励对产品造成总的疲劳损伤为

$$D_U = \sum_{j=X}^{Z} D_j = D_X + D_Y + D_Z \tag{12-47}$$

如果 $D_U < 1$，可以认为三轴按顺序激励造成的累积损伤小于三轴同时激励所造成的累积损伤；如果 $D_U > 1$，则认为三轴顺序激励完成之前，产品将提前出现累积损伤。三轴按顺序激励分别造成的损伤 D_X、D_Y、D_Z 系数越大，表明该方向激励造成的累积损伤也越大。

在确定累积疲劳损伤计算方法后，开展了星载计算机共四次随机加载试验：①单轴 X 向激励；②单轴 Y 向激励；③单轴 Z 向激励；④三轴同时激励(各方

向互不相关)。随机加载的谱密度曲线如图 12-29 所示。试验测量了位于星载计算机顶板中心位置测点的响应加速度和速度谱密度曲线。试验曲线分别如图 12-30~图 12-37 所示。

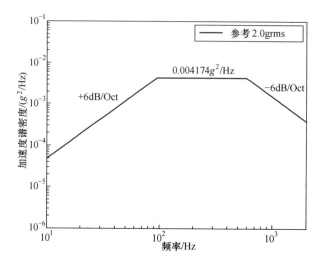

图 12-29　随机激励加速度谱密度

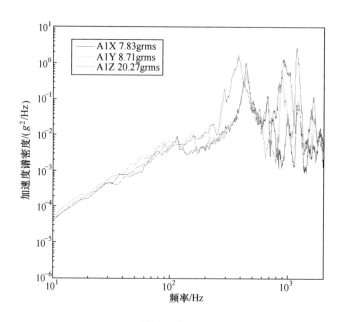

图 12-30　三轴同时激励测点加速度谱

按照上述累积疲劳损伤计算方法和测量结果,分别计算 X、Y、Z 三轴按顺序激励时,单方向所造成的损伤系数。对产品的总累积损伤为各单轴累积损伤之

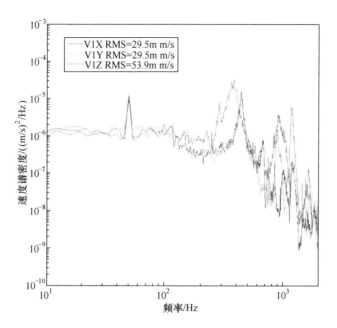

图 12-31 三轴同时激励测点速度谱

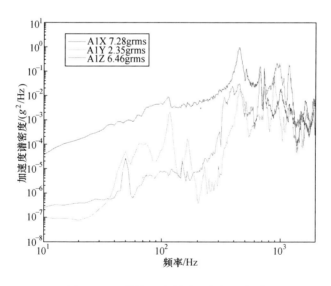

图 12-32 单轴 X 向激励测点加速度谱

和,即

$$D_U = D_X + D_Y + D_Z = 0.68 \quad (12\text{-}48)$$

星载计算机顶板中心处在三轴按顺序激励,加载时间各为 1min 的情况下所造成的疲劳损伤约为三轴同时激励 1min 所造成疲劳损伤的 68%。此实例主

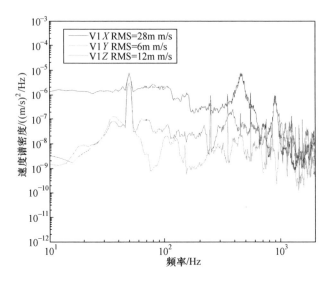

图 12-33 单轴 X 向激励测点速度谱

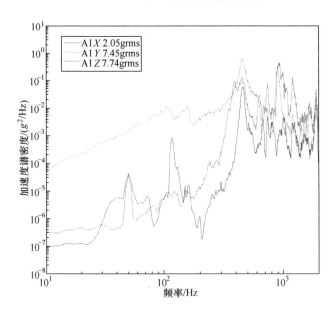

图 12-34 单轴 Y 向激励测点加速度谱

要说明三轴同时加载比三轴依次加载更容易激发产品的潜在故障或缺陷。

12.5.3 故障复现单多轴振动试验

本实例主要介绍某试件在多轴环境激励下复现了单轴激励试验时无法出现的故障现象。某型号引信在飞行过程中发生异常,为了分析故障原因,按照

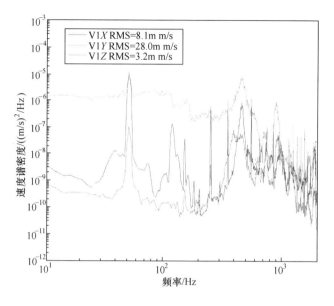

图 12-35 单轴 Y 向激励测点速度谱

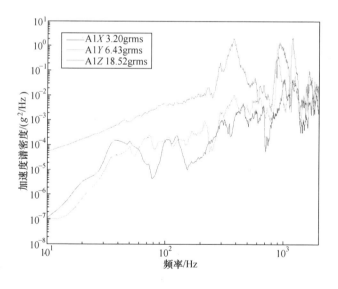

图 12-36 单轴 Z 向激励测点加速度谱

GJB 150.16A—2009 的规定对引信进行了三个方向的单轴振动试验,均未发现异常现象。对该产品在异常飞行阶段的遥测振动环境进行分析,发现产品在此阶段的振动环境是三个方向的振动同时存在,且振动环境量级比较大。分析认为该类产品的性能对多轴振动环境比较敏感,传统的单轴振动试验可能无法充分暴露产品的薄弱环节,应真实模拟实际飞行振动环境,在三轴振动环境试验

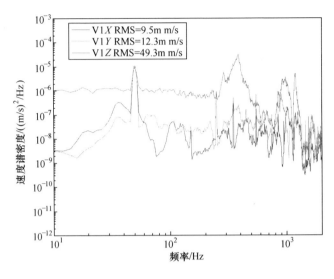

图 12-37 单轴 Z 向激励测点速度谱

下考核产品的性能。

故障复现试验为三轴随机振动试验,试验条件如下:

(1) 试验频率范围为:20~2000Hz;

(2) 三个轴向的自功率谱密度见图 12-38 的谱矩阵的对角线项;

(3) 三个轴向控制点之间为全不相关,即相干为 0,如图 12-38 所示的谱矩阵的非对角线项;

(4) 试验持续时间为 10min。

试验系统为三轴振动台试验系统,由三个 5T 振动台、夹具平台、球铰组成。三个振动台沿三个轴向通过球铰与夹具平台连接。试件与振动平台的连接夹具由任务提出方提供,根据引信产品振动试验的要求设计,通过连接半卡箍固定在振动平台上。试件安装后的三个轴向与三个振动台的激励方向平行。试验三个控制点在夹具平台上试件的安装位置处,三个控制点的测量方向分别于对应的振动台激励方向平行。试验采用三轴随机振动控制方式,试验条件见图 12-38。

在试件初始安装状态下,对其外观和功能进行检查,检查结果正常。试验从 -12dB 量级开始进行振动控制,逐步增加振动量级到 0dB 振动量级。在整个振动试验过程中,由任务提出方负责对试件的性能进行实时监测,由试验承担方负责监测和记录试验过程的控制点的测量数据。在 0dB 振动量级进行到 5min 左右时刻,试件出现飞行故障现象,故障得到复现,立即停止振动加载,随后记录试件的异常时刻的特征参数。此实例说明了对于引信产品的考核,传统的单轴振动试验标准是不充分的。

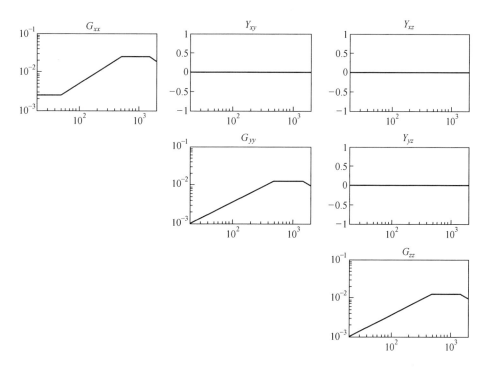

图 12-38 三轴试验条件

参 考 文 献

[1] Department of defense test method standard: Environmental engineering considerations and laboratory test: Method 527.2, multi-exciter test: MIL-STD-810H[S]. 2019-01-31.
[2] Draft Multi-Shaker Test and Control: Design, Test, and Evaluation Division Recommended Practice 022.1[S]. IEST-RP-DTE022.1, April 2008.
[3] US Army Developmental Test Command (DTC) / US Army Redstone Test Center (RTC) Methodology Study of MIMO Vibration Specification Guidance[S]. March 2010.
[4] SMALLWOOD D O. Random Vibration testing of a single test item with a multiple input control system[C]. Proceedings of Institute of Environmental Sciences, USA, Dallas, April 1982: 42-49.
[5] SMALLWOOD D O. Multiple shaker random control with cross coupling[C]. Profeedings of the IES, 1978: 341-347.
[6] DAVID O. Smallwood, Minimum Drive Requirements For a Multiple Input Multiple Output Linear System[C]. Proceedings: Institue of Environmental Sciences and Technology, 1986: 295-301.
[7] PEETERS B, DEBILLE J. MIMO random vibration qualification testing: algorithm and practical experiments[C]. Proceedings of ESTECH 2002, Anaheim, CA, USA, 2002: 1-12.
[8] UNDERWOOD M A. Multi-exciter testing applications: theory and practice[C]. Proceedings: Institue of Environmental Sciences and Technology, Anaheim, CA, April 2002: 1-10.
[9] UNDERWOOD M, KELLER T. Applying Coordinate Transformations to Multi-DOF Shaker Control[C].

Sound and Vibration Magazine, 2006.
[10] FITZ-COY N, HALE M, NAGABHUSHAN V. Benefits and Challenges of Over-Actuated Excitation Systems [J]. Shock and Vibration Journal, 2010, 17(3): 250-303.
[11] HALE M, FITZ-COY N. On the Use of Linear Accelerometers in Six-DOF Laboratory Motion Replication: A Unified Time-Domain Analysis[C]. 76th Shock and Vibration Symposium, 2005.
[12] SMALLWOOD D O. Multiple-Input Multiple-Output (MIMO) Linear Systems Extreme Inputs/Outputs[J]. Shock and Vibration Journal, 2007, 14(2): 107-132.
[13] SMALLWOOD D O. A Proposed Method To Generate a Spectral Density Matrix for a Multiple Input, Multiple Output (MIMO) Vibration Test[C]. 80th Shock and Vibration Symposium, 2010.
[14] HALE M. A 6-DOF Vibration Specification Development Methodology[J]. Journal of the IEST, 2011, 54(2): 22-26.
[15] HALE M. Spectral Density Matrix Transformations[J]. Journal of the IEST, 2017, 60(1): 17-26.
[16] MARTIN L, SCHNEIDER S. On the Nature of Spectral Density Matrices used to Characterize Vibration Environments[C]. Proceedings of the 87th Shock and Vibration Symposium, 2016.
[17] 邱汉平, 冯咬齐, 樊世超. 多轴随机振动试验控制技术研究[J]. 航天器环境工程, 2015, 32(5): 527-531.
[18] 樊世超, 冯咬齐. 多维动力学环境模拟试验技术研究[J]. 航天器环境工程, 2006, 23(1): 23-28.
[19] 中国航天科技集团公司. 多维振动试验方法: Q/QJA108—2013[S].
[20] 赵保平, 王刚, 等. 多输入多输出振动试验应用综述[J]. 装备环境工程, 2006, 3(3): 25-32.
[21] 陈立伟, 卫国. 多维随机振动试验条件制定方法研究[J]. 强度与环境, 2010, 37(6): 1-6.
[22] 王新. 多台振动试验控制方法研究[J]. 强度与环境, 2008, 35(2): 7-11.
[23] 吴家驹. 多维振动环境试验控制策略的分析基础[J]. 强度与环境, 2008, 35(4): 1-6.

第 13 章
力学环境模拟试验测量技术

13.1 概述

测量是人们对客观事物取得数量概念的一种手段,在这种手段中,人们借助于各种专用工具,通过试验和对试验数据的分析计算,求得被测量的真值,获得对客观事物的定量概念和内在规律的认识。测量就是用试验的方法,把被测量与同性质的标准量进行比较,确定二者的比值,从而得到被测量的值。

航天器的力学环境试验:振动、噪声、冲击、模态、微振动、静力(包括恒加速度)等都需要用到测量技术。测量的目的首先是对试验的输入即试验条件进行控制,例如在振动试验中,要准确测量试验控制点的加速度、位移或速度,以保证试件经受的振动量值满足试验要求;在进行声试验时,要测量混响室的声压级,以确信混响室内的声强和均匀度满足试验要求;在进行静力试验时,要测量作动器输出力的大小,进而保证产品的受力状态满足试验的要求。测量的另一个目的是对试验的输出即试件的结构响应参数进行监测记录,通过直接、间接或组合的测量方法测得加速度、位移、力、应变等物理参数后,再利用这些参数对产品进行进一步的力学特性分析。分析主要包括:了解试件能否经受环境试验载荷的作用而正常工作;了解试件的受力情况,找出结构的薄弱环节;了解试件的传递函数和模态参数等;了解试件的动力学环境特点,测得有关的环境参数,为制定或验证动力学环境试验条件提供依据。

所有力学环境试验的最终结果是测量数据。测量数据是对试验结果进行评估的依据,通过对测量数据的分析方可判断试验是否满足试验要求,判断试件是否经受试验检验以及试件是否满足设计要求等,因此试验数据的测量和分析对力学环境试验而言至关重要。

13.2 基本知识

13.2.1 测量系统的组成

测量系统的组成主要包括被测结构、传感器、导线、信号调理设备、数据采集设备和控制分析软件,信号调理设备也有可能集成在数据采集设备中。被测结构受到激励产生的响应物理量被传感器感知,传感器将结构响应以模拟量的形式输出至信号调理设备,信号调理设备对模拟信号进行初步调理(模拟滤波、信号放大、为传感器供电等)后将其传输至数据采集设备,数据采集设备对模拟信号做抗混滤波后将其转换为数字信号,最后输出时域数据文件至控制分析软件。测量系统的组成如图13-1所示。

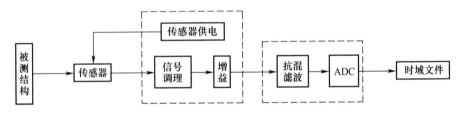

图 13-1 测量系统的组成

13.2.2 测量系统的特性

测量的质量可以用测量系统的测量特性描述。测量系统的特性通常可以分为静态特性和动态特性,在静态测量条件下,测量系统的输入量和输出量之间在数值上一般具有一定的对应关系,可以用一组性能指标来描述静态测量过程的品质。动态测量时由于测量系统的惯性,使系统的输出量不能正确反映同一时刻输入量的真实情况,因此必须考虑测量系统的动态特性,以测量动力学为基础的动态特性指标是衡量动态测量系统品质的指标。

实际上测量系统的静态特性也同样影响动态条件下的测量品质,然而同时考虑静态特性的影响将使描述测量系统动态关系的微分方程的求解变得非常复杂,因此在考虑测量系统的动态特性时,忽略摩擦、滞后、间隙等影响测量系统静态特性的因素,而测量系统的总性能则由系统的静态特性和动态特性共同决定。

1. 测量系统的静态特性指标

(1)灵敏度:测量系统输出量的变化与引起这种变化的输入量的变化之比。

(2) 分辨率:测量系统能够检测出被测量最小变化量的能力。

(3) 量程:测量系统所能测量的最大输入量与最小输入量之间的范围。

(4) 基本误差:在规定的标准条件下,用标准设备进行静态标定时,测量系统在全量程中所产生的最大绝对误差的绝对值与系统量程之比。

(5) 精确度:测量值与真值的符合程度,也叫精度。该指标反映系统在测量时由系统误差与随机误差产生的综合影响。

(6) 迟滞误差:测量系统正、反量程造成的输出量之间的差值称为迟滞误差。通常由测量系统中的弹性元件、磁性元件的滞后现象或存在的摩擦、间隙等原因引起的。

(7) 线性度:实际特性曲线与理想特性曲线之间的符合程度。

(8) 温度漂移:工作环境温度对测量系统特性产生的影响。

2. 测量系统的动态特性指标

(1) 传递函数:表达系统将输入量转换成输出量的传递关系。只与系统本身的特性有关,而与输入量的变化无关。

(2) 瞬态响应:在脉冲响应、阶跃响应和频率响应三种瞬态响应特性中,常采用阶跃响应试验判断测量系统的动态特性,即在测量系统的输入端施加一阶跃信号,记录输出信号的变化曲线。

13.3 测量误差

13.3.1 误差的概念

测量误差的定义为测得值与被测量真值之差:
$$测量误差 = 测得值 - 真值$$
测量误差按照性质可以分为系统误差、随机误差和粗大误差三类。

在相同的测量条件下,对同一被测量进行多次测量,误差的绝对值和符号保持不变,或按一定规律变化,这类误差称为系统误差。前者为恒值误差,后者称为变值误差。

在相同测量条件下,对同一被测量进行多次测量,由于受到大量的、微小的随机因素的影响,测量误差的绝对值的大小和符号没有一定的规律,且无法简单地估计,这类误差称为随机误差。

明显地偏离了测量结果的误差称为粗大误差。

系统误差就个体而言是有规律的,其产生原因往往可知,因此可以通过试验的方法加以消除,也可以通过引入修正值的方法加以修正。

随机误差就其个体来说是无规律的,但作为整体而言它又遵循一定的统计规律,大多数测量的随机误差都服从正态分布规律,通常用统计理论来予以估计。

粗大误差则大多是由测量者的粗心大意造成的,例如读数错误、运算错误或记录错误等,其数值往往大大地超过同样测量条件下的系统误差和随机误差,严重地偏离了测量结果,因此必须从测量数据中剔除。

13.3.2 测量系统误差

系统误差的主要来源是环境因素以及测量系统中各环节存在的噪声。航天器力学环境试验的操作环境相较于其他行业要优良得多,因此环境因素对测量的影响基本可以忽略不计,航天器力学环境试验中能够对测量结果产生影响的因素主要存在于测量系统本身。测量系统中的每一个环节都会存在或大或小的噪声,如图13-2所示,由此造成的误差在层层叠加后变成了测量系统的总误差。

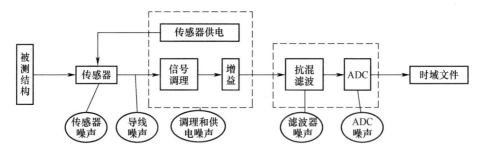

图13-2 测量系统各环节噪声

从使用仪器的角度来说,测量精度主要由幅值精度和频响精度两项指标构成,下面分别给出各部分的标检误差要求。

1. 加速度传感器

(1) 灵敏度幅值。加速度传感器的幅值灵敏度标检使用160Hz固定点频率标检,误差一般在±2%以内。

目前加速度传感器灵敏度使用时保留小数点后三位有效数据,测量一般使用IEPE型、量程范围±500g的加速度传感器,灵敏度的标检值示例为9.892mV/g、10.022mV/g等。

三向加速度传感器的横向灵敏度一般小于5%,有些型号可小于2%。

(2) 频响线性。加速度传感器的使用频率范围1~10kHz,线性误差小于±10%,在通常使用的5~5kHz频率范围线性误差一般小于±5%。

2. 信号适调器

(1) 增益线性。幅值线性度标检误差一般小于±2%。

(2) 频响范围。频率使用范围 0.1~30kHz,线性度标检误差一般小于±2%。

信号适调器自身出厂时的两项误差指标,比使用时的标检误差要求高,基本都在±1%以内,此指标是在使用环境比较好的情况下检测的误差指标。

3. 应变片

(1) 桥臂阻值。通常使用 120Ω 阻值。

(2) 桥路测量方式。通常使用带温度补偿的半桥式接线测量方式。

4. 动态应变仪

(1) 增益线性。非线性小于满度值(±5V) 的±0.1%。

(2) 频响线性。直流桥可以达到 DC~50kHz,交流桥在 0.1~10kHz 等范围,非线性小于±0.1%。

(3) 通道最大灵敏度输出。动态应变仪平衡后,使用带温度补偿的半桥测量方式时,桥路输出的最大灵敏度是指在放大倍数最高的情况下应变仪输出的每 mV 对应的最大 $\mu\varepsilon$ 值。如国产的动态应变仪 DH5937 为±5mV/$\mu\varepsilon$,日本引进的 SDA-830C 动态应变仪为±20mV/$\mu\varepsilon$。

动态应变仪目前的标检方法都是采用输入静态的标准应变量进行标检,不能做动态应变量的标检。

5. 数据采集处理系统

(1) 幅值转换分辨率。幅值转换分辨率与使用的 A/D 位数和满度电压值有关,例如目前普遍使用的 16 位 A/D、满度电压值对应±5V 的数据采集处理系统,其电压幅值转换分辨率为: 5000mV/16384 = 0.305mV/Bit

(2 的 15 次幂 32768 对应 10V 即±5V 电压值)。

使用的满度电压值越接近±5V,使用的转换位数越高,转换误差越小。

数据采集处理系统幅值标检误差一般小于±1%。

(2) 频响线性。频响线性标检误差小于±1%。

(3) 采样率设置。数据采集处理系统幅值转换的精度还与设置的采样频率有关。目前正弦扫频试验(5~100Hz),采样率设置一般大于分析频率上限的 32 倍。

随机振动试验采样率设置为分析频率上限的 4 倍或更高(大于 2.56 倍即可满足采样定理要求的频率抗混淆要求)。

13.4 结构响应信号采集

在航天器力学环境试验中,主要通过结构的振动或形变响应来实现对试验件结构特性的判读,测量系统中信号采集的两个关键部分是传感器和数据采集设备。不同的结构响应物理量需要使用不同类型的传感器来感知,选择合适的传感器能够保证结构响应模拟信号的准确度,设置恰当的数据采集参数则会提高后续数据分析结果的可信度。

13.4.1 结构响应物理量类型

振动、声试验结构响应的表达形式一般为加速度、速度、位移、应变和声压级信号,还有力等其他类型的信号。由于受传感器类型和安装等因素的影响,航天器力学环境试验结构响应测量的内容目前以测量加速度、应变、声压级信号为主,以测量位移、力等信号为辅。

1. 加速度测量

加速度物理量的测量通过加速度传感器实现。加速度传感器的类型有很多种,力学环境试验主要以压电晶体型(电荷、ICP、智能型 TNDS)加速度传感器为主,通过压电材料的压电效应实现加速度物理量与电学量的转换。

ICP 型加速度传感器是目前力学环境试验加速度测量的首选。ICP(integrated circuit piezoelectric)型加速度传感器是内装电路式压电晶体型加速度传感器,也称为 IEPE(integrated electronic piezo-electric)型传感器。该型号传感器将阻抗变换电路集成在传感器内部,传感器直接输出电压信号。使用 ICP 型传感器的优势是连接电缆基本不受分布电容的影响,而电荷型传感器一般不能超过 30m。TNDS(transducer electronic data sheet)型传感器是智能压电晶体型加速度传感器。TNDS 内部有记录传感器信息的电子数据表,信息包括传感器型号、灵敏度、系列号、标检日期等。传感器的信息可以通过软件从连接传感器的电路读取,不用再去查纸制的记录表,因此通道的设置无需再手动输入,直接从传感器的电子数据表读取即可。在大通道数测量中采用 TNDS 型传感器可以在一定程度上减少工作量和出错的概率。

2. 应变测量

应变测量用于表征结构因外力或温度变化而引起的局部变形,在工程领域应用广泛。应变是指相对变形,即局部形变量与原始尺寸之比,分为正应变(线应变)与切应变(角应变)两种,为无量纲量。此外,按测试对象的响应情况,应变测量还可以分为测量结构静力或变形的静应变测量和测量结构动力学响应的动应变测量。通常在航天器振动试验中使用动应变测量方法,而在航天器结构静力试验中使用静应变测量方法。

应变测量系统由应变计、转接线、应变仪和数据采集系统组成。实际测量中,应变计(应变片)粘贴于被测物表面,变形过程引起应变栅丝电阻变化,该变化可在应变仪中换算成电信号,该电信号最终传输至数据采集系统,经过数据处理后显示应变测量结果。在航天器力学环境试验的应变测量中,一般配备应变温度补偿计,与工作应变计共同按惠斯通电桥的方式连接。许多新型应变仪集成了数据采集系统的功能,将信号放大、调平、偏置、A/D 转换、滤波、灵敏度设置等融为一体,方便携带和使用。在航天器动力学环境试验中,应变通过动态应变仪、数据采集系统计算机以时域、幅频曲线的方式实时显示。在航天器结构静力环境试验中,应变通过静态应变仪以离散应变值的方式间断显示。

3. 声压级测量

声学可以用许多不同的参数来表示其物理特性,例如声功率、声强和声压。在航天器力学试验中,最常用的为声压。例如卫星的声试验,主要是研究卫星结构及其组件在飞行过程中所受的火箭发动机排气噪声及高速飞行中气动噪声等环境的影响,其中的声环境就是用卫星表面所受的声压来表示的。

声压是声音在介质中传播时造成的压力脉动,声压测试系统一般由传声器以及配套的数据处理设备组成。传声器为压力脉动的感受原件,在进行测试时,先通过传感器将测试位置的声压变化转换为电信号,然后,再将电信号传递给后端的数据处理系统进行滤波、A/D 转换等处理,最后达到声压测量的目的。

4. 位移测量

位移表示的是物体上某一点在两个不同瞬间的位置变化,而位移测量则是线位移和角位移测量的统称。为保证航天产品被测试件结构的安全,位移测量主要采用非接触式测量方法,因此位移传感器优先选用激光位移传感器。

按照测量原理,激光位移传感器原理分为激光三角测量法和激光回波分析法,激光三角测量法一般适用于高精度、短距离的测量,而激光回波分析法则用于远距离测量。

激光回波式传感器内部是由处理器单元、回波处理单元、激光发射器、激光接收器等部分组成。通过激光发射器每秒发射一百万个激光脉冲到检测物并返回至接收器,处理器计算激光脉冲遇到检测物并返回至接收器所需的时间,以此计算出距离值,该输出值是将上千次的测量结果进行的平均输出。

三角测量的原理是激光二极管在被测物体表面上投射一个可见光斑,其反射光(漫反射)通过精密的接受光镜组后,在传感器内的感光片上成像。当传感器与被测物体间的距离发生变化时,激光反射角度产生相应改变,使传感器内感光元件上的成像位置产生相应变化。

5. 力测量

在力学环境模拟试验中,力测量主要用来获取外部对结构的激励力,或者两个结构之间的受力。在模态试验中,需要采用力传感器获取对结构的激励力,作为参考信号进行结构的模态辨识。试验时通过力锤或者激振器上安装的力传感器测得输入力信号。针对不同的激励类型(冲击激励、促发随机、扫描正弦和步进正弦等),需要采用不同的加窗处理及其他信号处理方法来实现,详见本书第 9 章。在力限振动试验中,引入动态测力装置,采用力传感器对振动台通过夹具输入到结构的动态力载荷进行实时监测，必要时可进行输入力的限制，从而实现更好的模拟真实界面的动力学环境。

随着动态力测量技术的发展，目前通常采用压电式力传感器进行力信号的测量。压电材料在外力作用下会产生压电效应，通过测量在回路中产生的电荷实现力测量。压电式力传感器具有结构简单、体积小、质量轻、寿命长等优点，广泛应用于动态力测量中。

力测量系统由压电式力传感器、测量线缆、电荷调理及放大器、数据采集系统组成。实际测量中，压电式力传感器串联到结构的传力路径中，通过力引起的压电效应，将电荷量进行调理和放大，转换为电压量，提供至数据采集系统，实现力信号的测量输出。

13.4.2 采样参数设置

采样参数主要包括通道设置、采样率、滤波等。

无论何种试验类型，通道参数的设置基本相同，包括通道名称、输入模式（也称耦合方式）、灵敏度、量程等。

通道名称可以表明该路信号测量的结构具体位置和坐标方向。

输入模式要根据传感器的类型选择，常见的输入模式有 DC、AC 和 ICP，关心直流偏置的传感器类型宜选择 DC 模式，只允许信号中的交变部分通过或传感器输出为交流电压时宜选择 AC 模式，需直接对传感器供电的情况下选择 ICP 模式。

灵敏度是传感器校准后的固定值，如存在前置信号调理设备，则将灵敏度设置为增益后的值。传感器需定期校准灵敏度以保证测试的精度。

数据采集设备具有量程可调的功能，量程的设置对信号采集尤其是小信号的采集影响明显，量程过大会导致信噪比差，量程过小会导致信号削波。

采样率的设置会影响信号的幅值精度，理论上来说采样率越高幅值越精确，但过高的采样率会导致数据文件过大，不便于后续的数据分析及处理，通常数据采集设备的采样率会设置在信号频率上限的 10 倍左右。

滤波的目的是为了弱化信号中的某些频率成分，可通过低通、高通或带通的形式实现。理想的滤波器应在截至频率处直线下降，但现实中并非如此，实际使用的滤波器都存在一个滤波陡度，也就是过渡带，使得截止频率以上的频率成分未被百分之百滤除，而只是被衰减。因此在对滤波器进行设置时，需充分考虑滤波器过渡带的影响。

13.5 结构响应数据处理

同样的结构响应时域信号，在不同的试验类型中有不同的数据处理方法，按照试验类型的不同,本节将结构响应数据处理分为正弦扫频试验、随机与噪声试验、冲击试验三种类型。

13.5.1 正弦扫频试验

正弦扫频试验中,主要对信号的幅值进行处理,幅值计算包括四种方法,分别为绝对峰值法(peak value)、平均峰值法(average value)、有效峰值法(RMS value)和滤波方式峰值法(filtered value)。

1. 绝对峰值法

绝对峰值法是在对正弦时域信号进行实时处理时,取每个响应信号所处理周期内的绝对响应峰值。公式为

$$A_p = \max(|a_i|) \tag{13-1}$$

式中:A_p 为绝对峰值;$i = 1,2,\cdots,N$(N 为所处理周期内的采样点数);a_i 为每个处理周期内的采样点数值。

2. 平均峰值法

平均峰值法是在对正弦时域信号进行实时处理时,取每个响应信号所处理周期内的绝对响应平均值,再换算成峰值。公式为

$$A_{\text{avg}} = \frac{\pi}{2} \times \frac{1}{N} \sum_{i=1}^{N} |(a_i)| \tag{13-2}$$

式中:A_{avg} 为平均峰值。

3. 有效峰值法

有效峰值法是在对正弦时域信号进行实时处理时,取每个响应信号所处理周期内的响应数值的有效值,再换算成峰值。公式为

$$A_{\text{RMS}} = \sqrt{2} \times \sqrt{\frac{1}{N} \sum_{i=1}^{N} (a_i)^2} \tag{13-3}$$

式中:A_{RMS} 为有效值峰值。

4. 滤波方式峰值法

滤波方式峰值法是在对正弦时域信号进行实时处理时,取每个响应信号所处理周期内的各响应点的数值,按滤波方式的处理方法获得幅值。公式为

$$\text{Re}(A) = \frac{1}{N} \times \sum_{i=1}^{N} a_i \times \sin(2\pi f_i \times \Delta t) \tag{13-4}$$

$$\text{Im}(A) = \frac{1}{N} \times \sum_{i=1}^{N} a_i \times \cos(2\pi f_i \times \Delta t) \tag{13-5}$$

$$A = \sqrt{(\text{Re}(A))^2 + (\text{Im}(A))^2} \tag{13-6}$$

$$\varphi = \arctan \left| \frac{\text{Im}(A)}{\text{Re}(A)} \right| \tag{13-7}$$

式中：a_i 为每个处理周期内的各采样点数值；T 为所处理的正弦信号的周期；$\mathrm{Re}(A)$ 为信号幅值的实部部分；$\mathrm{Im}(A)$ 为信号幅值的虚部部分；A 为信号幅值；φ 为信号初相位。

13.5.2 随机与噪声

在随机与噪声试验中,结构响应情况需通过能够表征响应信号特征的谱函数来判断,较为常用的谱函数处理方式在本书 5.4.4 节中有详细介绍,而航天器在随机或噪声环境中的响应通常通过功率谱密度(PSD)函数判读,并在功率谱密度的基础上进一步计算得到表征信号能量大小的 RMS,也就是有效值。功率谱密度表征的是单位频率上的能量分布,由自功率谱除以频率分辨率得到,功率谱密度可进行线性平均。

随机与噪声试验中,计算信号的谱函数会涉及到谱线数及带宽、窗函数、平均方式及平均次数等参数的选择。

1. 谱线数及带宽

信号分析的最大频率范围称为带宽,通常为采样频率的一半。带宽按频率分辨率划分出的离散频率点,则为谱线。因此频率分辨率、谱线数及分析带宽的关系为

$$\text{频率分辨率}(\Delta f) \times \text{谱线数} = \text{分析带宽}$$

由于功率谱密度的特性,频率分辨率或谱线数的改变,并不会影响功率谱密度结果。

2. 窗函数

进行频谱计算前对信号加窗,目的在于减少泄露。窗函数的选择取决于信号分析的目的和被分析信号的类型。而窗函数频谱的主瓣宽度应尽量窄,以获得较高的频率分辨能力,旁瓣衰减应尽量大,以减少频谱拖尾。在随机与噪声试验中,结构响应是随机信号,窗函数较多地选取汉宁窗。

3. 平均

平均是指对各帧时域数据的频谱进行平均,而且是在数据采集过程中边计算边平均。平均的方式有线性平均、指数平均等。

航天器随机与噪声试验中,激励源为稳态随机信号,结构响应也基本接近稳态随机信号,因此可选择线性平均方式。平均次数越高,平均结果越精确,但平均次数影响采集与计算时间,可在单次试验允许的时间范围内合理选择平均次数。

13.5.3 冲击

冲击试验包括机械冲击和火工品爆炸冲击两类,冲击试验通常要计算冲击响应谱(SRS),冲击响应谱代表对瞬态损伤势能的测度,在假设被试结构为单

自由度系统的基础上,被瞬态信号施加激励时,质量块产生的最大响应,它是单自由度系统固有频率和阻尼的函数。目前的大部分数据采集系统都具有在线采集与同步计算冲击响应谱的功能,用户只需对变量参数进行设定,例如分析带宽、频率分辨率、品质因子 Q、分析频率间隔、触发方式等。

1. 带宽与分辨率

带宽所影响的采样率主要对时域信号采集起作用,频率分辨率的倒数即为时域数据长度。虽然冲击试验持续时间极短,结构响应峰值也集中在几毫秒到几十毫秒之间,但有些结构具有响应缓慢衰减的特性,为保证采集的完整性,需选取合理的频率分辨率,保证时域数据长度足够信号衰减完毕。

2. 品质因子 Q

进行冲击谱分析时,当试件的品质因子 Q 未确定时,一般取 $Q=10$。

3. 分析频率间隔

应用中,分析频率间隔一般取 1/12oct,间隔越小,计算精度越高。

4. 触发方式

冲击试验,尤其是火工品爆炸类型的冲击试验,不可重复,这就要求数据采集的触发方式必须满足采集一次成功的需求。目前数据采集系统主要的触发方式有自由采集、时间触发、响应触发等。

自由采集不涉及触发模式,开始于结束采集全部由人工控制,冲击试验的采样率基本在 100kHz 以上,因此自由采集虽能保证数据的完整性,但长时间采集也会导致数据文件过大,不利于后续分析处理。

时间触发模式指的是人为规定采集倒计时的时长,从进入采集模式开始倒计时,时间结束触发真正的数据采集。在航天器冲击试验中,冲击源激励输入涉及众多分系统的协同工作,时间触发模式很难准确捕捉到冲击发生的时刻,因此不建议使用。

响应触发模式指的是当某一测量通道检测到响应信号,则系统触发采集模式。作为触发通道的信号源至关重要,选择响应触发模式需在试验前对触发通道进行触发测试,保证系统能够被准确触发。触发通道通常会选取靠近激励源的响应传感器,触发量级要设置在不会被误触发与激励发生时一定被触发之间。

13.6 测量的工程实际应用

13.6.1 传感器选型

1. 加速度传感器

不同型号的加速度传感器有各自的适用场合,在航天器力学试验领域中,加速度传感器的选型原则如下：

（1）根据信号调理设备的类型选择传感器类型，如 IEPE 型调理设备宜使用 IEPE 型传感器，电荷调理设备宜使用无源压电式传感器。

（2）传感器安装端绝缘或支持绝缘操作。

（3）被测结构的响应量级为传感器量程 60%~80% 为宜。

（4）传感器的工作频率上限高于环境试验中的测量带宽。

（5）根据测量位置的空间大小选择尺寸适宜的传感器，且要方便布线。

（6）对于轻质或柔性结构，需考虑传感器本身质量对测量结果的影响。

对于爆炸冲击试验的加速度响应测量而言，加速度传感器有其特殊的要求，这是因为爆炸冲击的高频、高幅值特性，可能造成传感器松动、传感器晶体缺陷、测量系统饱和、高频干扰等问题。爆炸过程中的电磁干扰和加热现象，也会对测量结果的精度产生影响。为保证爆炸冲击试验测量数据的品质，除上述原则外，传感器的选型建议额外遵循以下原则：

（1）为避免高频成分导致的系统饱和问题，传感器的频响要高于 100kHz，最好使用机械滤波器。

（2）被测信号要小于测量系统最大量程的 1/5，以保证有足够的策略裕度。

（3）由于爆炸冲击环境在三个方向的量级相当，因此，要求传感器的三轴向必须具有足够的极限承受能力。

2. 应变计

应变测量使用的传感器有电阻应变计（应变片）、ICP 型应变传感器、光学应变传感器等。在航天器力学环境试验应变测试中，使用的是箔式电阻应变计，其选型原则如下：

（1）应变计大小应满足使用要求，同时便于粘贴至被测表面，便于连接测试引线。

（2）电阻应变计的栅长应不大于被测量区域半径的 1/5~1/10。

（3）补偿应变计应与工作应变计规格一致。

（4）根据应变测试环境选择应变计类型，如高低温应变测试中需使用耐高低温应变计。

（5）一般常规测试中，静应变和动应变可使用相同型号应变计。

应变计的量程、工作温度应满足试验要求，动态应变计应满足动态范围要求。

3. 声传感器

根据被测声场环境的不同，声传感器一般分为压力场传声器、自由场声传感器以及扩散场传声器。根据声传感器原理不同，又分为电容式、压电式、动圈式及驻极体式等。在进行声学测量中，声传感器的选型应综合根据被测环境以及测试量级等进行选择。

在航天器力学环境试验中,要优先选择在测量频带内频响函数平直、无指向性、动态范围大、背景噪声低以及稳定性好的传声器,除此之外,声传感器选型一般还需要遵循以下几个原则:

(1) 声传感器的敏感面直径应不大于试验上限频率所对应波长的 20%,例如对应最高试验频率 10kHz,一般用 6.34mm 直径的传声器。

(2) 声传感器应能进行随机入射测量,并且具有测量 3 倍以上最大额定声压的能力和稳定的频响特性。

4. 位移传感器

位移传感器传感器的选型原则如下:

(1) 根据试验场地允许的传感器安装位置,选择合适测量距离的传感器,短距离选择三角测量式,长距离选择激光回波式。

(2) 被测结构的响应量级为传感器量程 60%~80%为宜。

(3) 若采集系统无 DC 采集模式,则需保证传感器具有 AC 输出功能。

(4) 某些情况下,传感器需被安装在运动基础上,此时传感器需具备良好的抗振性能。

5. 力传感器

力测量采用的传感器有弹性力传感器、应变片力传感器、压电式力传感器等。在航天器力学环境模拟试验中,通常采用压电式力传感器进行力信号的测量,选型原则如下:

(1) 力传感器的量程、工作温度应满足试验要求,确保被测结构的力载荷不会超出传感器量程,以防止对力传感器造成损坏。

(2) 根据测量位置空间的大小选择尺寸合适的力传感器,确保较好地串联到结构的传力路径中,不对结构特性带来较大的影响。

(3) 力传感器的工作频率上限应高于环境试验中的测量带宽。

(4) 选择适当的力传感器量程,确保被测力信号具有一定的信噪比。

13.6.2 传感器安装

1. 加速度传感器

加速度传感器安装需遵循以下几个原则:

(1) 安装前做导通检查。

(2) 安装表面绝缘、平整、无污染。

(3) 测振方向与试件坐标偏差尽可能小。

(4) 安装刚度尽可能大。

(5) 使用航天专用胶带固定传感器本体。

(6) 使用航天专用胶带将电缆固定于结构表面。

(7) 对所使用的传感器型号、安装方向、灵敏度做详细记录。

爆炸冲击试验对于传感器的安装有更加严格的要求,同样由于爆炸冲击的高频、高幅值特性,传感器的安装座可能存在摇摆,摇摆可使传感器产生输出,其附加的测量误差可达100%以上。为保证测试精度,远场测量传感器可用胶接或者螺接,中场、近场测量传感器最好使用螺接方式固定到试件上,必要时,建议使用楔形传感器安装座,以消除摇摆误差。

2. 应变计

电阻式应变计是航天器力学环境试验使用的应变传感器类型,主要由基底、栅丝电阻、保护层和引线构成。安装步骤包括试件表面处理(打磨、擦拭、脱脂)、粘贴应变片、固化后焊线、固定引线、防潮防护等。现代大型航天器有时需要测量大通道数应变,可使用插接法代替焊接法连接引线提高安装效率。

安装使用时还需遵循以下原则:

(1) 安装前通过万用表测阻值,进行导通检查。

(2) 安装表面绝缘、平整(平面)、无污染。

(3) 测量方向与变形方向或试件坐标系偏差尽量小。

(4) 安装位置应有充分的导线引出的空间,并可将导线固定于结构表面。

(5) 安装应变计后出于保护目的应在应变计表面及导线引脚处覆盖绝缘胶带,防止机械损伤和信号干扰。

(6) 对所使用的应变计类型(单向、应变花)、灵敏度等做详细记录。

3. 声传感器

在进行航天器的噪声环境试验时,声传感器一般作为声场的控制传感器安置在声学环境中,通过声传感器来获取产品周围的声压变化来进行声场的控制。

当进行混响室噪声试验时,声传感器的安装一般遵循以下几个原则。

(1) 声传感器一般安装在试件周围

(2) 声传感器安装在试件表面与混响室内壁之间距离的1/2处,且距离试件和混响室内壁表面均不小于0.5m

(3) 声传感器高度应位于实践中部与试件主轴垂直的平面内。

当进行行波管噪声试验时,声传感器的安装一般遵循以下几个原则。

(1) 多行波管时,声传感器安装在每路行波管的中线上,垂直于噪声传播方向。

(2) 试件长度小于2m时,每路行波管安装1个声传感器。试件长度大于2m时,一般只安装2只传声器,分别安装在距上下端500mm处。

(3) 声传感器头距安装壁的距离大于5mm。

除此之外,声传感器的安装还有以下几点注意事项:

(1) 要避免声传感器与任何被测物、声学设备磕碰而产生敲击信号。

(2) 声传感器一般安装于声传感器支架上,要保证声传感器麦克风不被覆盖,当有气流时可以考虑在声传感器头部加装防风罩。

(3) 在进行混响场噪声试验时,声传感器支架调整好后需固定于安装位置,避免在试验过程中发生移动或者倾覆。

(4) 在进行波管噪声试验等不方便安装声传感器支架时,声传感器与行波管内壁需弹性链接。

4. 位移传感器

激光位移传感器安装需遵循以下几个原则:

(1) 测量绝对位移时,选择固定基础安装,如地面;测量相对位移时,选择与试件相同的运动基础安装,如振动台面。

(2) 安装刚度尽可能大。

(3) 激光束尽量与试件表面垂直。

(4) 与试件距离应为传感器有效量程的中点。

(5) 正式试验前对传感器输出做置零处理。

5. 力传感器

在航天器力学环境模拟试验中,选用合适的压电式力传感器后,还需要进行合理的安装就位,才能实现力信号的准确测量。

在模态试验中,力锤和激振器上安装的力传感器体积较小,有些产品将力传感器集成到了激励设备中,在使用前需要确认力传感器安装牢固。

在力限振动试验中,一般通过对传统的振动试验夹具进行改造,通过串联力传感器来实现试验中的界面输入力测量。需要对包含动态力测量装置的振动试验夹具进行合理设计及仿真分析,确保实现期望的力测量效果,同时保证夹具具有一定的强度及刚度,以满足振动试验的要求。

安装使用过程中还需要遵循以下原则:

(1) 力传感器的安装需要保证一定的平面度,确保不产生较大的装配应力。

(2) 力限振动试验中,力测量夹具的基频应高于环境试验中的测量带宽。

13.6.3 测量导线布置

传感器导线沿结构表面固定,防止导线松弛产生拍击,导线末端应引至结构外部,方便后续数据传输电缆对接。

数据传输电缆使用屏蔽导线,根据传感器与采集设备间的距离选用合适长度的电缆,并将其应理顺避免导线缠绕可能引起的工频干扰。电缆远离其他电磁设备,使用过程中避免踩踏。

13.7 响应信号判读

力学环境模拟试验的响应测量过程中,有可能采集到无效或部分无效的信号,导致信号无效的原因需要根据信号曲线的具体表现进行现场排查并修复,保证后续试验数据采集的完整性与正确性。在实际工作中,通常遇到的信号无效模式有四种,分别是通道无响应、工频或电磁干扰、信号漂移和结构异常响应。

13.7.1 通道无响应

在整个测量链中,能够导致采集通道无信号的因素有很多,但首先可以排除的是传感器本身,因为在传感器粘贴前,已进行了导通工作,可以保证传感器的状态是正常的。那么排故工作需要从传感器之后的各环节依次展开。

(1) 传感器与传输电缆的连接:检查问题通道对应接头是否出现松动,有松动则重新对接并加固。

(2) 传输电缆:检查传输电缆是否断路,断路则更换新电缆。

(3) 信号调节器通道状态:将导线更换至新的信调通道,若新通道正常,则封闭问题通道,避免问题重复出现。

(4) 数据采集系统:检查通道参数设置,有错误及时更改;将导线更换至新的采集通道,若新通道正常,封闭问题通道。

13.7.2 工频或电磁干扰

(1) 工频干扰:工频干扰在频域上表现为50Hz及其倍频的频率成分。工频干扰可能来自市电、现场大功率设备、照明灯、电磁场等。解决工频干扰可以采取以下措施:尽可能关闭试验现场附近的电磁设备、保证力学环境试验各设备接地良好、使用隔离传感器等。

(2) 电磁干扰:收到电磁干扰的信号会发生畸变或失真,通常由附近电磁辐射发生源导致,若传感器导线或传输电缆屏蔽层有破损,则极易受到电磁干扰,建议及时更换传感器或电缆。

13.7.3 信号漂移

信号漂移可能由传感器安装不牢靠导致,也可能由传感器内部敏感元件基座松动导致。首先检查传感器安装情况,有松动则拆除重新安装;传感器自身原因导致则更换传感器。

位移信号在 DC 模式下采集时,极易产生漂移,因此振动试验时建议使用 AC 模式采集,配合通道高通滤波,有效去除趋势项。

13.7.4 结构异常响应

常见的被试结构异常响应有敲击、摩擦和特征曲线不重合,三种情况均有其代表性的曲线特征。

(1) 敲击现象:当试件被测位置存在敲击,其响应曲线在频域上表现为局部幅值陡增,如图 13-3 所示,在时域上表现为正弦曲线中夹杂规律的冲击信号,如图 13-4 所示。敲击信号的产生可能由以下几种原因导致,如传感器根部线缆未固定发生拍击、被测位置附近有未固定线缆或活动部件造成敲击、被测位置附近有连接螺钉松动等。

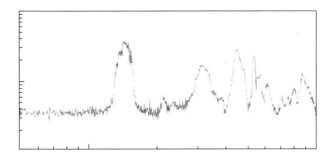

图 13-3 敲击信号的频域表现

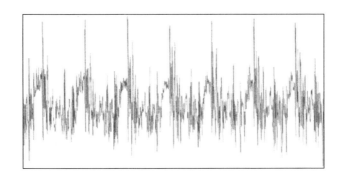

图 13-4 敲击信号的时域表现

(2) 摩擦现象:当试件被测位置附近两部分结构发生摩擦,响应信号在频域上同样表现为幅值陡增,但时域上的表现与敲击信号不同,摩擦信号在正弦曲线中历时较长,无明显冲击峰值及衰减现象,如图 13-5 所示。

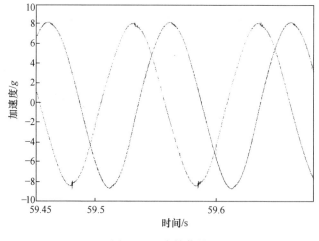

图 13-5 摩擦信号

(3) 特征曲线不重合:力学环境试验中的特征级工况能够反映结构的一阶特性,通过对比大量级考核工况前后的特征级响应曲线,可以判断结构特性是否发生改变。特征级曲线重合度越差,结构特性改变越严重,甚至发生损坏。图 13-6 反映了最好的特征曲线重合情况,图 13-7 反映了结构一阶特性发生改变的曲线情况,图 13-8 反映了结构响应峰值改变较大的曲线情况。

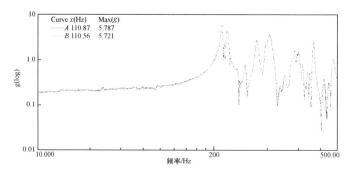

图 13-6 重合度较高的特征曲线对比

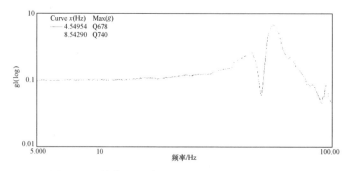

图 13-7 结构一阶特性发生改变的特征曲线对比

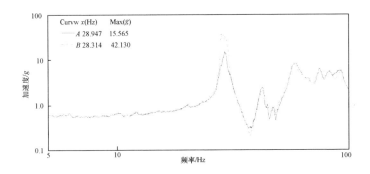

图 13-8　结构响应异常的特征曲线对比

另外,当试件局部结构在力学试验过程中产生应力释放,其对应位置的响应曲线也会在时域上出现冲击信号,但只出现一次,在随后的工况中并不复现。应力释放产生的冲击信号属于结构正常响应,因此并不算作结构异常响应。

参 考 文 献

[1] 柯受全. 卫星环境工程和模拟试验(下). 北京:中国宇航出版社,1996.
[2] 向树红. 航天器力学环境试验技术[M]. 北京:中国科学技术出版社,2008.
[3] 赵伟. 航天器微振动环境分析与测量技术发展[J]. 航天器环境工程,2006,23(4):210.

第14章
虚拟试验技术

14.1 概述

力学环境试验是航天器研制过程中的重要试验项目,通过力学环境试验对航天器结构设计进行验证,对航天器制造质量进行环境检验,发现材料、元器件、制造工艺等方面的潜在缺陷。目前航天器研制从零部件到整星都要进行大量的实物试验,周期长、成本高。加上航天产品的特殊性及力学试验本身的高风险性,对于一些难度较大、风险系数较高,如试验量级过大、谱型过于苛刻的试验,由于受到当前技术水平、设备条件以及产品本身等因素的限制,往往无法完成试验。如果在实施力学环境试验之前,事先在虚拟试验室完成试验验证,事先判断受试产品的响应特性,评估试验条件的合理性,考虑所选用的试验设备、仪器能力,以及试验参数设置的合理性等。因此,发展出了虚拟试验技术,并成为航天器力学试验领域的研究内容之一。

动力学虚拟试验是结合试验设备影响的计算机仿真分析,分析结果与物理试验结果更具备可比性。目的是提高试验设计水平,为航天器设计修改和可靠性评估提供技术支持,以便缩短航天器研制周期,减少试验次数,节约研制费用,使型号研制得到很高的效益比。动力学虚拟试验主要解决以下问题:

（1）指导航天器型号动力学环境试验,提高试验水平。
（2）为航天器型号设计提供依据。
（3）航天器实体动态试验无法实现时,用虚拟试验代替。

本章首先介绍了虚拟试验的基本概念,然后系统阐述了虚拟振动试验技术的建模方法,介绍了虚拟振动试验的工程化实施流程和虚拟试验技术的工程应用实例。

14.2 基本概念

图 14-1 给出了航天器在设计、试验和发射的三种状态,可以清楚的看出,三种状态中航天器的边界条件是不同的。一般来说,航天器设计仿真状态的边界是自由或固支的;航天器发射状态的边界条件是与火箭连接;航天器振动试验状态的边界条件是与振动台连接。自由或固支、火箭连接、振动台连接是均不同的。而在真实工作中,利用被广泛认可的试验数据修正航天器的设计模型,指导发射状态下航天器结构特性评估,由于边界条件的不同,必然导致在设计上存在一定的误差。

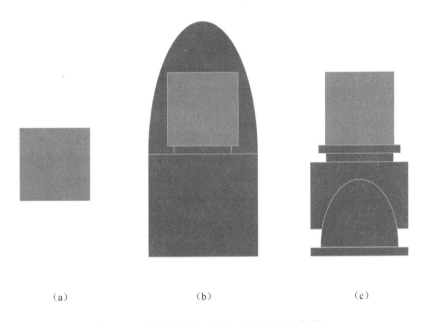

(a)　　　　　　　　(b)　　　　　　　　(c)

图 14-1　航天器设计、发射、试验状态示意图
(a)航天器仿真状态;(b)航天器发射状态;(c)航天器试验状态。

动力学虚拟试验是结合试验设备影响的计算机仿真分析,分析的状态与实际试验状态一致,所以分析结果与物理试验结果更具备可比性。

图 14-2 给出了振动台虚拟振动试验技术的主要流程图,从图中可以看到虚拟振动试验技术是一个非常复杂的过程,最关键的技术是建立正确的系统级数学模型。对于振动台系统,理论建模基本上不可能实现,因此必须采用试验建模技术,也即通过局部或部件的动态试验、整个系统的理论分析与综合,建立仿真系统的数学模型。

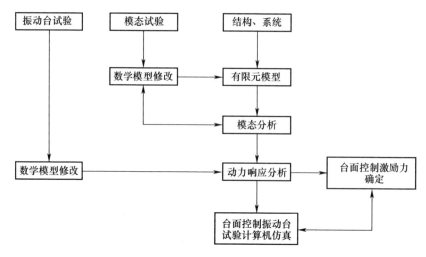

图 14-2 虚拟振动试验技术流程图

14.3 虚拟振动试验技术

14.3.1 振动试验系统分析

虚拟正弦振动试验是采用数字化的手段对正弦振动试验进行模拟,振动试验系统如图 14-3 所示,其中振动试验控制系统输出驱动电压,经功放系统放大并转换为电流输入振动台产生振动,加速度传感器将振动转换为电荷信号,经滤波及电荷放大电路系统反馈到振动试验控制系统,与事先输入的试验条件进行比较并对输出的驱动电压进行修正,使控制加速度符合试验条件要求。

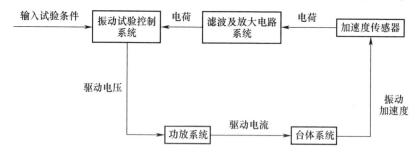

图 14-3 振动试验系统组成原理图

1. 功放系统

功放系统是振动台台体的配套设备,也是振动台的动力源。它将来自控制系统的小功率信号放大,供给动圈足够的、不失真的功率。功放系统接收控制系统输出的电压信号,输出电流信号来驱动振动台台体运动。功放系统的传递函数是采用由功放输出到振动台台体的电流与控制系统输出给功放系统的电压的比值来计算,其量纲为电流/电压(A/V)。

通过承力筒及某卫星试验测试,得到不同试验对象和不同振动量级下的功放系统传递函数(图14-4),可见,不同结构的试验中传递函数基本相同,说明功放系统的传递函数与试验件无关。不同量级试验的传递函数形状基本相同,反映在对数坐标系下是高度不同,说明其存在一个常系数的差别,其原因为在不同量级试验时,功放加的增益(即放大倍数)不同,所以在传递函数上表现为高度的不同。所有的传递函数在5~10Hz有缓慢的爬坡,在60~70Hz附近有峰值,这是功放系统本身的特性。

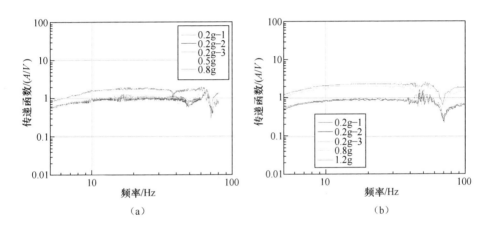

图 14-4 功放系统传递函数
(a)承力筒试验计算传递函数;(b)某卫星试验计算传递函数。

2. 振动台台体系统

振动台的台体是将电能转换成机械能的转换器,它由运动部件、磁路系统、支撑弹簧、导向机构等组成。其工作原理是:在直流励磁线圈与铁芯形成的恒定磁场中,驱动线圈内的交变电流使线圈产生一个交变的电磁力,从而激起运动组件的振动。电磁力的大小与磁场磁感应强度、载流导线的电流及导线在磁场中的有效长度成正比。振动台台体系统传递函数由测得控制点的加速度响应与功放系统输出电流的比值来计算,其量纲为加速度/电流(g/A)。

通过承力筒及某卫星试验测试,得到不同试验对象和不同振动量级下的台体系统传递函数(图14-5),可见,当振动试验的对象相同时,振动台台体传递函数相同,当振动试验的对象不同时,台体系统的传递函数会产生变化。

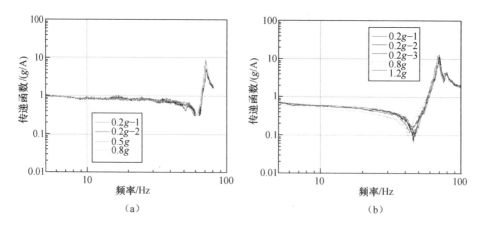

图 14-5 振动台系统传递函数
(a)承力筒试验传递函数;(b)某卫星试验传递函数。

3. 滤波及放大电路系统

滤波及放大电路系统将安装在台面上的加速度传感器产生的电荷信号经过电荷放大器适调放大输入给振动控制仪,滤波及放大电路的传递函数采用由测量系统测得的控制点响应与控制系统测得的响应值比值来计算,为无量纲量。图 14-6 是具有代表性的承力筒试验和某卫星试验计算得到的滤波及放大电路传递函数。可以看出,传递函数基本为常值 1,都在结构共振时刻有下凹,同一结构的下凹幅度基本相同,不同的结构差别较大。

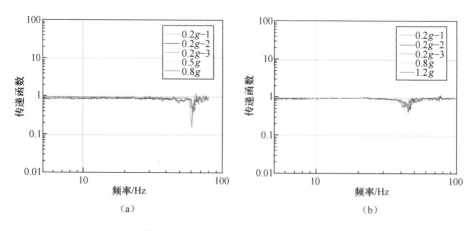

图 14-6 滤波及放大电路传递函数
(a)承力筒试验传递函数;(b)某卫星试验传递函数。

4. 振动控制系统

在双振台垂直方向激振中,双振动台之间通过扩展台面相连接,采用基于多振动台动框电流移相的力同步控制方法,即通过电动振动台动框电流反馈同步控制,使各振动台输出相同的激励力。该系统的控制主要由两大部分组成:一个是数字振动控制系统,另一个是电流相位幅值同步控制系统。

由数字振动控制器、双振台等设备组成的大闭环主要控制航天器振动试验的输入量级。试验中一般采用四点平均控制技术。平均控制的幅值由下式计算:

$$A_I(f) = \frac{1}{4}\sum_{i=1}^{4}A_i(f) \quad (14-1)$$

式中:$A_i(f)$ 为第 i 点的加速度幅值;$A_I(f)$ 为4点平均的加速度幅值。

数字振动控制器先根据试验夹具上均匀布置的四个控制加速度传感器的响应按式(14-1)进行幅值平均,将求得平均响应幅值与参考值进行比较计算出误差值,然后根据系统的传递函数、压缩速度、扫描速率等参数按幅值修正公式计算出新驱动信号的幅值,最后按正弦驱动信号生成机理生成离散的正弦波数据列表并依次送入D/A数模转换器并经滤波器的平滑处理变为一路连续的驱动信号。该路驱动信号经过电流相位幅值控制器分成两路驱动信号后经功率放大器驱动双振动台台面往复振动。

由电流相位幅值控制器、霍尔效应传感器等组成的小闭环主要修正两路驱动信号的幅值和相位。该实时闭环控制系统利用功率放大器中由霍尔效应电流传感器、电阻器和电源组成的电流传感器装置提供与功放输出电流成正比的电压信号。电压信号反馈给控制器形成闭环同步控制。在正弦扫描试验模式下,相位幅值同步控制器对两振动台动框电流的反馈信号进行检波(幅值和相位),并将来自数字振动控制系统的驱动信号之一移相和调幅,直至使两个振动台动框电流的相位差和幅值差减至最小,达到双振动台输出同步的目的。在随机试验模式下,相位幅值同步控制器处于旁通状态,控制不起作用。

5. 振动试验系统联合

振动试验控制系统分为振动控制系统、功放系统、台体系统、加速度传感器、滤波及放大电路系统。各系统的主要部件、主要功能,以及在各系统间传递的信号分析如图14-7所示。从以上系统划分中可以看出,除台体系统外,其他的四个系统中都是电子信号的处理以及联系。台体系统中,将驱动电流转换为电磁力后,则是一个针对台体系统的强迫响应分析问题。

14.3.2 虚拟振动试验系统建模方法

虚拟振动试验是在计算机中仿真模拟真实的振动试验,因此虚拟振动试验必须基于真实的振动试验系统,真实振动试验系统的工作方式见图14-8,试验时,计算机控制系统输出的驱动信号经功放系统放大后输入振动台,使台面产

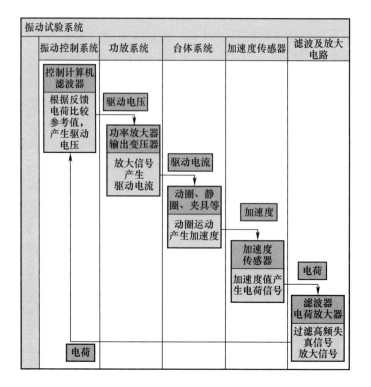

图 14-7 振动试验控制系统划分及传递信号

生振动,振动台作用力由夹具传到卫星。振动控制点上的响应由加速度传感器产生电荷信号,经过电荷放大器反馈到计算机,利用振动控制系统,采用 4 点平均控制方法,进行比较和修正,使驱动信号在控制点上产生的加速度响应符合试验条件的要求。

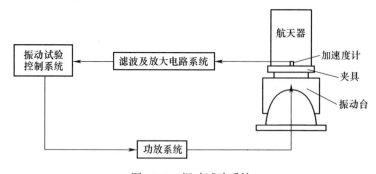

图 14-8 振动试验系统

1. 功放系统建模

功放系统由于本身结构比较复杂,内部体系结构与设计的细节原理基本上不清楚,中间信号的转换与输入输出既有数值信号,又有模拟信号,理论建模比较困难。根据实际测试结果,功放系统可以将其简化为一黑匣子,不考虑中间过程,只考虑输入信号与输出信号的对应关系,其数学模型根据试验测试曲线采用高次方程曲线进行拟和建立,拟合公式为

$$H(f) = \begin{cases} 1 - \dfrac{(\lg f - \lg 10)^2}{2(\lg 5 - \lg 10)^2} & (5 \leqslant f < 10) \\ 1 & (10 \leqslant f < 65) \\ 1 - \dfrac{(\lg f - \lg 65)^2}{2(\lg 70 - \lg 65)^2} & (65 \leqslant f < 70) \\ 0.8 - 0.3 \times \dfrac{(\lg f - \lg 75)^2}{(\lg 70 - \lg 75)^2} & (70 \leqslant f < 75) \\ 0.8 & (f > 75) \end{cases} \quad (14-2)$$

拟合公式曲线如图 14-9 所示。

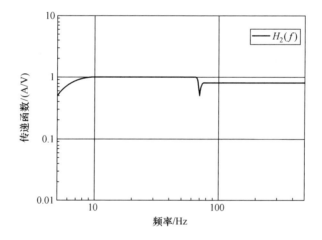

图 14-9 功放系统传递函数拟合模型

2. 振动台台体系统建模

振动台台体系统的仿真重点是强迫响应分析,采用有限元建模及频率响应分析获取激振力与响应测点之间的传递函数的方法建立振动台系统模型。有限元模型包括振动台模型、夹具模型和航天器模型。

通过对振动台结构的分解剖析,采用从部件到系统的建模方法及模型修正方法,把整个台体系统分为若干个部件,对每个部件进行建模和模型修正,最后将各部件模型组装,建立起振动台的有限元模型,如图 14-10 所示,其中垂直状态用于航天器垂直方向振动试验,水平状态用于航天器水平方向振动试验。

同样建立夹具和航天器的有限元模型,并按实际连接关系将三个模型进行

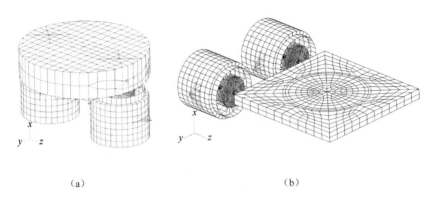

图 14-10 振动台有限元模型
(a)垂直振动台;(b)水平振动台。

连接,得到振动台台体系统的有限元模型利用台体系统有限元模型,在振动台动圈上施加幅值为 1 的激振力,进行频率响应分析,获得各测点的频率响应,将各点的频率响应组合起来,成为传递函数矩阵,该矩阵即可表示整个台体系统的特性。

3. 滤波及放大电路系统建模

滤波与放大电路系统将较小的电荷放大,并且滤掉高频信息。建模中对电荷乘上相应的比例系数完成。在实际建模中对这个比例系数作归一化处理取为 1。

4. 振动控制系统建模

正弦振动控制系统的工作流程见图 14-11。正弦振动控制系统模块的工作首先进行参数设置,包括试验的量级,试验的频率范围,压缩速度,试验控制曲线等。然后产生一个较小的驱动信号,根据系统的传递函数计算出系统的响应,并不断的迭代修正,得到启动系统达到试验设置量级的驱动信号。

具体过程为:设初始的频率为 f_0,试验要求的响应量级为 a_T,压缩速度为 α,驱动初始信号电压为 U_0,系统在 f_0 频率下的传递函数为 $H(f_0)$,则在驱动电压 U_0 的作用下,系统的响应加速为

$$a_0 = H(f_0) U_0 \tag{14-3}$$

计算该响应与目标的响应差:

$$\Delta a_0 = a_T - a_0 \tag{14-4}$$

下一迭代步的加速度响应为

$$a_1 = a_0 + \alpha \Delta a_0 \tag{14-5}$$

驱动电压为

$$U_1 = a_1 / H(f_0) \tag{14-6}$$

以后的迭代重复计算:

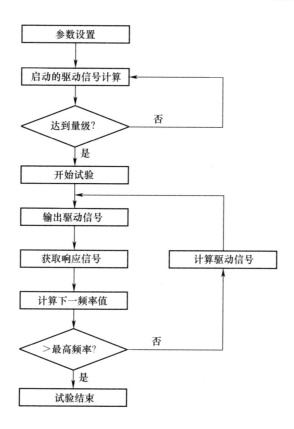

图 14-11 正弦振动控制系统工作流程图

$$\Delta a_n = a_T - a_n$$
$$a_{n+1} = a_n + \alpha \Delta a_n \quad (14-7)$$
$$U_{n+1} = a_{n+1}/H(f_0)$$

当 $|\Delta a_n|$ 小于预设定的值（如：10^{-5}）即认为达到了试验的量级，迭代结束。

开始试验后，发出驱动信号，获取系统的响应信号，计算下一点的频率值，比较该频率与试验的最高频率，来判断试验是否结束，如果试验未结束，则根据正弦振动控制的原理，比较扫频条件和控制点响应，生成的驱动信号，继续试验。

下一频率点的驱动信号确定方法如下：

先计算频率的差，其中 $a_c(f_n)$ 是获取的响应信号：

$$\Delta a_n = a_T(f_{n+1}) - a_c(f_n) \quad (14-8)$$

计算下一频率点的期待加速度响应：

$$a'(f_{n+1}) = a_c(f_n) + \alpha\Delta a_n \qquad (14\text{-}9)$$

根据此频率的传递函数计算驱动信号：

$$U_c(f_{n+1}) = a'(f_{n+1})/H(f_n) \qquad (14\text{-}10)$$

当频率达到最高频率时，试验结束。

上述振动台控制系统模型是常见的振动台控制方式，但是航天器振动试验中有一种特殊的控制方法——响应控制。响应控制是在试验要求的条件控制点之外，使用对试件某一处的结构测点的响应值作为限制控制条件，目的是在试验时限制试验条件该处测点的响应值在规定值以下，使试验满足局部响应值的限制要求，需要对上述控制模型作出改进。

改进的正弦振动控制系统工作流程，见图14-12。

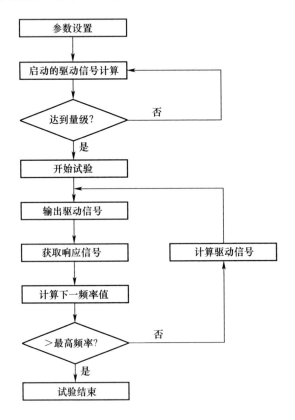

图 14-12 改进的正弦振动控制系统工作流程图

它与原来的工作流程多了获取响应信号并判断是否触发响应控制条件，从而影响到下一频率点的驱动信号确定方法，具体流程如下：

先计算响应的差，其中 $a_c(f_n)$ 是获取的控制点响应信号：

$$\Delta a_n = a_T(f_{n+1}) - a_c(f_n) \qquad (14\text{-}11)$$

计算下一频率点的期待加速度响应：

$$a'(f_{n+1}) = a_c(f_n) + \alpha \Delta a_n \tag{14-12}$$

根据此频率的传递函数计算驱动信号：

$$U_{c1}(f_{n+1}) = a'(f_{n+1}) / H(f_n) \tag{14-13}$$

同时判断响应限幅点的响应加速度 $a_s(f_n)$ 是否超过该处测点的规定值 $a_{Ts}(f_n)$，如果 $a_s(f_n) > a_{Ts}(f_n)$，则计算响应的差：

$$\Delta a_{sn} = a_{Ts}(f_{n+1}) - a_s(f_n) \tag{14-14}$$

计算下一频率点的期待加速度响应：

$$a'_s(f_{n+1}) = a_s(f_n) + \alpha \Delta a_{sn} \tag{14-15}$$

根据此频率的传递函数计算驱动信号：

$$U_{c2}(f_{n+1}) = a'_s(f_{n+1}) / H_s(f_n) \tag{14-16}$$

取 $U_{c1}(f_{n+1})$、$U_{c2}(f_{n+1})$ 中较小的值为最终的驱动信号

$$U_c(f_{n+1}) = \min(U_{c1}(f_{n+1}), U_{c2}(f_{n+1})) \tag{14-17}$$

当频率达到最高频率时，试验结束。

5. 振动试验系统联合建模

根据各子系统模型及振动试验系统综合分析，对各分系统模型进行联合，得到振动试验系统联合模型如图14-13所示，可见振动试验系统联合模型是一个闭环的机电耦合模型，其中台体系统有限元传递函数为机械设备的力学模型，滤波及放大电路、控制算法、功放传递函数均为电气或电子设备的模型。

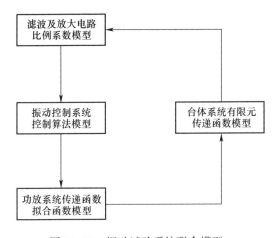

图14-13 振动试验系统联合模型

按照上述各分系统建模方法及联合方法，即建立了完整的虚拟振动试验方法。

14.3.3 虚拟振动试验实施流程

航天器真实物理振动试验具有规范的实施流程和步骤,按照规范的实施流程和步骤进行试验,可以降低试验过程中的安全和技术风险,保证试验顺利进行和提高试验效率,并确保试验结果正确有效。航天器虚拟振动试验也需要按照特定的流程步骤进行,以达到相同的目的。

航天器虚拟振动试验是在计算机中对实际物理试验的模拟,其主要流程步骤是,首先准备各类设备和产品的模型(振动台、夹具、航天器等模型),根据试验的要求,设置试验条件和试验参数,开始虚拟振动试验,虚拟试验后,对虚拟试验结果进行数据回放、动画显示、与物理试验数据对比等工作。如果分析结果与物理试验结果差别很大,需要对分析模型进行模型的修正工作。低量级分析结束后,根据结果和试验大纲要求,预示分析高量级的试验条件,并预示高量级下各测点的响应数据。对比分析虚拟试验和物理试验的数据,对试验结果进行评价。航天器虚拟振动试验流程如表14-1所示,总体上,虚拟振动试验流程与真实物理试验流程具有很高的一致性。

表14-1 航天器虚拟振动试验流程分析

序号	物理振动试验流程	虚拟振动试验流程
1	振动台准备就绪,可以进行某方向振动试验	振动台分析模型建立完成,可调入使用
2	夹具选择(夹具设计加工已完成)	夹具模型建立完成,可调入使用(可先进行夹具分析)
3	夹具安装到振动台	夹具模型综合到振动台模型
4	卫星就位(星上传感器已粘贴)	航天器模型建立完成,可调入使用
5	卫星安装到夹具	卫星模型综合到夹具—振动台模型
6	控制传感器粘贴	设置载荷加载点、加速度控制点、加速度响应限幅控制点、测量点
7	控制系统试验条件设置、试验控制参数设置	试验条件设置,试验参数设置
8	控制系统启动,开启功放,开始振动试验	虚拟试验仿真计算
9	控制系统监测并采集控制曲线,监测试验过程,测量系统测量数据采集	虚拟试验结果回放演示
10	试验数据分析	虚拟试验数据分析
		模型修正
11	制定高量级试验条件	预示分析高量级试验条件
12	高量级振动试验(步骤7~10)	高量级虚拟试验(步骤7~10)
13	试验结果分析、评价	虚拟、物理试验结果对比分析、评价
14	完成试验报告	报表统计,形成虚拟试验报告

14.3.4 工程实例

1. 工程实例 1

进行某型号的虚拟振动试验应用,将虚拟试验结果与真实物理试验结果进行对比分析(图 14-14)。重点关注一阶共振,飞船主结构主要测点的加速度响应在 2~10Hz 内相对于真实试验结果的均方根误差分析结果如表 14-2 所示,可见一阶共振加速度响应误差很小,平均误差为 7.5%,其中 64% 测点的误差小于 10%。

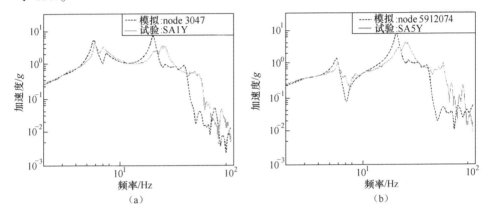

图 14-14 虚拟试验与物理试验加速度响应对比

(a)顶部测点;(b)中部测点。

表 14-2 一阶共振附近响应误差对比

测点序号	共振响应误差/%	测点序号	共振响应误差/%
1	2.36	2	8.29
3	0.66	4	4.08
5	9.00	6	7.13
7	7.48	8	10.79
9	6.06	10	10.61
11	9.42	12	15.43
13	1.49	14	11.28
15	0.24	16	15.74
17	6.63	18	11.37
19	0.44	20	1.09
21	1.67	22	1.91
23	0.21	24	8.22
25	3.52	26	8.45

2. 工程实例 2

某多用途飞船返回舱进行了虚拟振动试验,并结合响应限幅条件和组件级试验条件,进行了试验控制条件的下凹。虚拟试验模型如图 14-15 所示。

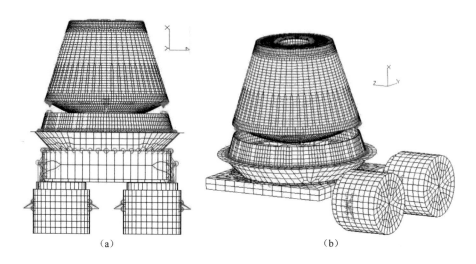

图 14-15　虚拟试验模型
(a)振动台垂直状态;(b)振动台水平状态。

通过虚拟振动试验初步分析可知多用途飞船返回舱大底区测点在一阶共振处的响应超过了组件级的试验条件 $5.3g(10\sim17Hz)$ 和 $11.2g(17\sim60Hz)$,为此验收级试验进行了试验条件的主动下凹(图 14-16)。

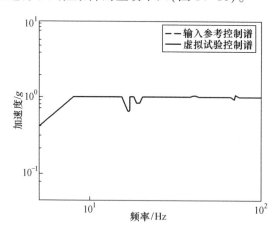

图 14-16　虚拟振动试验控制曲线(主动下凹)

采用下凹后的计算结果见图 14-17,与未采用主动下凹的虚拟振动计算结果对比,从图中可以看出采用主动下凹达到了响应限幅条件期望的效果。

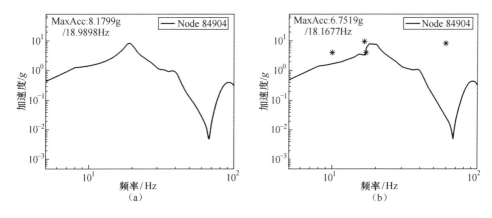

图 14-17 火工品电源安装支架响应
(a)没有下凹;(b)主动下凹。

14.4 虚拟噪声试验技术

14.4.1 混响室及卫星统计能量法模型建模方法

按照统计能量法(SEA),对混响室及卫星分别进行了子系统划分、确定子系统间的连接方式和能量的传递路径,将混响室 SEA 模型与卫星 SEA 模型进行连接,经过多次模型修正最终建立分析用的 SEA 模型。混响室与卫星的 SEA 模型见图 14-18。

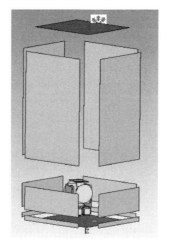

图 14-18 混响室与卫星的 SEA 模型

SEA 模型建模过程为:划分子系统、确定损耗因子算法及输入功率加载方式、最后进行模型修正。对卫星的虚拟噪声 SEA 建模方法如下。

混响室作为卫星的激励源,通过以下传递路径将能量传递给卫星结构:①外部声场激励卫星的外部结构,由结构间耦合共振,传递给内部声腔和内部结构;②通过非共振耦合,外部声腔直接把能量传递给内部声空间。根据卫星结构的构型特点以及 SEA 假设需要,将卫星分解为以下各子系统,图 14-19 为卫星 SEA 模型子系统以及它们直接的能量流动关系。

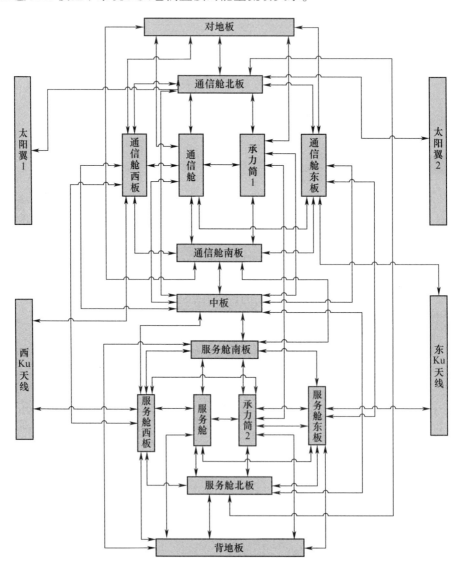

图 14-19 各子系统间功率流动关系

根据子系统功率流关系,考虑到天线结构的相对孤立性,并且不同型号天线结构差异很大。建模过程将其省略,SEA 模型如图 14-20 所示。

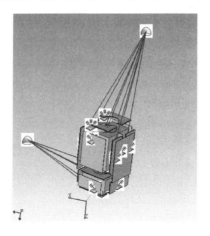

图 14-20 卫星主结构 SEA 模型

14.4.2 输入功率加载方法

统计能量分析的建模过程中,模拟混响室试验对板结构的输入功率的加载方法有:混响声场加半无限流体场(DAF+SIF);构造声腔子系统,利用系统间的耦合传递能量。现就经常采用的两种方法进行分析:

1. 混响声场加半无限流体场方法分析

混响声场对子系统的输入功率的公式为

$$P_{\text{in}} \to \frac{AJ^2 np^2}{m} \tag{14-18}$$

式中:A 为板面积;J^2 为联合导纳函数;N 为带宽内模态数;P 为混响声场的压力。

在实际实施过程中,仍然采用声腔与子系统耦合的方式。首先假设一个半无限大声场,定义为声腔子系统 a,则声场能量 E_a,模态密度 $n_a(\omega)$(半无限大声腔,可以忽略表面积与棱边的影响)。

$$E_a = \frac{v_a \langle \bar{p}_a^2 \rangle}{\rho_a C_a^2}, n_a(f) = \frac{v_a \omega^2}{2\pi^2 C_a^3} \tag{14-19}$$

声场对板壳的耦合损耗因子记为 η_{as},根据统计能量分析原理,声场对板壳的输入功率 P_{in} 为

$$P_{\text{in}} = P_{as} = \omega \eta_{as} E_a \tag{14-20}$$

根据互易原理,有如下关系:

$$\eta_{as} = \frac{n_s}{n_a}\eta_s \qquad (14-21)$$

式中：n_s 为板壳的模态密度；η_{sa} 为板壳的辐射损耗因子：

$$\eta_{sa} = \frac{\rho_a C_a}{\omega \rho_s}\sigma_{\text{rad}} \qquad (14-22)$$

由以上推到可以得到输入功率为

$$P_{\text{in}} = \frac{2\pi^2 C_a^2 n_s(\omega)}{\omega^2 \rho_s}\sigma_{\text{rad}}\langle \bar{p}_a^2 \rangle \qquad (14-23)$$

式中：C_a 为声场声速；$n_s(\omega)$ 为结构模态密度；ρ_s 为结构密度；σ_{rad} 为结构辐射比；p_a 为声场压力。

SIF（半无限流体场）用于模拟结构子系统向外部声空间的辐射损耗，并且可以用来预示板壳子系统向外部空间辐射声压的声压级，其应用必须满足以下假设：

（1）半无限流体场假设为半无限空间

（2）各子系统向半无限流体场辐射出的能量不相关，可以直接相加

2. 声腔耦合传递能量方法分析

对于声腔子系统，与 DAF 主要区别在于：

（1）考虑了表面积和棱边对模态密度的修正项，即模态密度公式为

$$n(f) = \frac{4\pi f^2 V}{C^3} + \frac{\pi f A_3}{2C^2} + \frac{L_3}{8C} \qquad (14-24)$$

（2）板壳通过耦合损耗因子对声腔产生辐射损耗，该作用相当于 SIF。

3. 噪声试验输入功率加载方法

以上分析可以知道，DAF 假设的声场为半无限空间，从而可以忽略面积及棱长对声腔子系统模态密度的影响，对应的板子系统的辐射损耗，采用 SIF 方式代替，当声腔子系统无限扩大时，应该与 DAF+SIF 等效。

下面分析两种建模方式对板壳系统输入功率的差异。板壳子系统采用太阳翼结构，在总声压级为 140dB 约束下，建立不同大小的声腔与太阳翼子系统耦合，声腔对太阳翼子系统的输入功率的变化情况如表 14-3 所示。

表 14-3　不同声腔对板结构的输入功率

声腔体积	0.3505	7.788	46.73	140.2	420	1045
输入功率	5.851148	25.8739	31.41945	33.31187	36.31605	36.65466

如果采用 DAF 激励，考虑到板壳辐射作用对面板表面声压的加强作用，分

别采用了 142dB 和 143dB 声压输入条件,图 14-21 中可以看到,当声腔逐渐增大时,对面板的输入功率值介于 142~143dB 声压条件下 DAF 的输入功率值之间,趋向 143dB。

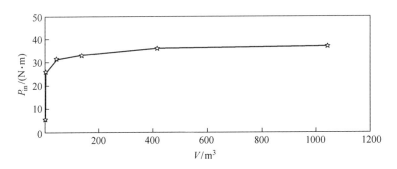

图 14-21 两种不同输入功率方式比较

14.4.3 虚拟噪声试验系统闭环控制技术

虚拟噪声试验系统的重点在于如何建立闭环控制系统中各个电学元件与机械元件的数学模型,及其相互间的关系,即如何确定其传递函数。

噪声闭环自动控制系统的基本原理如图 14-22 所示。首先根据标准参考谱产生初始的激励信号,经过功放送到扬声器,然后将声场内声传感器的响应反馈到控制系统,计算响应信号的功率谱密度,并与标准的功率谱比较,如有不同则自动修正,此过程反复进行,直到满足试验条件,完成试验均衡过程。

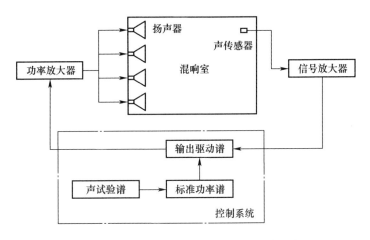

图 14-22 声学试验数字式闭环自动控制系统基本原理

噪声试验控制系统仿真整体方案如图 14-23 所示，系统中与电子信号相关的控制系统、功率放大器、信号放大器及声传感器均使用 MATLAB 软件进行仿真模拟。而混响室中的噪声响应分析分析则采用 ESI VA one 来进行。

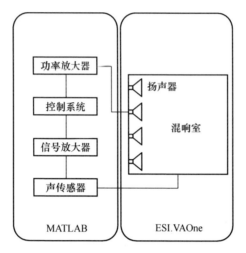

图 14-23　噪声试验控制仿真整体方案

MATLAB 作为仿真分析的平台，各系统在其中建立，通过中间传递量进行连接，完成闭环的系统。传递函数经由试验测量数据拟合。

分析处理的结果由 MATLAB 软件编写的界面来观察如图 14-24 所示。

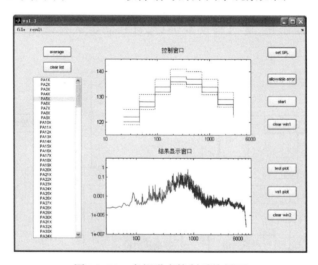

图 14-24　虚拟噪声控制系统界面

该控制系统可以生成控制信号，读取试验件仿真试验响应结果，并将仿真结果与实际试验结果进行比较。

14.5 大型航天器分段振动试验技术

随着航天器大型化和复杂化的发展,其重量、尺寸、复杂程度等都显著增加,例如以空间站核心舱为代表的大型航天器,其整舱重量达到 20 吨级,且整舱由多个舱段所组成,在研制初期已经超出了当时现有振动试验设备的能力,这给航天器地面振动试验结构强度考核带来了很大困难。为了解决这一难题,一方面可以研制具有更高能力的振动试验设备另一方面也可以根据航天器自身的舱段化特点,利用已有振动试验设备能力,进行航天器的分段的振动试验,代替整舱振动试验进行结构考核,由此提出了大型航天器的分段试验技术。

14.5.1 分段试验理论方法

分段振动试验的目的是代替整舱振动试验考核结构,以整舱虚拟振动试验为参考基准,进行分段振动试验的设计。为了获得准确的整舱虚拟振动试验结果,首先对各舱段进行模态试验,并利用模态试验结果修正各舱段的有限元模型,将修正后的各舱段有限元模型进行装配,得到较精确的整舱有限元模型,从而可以获得较精确的整舱虚拟振动试验结果,为分段振动试验加速度输入条件的设计提供参考基准。

由于分段试验时的边界条件、受力条件与整舱组合状态下的各舱段实际边界和受力不可能完全一致,所以为确保分段试验的有效性,从加速度响应等效和边界受力等效两个方面设计分段振动试验(图 14-25)。

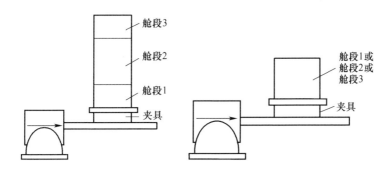

图 14-25 整舱与分段振动试验示意图

整舱振动试验时,由于结构的弹性,各舱段界面具有不同的振动加速度响应,在进行分段振动试验时,应使分段底部的加速度输入与其在整舱振动时底部的振动加速度响应一致,从而等效其在整舱振动试验的振动量级,并同时满足分段振动时的受力与舱段在整舱中受力等效,因此,应遵循两个原则:一是分段振动底部加速度输入量级不小于整舱振动时分段界面加速度响应量级;二是分段振动底部加速度输入量级不小于分段受力等效转化的加速度输入条件。由此初步确定分段加速度输入条件。

由于舱段与整舱动力学特性的差别,当以初步分析确定的加速度输入条件作为分段底部加速度输入条件进行分段振动试验时,分段顶部或中部等其他位置的响应不一定与整舱振动时舱段对应位置的响应完全一致,会在不同的频率处出现小于或大于整舱振动响应的情况,为避免欠试验和过试验,还需对上述加速度输入条件进行修正,修正的原则应满足分段振动时各测点的加速度响应峰值不大于整舱振动时舱段加速度响应共振峰值,并且满足分段振动时各测点的加速度响应不小于整舱以器箭耦合分析结果作为振动试验条件时舱段加速度响应。

按照上述技术方法分析,建立分段振动试验技术路线,如图 14-26 所示。

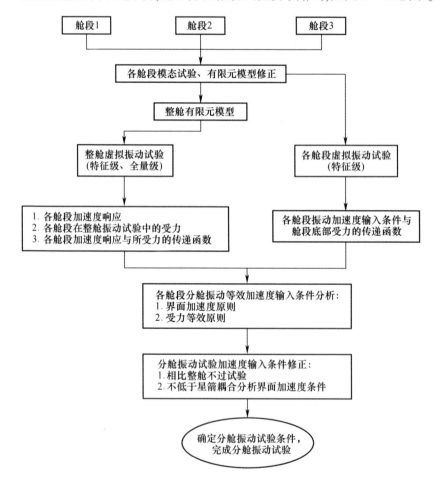

图 14-26 分段振动试验技术路线

14.5.2 分段试验可行性验证

某大型航天器型号初样结构采用分段结合整舱的方式进行振动试验,先进行顶部舱段分段振动试验,后进行整舱的振动试验。在未进行整舱振动试验的情况下,对分段结构进行了分段振动试验方法的可行性验证,即利用修正后的整舱和分段结构的有限元模型,进行虚拟振动试验,同时进行分段结构特征级振动试验,并对分段结构虚拟振动试验进行修正。然后,根据分段振动试验技术方法,得到分段振动试验加速度输入条件,并按该条件进行分段振动试验。最后,进行整舱振动试验,将分段与整舱振动试验的加速度响应进行对比分析,对分段振动试验方法的型号应用效果进行分析。验证流程如图 14-27 所示,验证试验与模型如图 14-28 所示。验证中,振动试验以水平为代表工况,为避免验证工况对航天器造成损伤,以整舱预振级 $0.05g$ 作为分段试验加速度输入条件分析和分段与整舱试验对比分析的基准。

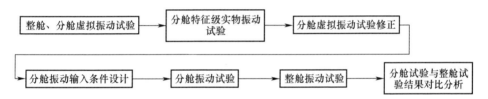

图 14-27 分段振动试验方法在型号中的验证流程

图 14-28 某型号分段振动试验验证

按照图 14-27 所示的技术路线,计算得到分段结构振动试验的加速度输入条件,如图 14-29 所示。

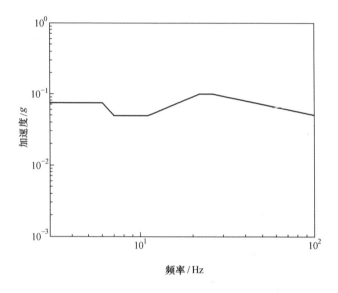

图 14-29　分段振动试验加速度输入条件

分段振动试验后,将分段振动试验测得的主结构典型位置处的加速度响应与整舱振动试验加速度响应进行对比,如图 14-30 所示,根据试验结果,分段试验能够保证不低于整舱的最低响应,但整舱共振频率处分段试验的响应量级低于整舱试验。

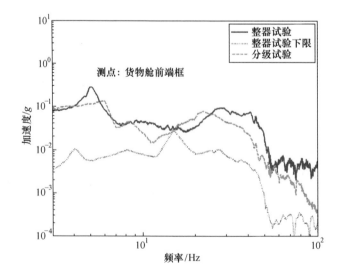

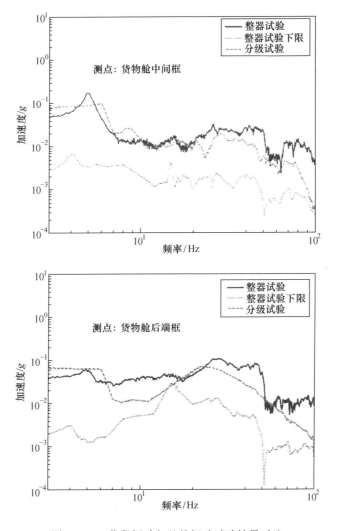

图 14-30 分段振动与整舱振动试验结果对比

14.5.3 分段试验存在的问题

分段振动试验技术方法以整舱虚拟振动响应作为分段振动试验的基准,以整舱及分段结构虚拟振动响应结果作为分段试验条件分析的输入数据,因此整舱及分段结构虚拟振动响应的准确性对分段试验条件及结果具有较大影响,因此分段试验方法对航天器结构有限元模型精度依赖性很大,特别是对复杂航天器结构,获得十分准确的有限元模型是比较困难的。同时,由于分段结构动力学特性与整舱结构动力学特性差别较大,无法在分段振动试验中复现整舱的振动响应,只能采取一定的折中策略,使分段振动试验中测点加速度响应处于整舱最低响应量级和共振量级之间。

参 考 文 献

[1] 向树红,晏廷飞,邱吉宝. 400kN振动台虚拟试验仿真技术研究[J]. 航天器环境工程,2003,20(4):25-33.
[2] 向树红,晏廷飞,邱吉宝,等. 40吨振动台虚拟试验仿真技术研究[J]. 宇航学报,2004,25(4):375-381.
[3] 刘闯,向树红,冯咬齐. 卫星虚拟振动试验系统研究[J]. 航天器环境工程,2009,26(3):248-253.
[4] 王婉秋,刘闯. 航天器虚拟噪声试验系统方案设计[J]. 航天器环境工程,2009,26(2):140-142.

第15章 深空探测星表力学环境模拟试验技术

15.1 概述

深空探测是脱离地球引力场,进入太阳系空间以及太阳系外空间的探测。深空探测是高新科技中极具挑战性的领域之一,综合众多高新技术,也是体现一个国家综合国力和创新能力的重要标志。截至2015年10月,世界各国针对月球以远的深空共开展过231次探测活动,实现了对太阳系八大行星的探访,取得了多项技术跨越和科学成果(图15-1)。

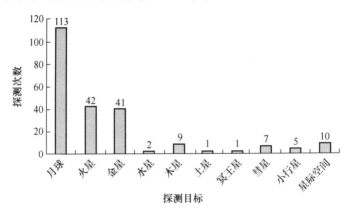

图 15-1 不同探测目标的探测次数

2007年10月"嫦娥1号"月球探测器的成功发射标志着我国深空月球探测的开端。中国的深空探测活动起步于月球探测,目前已圆满实现了"绕"和"落"的目标,掌握了环月、月表探测、月面软着陆、月背巡视探测、月地再入返回等关键技术。火星是太阳系中第4个行星,由于火星与地球的某些物理特性类似以及其独特的地形地貌,引起了人类对火星探测的浓厚兴趣。火星探测是我国载人航天、探月工程后的又一重大亮点,科学意义重大。

星表着陆和探测活动需考虑多种环境影响,比如星表的辐射环境、热环境、地形地貌环境、星壤、浮尘、重力场、大气、光照环境等。这些环境因素对正常探测活动产生不同的影响,是探测器设计的重要输入依据和约束。

月球车或火星车在巡视探测时,其受到的重力环境与地球环境不同,月面重力加速度约为地球的1/6,而火星表面重力加速度约为地球上的3/8。低重力环境下机械设备的受力和力矩输出明显小于地球上,为在地球上模拟设备的工作环境,需要研究低重力环境模拟技术,提供高精度的星球表面重力环境,验证低重力环境下机械设备的工作性能。

月球和火星表面都覆盖有土壤,月壤是由陨石和微陨石撞击、宇宙射线和太阳风等持续轰击以及大幅度昼夜温差变化引起岩石热胀冷缩破碎而形成的散体材料,火壤为火星表面风化作用产生的碎裂物形成的风化层。在地球上模拟星球表面形貌,需研制模拟星壤和岩石,通过整备复现探测区域的地形特征,为在地面对车辆的移动性能进行充分验证提供环境模拟。

本章以月面和火星表面力学环境模拟试验技术为主线,重点介绍低重力环境模拟技术、星壤和形貌环境模拟技术,最后介绍星表力学环境试验技术。

15.2 基本知识

15.2.1 术语

1. 星表环境相关

(1) 月海。月海是指月球上充满熔岩、阳光的反射率较低的月球盆地,月海的形状各不相同,有圆形、长条形、多边形和不规则形等。大多数月海是互相沟通的,周围大多有山脉环绕。月海一般认为在38~41亿年间由小行星、彗星或者陨星撞击成月盆,然后由熔岩充填而成。

(2) 月陆/高地。月陆一般是指月球表面大块的浅色或者发亮的区域,其表面粗糙,密布着撞击坑,约占月表面积的80%。肉眼看到的月球表面洁白发亮的部分即为月陆地区,月陆比月海形成的时代要早,月陆又称高地。

(3) 月坑。月坑是月球撞击坑的简称,指月球表面大小不等的圆形或近圆形凹坑。它布满了整个月面,特别是月陆地区。直径大于1km的月坑总面积约占月球表面积的7%~10%。大多是凹坑周围环绕着高出月面的环形山。据统计,月面上月坑的总数在33000个以上,分布不均匀,大部分分布在月陆上。月坑主要由陨石撞击而成,可能有些曾发生过由撞击引发的火山活动,仅有少数可能属火山口性质。

(4）月/火壤。月壤是指月面上由凝聚性较弱的细小碎片物质组成的混合物。一般由具玻璃外壳的颗粒、晶质岩石或矿物和微角砾岩或石屑碎块、各种玻璃碎块等组成。火星表面也覆盖有一层由风化作用产生的碎裂物形成的风化层,也即火壤。

（5）月尘/火星尘。月尘是月球土壤中的细小成分,一般将粒径小于1mm的月壤颗粒称为月尘。月尘是月球形成过程中陨石体反复撞击而产生的未黏结的颗粒物质,主要由晶质颗粒与较大的火成岩碎块、剥离质碎片及微粒金属颗粒组成。火星大气中含有火星尘,通常是明显的尘埃,由于火星表面气压较低,因此浮尘很容易在太阳的照射下加速并形成尘暴。

（6）月岩。月岩是指构成月球的岩石。由于月球上的地质作用较地球上的地质作用少而小,因而在月球上能保留较老和较简单的岩石系列。月面上存在着三种主要岩石类型：富铁或富钛的月海玄武岩,充填广阔的月海洼地；富放射性元素和难熔微量元素的苏长岩；富铝的斜长岩,其中含有70%的斜长辉长岩。月岩全为火成岩,不含水,无三价铁,也几乎不含游离氧,是相对还原环境下的产物。

2. 星壤特性参数

（1）密度/容重。密度是月壤的基本物理性质,它是指在模拟月壤的结构没有遭到破坏的前提下,单位体积内的模拟月壤重量。

（2）颗粒密度。颗粒密度定义为月壤单位体积质量与同体积同温度下纯水质量的比值。

（3）内聚力。内聚力是指月壤颗粒间的黏聚力。

（4）内摩擦角。内摩擦角是月壤抗剪强度与作用在剪切面上的正压力关系曲线上任一点的切线与表示正压力的横坐标之间的角度。

（5）含水率。含水率又被称为湿度,定义为土中水的质量与土固体颗粒质量的比值,常用百分数表示。

3. 重力模拟相关

（1）地形模块。在总装厂房、发射场等洁净场所下使用,通过拼接、拆卸完成地形构建,通过铺设不同的材料来改变表面硬度特性。

（2）低重力模拟装置。在地面试验中,通过悬吊等方式分担巡视器重力,模拟月面(火面)低重力效果的设备,等效模拟车轮在月面(火面)的轮压、结构体受力等。

（3）轮压台。用于测量巡视器各车轮和接触面法线方向载荷的地面测量设备,用于地面低重力模拟校准。

15.2.2 星表环境概述

星表环境包括重力场、磁场、辐射、大气、流星体、温度、尘埃、星壤和星球表面地形地貌等。在这些环境中,属于力学环境范畴的主要是重力场、星壤和星球表面地形地貌环境,因此本节主要针对这些环境进行介绍。

15.2.3 星表重力环境

星球质量和直径各异,根据万有引力公式,星表的重力一般不同于地球。以月球为例,月球质量只有地球的1.23%,表面平均重力加速度为1.623m/s²,与地球表面重力加速度9.8m/s²相比,月球表面重力加速度约为地球的1/6。重力场的描述模型常用球谐函数表示,当需要更为详细的月球重力场数据时,应采用月球重力场模型,当前主要月球重力场模型有LP150Q、LP165P、GLGM-3、LPE200、CEGM02、SGM100h、SGM150等。

火星的质量约为地球质量的11%,火星表面的平均重力加速度为3.7252 m/s²,相当于地球表面平均重力加速度的38%。和其他行星一样,火星的质量分布也存在不均匀现象,火星重力场模型有GMM-1、GMM-2B、GMM-3、JGMRO-120d等。

15.2.4 星壤和星表形貌环境

以月球和火星为例,其表面都覆盖有土壤,且不同区域有不同的地形地貌。

15.2.4.1 地形地貌特点

根据早期探测的结果,月面区域主要分为月海和高地区域。月海是月面上宽广的平原,约占月面面积的17%。绝大多数的月海分布在月球正面(即向着地球的一面),尤以北半球的月海分布更加显著。高地是月球表面高出月海的地区,一般高出月球水准面约2~3km,面积约占月面面积的83%。

月海和高地均覆盖不同尺寸和形状的石块和撞击坑。月坑是指布满月球表面的环形凹坑构造,包括环形坑、辐射纹和与撞击坑有关的隆起构造。据统计,月球表面的撞击坑总数在33000个以上,尤其在月球高地更为密集。尽管有撞击坑,月海区域还是相对平坦,最大坡度约为17°,大部分坡度在0°~10°之间;比较而言,高地部分的起伏更大,最大坡度约为34°,一般为0°~23°。从图15-2中阿波罗11号任务拍摄的月面照片可以感受到月球表面地形地貌环境的大致特点。

火星除表面覆盖火壤外,表面形貌特征具有多样性特点,有高山、峡谷、坑、盾形火山、河床、平地等,表面严重风化,有各种沙丘。火星表面有大量的火星坑,在南北半球的分布很不均匀:南半球的2/3区域坑化严重,绝大多数大坑集中分布在南半球,而北半球的火星坑较少,其1/3区域上的火星坑相对较浅,意味着这些火星坑比较年轻。火星的多坑形貌特征,主要归因于撞击、火山和与

图 15-2　阿波罗 11 号任务拍摄的月面照片

水冰活动相关的各个过程相互作用的结果。

　　火星坑不如月球坑那样陡峭,这意味着火星上存在严重的风侵蚀。火星的大气形成了风成沉积地层,典型的地貌形式是沙丘的堆积,外观上类似陆地沙丘。在风的影响下,土壤中的微小颗粒被吹走,就形成了砂质土壤。火星表面形貌特征的多样性很丰富,有高山、峡谷、大坑、小坑、盾形火山、河床、平地等,起伏跌宕,变化很大;表面严重风化,有各种沙丘;另外还有独特的极地形貌。在火星的赤道南北附近,地势更加陡峭,巨大凸起的形貌特征多聚集在该区域。火星表面几乎一半是陨石坑,大多数陨坑分布在南半球,这些地区的陨坑密度与月球高原地区大致相同。火星上的大部分陨坑的是陨石形成的,它们都很明显被风化腐蚀过,火星上陨石成因的环形山的特点是,其主体部分明显受到风力作用的侵蚀。多数的环形山物质抛射区已遭破坏,并被更晚的沉积物所填平。这就导致火星环形山与月球环形山相比,陡坡要少,而且相对深度也较小。

　　维京 1 号着陆地点见图 15-3,这是一个覆盖着火山灰或沉淀物的盆地。

15.2.4.2　月/火壤特性

　　根据 Carrier 等的研究,大部分月壤样品主要由 1mm 以下的颗粒组成,典型月壤的中值粒径在 $40\sim130\mu m$,平均中值粒径为 $70\mu m$,典型月壤的粒径级配如图 15-4 所示。

　　巡视器移动性能除了受地形地貌影响外,还会受到土壤机械性质的影响。

图 15-3　维京 1 号在火星 Chryse 平原的着陆地点回传图像

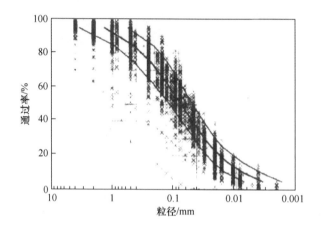

图 15-4　月壤颗粒级配曲线

根据前期月球探测成果，表层月壤的机械性质见表 15-1。

表 15-1　表层月壤的机械性质

平均密度 $\rho/(g/cm^3)$	内聚力 c/kPa	内摩擦角 $\varphi/(°)$
1.50±0.05	0.3~2	30~50

火星表面也覆盖有一层由风化作用产生的碎裂物形成的风化层，也即火壤。"海盗号"任务获得的火壤主要物理力学特性见表 15-2。

表 15-2　"海盗号"任务获得的火壤的机械性质

种类	颗粒密度/(kg/m³)	内聚力/kPa	内摩擦角/(°)
砾石	850~1150	0.4~2.8	15.6~20.4
土壤	1200~1600	0.3~1.9	29.8~39.2

15.3 星表低重力环境模拟技术

15.3.1 模拟方法概述

低重力模拟装置是航天器地面试验的重要支持装备,是保证航天器在地面试验或测试中补偿地球引力影响的重要手段。太阳翼展开、机械臂运动测试、月面巡视器行走试验、航天员地面模拟训练等均需要低重力模拟装置的支持。根据模拟效果,低重力模拟方法分为两大类:一类是真实低重力环境模拟;另一类是等效低重力环境模拟。真实低重力环境模拟包括落塔法、抛物线飞行法等,具有较高的模拟精度,但是通用性差,前期准备时间长,模拟时间有限,对试验对象的体积也有明确限制,工程应用范围较窄。等效低重力环境模拟主要分为气浮法、水浮法、悬吊法等,是通过卸载抵消一部分重力实现低重力环境模拟。

气浮法是通过高压气体制造气膜,利用喷气浮力抵消重力,典型的是日本的 JEMRMS 系统(japanese module remote manipulator system),主要应用于太阳帆板、空间机械臂等场景。气浮法一般只能实现平面运动的低重力模拟试验,不适用于需要立体空间运动的测试目标。

水浮法是将测试目标放入水中,利用浮力抵消测试目标的重力,进而实现低重力模拟试验环境的方法。水浮装置的优点是时间基本不受限制,可以在三维空间里模拟低重力环境。但是水的阻力会改变实验机构的动力学特性。如图 15-5 所示,航天员身负一定重量的物体,使脚接触地面的作用力模拟月面引力效果,身后还背有用于水下呼吸的氧气瓶,图 15-5(a)为航天员进行使用铲子收集月面土壤的训练;图 15-5(b)为航天员进行收集月面岩石样品的训练。

悬吊法按照控制的方法可以分为主动悬吊和被动悬吊。主动悬吊是通过伺服控制系统主动地跟随悬挂测试物体的运动,系统中一般采用伺服电机调节吊索拉力,实现低重力模拟;被动悬吊法是将设计好的配重块经过滑轮组后与吊索连接,利用拉力抵消重力实现低重力模拟。

15.3.2 机械悬吊补偿低重力模拟方法

1. 探测器试验垂直悬吊法

早在 1965 年,美国为阿波罗计划在休斯顿约翰逊空间中心建立了一个空间环境模拟室,以提供阿波罗时期载人航天器和巡视器的地面试验。美国月球巡视器 $1/6g$ 重力环境模拟试验装置原理如图 15-6 所示,采用了多索悬挂的方案。

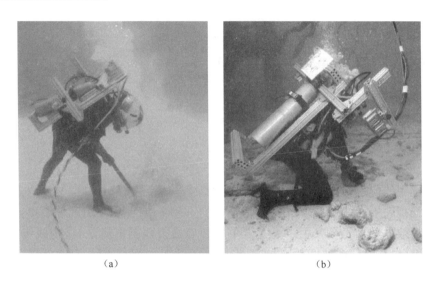

图 15-5 水下浮力低重力模拟

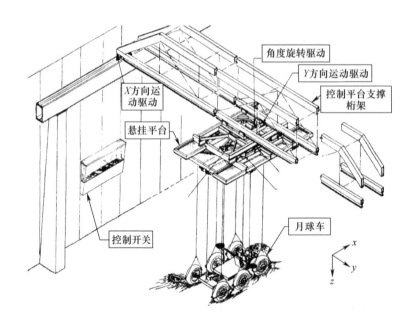

图 15-6 美国悬吊式月面重力模拟装置

2. 航天员训练垂直悬吊法

通过调节吊索拉力的大小,可以模拟不同大小的重力加速度场。在阿波罗载人登月任务时期,NASA 对垂直悬吊法做了详细研究,尝试过拉伸弹簧、机械配重以及直线气缸等施加吊索拉力的技术方案。结合当时的技术条件,研制出了悬吊点被动跟随的低重力模拟装置,通常简称为 POGO,系统结构如图 15-7 所示。

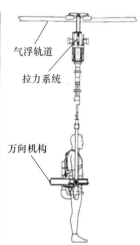

图 15-7　低重力模拟装置 POGO

POGO 采用直线气缸控制重力补偿力的大小,通过悬吊万向架对航天员施加重力补偿。万向架消除了航天员躯体转动对吊索带来的偏角干扰。悬吊点的随动靠滑块在一条长的直线气浮导轨上滑动实现。POGO 随动系统只有一个自由度,对航天员的训练轨迹也做了较大限制。

在重返月球探测火星等任务的需求下,2011 年 NASA 约翰逊航天中心研制了主动重力补偿系统(Active Response Gravity Offload System,ARGOS),系统实物见图 15-8。ARGOS 重力补偿力的大小、质心三个方向跟随移动都是由电机驱动。

图 15-8　随动垂直悬吊低重力模拟装置 ARGOS

3. 用于航天员训练的斜面侧向悬吊法

斜面侧向悬吊法是利用斜面使航天员与垂直重力场成一定角度,得到斜面垂直方向等效重力加速度的方法,悬吊在其中发挥的作用是约束航天员在斜面垂直平面内移动。图 15-9 是 NASA 在 1965 年阿波罗任务中利用斜面侧向悬吊训练航天员的行走奔跑。侧向悬吊对航天员施加重力补偿力的作用点在身体侧面,补偿力的大小与体重相同。侧向悬吊法是一种简易的被动补偿方法,模拟精度较低。

图 15-9 斜面侧向悬吊低重力模拟装置

15.3.3 低重力模拟装置设计实例

本节以巡视器的悬吊式重力模拟装置作为案例。根据试验需求,巡视器重力模拟系统包括位姿测量、位置跟踪、提供恒定拉力等主要功能。低重力模拟装置的主要子系统构成见图 15-10。

巡视器运动过程中,悬吊索要始终保持竖直方向,即要求吊索的上端始终跟踪吊索的吊点在水平面上的投影位置,为了满足这一要求,需要位姿测定子系统和二维随动子系统协同工作。

位姿测定子系统主要实现巡视器的位置和姿态的解算,输出二维跟踪的偏差量用于更新驱动二维跟踪子系统,从而形成控制闭环。位姿测定子系统对于整个方案的控制系统来说是一个至关重要的环节,位姿测定子系统对巡视器的位置和姿态解算的精度、灵敏度及反应时间对于控制系统整体的设计和性能指标的实现有着重要的影响。

二维跟踪子系统具备二维随动能力,使悬挂平台的悬吊点与巡视器吊点在地面坐标系中水平方向上的坐标值始终保持在一个很小范围的偏差。同时二

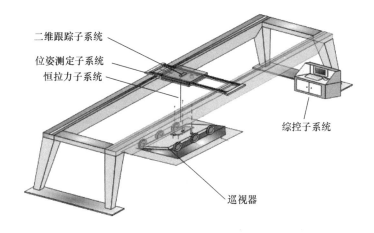

图 15-10 系统构成示意图

维跟踪子系统需要适应巡视器的行走速度。二维跟踪平台及巡视器位置关系示意图如图 15-11 所示。

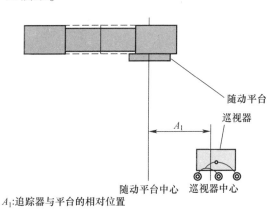

A_1：追踪器与平台的相对位置

图 15-11 二维跟踪平台及巡视器位置关系示意图

恒拉力子系统用于保证悬吊索输出恒定拉力，它由恒力矩电机、拉力传感器、恒力拉索、弹簧阻尼吸振器和吊索悬挂机构组成。恒力矩电机是恒拉力机构的核心部分，其作用是通过收放恒拉力吊索来跟踪巡视器的竖直方向运动，同时提供恒定拉力输出，抵消部分重力。弹簧阻尼吸振器用于吸收巡视器质心位置突变引起的竖直方向冲击，协同稳定恒力索拉力。恒拉力子系统的原理如图 15-12 所示。

为检验相似悬挂方案原理的合理性，在 ADAMS 中建立模型进行仿真，模型如图 15-13 所示。图中路面按照功能分为下坡段、水平段和颠簸段三段。仿真

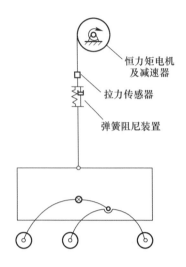

图 15-12　恒拉力机构方案简图

内容见表 15-3。

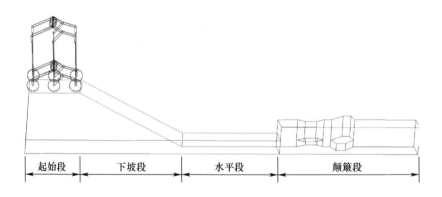

图 15-13　仿真模型的地型设置

表 15-3　仿　真　内　容

仿真名称	是否使用吊架	重力场	模拟巡视器运行情况	线条
OnEarth	否	g	地球行驶	紫实线
OnMoon	否	$(1/6)g$	月球行驶	蓝点划线
MicrogravityTest	是	g	地球低重力试验	红实线

如图 15-14 所示,名称为 MicrogravityTest 的紫实线代表低重力实验中各轮的轮地正接触力,名称为 OnMoon 的蓝色点划线代表巡视器在月球重力场中行

驶时相应轮的轮地正接触力。通过仿真结果可以发现,低重力实验仿真 MicrogravityTest 与模拟目标 OnMoon 的轮地压力曲线很好地重合,证明相似吊架方案正确。

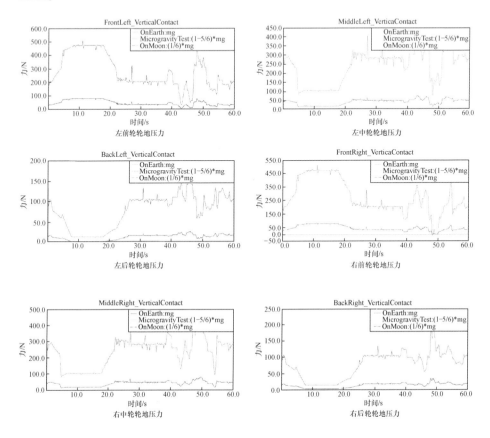

图 15-14 仿真计算结果

综控系统实现低重力模拟交互操作、参数监测预警等。在试验过程中地面监控是重要的环节,是试验顺利进行的重要保障。在试验过程中系统可能会在某些情况下产生误差甚至出现错误,这就要求在试验过程中对整个试验过程进行实时监控,及时发现问题、解决问题、保证试验的顺利进行。实时监测数据包括:悬吊绳索接近巡视器处的张力;巡视器的位置、姿态等信息;相应悬吊平台的位置、姿态信息;巡视器与悬吊平台的相对位置以及相应的偏差量等信息。综控子系统除了对系统的位置、姿态和悬吊绳索的张力进行监测外,还有一项重要功能是当系统出现自身无法解决的错误时地面可以对整个系统进行紧急处理,以保证巡视器以及地面人员的安全。综控子系统示意图如图 15-15 所示。

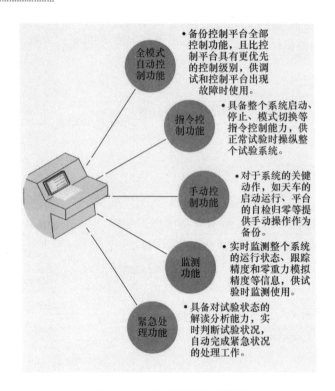

图 15-15　综控子系统示意图

此外,为了检验巡视器低重力模拟效果,需进行轮压测试确认各车轮轮压与星表(月面或火面)理论轮压差别在允许范围内。轮压测量子系统用来测量巡视器在低重力模拟装置作用下的轮地压力。轮压检测和标定设备的原理如图 15-16 所示。标定设备中设置六个高度可调的平台,每个平台设置轮压测量计。6 个平台固定于同一滑台上,实现 6 个车轮压力的同时测量。

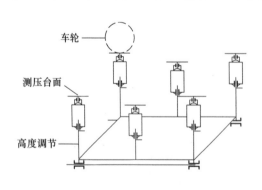

图 15-16　轮压测量子系统

在地面巡视器移动性能试验中,通过低重力模拟装置的作用,使巡视器车轮与地面的压力与月球重力场下巡视器车轮与地面的压力一致,从而使巡视器在地面试验中表现出来的移动性能有效反映星表低重力场下的相关性能。

15.4 星壤和形貌环境模拟技术

15.4.1 星壤模拟方法概述

为在地面模拟月球、火星等土壤的力学特性,验证巡视器等探测设备的性能,需要相应研制模拟月壤、模拟火壤等模拟星壤。模拟星壤是指用于科学研究或工程试验,并与星球表面风化层物质主要特性相同或相近的地球物质。

2005年NASA组织了研讨会,对月壤模拟技术进行了全面回顾和整理,提出了月壤参数包括6大类,共32小项。采用与会者打分的方式对影响月壤性能的关注程度进行了排序(表15-4)。由表15-4可见,模拟月壤最主要的参数是颗粒尺寸和粒径分布,其次是颗粒密度、玻璃物质和体密度。

表15-4 模拟月壤参数排序

排序	参数	得分
1	颗粒尺寸	20
2	粒径分布	20
3	颗粒密度	14
4	玻璃物质	14
5	体密度	13
6	颗粒组成	12
7	颗粒形状	12
8	化学成分	12
9	颗粒磁性	11
10	压缩强度	11

根据上述资料并结合松软地面轮壤作用关系研究经验,在力学特性上影响巡视器用模拟月壤最主要的因素依次为颗粒尺寸、粒径分布、体密度(容重)、颗粒形态、颗粒密度和矿物构成。

因此为了与月球(或火星)风化层的主要物理特性和主要化学特性相匹配,模拟星壤研制时,需要特殊选择地球岩石或矿物作为主要原料,必要时也可以添加一些合成物质,例如:玻璃、金属和矿物等。本节给出了星壤的力学参数及性能指标,作为模拟星壤制备的参考,并列举了目前轮壤相互作用的几种研究方法,用于模拟星壤的分析和应用验证。

1. 星壤的力学参数及性能指标

与星壤力学性能相关的参数,包括反映星壤密实程度和堆积状态的物理特性指标,如体密度 ρ、密度、孔隙率 n 和孔隙比 e、内聚力 c、内摩擦角 φ 等。

体密度是指土壤的自然结构没有遭到破坏的前提下,单位体积内的土壤重量,以 g/cm^3 表示,计算车轮与土壤的相互作用的许多公式中都使用容重作为地面参数。容重反映了颗粒物料的堆积状态,是制备和整备模拟星壤时重点关注的性能指标之一。由于容重与重量密切相关,因此除受到密实状态影响外,还取决于颗粒密度。星壤颗粒的平均密度与其不同颗粒类型(如玄武岩、矿物碎片、角砾岩、粘合集块岩、玻璃等)的相对含量有关。例如绝大部分月壤颗粒的密度在2.9以上,明显高于地球土壤的颗粒密度,因此在制定模拟月壤容重指标时,要充分考虑到密度的影响,如果片面追求容重数值上的符合度,将造成由于比重轻导致的密实状态偏离月面实际情况。星壤的孔隙率是指星壤中孔隙所占体积与总体积之比,用百分数表示;孔隙比是指星壤中孔隙体积与颗粒体积之比,用小数表示。孔隙率、孔隙比和体密度均是反应星壤密实程度的重要物理性质指标。

在体密度波动范围方面,国外学者综合各个研究者的不同研究结论,给出月表不同采样点在松散和紧实两种状态下的月壤容重、孔隙比和颗粒密度的最佳估计值。以此为依据,可以粗略估计月壤在松散和紧实状态下体密度、孔隙比和颗粒密度的分布范围。

表15-5 各种月壤体密度和孔隙比分布情况

月壤	体密度/(g/cm^3)		孔隙比	
	松散	紧实	松散	紧实
Apollo 11	1.36	1.8	1.21	0.67
Apollo 12	1.15	1.93		
Apollo 14	0.89	1.55	2.26	0.87
Apollo 15	1.1	1.89	1.94	0.71
Luna 16	1.115	1.793	1.69	0.67
Luna 20	1.040	1.798	1.88	0.67

由固体颗粒组成的星壤在外力的作用下颗粒间会发生相互错动,引起星壤的一部分相对于另一部分滑动。星壤颗粒抵抗滑动的性能,称为抗剪性。星壤的抗剪性是由库仑公式来定义的:

$$\tau = c + \sigma \cdot \tan\varphi \tag{15-1}$$

式中：τ 为剪切强度；σ 为正应力；c 为内聚力；φ 为内摩擦角。从式中可以看出剪切强度由两个分量组成：一个是内聚力分量，它是一个独立的外加应力；一个摩擦分量，它直接与正应力成正比。

一般认为月壤没有黏结力，抗剪力主要由颗粒间的滑动摩擦以及凸凹间镶嵌作用产生的摩擦力组成，因此内摩擦角 φ 值的大小，体现了月壤颗粒间摩擦力的强弱，也反映了月壤的抗剪能力。实际上，月壤的抗剪力不仅有颗粒间的摩擦力，还有相互黏结力。不同种类的月壤，具有不同的黏结力，内聚力 c 的大小，体现了月壤黏结力的强弱。

根据无人驾驶月球车和航天员对就位月壤的物理和机械性质的数千次测试结果，月表不同位置的月壤具有不同的孔隙比，而孔隙比的差异导致月壤承载力、压缩性和抗剪性的不同。也就是说，控制就位月壤机械性质的主要因素是其压实程度（用孔隙比衡量），而压实程度即堆积状态也与深度有关。表 15-6、表 15-7 分别列出月表不同位置、不同深度月壤的内摩擦角 φ 和内聚力 c 的最佳估计值。同时通过对各次火星任务中原位探测数据进行分析，给出了火星表面不同基本种类的土壤的特性如表 15-8 所示。

表 15-6　月表不同位置月壤的内摩擦角 φ 和内聚力 c 的最佳估计值

位　　置	内聚力 c/kPa	内摩擦角 φ/(°)
普遍值	0.1~1	30~50
撞击坑壁(坑内)	0.17~1.0	25~45
撞击坑坡部(坑外)	0.52~2.7	25~45
平坦底部	0.34~1.8	25~45

表 15-7　月表不同深度月壤的内摩擦角 φ 和内聚力 c 的最佳估计值

深度/cm	内聚力 c/kPa		内摩擦角 φ/(°)		孔隙比
	变化范围	平均值	变化范围	平均值	
0~15	0.44~0.62	0.52	41~43	42	1.07+0.07
0~30	0.74~1.1	0.90	44~47	46	0.96+0.07
30~60	2.4~3.8	3.0	52~55	54	0.78+0.07
0~60	1.3~1.9	1.6	48~51	49	

表 15-8　火星表层土壤的原位物理和力学特性

参　　数	土　壤　类　型			
	细晶粒	中等晶粒	露出地面的岩床	含大冰块的土壤
密度/(g/cm^3)	1~1.6	1.4~1.7	>2	1.5~2
平均颗粒尺寸/μm	10~100	100~300	—	—

续表

参　数	土　壤　类　型			
	细晶粒	中等晶粒	露出地面的岩床	含大冰块的土壤
内聚力/kPa	0.5~5	1	>100	10
内摩擦角/(°)	10~30	25~40	—	—
地面特性	斜面,墙,火山口和峡谷底部,风堆积成的区域,低矮处	沙丘和新月形沙丘	裸露的岩床,岩石	极地区域

2. 轮壤相互作用

巡视器的移动性能对于其稳定工作至关重要,巡视器一旦登陆,其面临的环境条件非常严酷,由于其远离地球,如果发生故障,很难通过地面控制中心进行修复及排除,有可能无法完成预定的科研考察任务,带来极大的损失,因此巡视器地面行走试验验证对其将来在星表的可靠运行有着重要的意义。

巡视器移动性能受到车轮和土壤相互作用的影响,由于该接触力学问题涉及非线性及参数的离散性,给工程带来了诸多困难。目前已经建立了多种车轮与地面相互作用的研究方法,概括起来主要有以下几类。

1) 纯经验法

纯经验法的典型代表是美国陆军工程部队水道试验站提出的圆锥指数法(WES方法)。这种方法通过圆锥贯入仪测量土壤的"圆锥指数",并将其与曾经作过车辆试验土壤的圆锥指数相比较,可以预测车辆在此种土壤上的通过性。

2) 模型试验法

模型试验法是根据因次分析理论,把车辆和土壤参数按照相似准则进行比例缩小,然后将缩小的模型置于试验室土槽中进行观察和试验,再把结果比例放大得到原型的物理参数。

3) 以试验为基础的半经验法

半经验方法中,土壤的力学特性被分为沿法线方向的承压特性和沿切线方向的剪切特性,以模拟车轮的法向受力和切向受力。

承压特性是指在垂直载荷作用下土壤的应力应变关系,很多学者提出了多种承压模型对车轮法向应力和土壤垂直变形之间的关系进行描述,其中最常用的是 Bekker 承压模型(图 15-17),可用下式描述

$$p = \left(\frac{k_c}{b} + k_\phi\right) z^n \tag{15-2}$$

式中:p 为压力;b 为车轮地面接触面宽度;z 为车轮下陷量;n 为沉陷指数;k_c 和

k_ϕ 为内聚模量和摩擦模量,这三个参数可通过压板沉陷试验测出。

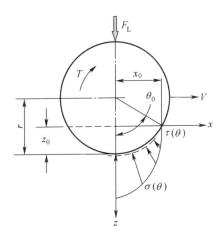

图 15-17　Bekker 轮下应力分布模型

采用半经验法对车轮-土壤相互作用进行研究,可以定量地描述地面力学特性,通过计算可以定量给出地面作用在车轮上的力,算法较为简单,容易实现,是对车轮-土壤问题进行初步研究的一个成熟、有效的方法。这种方法的缺点是缺乏理论基础,不能从根本上揭示车轮地面相互作用的本质,并且试验条件的不同会使得模型参数有较大的差异。

4) 数值仿真方法

车轮土壤相互作用问题的有限元建模分为车轮建模和土壤建模两部分,车轮的建模较为简单,一般都简化为刚性车轮或弹性车轮。相比之下,土壤的力学特性非常复杂,轮下土壤塑性变形和局部破坏,决定了移动车辆的牵引性能,因此寻找合适的土壤模型是车轮-土壤相互作用有限元分析中的重点和难点,很多学者采用了各种各样的本构关系进行土壤建模,其中包括线弹性模型、非线弹性模型、黏弹性模型和弹塑性模型等。随着有限元分析技术的发展,更接近土壤性质的弹塑性本构模型在车轮土壤相互作用仿真得到了广泛的应用。弹塑性本构模型的基本思想,是假定材料在屈服以前只有弹性变形,达到屈服以后的变形包括弹性变形和塑性变形两部分。二维轮壤相互作用有限元模型如图 15-8 所示。

同半经验法相比,有限元等数值仿真方法可以对车轮-土壤的相互作用进行详细研究,不需要进行过多的简化假设。用数值方法进行仿真时,如果土壤的本构关系给定,土壤的变形及车轮与土壤的接触力就可以较为准确地预测出来。

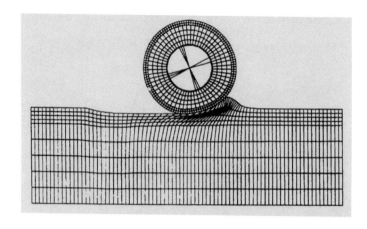

图 15-18　二维轮壤相互作用有限元模型

15.4.2　国内外模拟星壤

1. 模拟月壤

针对不同的需要和目的,目前世界各国研制出了多种模拟月壤,其中主要包括美国的 JSC-1、MLS-1、MLS-2,日本的 MKS-1、FJS-1,中国科学院的 CAS-1 以及探月工程中使用的多种模拟月壤。

美国国家航空航天局(NASA)下属的约翰逊空间中心(JSC)主持研制的 JSC-1 是由富含玻璃的玄武岩质黑色火山灰和火山砾沉积经研磨制成,颗粒平均相对密度为 2.9。其化学成分、矿物组成、粒度分布和力学性质与 Apollo 14 登月点的低钛月海月壤相似。

美国明尼苏达大学研制的 MLS 系列模拟月壤,与 Apollo 11 采集的高钛月海月壤具有相似的组成和性质,粒度更均匀。MLS-1 模拟月壤采用富钛结晶质玄武岩露头,经粉碎磨、研磨细成粒径小于 1mm 的颗粒,取其中一部分经烧结处理,以模拟月表陨石撞击过程,最终生成玻璃物质。将玻璃物质与玄武岩粉末以 1:3(质量比)混合,配置成的 MLS-1 模拟月壤含有 25% 的玻璃,可与月壤中 10%~80% 的玻璃相比拟。MLS-2 模拟月壤是一种月球高地月壤模拟物质,为德卢斯北美中大陆断裂的斜长岩经粉碎、研磨过筛制成,主要矿物相为 An80 的斜长石。

美军水道实验站(army engineering waterways experiment station,WES)对波音-通用生产的月球车(LRV)网丝轮进行了一系列轮壤土槽试验研究。研制的 LSS 系列模拟月壤是基于粉碎的玄武岩,目标是模拟阿波罗 11、12 的月壤,国际地面车辆系统前主席 Melzer 曾受 NASA 委托进行了系列轮壤试验研究,同时作为 LSS 的对比介质,采用细砂进行对比试验。

美国 GRC 系列模拟月壤由 NASA 格伦研究中心(Glenn Research Center)研制。GRC 模拟月壤由不同粒径系列石英砂产品配制而成。该模拟月壤的级配组成不包含细粒径颗粒(≤75μm),目的是减少制作成本(比其他模拟月壤价格减少 100 倍)和避免试验过程中产生的粉尘对试验设备的危害,该模拟月壤的特征参数与其他模拟月壤及月壤对比见表 15-9。

表 15-9 美国模拟月壤特征参数与月壤对比

参数	标准	GRC-1	月壤	MLS-1	JSC-1	JSC-1A
D_{10}/mm	ASTM D 2487—83	0.094	0.013	0.019	0.019	0.017
D_{30}/mm	ASTM D 2487—83	0.160	0.034	0.049	0.057	0.042
D_{60}/mm	ASTM D 2487—83	0.390	0.140	0.150	0.150	0.110
C_U	ASTM D 2487—83	4.15	10.77	7.89	7.89	6.47
C_c	ASTM D 2487—83	0.70	0.64	0.84	1.14	0.94
USCS	ASTM D 2487—83	SP	SW-SM to ML	SP-SM	SW-SM	SP-SM
$\rho_{max}/(g/cm^3)$	ASTM D 4253—93	1.89	1.93[a]	2.20	1.91	2.03
$\rho_{min}/(g/cm^3)$	ASTM D 4254—91	1.60	0.87[a]	1.50	1.43	1.57
G_s	ASTM D 854—92	2.583	2.3~>3.2	3.2	2.9	2.875
e_{min}	—	0.364	0.605	0.456	0.517	0.416
e_{max}	—	0.613	2.559	1.132	1.028	0.832
n_{pmin}	—	0.267	0.377[b]	0.313	0.341	0.294
n_{pmax}	—	0.380	0.719[b]	0.531	0.507	0.454
C_c	ASTM D 2435—90	0.03	0.3~0.05	—	—	0.068
C_s	ASTM D 2435—90	0.008	—	—	—	0.001

a 阿波罗任务的数据

b 基于 $G_S=3.1$

表 15-9 数据表明:美国模拟月壤的粒径比真实月壤略粗;均匀性(C_u)略小于真实月壤;连续性(C_c)略高于真实月壤;根据美国统一土壤分类法(USCS),真实月壤的种类分布范围大、颗粒细、级配好,而模拟月壤多数属于砂性土质;体现在容重上,模拟月壤的最大/最小容重差小于真实月壤;颗粒密度方面,GRC 的密度(G_s)为 2.583,属于地面砂的情况;其他特性如孔隙率、孔隙比可以由体密度导出,不再赘述。图 15-19 显示出美国 GRC-1 模拟月壤在轮壤试验中形成的轮辙与阿波罗 15 就位情况相接近,表明 GRC 模拟月壤的可用性。

日本模拟月壤 MKS-1 和 FJS-1 由清水株式会社空间和机器人部采用玄武

图 15-19　GRC-1 轮壤试验的轮辙与阿波罗 15 就位情况对比

质熔岩研制,经加工后与 Apollo 14 采样点月壤具有相似的化学成分、粒度分布和力学性质,在谱学性质、电学性质等方面与月球样品之间尚存较大差异。日本探测器试验也经常使用干砂作为模拟月壤,绝大多数颗粒(>95%)的粒径小于 1mm。

英国萨里太空中心(Surrey Space Centre)研制了 SSC 系列模拟月壤,用于巡视器的有 SSC-1 和 SSC-2 模拟月壤。SSC-1 颗粒相对较粗,初始物质为石英砂,具有从大沙砾到粉砂不同的粒径,经筛除大颗粒后获取,加工后控制粒径在 $63\mu m \sim 1.3mm$ 之间,最大颗粒不超过 1.3mm,中值粒径约为 $240\mu m$;SSC-2 颗粒极细,初始物质为石榴石,加工后控制粒径在 $30 \sim 90\mu m$ 之间,最大颗粒不超过 $90\mu m$,中值粒径约 $51\mu m$。

德国航空航天中心(German Aerospace Center(DLR))在综合考虑到颜色、力学特性和对试验人员安全性等因素后,DLR 最近与德国人工智能研究中心(German Research Center for Artificial Intelligence(DFKI))合作研制出模拟月壤用于试验研究。初始物质为黑色玄武岩,经过粉碎获取 $0.5 \sim 1.0mm$ 的颗粒作为模拟月壤。他们认为玄武岩与石英砂不同,粉碎后可以保持锋利的棱角,这对模拟月壤具有与真实月壤相近的力学特性十分重要。

加拿大新不伦瑞克大学星球与太空科学中心(Planetary and Space Science Centre, University of New Brunswick)、加拿大电动车辆控制器有限公司(Electric Vehicle Controllers Ltd., Canada)与加拿大先进技术公司北方中心(Northern Centre for Advanced Technology Inc., Canada)研制了 OB 系列模拟月壤,用于巡视器及其控制器的试验。OB-1 模拟月壤采用 60%斜长岩与 40%玻璃物质混合配制,与阿波罗 16 采集的样品十分接近,性能对比研究仍然在进行中。

我国以化学组分为控制目标的模拟月壤 CAS-1 由中国科学院地球化学研

究所研制,初始物质为吉林省辉南县红旗林场至靖宇县四海林场一带四海火山渣层的玄武质熔岩。将采集的火山渣在阴凉干燥通风处自然风干,剔除杂质后采用球磨机将火山渣研磨成粉末状,并充分混合均匀,再次将火山渣研磨过筛后,盛入大型铝盒置于已预热至110℃±2℃的烘烤箱中烘烤12h,在干燥器中冷却至室温。

中国科学院地球化学研究所与国家天文台合作研制出 CLRS 系列(Chinese Lunar Regolith Simulant) 模拟月壤标样,包括低钛玄武质模拟月壤和高钛玄武质模拟月壤标准样品,经国家标准化管理委员会、全国标准化样品技术委员会批准,获国家标准样品证书。低钛玄武质模拟月壤(CLRS-1)的初始物质为金川火山灰,高钛玄武质模拟月壤(CLRS-2)标准样品的初始物质为金川火山灰加攀枝花钒钛磁铁矿床围岩辉长岩(1∶2),两种模拟月壤的物理化学特性分别与低钛型、高钛型真实月壤相近。低钛玄武质模拟月壤(CLRS-1)和高钛玄武质模拟月壤(CLRS-2)的技术参数总共四个,包括矿物组成、化学成分、密度和粒度。其中,化学成分和密度定量表达,而矿物组成和粒度以定性和半定量表达。标准样品有效期为 10 年,要求在干燥通风环境下保存,在密封条件下运输。

吉林大学、同济大学等国内高校分别以辉南火山灰和靖宇火山灰为原料研制出吉林大学系列和 TJ 系列模拟月壤,主要控制参数为中值粒径及粒径分布。

北京卫星环境工程研究所以力学特性与真实月壤相近为目标,以金川火山灰为原料,研制出面向巡视器地面试验 TYII 系列模拟月壤,用于探月二期中巡视器的地面验证试验。该系列模拟月壤的级配曲线如图 15-20 所示,TYII-1 接近月壤粒径下限,TYII-2 接近月壤粒径上限,而 TYII-3 的粒径分布处于真实月壤的平均水平。

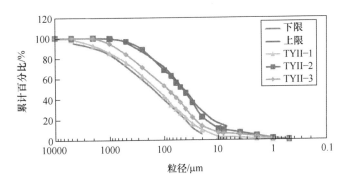

图 15-20　TYII 系列模拟月壤粒径分布曲线

统计各国模拟月壤的原料和粒径对比见表 15-10,可见初始物质以玄武岩火山灰为主，中值粒径50~260μm。

表15-10 各国模拟月壤的原料和中值粒径对比

国家	研制单位	样品名称	初始物质	中值粒径
美国	NASA 约翰逊空间中心	JSC-1	火山灰和火山砾沉积	98~117μm
	明尼苏达大学	MLS-1	富钛结晶质玄武岩	90μm
		MLS-2	斜长岩	未知
	美军水道实验站	LSS系列	玄武岩	约105μm
	NASA 格伦研究中心	GRC系列	石英砂	约260μm
日本	清水株式会社的空间和机器人系统部	MKS-1	玄武质熔岩	102μm
		FJS-1	玄武质熔岩	102μm
英国	萨里太空中心	SSC-1	石英砂	240μm
		SSC-2	石榴石	51μm
德国	航空航天中心DLR与人工智能研究中心DFKI	未知	黑色玄武岩	约75μm
加拿大	新不伦瑞克星球与太空科学中心	OB-1	斜长岩+玻璃物质	约150μm
中国	中科院地球化学研究所	CAS-1	玄武质熔岩	85.94μm
	中科院地球化学研究所与国家天文台	CLRS-1	金川火山灰	80~110μm
		CLRS-2	金川火山灰与辉长岩	80~110μm
	吉林大学	吉林大学系列	辉南火山灰+赤铁矿砂	98~135μm
	同济大学	TJ系列	靖宇火山灰	未知
	北京卫星环境工程研究所	TYII系列	金川火山灰	40~200μm

备注：表中"未知"表示尚未查到可靠数据。

2. 模拟火壤

为了评估ExoMars火星探测任务中火星车的机动性能主要是其牵引性能，欧空局研制DLR系列模拟火壤，其中DLR土壤B反映了PL遥测土壤高内聚力（类似于陆地的土壤）和低VL1遥测土壤的摩擦力。DLR土壤A反映了PL遥测土壤低内聚和高VL1遥测摩擦，参见表15-11。

JSC依据探测到的火星表面明亮区域的反射光谱和火星土壤矿物化学成分，研制了火星-1模拟火壤，这种模拟土壤在反射光谱和矿物组成、化学物质组成、颗粒尺寸、密度、多孔性和磁性方面跟火星土壤很相近，JSC火星-1是迄今为止比较权威的火星模拟土壤，主要用于科学研究和教育。这种模拟火壤是粒径小于1 mm的火山灰，来自于夏威夷的Puunene火山。图15-21是JSC火星-1 的光谱和火星表面土壤的组成的反射曲线图,从图中可以看出,JSC 火星-1 和火星土壤在化学组成上基本一致。

表 15-11 DLR 关于模拟火星土壤研究的参数设计

土壤	相对密度 (ρg)	土壤称费力 /Pa	摩擦角 /(°)	K_c/ (N/m^{n+1}) *	K_b/ (N/m^{n+2}) *	密实度 ($k=k_c+bk_\phi$)	变形系数 $ff(n)$ **	牵引杆拉力 /N
DLR 土壤模拟物 A	4.24	188	24.8	2370	60300	8400	0.63	112.7
DLR 土壤模拟物 B	4.24	441	17.8	18773	763600	95133	1.1	155.0
VL1 漂移	4.29	1600	18	1400	820000	83400	1.0	151.28
VL1 块状	5.97	5500	30.8	1400	820000	83400	1.0	319.5
VL2 硬干沙	5.22	1100	34.5	1400	820000	83400	1.0	378.8
PL 漂移	4.36	380	23.1	1400	820000	83400	1.0	215.2
PL 土块	5.70	170	37	1400	820000	83400	1.0	421.45
干沙	5.67	1040	28	990	1528000	153790	1.1	293.2
沙壤土	5.67	1720	29	5270	1515000	156770	0.7	298.8
黏性土	5.67	4140	13	13190	692200	82410	0.5	79.2
MER-B 砂质土壤	4.24	4800	20.0	28000	7600000	788000	1.0	202.7
MER-B 坡积土	4.24	500	20.0	6800	210000	27800	0.8	137.2

其中 * 表示 VL1、VL2 和 PL 没有相应的实验数据,应用了月球土壤参数;

** 表示 VL1、VL2 和 PL 没有相应的实验数据,采用了 $n=1$。

MMS 火星土壤被用在 2007—2008 年的凤凰号 Phoenix 和 2009 年的火星试验室(MSL)任务的试验中。莫哈韦沙漠的沙子被作为模拟火星土壤的选择,是由于其独特的物理和化学特性以及不吸水的特性:MMS 尘土和沙子是通过机械磨碎玄武岩球石得到的,这类似于火星上没有水的作用下的冲击及空气流动粉碎岩石的侵蚀风化及磨碎过程(图 15-22)。

国内的中国科学院地化所研制了 JMSS-1 模拟火壤,该火壤原料为玄武岩,其内聚力为 0.33kPa,内摩擦角为 40.6°。JMSS 模拟火壤的加工方法为机械粉碎,为了使其矿物成分接近火壤,添加了赤铁矿和磁铁矿砂。JMSS 模拟火壤的化学成分、矿物组成和物理性能与火壤接近。JMSS 粒径分布和反射光谱与

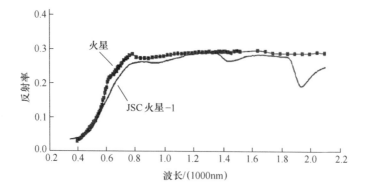

图 15-21　JSC 火星-1 模拟火星土壤与火星土壤的化学成分反射曲线

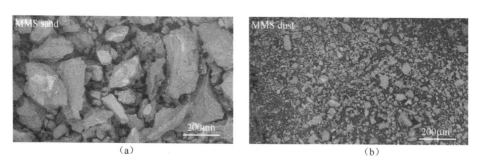

图 15-22　MMS 模拟火星粗颗粒(a) 和细颗粒(b)土壤微观图(200μm)

JSC-火星-1 模拟火壤接近,如图 15-23 所示。

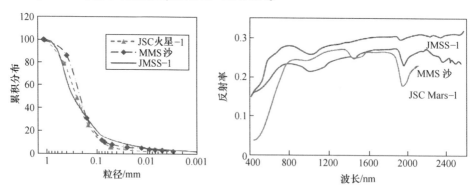

图 15-23　JMSS 的粒径分布和反射光谱

北京卫星环境工程研究所为了满足火星车内场试验需求,利用吉林靖宇双山火山的红色玄武质火山渣为原料研制了 Mars2 和 Mars3 模拟火壤,其 1mm 以下的级配要求见表 15-12。

表 15-12　1mm 以下的模拟火壤级配要求

级配指标	Mars2	Mars3
d_{10}	0.053	0.374
d_{30}	0.146	0.574
d_{50}	0.20	0.70
d_{60}	0.263	0.732
C_u	4.96	1.96
C_c	1.52	1.20

除了上述模拟火壤外,目前应用的模拟火壤还有欧空局的 ES 系列模拟火壤、萨里空间中心的 SSC 系列模拟火壤等,总体上来说,模拟火壤的研制都是在追求化学矿物组成、力学性质及反射光谱等方面与真实的火壤尽量接近,以提供可靠的试验验证。

3. 火星壤与月壤的模拟对比

对于表层月壤与火壤的体密度列于表 15-13 中。从表 15-13 可以看出,火壤表层体密度总体上要小于月壤表层体密度。

表 15-13　火壤与月壤力学特性比较

类型	类型	体密度/(g/cm³)
火壤	漂浮物	1.0~1.3
	砂粒	1.1~1.3
	土块	1.1~1.6
	块状土壤	1.2~2.0
月壤	0~15cm	1.45~1.55
	0~30cm	1.53~1.63
	30~60cm	1.69~1.79
	0~60	1.61~1.71

综合比较已有的模拟月壤和模拟火壤粒径分布,其中月壤和火壤的粒径分布曲线为上下限,而火壤的粒径分布范围为 0.068~2mm 之间。从图 15-24 中可以看出,火壤的粒径大于月壤的粒径。因此,所设计的模拟火壤的粒径也大于模拟月壤的粒径。需要注意的是沙漠沙土与火壤上限的粒径分布的曲线走向接近,但沙漠沙土粒径分布的范围要略小于火壤。

表 15-14 为 TYII 模拟月壤和 JLU Mars 系列模拟火壤的粒径比较。从表 15-14 中可以看出,由于 JLU Mars 系列模拟火壤的粒径大于 TYII 模拟月壤,

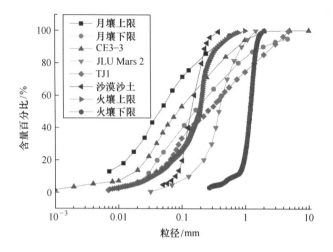

图 15-24 多种土壤粒径的分布曲线

因此其颗粒间的孔隙度较大。

表 15-14 TYII 与 JLU Mars 系列模拟壤比较

类型	状态	容重/(g/cm³)	孔隙度/%	孔隙比
JLU Mars 1	松散	0.96	64.04	1.78
	中密	1.01	62.17	1.64
	密实	1.09	59.18	1.45
JLU Mars 2	松散	1.07	59.92	1.50
	中密	1.14	57.30	1.34
	密实	1.24	53.56	1.15
JLU Mars 3	松散	1.15	56.93	1.32
	中密	1.25	53.18	1.14
	密实	1.41	47.19	0.89
TYII-3-1	松散	1.08	60.44	1.53
	自然	1.14	58.39	1.40
	紧实	1.25	54.32	1.19
TYII-3-2	松散	1.12	59.12	1.45
	自然	1.27	53.63	1.16
	紧实	1.41	48.35	0.94
TYII-3-3	松散	1.17	57.07	1.33
	自然	1.31	51.87	1.08
	紧实	1.51	44.80	0.81

由于目前人类还没有从火星获得真实的土壤返回地球,并进行详尽的研究,因此没有相对准确的火壤承压力学特性参数。但是在对模拟火壤进行研制时,人们普遍采用月壤的承压力学参数为基础设计模拟火壤。

从图 15-25 可见,模拟月壤的承压力范围分布最广、模拟火壤的承压力分布次之、火壤的承压力接近模拟火壤承压力的下限,而沙漠沙的承压力介于模拟月壤承压力的分布范围内且略偏向下限。因此,以巡视器安全通过性为主要设计目标,即从偏严格的角度出发,宜选用模拟月壤承压力下限和模拟火壤承压力下限对应的模拟星壤为宜。

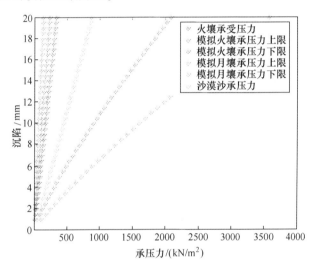

图 15-25 土壤的承压力比较

15.4.3 模拟星壤制备

国内外模拟星壤的制备主要通过三种途径完成:全岩样品磨制;初始物质研磨加添加剂;矿物颗粒混合配制。其中,全岩磨制法由于采用单纯机械粉碎,其粒径分布略窄、中值粒径偏大,具有成本优势;研磨并添加增重剂的方法主要目的是弥补我国原料密度轻的问题,但是松散物料里采用不同密度的颗粒,在后续的装备过程中极易产生密度偏析影响整体均匀性和力学特性(图 15-26);矿物颗粒混合法主要用于制备科学研究的模拟星壤,其采用复杂的造粒工艺,粒径分布和中值粒径都在适中的水平,但是成本非常昂贵。在保证原材料基本物理特性与星壤相接近的条件下,模拟星壤制备以研磨为主要造粒加工手段,主要控制技术指标是中值粒径和粒级分布。

根据设备条件和技术水准,模拟星壤的制备工艺方案(图 15-27)为:烘干—粉碎—制粉—分选—配比。通过自然风干和电加热烘干机对模拟星壤原

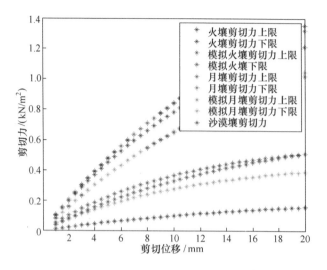

图 15-26 土壤的剪切力比较

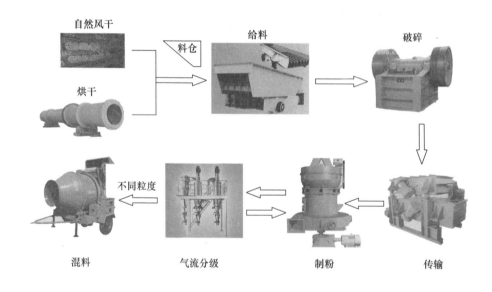

图 15-27 模拟星壤制造工艺流程

料进行烘干;然后通过给料设备输入到颚式破碎机中进行初步破碎;应用传输机构对破碎后的原料进行初步筛选,留存符合要求的大粒径原料颗粒;通过研磨机械对原料进行制粉,以制备小粒径原料;通过气流分级机构对细小颗粒原料进行筛分备用;根据设计的粒径分布,通过螺旋混料机构,对不同粒度的原料进行混合,制成成品并打包备用。

初步破碎采用颚式破碎机完成粗破工艺,目的是将由火山渣矿点采购来的大块矿石破碎到100mm以下,使其便于在烘干工艺中去除水分并易于输入进粉碎加工设备。要求破碎后的半成品颗粒大致均匀,不得含有超过110mm直径的石块。

烘干是模拟星壤制备过程的最关键环节,其加工质量一方面影响后续工序的质量和进度,另一方面直接影响到产品的最终含水量。根据原料尺寸和数量,烘干工艺可以采用自然风干和加热烘干两种方法。自然风干的操作时间长,干燥效率低,对场地及现场管理要求较高,受自然环境温湿度的影响,适用于大粒径、数量少的模拟星壤;加热烘干采用连续式工业窑炉,通过调节输送皮带进给速度控制半成品的含水量。

粉碎工艺目的是根据设计配比制备出各种所需粒径和数量的模拟星壤半成品,包括细破和制粉两种方法。

(1)细破采用辊式破碎机,制备出模拟星壤粒级组成中的 1~10mm 粗大颗粒。

(2)制粉采用雷蒙磨,制备出模拟星壤粒级组成中的 10~1000μm 细小颗粒。

粉碎工艺要求半成品的粒径符合设计规定,粒径误差小于10%。半成品颗粒过粗或过细的原因既有人为因素又有客观因素:人为因素包括更换粒径时产生了设置上的误操作,对设备磨损及对应微调缺乏责任心;客观因素包括粉碎操作必然伴随的设备关键部件的磨损,风机叶片变短,筛网破损。由于各种粒级的半成品通过肉眼难以区分,所以半成品的质量检验非常关键。

细破采用物料循环,上下筛分级过滤操作,除非发生破损,正常情况下粒径变化是逐渐发生的,如果在交接班过程中出现筛网更换不及时则容易产生废品,需要通过质检来控制质量,而筛网破损将导致大颗粒大量出现,需要返工处理并要求及时更换新筛网。

制粉设备采用风选方式来保证粒径,产生废品的原因包括风机叶片磨损严重不起分级作用以及风机风量调节不适当。发现产品质量超出规定范围后,要及时分析原因,通过更换叶片或者改变风机进风量的方法进行解决。超差的半成品可以作为原料重新加工,如果粒径过于细小则应该报废处理。

混料工艺是按照设计的配比,将不同粒径的模拟星壤半成品通过台式或者滚筒混料机进行混料操作,得到最终产品后装袋、称重、密封、标注、贮存,等待验收后发货。模拟火壤半成品颗粒状态主要为多棱角状,因此流动性很差,混合操作要通过时间控制保证产品均匀性。

15.4.4 星表形貌环境模拟技术

在深空探测任务,星表着陆和巡视均需考虑表面地形地貌环境的影响,一一般星球表面均具有复杂的地形地貌特征。如月球表面主要由月海、高地和环形坑等组成,月表环形坑以及石块的直径与数量分布的规律分别见图15-28和图15-29。

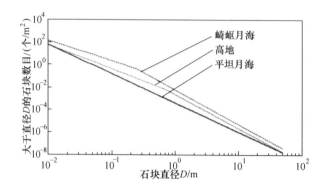

图15-28 平坦月海区域、崎岖月海区域和高地区域中撞击坑间的石块分布

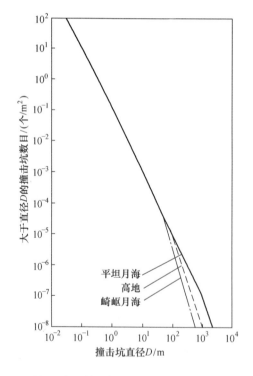

图15-29 平坦月海区域、崎岖月海区域和高地区域中月坑分布

地形地貌的模拟是利用模拟月壤和月岩根据已知的典型地形的分布规律构建斜坡、环形坑、平面等多种地形,从而实现对月表/月海/月陆等区域典型月

貌环境的模拟,可承担巡视器在一定范围内的移动性能试验、自主导航和路径规划等验证试验。月面环形坑典型轮廓见表 15-15。

表 15-15　月面环形坑典型轮廓

坑类型	典型轮廓	深度、直径比	边缘高度、直径比
新鲜坑		0.23~0.25	0.022~0.06
年轻坑		0.17~0.19	0.016~0.045
成熟坑		0.11~0.13	0.008~0.03
老年坑		—	—

地形地貌环境模拟的模拟方法主要依赖因素在于试验场地的规划区域大小,小范围的试验场地可以通过人造方式实现,大范围试验场地对自然环境的选取有较高的要求。

在室内模拟星表环境时,星壤的整备是构建模拟月球表面的关键技术之一,关系到模拟星表力学性能、几何形貌、反射特性的准确性、一致性和真实性。模拟星壤整备首先进行初始铺装,其目的是进行各区的模拟星壤初始铺设和基本形貌整备,为不同模拟星表打下进一步整备的基础,初始铺装后,下一步可以进行各区域的形态及性能整备。在初始整备的基础上,构建模拟星表,主要包括基本形貌整备、模拟星表整备、岩石安放、质量检验和表面修饰。整备后模拟月面如图 15-30 所示。

图 15-30　整备后模拟月面

图 15-31 为探月二期巡视器内场试验期间利用模拟月壤、月岩、斜坡构筑的月面地形地貌。

图 15-31　探月二期巡视器内场试验地形地貌模拟

室外试验场的模拟主要在于选址。选址要注意以下几点：①自然环境中地形与星表接近；②场景单调，无明显植物覆盖，无较大对比度差异；③气候干燥；④交通便利，保障可靠。

地点确定后，同样根据要求对原始地形地貌进行人工改造，模拟星表地形、坡度等典型特征。

15.5　星表力学环境试验技术

15.5.1　试验目的

巡视器/火星车的星表力学环境试验目的为全面考核巡视器/火星车在模拟星表环境下的移动能力，分为室内模拟月壤下的内场移动试验和简易模块上的组合面移动试验。

内场全面模拟地形环境，设置多种模拟星壤、岩石、撞击坑、斜坡等地面环境，供巡视器在较大范围内移动行走；组合面移动试验在总装大厅、发射场测试大厅内进行，受试验空间的限制，使用与星壤松软度近似的海绵材料覆盖的结构模块（包括平地、斜坡和障碍物等），组合搭建成简易的星表模拟装置，支撑巡视器在小范围内行走。

内场移动试验和组合面移动试验均在模拟星表重力环境下进行。试验测试巡视器/火星车行驶速度、爬坡及坡上静态保持能力、转向能力、越障能力、稳定性等移动性能指标,测试在模拟星表重力、星壤、地形和光照环境下巡视器/火星车的导航与控制性能。在内场移动试验中,利用光照模拟装置模拟巡视器/火星车周围的光照环境,可以测试环境感知能力,验证巡视器工作模式和地面任务支持系统等的设计合理性。

15.5.2　试验要求

试验要求提出巡视器的技术状态,并列出辅助设备的技术指标和布置要求。本文以月面巡视器低重力模拟装置为例,列出试验对低重力模拟装置的要求:

(1) 巡视器各车轮实际轮压相对其月面理论值最大偏差均不超过 20% (1σ);

(2) 低重力模拟装置施加给巡视器水平方向的干扰力不超过巡视器重量的 0.1%(1σ);

(3) 水平二维随动范围满足巡视器试验运动范围要求;

(4) 适应巡视器前进、后退、行进间转向、原地转向运动;

(5) 具有起吊、转运能力;

(6) 整器模拟装置与整器的接口连接、分离应可靠、便利,低重力模拟装置不对巡视器造成损伤。

15.5.3　试验中断及处理

考虑到低重力模拟装置关系巡视器/火星车安全,需考虑非正常情况下的试验中断故障模式及处理措施,比如:

(1) 位姿测定子系统故障:故障因素包括靶标光源被遮挡或出视场、云台/电机工作不正常、相机视场内进入杂光等,需立即通知巡视器/火星车停止移动,排查原因,若靶标被遮挡,解除遮挡后可继续试验;若相机视场内进入杂光,可提前利用黑布将有可能出现的反光点遮蔽;若云台/电机工作不正常,重新上电,并观察云台是否能够解除干扰,正常工作。

(2) 恒拉力子系统故障:故障因素包括电机转速超差、设定拉力超限、力系统不允许进入试验等。若电机转速超差,系统停机后应立即停止被测工件的运动,避免产生过大的水平力,系统断电后重新启动;若设定拉力超限,核对后重新输入;若力系统不允许进入试验,检查拉力设定值是否处于工作区内。

15.5.4　试验实施案例

目前为止,在月面成功运行的巡视探测器主要有苏联的 Lunokhod 和美国的 LRV,中国的玉兔号、玉兔二号。巡视器不同于常规地球航天器的特点在于要在月面进行巡视探测,因此巡视器除了要进行常规的轨道探测器的各项环境试验考核外,还要对其在月面环境的适应性进行考核。

北京卫星环境工程研究所内场试验系统是为满足嫦娥巡视器移动性能试验需求建设的国内首个月面环境综合模拟试验系统,整个试验场地面积约 800m^2,是目前国内最大的巡视器室内试验场,包括月面重力环境模拟系统、月壤和地形环境模拟系统、大型月面光照环境模拟系统。

月面重力环境模拟系统采用吊索悬挂的方法实现 30m 直径大范围低重力模拟(图 15-32),其中天车在大范围移动,实现对巡视器水平位置的粗略跟踪,低重力平台在天车基础上小范围移动,实现对巡视器的精确跟踪,确保低重力平台上的恒拉力悬挂系统在巡视器的正上方,提供通过巡视器动态质心的恒定补偿力。

图 15-32 月面重力环境模拟系统吊索提供 5/6g 拉力

月壤和地形环境模拟系统实现月壤和地形的综合模拟(图 15-33),月壤环境模拟在地面实现月壤的力学性能模拟,地形环境模拟实现月表典型地形、地貌的模拟。模拟月壤选择与真实月壤力学性能相近的火山灰为原材料,通过制备工艺和整备方法控制土壤的粒径分布以及孔隙比,从而实现表层月壤力学性质的近似模拟。按照各项指标要求,研制出中值粒径分别为粗大、适中和细小的三种具有代表性的模拟月壤,模拟月壤的承压和抗剪等力学性能与真实月壤相近:其中内聚力 0~0.34kPa,内摩擦角 31°~39°;整备后的同一模拟月壤性能力学参数差别不大于 15%。

月面光照环境模拟系统尽可能真实地模拟实际光照条件,服务于月面巡视器的导航和路径规划试验。该系统由光学、机械结构、供电、驱动与控制、通风

图 15-33　模拟月壤及地形地貌

和测量等 6 个分系统组成。系统主要参数包括：对地面照明高度角 15°~45°可调，在 30°主工作模式下，有效辐照面积 20m×20m，不均匀性优于±15%，垂直入射方向平均辐照度大于 0.3 个太阳常数（1 个太阳常数为 1353W/m²），光谱范围 350~2500nm，在 600~700nm 和 965~995nm 两个谱段能量与总能量的比值与太阳光谱匹配，试验过程中阴影清晰。月面光照环境模拟系统灯阵如图 15-34 所示。

图 15-34　月面光照环境模拟系统灯阵

参 考 文 献

[1] 欧阳自远,李春来,邹永廖,等. 深空探测的进展与我国深空探测的发展战略[J]. 中国航天,2002,

012:28-32.
- [2] 孙泽洲,孟林智. 中国深空探测现状及持续发展趋势[J]. 南京航空航天大学学报,2015,47(6):785-791.
- [3] 叶培建,于登云,孙泽洲,等. 中国月球探测器的成就与展望[J]. 深空探测学报,2016,3(4):323-333.
- [4] 月球探测工程术语:QJ 20001—2011[S].
- [5] 中国航天科技集团. 月面巡视探测器通用要求:Q/QJA 52—2010[S].
- [6] 国家国防科技工业局. 月面环境地面模拟要求及方法 第1部分:月壤地面模拟:QJ 20537.1—2016[S].
- [7] 国家国防科技工业局. 月面环境地面模拟要求及方法 第2部分:月面地形地貌模拟:QJ 20537.2—2016[S].
- [8] 国家国防科技工业局. 月面环境地面模拟要求及方法 第3部分:低重力模拟:QJ 20537.3—2016[S].
- [9] 国家国防科技工业局. 月球探测器地面试验 第4部分:月面移动地面试验方法:QJ 20534.4—2016[S].
- [10] 国家国防科技工业局. 月面环境地面模拟要求及方法 第5部分:月面光照模拟:QJ 20537.5—2016[S].
- [11] 国防科技工业局. 月球探测器大型地面试验项目及要求:QJ 20066—2012[S].

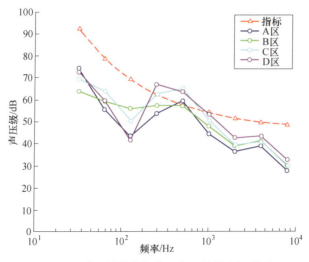

图 3-3　某型号舱内部分工作区域噪声频谱图

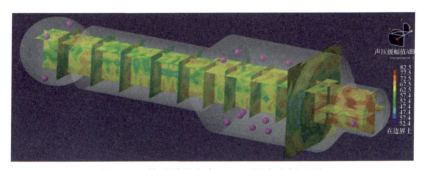

图 3-4　某型号舱内在 500Hz 频点声场云图

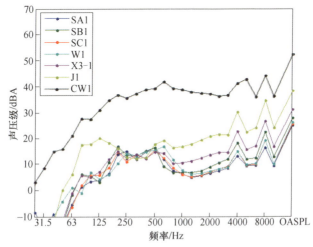

图 3-7　某型号舱内部分测点背景噪声频谱图

彩1

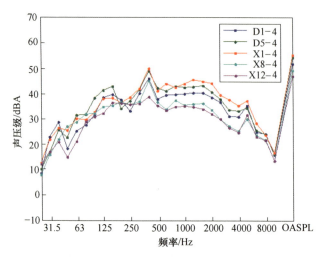

图 3-8　某型号舱内工作区通道部分测点噪声频谱图

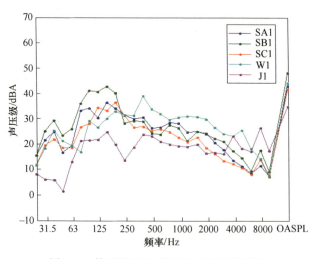

图 3-9　某型号睡眠区部分测点噪声频谱图

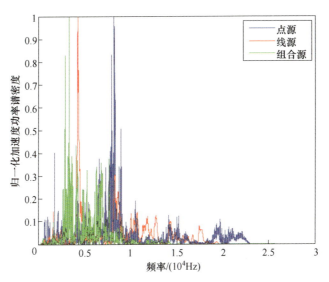

图 3-11 不同分离方式分离面上测点加速度功率谱密度

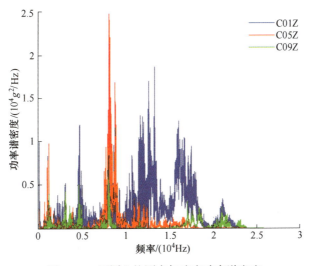

图 3-13 不同立柱测点加速度功率谱密度

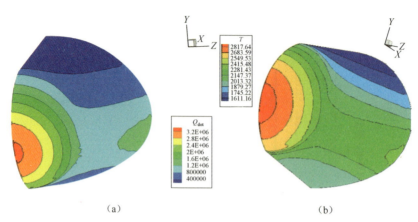

(a) (b)

图 3-26 无射流情况下端头壁面热流和温度分布

(a)无射流情况下端头壁面热流密度分布；(b)无射流情况下端头壁面温度分布。

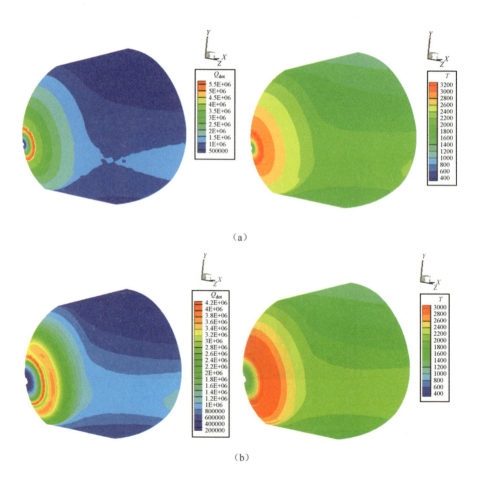

(a)

(b)

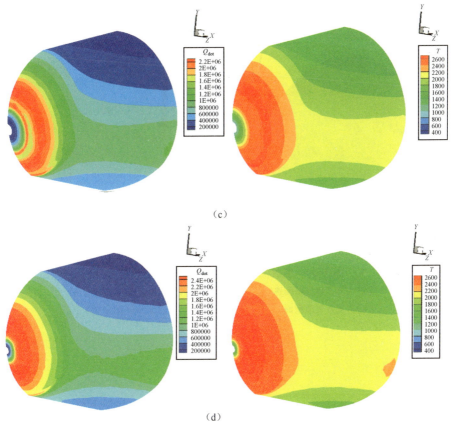

(c)

(d)

图 3-28 不同方案单孔射流壁面热流密度分布和温度分布
(a)方案1单孔射流壁面热流密度分布云图(左)和温度分布云图(右);
(b)方案2单孔射流壁面热流密度分布云图(左)和温度分布云图(右);
(c)方案3单孔射流壁面热流密度分布云图(左)和温度分布云图(右);
(d)方案4单孔射流壁面热流密度分布云图(左)和温度分布云图(右)。

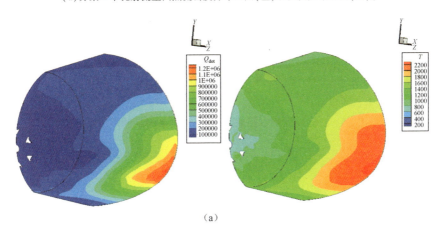

(a)

彩5

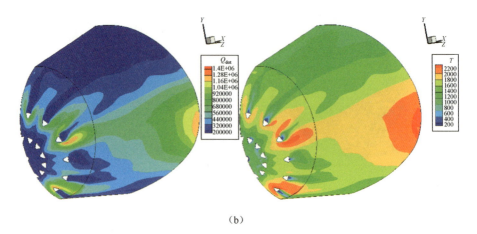

(b)

图 3-29 多射流壁面热流密度分布和温度分布
(a)方案 5 射流壁面热流密度分布云图(左)和温度分布云图(右);
(b)方案 6 射流壁面热流密度分布云图(左)和温度分布云图(右)。

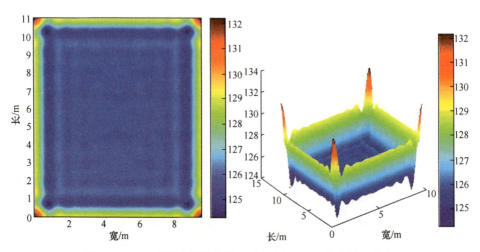

图 6-6 2163m^3 混响室距地面 2m 平面内 125Hz 的声压级分布

彩6

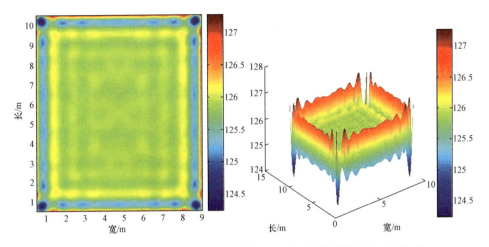

图 6-7 2163m³混响室距地面 2m,去除 0.5m 边角区域后平面内 125Hz 的声压级分布

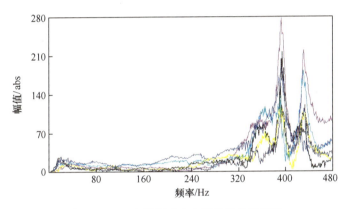

图 10-20 x 向线振动方向相关的传递函数

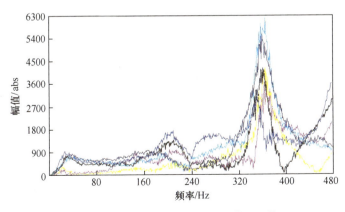

图 10-21 绕 x 轴角振动相关的传递函数

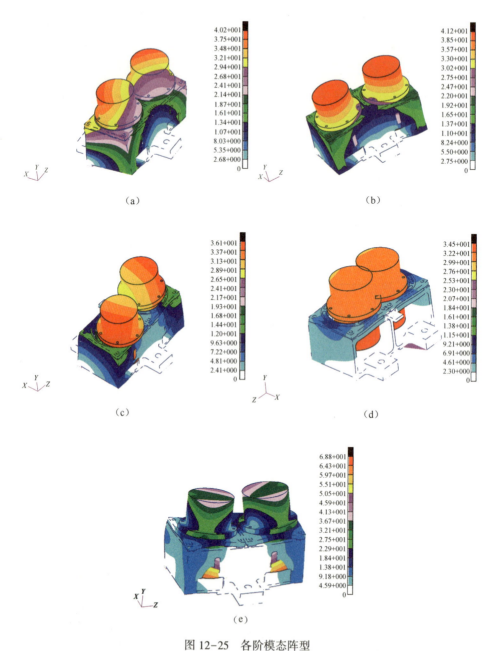

图 12-25 各阶模态阵型

（a）一阶模态阵型；（b）二阶模态阵型；（c）三阶模态阵型；（d）四阶模态阵型；（e）五阶模态阵型。